新闻出版总署第二届"三个一百"原创出版工程入选图书
国家"十一五"重点图书

中国气候变化科学概论

主　编　丁一汇
副主编　任国玉

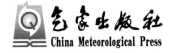

气象出版社
China Meteorological Press

图书在版编目(CIP)数据

中国气候变化科学概论/丁一汇主编.—北京:气象出版社,2008.1(2009.3重印)
国家"十一五"重点图书
ISBN 978-7-5029-4364-6

Ⅰ.中… Ⅱ.丁… Ⅲ.气候变化-研究-中国 Ⅳ.P468.2

中国版本图书馆 CIP 数据核字(2007)第 138408 号

审图号:GS(2006)2019 号

出版发行:气象出版社
地   址:北京市海淀区中关村南大街 46 号
邮   编:100081
网   址:http://www.cmp.cma.gov.cn
E-mail: qxcbs@263.net
电   话:总编室 010-68407112,发行部 010-68409198
责任编辑:崔晓军 黄丽荣 章澄昌
终   审:周诗健
封面设计:王 伟
责任技编:刘祥玉
责任校对:牛 雷
印 刷 者:北京恒智彩印有限公司
开   本:889 mm×1 194 mm 1/16
印   张:18.5
字   数:560 千字
版   次:2008 年 1 月第 1 版
印   次:2009 年 3 月第 2 次印刷
印   数:1 001~2 800
定   价:100.00 元

编委会名单

（按汉语拼音顺序排列）

主　　笔：

　　戴晓苏　丁一汇　高学杰　宫　鹏
　　刘洪滨　罗　勇　任国玉　孙　颖
　　王会军　徐　影　许　黎　翟盘茂
　　张称意　张德二　张仁健　赵宗慈

主要作者：

　　陈德亮　郭　军　韩圣慧　胡国权
　　姜大膀　郎咸梅　任福民　邵雪梅
　　唐国利　唐红玉　汪　方　王绍武
　　王小玲　徐　明　徐铭志　张　莉
　　张　华　周天军　周文艳　邹旭恺

贡献作者：

Chris Potter
　　陈　晋　陈镜明　初子莹　李庆祥
　　刘小宁　石广玉　王　颖　张　锦
　　郑循华

秘　　书：
　　张　锦

各章撰稿人和贡献者名单

第 1 章

主　　笔：丁一汇　任国玉

贡献作者(按拼音,下同)：胡国权　张　锦

第 2 章

主　　笔：张称意　宫　鹏

主要作者：韩圣慧　徐　明　张　华

贡献作者：郑循华　陈镜明　陈　晋　Chris Potter　石广玉

第 3 章

主　　笔：许　黎　张仁健

主要作者：胡国权　丁一汇　张　莉　张　华

第 4 章

主　　笔：任国玉　刘洪滨

主要作者：唐国利　郭　军　张　莉　徐铭志

贡献作者：刘小宁　李庆祥　王　颖　初子莹

第 5 章

主　　笔：翟盘茂　张德二

主要作者：任福民　王小玲　唐红玉　邹旭恺

第 6 章

主　　笔：赵宗慈　翟盘茂　任国玉

主要作者：王绍武　邵雪梅　高学杰　徐　影

第 7 章

主　　笔：王会军　丁一汇

主要作者：姜大膀　郎咸梅　孙　颖　周天军

第 8 章

  主 笔：丁一汇

  主要作者：徐 影 汪 方

第 9 章

  主 笔：高学杰 徐 影

  主要作者：陈德亮

第 10 章

  主 笔：罗 勇 孙 颖

  主要作者：任国玉 翟盘茂 赵宗慈

       许 黎 姜大膀 周文艳

第 11 章

  主 笔：戴晓苏 任国玉

  贡献作者：丁一汇 赵宗慈 罗 勇 翟盘茂

       张称意 高学杰 刘洪滨 徐 影

附 录

  主 笔：丁一汇

  主要作者：孙 颖 李巧萍 张 莉 张 锦

前　言

中国政府一直高度重视气候变化工作,自 20 世纪 80 年代以来,中国科技部相继安排了一系列重大气候基础和攻关项目,在多部门和广大科学家的共同努力下,从不同方面对气候变化问题进行了综合研究。本书内容即是在中国科技部"十五"科技攻关项目"全球环境变化对策与支撑技术研究"支持下完成的"全球与中国气候变化的检测和预测"课题成果。这些成果揭示了中国 20 世纪气候变化的科学事实,并根据课题发展和改进的全球和中国的气候模式预测了未来 100 年的气候变化趋势。同时对气候变化的事实进行了归因研究,为人类活动影响中国气候变化的可能性提供了新的证据。

全书由 11 章及附录组成:第 1 章 引论;第 2 章 中国的温室气体排放与吸收;第 3 章 大气气溶胶及其气候效应;第 4 章 近 100 年全球和中国地区观测的气候变化;第 5 章 中国地区极端气候事件的变化;第 6 章 全球及中国气候变化的检测和原因分析;第 7 章 气候变化预估模式的检验与气候敏感性;第 8 章 21 世纪全球和东亚地区气候变化趋势预测;第 9 章 21 世纪中国及分区域气候变化趋势;第 10 章 气候变化检测与预估的不确定性;第 11 章 对气候变化若干科学问题的认识;附录:气候变化有关问题与解答。

同国际上相比,中国关于气候变化问题的研究还存在着一定差距。这包括全球变暖背景下的气候突变和极端气候事件及其影响研究;大气气溶胶的气候效应;碳循环等对气候变化的反馈作用;涉及旱涝发生频率和地区变化的全球与区域能量和水循环问题等。这些问题都有待今后进一步研究。

本书是课题组全体成员共同研究的成果,另外也邀请了一些国内外相关专家参与编写工作,我们对参加本书编写的所有专家表示诚挚的感谢。也感谢国家科学技术部农村与社会发展司的支持和中国气象局科技司、国家气候中心科技处的帮助。

《中国气候变化科学概论》编委会

2007 年 2 月 28 日

目　　录

4

第1章　引　论

主　　笔:丁一汇　任国玉
贡献作者:胡国权　张　锦

在过去 3 个世纪里,地球上的人口增加了近 10 倍,20 世纪内世界上的城市人口增加了近 10 倍。目前地球上接近一半的陆地表面已经为人类所直接改变和利用。在几代人的时间内,人类将可能消耗完过去上亿年内由于漫长地质作用生成的矿物燃料(Moore 2001)。大气中温室气体浓度已经明显受到人类活动的干扰,而且这种干扰可能已经对全球气候产生了影响,并可能继续改变未来全球气候分布状况(Houghton *et al*. 2001,McCarthy *et al*. 2001)。不难理解,为什么近 20 年来国际社会如此密切关注地球气候系统变化及其影响。

但是,综观全球气候变化科学的历史和现状,我们不得不承认,虽然总体进步是显著的,但对一些关键科学问题的认识还很不完善,与此同时新的科学问题又不断出现。时至今日,尽管联合国政府间气候变化专门委员会(IPCC)报告对近 100 年全球气候变暖的主要原因作出了评价,但科学界仍然存在着一些争议;同时,对未来气候趋势预估的信度与十几年前相比较有一定提高,但还存在着许多不确定性(丁一汇 2002)。

我国的气候变化研究也已经开展很长时间,取得了大量可喜的成果,为今后开展深入研究奠定了基础。尽管我国气候学家对气候变化的若干历史规律有了比较清晰的认识,但是,我们对年代际以上尺度气候变化的原因才刚刚开始了解,远远没有认识清楚,对未来气候变化趋势包括人为引起的可能变化趋势也才开始探讨,距离提供坚实可靠的预估产品还有一段路要走(秦大河等 2005)。值得欣慰的是,我们确实有了一个良好的开端,我们也对尚存在的问题和困难有了比较清醒的认识。相信经过几代科学家长期不懈的努力,气候变化领域若干关键的不确定性将被进一步缩小,气候变化科学将为社会和国家可持续发展做出更大的贡献。

1.1　IPCC 第三次评估报告主要结果评述

近 20 年来,国际科学界先后发起了世界气候研究计划(WCRP)、国际地圈-生物圈计划(IGBP)和全球环境变化的人类因素国际计划(IHDP)等大型国际研究计划与活动。这些计划的一个核心问题就是全球气候变化,特别是年代到世纪尺度气候变化的物理、化学和生物学过程及其可预测性,气候变化对人类生存环境的影响及其对策。IPCC 则负责对全球气候变化的科学现状进行定期评估。IPCC 组织了世界上数千名科学家就气候变化的科学问题、气候变化的影响与适应性对策、温室气体减排与经济影响评估等进行了四次评估,系统地评价了气候变化的历史事实、成因和未来趋势,气候变化的影响和适应、减缓气候变化的对策。下面简要介绍 IPCC 第三次评估报告(TAR)的主要发现和结论。

1.1.1　观测的气候变化

自 1860 年即最早拥有仪器观测资料以来,全球地表气温增加了(0.6±0.2)℃,这比 IPCC 第二次评估报告(SAR)在 1994 年的估计值约高 0.15 ℃。20 世纪大部分的增温发生在两个时段(1910—

1945 年及 1976 年以后)(Houghton et al. 2001)。分析表明,北半球在过去的 1 000 年中 20 世纪的增温可能是最明显的一个世纪。20 世纪 90 年代可能是最暖的 10 年,而 1998 年是最暖的年份。自 1950 年以来,陆面夜间的日平均最低温度的增加率是白天日平均最高温度的 2 倍。中高纬度地区的生长期呈增长趋势,雪盖则逐渐减少,20 世纪北半球中高纬度地区江湖结冰期约减少 2 个星期,非极地地区的山地冰川广泛消退。最近几十年间北极夏末至秋初的海冰厚度可能减少了约 40%。近 100 多年来全球平均海平面上升了 0.1～0.2 m。

1.1.2　温室气体浓度变化

自 1750 年以来,大气二氧化碳(CO_2)浓度增加了 1/3,到 2 000 年达到了 368 ppmv*。在过去的 42 万年间,或许在过去的 2 000 万年间从未超出过目前的 CO_2 浓度。至少在过去的 2 万年间 CO_2 浓度未出现过这样的增长速率。大气 CO_2 浓度增长的 2/3 是由矿物燃料造成的,其他则是由土地利用变化尤其是森林砍伐、城市化及水泥生产等造成的。过去 20 年间,大气中 CO_2 浓度也明显增加,而且目前仍保持增长趋势。而大气中甲烷(CH_4)与氧化亚氮(N_2O)的浓度分别增加了 151% 和 17%。自 1750 年以来,由于大气中温室气体含量的增加,使近 200 年的辐射强迫增加了 2.43 W·m^{-2}。因此,当前大气中的温室气体浓度上升是非自然的,温室气体浓度上升引起的辐射强迫增加也是真实的。由于气候系统对大气微量气体辐射强迫的变化是敏感的,因此大气低层温度的增高是不可避免的。

1.1.3　气候变化的检测与原因识别

TAR 进一步证实,近 100 年的全球气候变化主要是由自然因素和人类活动共同造成的。IPCC 第四次评估报告(AR4)主要是增加了上述结论的信度,由 60% 的置信度增加到 90%～95%(IPCC 2007)。并且有更多的证据表明,近 50 年来的增暖主要是人类活动影响造成的。模拟气候对自然强迫的响应,包括对太阳辐射变率和火山喷发的响应,说明自然强迫因子在所观测的 20 世纪前半叶增暖中起到一定作用,但自然因子无法解释 20 世纪后半叶的升温。古气候资料也表明,20 世纪特别是 20 世纪 90 年代以来北半球的明显增暖可能不是自然的,因为这种快速的变暖在过去的 1 000 年内可能没有出现过。

人为增加的温室气体浓度可能已经对观测到的近 50 年的增暖作出了实质性的贡献。然而,对人为增暖幅度估算的准确度,特别是对于各种外部强迫影响程度的估测,仍然受到一些不确定性因子的影响。这些不确定性因子包括内部变率的估算,自然的和人为的辐射因子特别是人为气溶胶强迫,以及气候系统对这些因子的响应等。

1.1.4　气候模式预估

最近的十几年,气候模式研究取得了很大的进展。对于气候过程的理解及其在气候模式中的表达得到了改进,这包括水汽、海冰动力和海洋热量传输。一些最近建立的模式无需对海-气界面的热通量和水通量进行非物理调整就能产生较满意的气候模拟。有几种模式当输入温室气体和气溶胶时,再现出 20 世纪观测到的地球表面温度变暖趋势。这增加了利用模式预测未来数十年全球温度的信度。

对不同的 SRES(the Special Report on Emission Scenario)排放情景,利用 31 个气候模式对全球平均地表气温进行了预测。1990—2100 年的增温范围估计将达 1.4～5.8 ℃。这个增温幅度在过去的 1 万年内是没有过的。而在 SAR 中,根据 IS 92 情景给出的增温幅度为 1.0～3.5 ℃。这个变化主要是由于 SRES 情景与 SAR 中用的 IS 92 情景不同,并且减少了对未来的二氧化硫(SO_2)排放

---

* 此处表示某成分(此处为 CO_2)的体积分数为 10^{-6},下同。

的估计值。

全球平均的水汽和降水量预计将增加。北半球中高纬度和南极的冬季降水量将增加。而在低纬度则是降水量增加和降低的地区并存。

对其他一些可能对环境和社会产生重要影响的极端事件,目前尚没有足够的信息进行变化趋势的评估,模式的可信度和科学认识也不足以对其进行可靠的预测。中纬度气旋的强度就是一个很好的例子。

在不同的 SRES 情景下,预计 1990—2100 年海平面将上升 0.14～0.80 m,平均为 0.47 m。这一数值是 20 世纪海平面平均上升速度的 2～4 倍。

1.2　中国气候变化研究现状与进展

1.2.1　中国气候变化研究历史与现状

在气候变化的基础性工作方面,中国已经具备了比较完善的基本大气要素观测网,初步建立了区域大气本底观测及其环境监测试验网络。目前全国有基本气象观测站 577 个、辐射观测站 98 个、高空探测站 124 个、新一代天气雷达站 97 个。瓦里关山大陆全球大气监测(GAW)本底站积累了 10 余年观测资料。对过去 1 000 年或更长时期的古气候重建方面也进行了许多工作,积累了一批有价值的代用气候资料。目前中国的卫星遥感监测系统由风云卫星系列(极轨卫星 FY-1C 和 FY-1D、地球静止卫星 FY-2 等)组成。这些卫星已加入全球大气观测系统之中。国内有几个单位发展了全球和区域气候模式,并用于气候变化的检测和预估研究。目前中国气候系统模式的研制工作也正在进行(秦大河,孙鸿烈 2004)。

中国科学家广泛参与了国际气候变化和全球变化研究活动。从"七五"计划开始,国家连续资助了一系列与气候变化有关的重大科技项目,研究领域逐渐拓宽,经费支持力度也不断增强。例如,在近 10 多年时间内,涉及全球气候变化及其影响问题的重大国家科技项目包括:

(1) 国家攻关项目"全球气候变化预测、影响和对策研究"、"全球气候变化与环境政策研究"和"全球环境变化对策与支撑技术研究"等。

(2) 国家攀登计划和 973 项目"我国未来 20～50 年生存环境变化趋势的预测研究"、"我国重大气候和天气灾害形成机理与预测理论研究"和"我国生存环境演变和北方干旱化趋势的预测研究"等。

(3) 国家自然科学基金委员会重大项目"中国气候与海平面变化及其趋势和影响的研究"、"中国陆地生态系统对全球变化反应模式研究"和"中国农业生态系统与全球变化相互作用的机理研究"等。

(4) 中国科学院重大项目"中国陆地和近海生态系统碳收支研究"和西部行动计划课题"西部气候、生态和环境演变分析与评估"等。

通过地球科学相关领域科学家的长期努力,包括上述基础工作和重大科技项目的支持,中国的气候变化基础科学和适应领域研究取得了一系列重要进展,其中包括:

(1) 温室气体排放,特别是水稻田 CH_4 排放检测与分析,以及青藏高原地区 CO_2、臭氧(O_3)浓度的观测获得了新的结果。

(2) 古气候研究的一些领域,特别是千年到万年时间尺度上的古气候研究,和世界保持同步发展。

(3) 利用仪器记录资料,对近 100 年的气候变化进行了分析,总结了中国气候变化的多方面特征,及其与全球变化的异同点。

(4) 中国的全球与区域耦合气候模式从无到有,正处于发展和改进之中,已为 IPCC 三次评估报告提供了预测结果。

(5) 首次在中国开展了西部气候、生态和环境演变科学评估工作,完成了综合性的评估报告。

此外,自1992年以来,中国政府有关部门和相关研究单位与一些多边组织和国家合作,先后完成了四项有关气候变化方面的国际合作研究,在研究内容上都不同程度地涉及中国温室气体排放量估算、气候模式和气候预测、影响和脆弱性评价工作。这些项目包括:由亚洲开发银行支持的"中国响应全球气候变化的国家战略";由联合国开发计划署(UNDP)和全球环境基金(GEF)资助的"中国控制温室气体排放的问题与选择";由美国能源部资助的"中国气候变化国家研究";由亚洲开发银行资助的"亚洲减排温室气体最小成本战略(ALGAS)"等。

不论是对过去气候变化的检测分析,还是对未来气候变化趋势的预估,中国当前的研究与国际上先进国家相比,都还存在很大差距,研究结果的不确定性也比较大。中国还没有发展自己完善的长期气候变化趋势检测与预估系统,不能根据自己的预估可靠地构建未来气候变化区域情景,这使得中国的气候变化影响研究过分依赖国外气候模式预估结果。产生这些问题的因素很多,但气候系统观测资料的缺乏、对自然气候变化规律的认识不足,对气候系统各种关键的过程和反馈机制还没有充分了解,以及气候模式本身还不很完善等,都是造成目前不确定性的主要因素(任国玉 2002)。这些缺陷是导致目前气候变化领域仍然缺乏具有创新性的科学成果,不能满足日益增长的国民经济发展和国际环境合作需求的基本原因。

1.2.2　中国气候变化检测和预估研究进展

中国科学家对近100年和近50年的气候变化历史进行了系统的分析;对亚洲季风的活动和变异及其与中国旱涝的关系作了比较深入的研究;对历史时期特别是近1 000年的气候变化特点进行了研究;中国耦合气候模式从无到有,正处于发展之中,已试验性地用于短期气候预测业务和气候变化预估研究,区域气候模式也已开始用于未来气候预估研究;根据国外气候模式模拟结果,对中国的未来区域气候变化情景进行了初步构建。

通过这些工作,中国气候工作者发现,中国的气候变化与全球变化有相当的一致性,但也存在明显的差别。近50～100年内,中国地表气温呈明显升高趋势,中国20世纪30—40年代的暖期似乎比全球平均明显得多,而20世纪后期的变暖并没有比20世纪30—40年代显著。中国温度变化的季节和地区特征同北半球基本一致(王绍武,董光荣 2002)。关于长期温度变化的分析,一般认为历史上存在着更暖的时期,20世纪的增温可能还不是没有先例的。这也意味着,自然因子对气候变化的影响不能低估。但也有研究表明,中国20世纪的增暖是过去至少1 000年内没有的,这也暗示人类活动可能已经对现代的增暖产生了相当的影响(王绍武,董光荣 2002)。

对于器测时期气候变化的原因,现有的研究给出了各种各样的解释。迄今为止,国内气候学界还没有就20世纪或近50年来温度和降水变化的原因达成完全的共识。一般认为,海洋等气候系统内部的多尺度变率可能是重要的影响因子,特别可能是影响降水的主要因子,但温度变化的时空特征又可能与增强的温室效应有联系。

利用多个国外气候模式模拟结果,指出在大气中温室气体继续增加的情况下,中国的气候也将明显变暖,其中北方变暖比南方显著,冬季变暖比夏季显著,内陆变暖比沿海显著;中国的降水也将发生变化(丁一汇 2002)。

在国家"十五"重点科技攻关课题"全球与中国气候变化的检测和预测"的支持下,近年来国内的研究取得了若干重要的新进展。该课题的总体目标和任务是:了解中国气候变化的基本历史事实及其可能原因,评价人为因素对气候变化的影响信号;认识中国地区生态系统演化规律和陆地碳收支动态;提出中国自己的全球和中国区域未来50年、100年的气候情景方案,为影响评估和政策研究提供基础科学信息。为此,需要评估、增补中国近1 000年、100年和50年气候变化历史序列;评估人类活动和自然强迫因子的历史变化及其对中国地区气候变化的可能影响;评价中国过去30年土地覆盖变化规律,分析碳、水演变规律;完成复杂的耦合气候模式和区域气候模式预测研究;提出中国自己的全球和中国区域未来50年、100年的气候情景方案。

　　经过几年的努力,国家"十五"科技攻关课题研究在上述方面取得了丰硕的成果,主要科学发现和结论包括:

　　(1)1951—2001 年期间中国年平均地表气温升高幅度约为 1.1 ℃,增温速率约为每 10 年 0.22 ℃,比全球或半球同期平均增温速率高得多;中国气候生长期也已明显增长,在 1961—2000 年的 40 年内,北方气候生长期增长了 10 天,青藏高原增长达 18 天;降水量变化趋势对所分析的时间段和区域范围非常敏感,1951 年以来全国平均趋势不明显,但 1956 年以来有一定增加趋势;近 50 年来中国全国平均或大部分地区的日照时间、平均风速、蒸发量等气候要素均呈显著下降趋势;近 100 年来中国大陆年平均气温升高 0.79 ℃,比全球平均略高,但近 100 年全国平均的降水量变化趋势不明显。

　　(2)城市热岛强度随时间增强因素对中国部分地区地面气候站近 50 年温度记录具有明显的影响。这表明,在今后的气候变化检测和原因识别工作中,需要对城镇化以及土地利用变化的影响给予更多的注意。

　　(3)近 50 年来中国大陆平均的炎热日数没有出现显著的趋势性变化,而霜冻日数和寒潮事件频率则明显减少;长江中下游流域夏季降水量和暴雨日数明显增多,华北和东北的主要农业区干旱面积一般呈增加趋势;从全国平均来看,暴雨或强降水日数以及干旱面积略有增多,但变化趋势并不显著;登陆中国的台风以及由于台风造成的降水量呈减少趋势;中国北方沙尘天气包括沙尘暴事件出现频率总体上呈下降趋势。

　　(4)中国青藏高原北部近 100 年特别是近 20 年的降水量可能是历史上(1 000 年)最多的,干旱强度和频率可能是历史上最低的;中国东部历史上也出现过多次比近现代持续时间长、强度大的干旱和洪涝事件;青藏高原北部近 100 年的增温也可能是过去 1 000 年里所没有的,但仍存在着不确定性。

　　(5)古气候代用记录表明,自然因子可以引起明显的年代尺度以上的气候变化,20 世纪的增温不排除自然因素变化影响的可能性;但是,气候模式与资料的对比分析表明,中国观测的 20 世纪温度和降水变化空间分布形式在一定程度上也和模式模拟的全球变化情景下中国区域气候变化空间特点一致,说明过去 100~50 年的气候变化可能受到了温室效应增温因素的影响。气候变化的检测和原因识别问题非常复杂,还需要进一步开展研究。

　　(6)由于温室气体浓度增加而引起的气候变化模拟表明,未来的 100 年内,中国的年平均气温特别是冬季气温仍将升高,增温最明显的地区是北方,特别是东北地区。

　　(7)21 世纪前 30 年中国大陆年平均、冬季和夏季地表气温增加值为 0.3~2.3 ℃,增温幅度随时间推移和纬度增加而加大;冬季和夏季大陆地表最高温度和最低温度增温幅度及空间分布与大陆地表平均温度的增温幅度及空间分布大体上相一致;冬季暖冬事件和夏季高温事件的强度或次数可能将增加,尤其是在长江流域以北的广大地区。

　　(8)在 21 世纪的前 50 年左右,大气 CO_2 含量的增加除在一定程度上会增加青藏高原局部的夏季平均降水量外,可能不会对大陆其余地区的年、季节平均降水量产生明显影响;但持续的 CO_2 含量增加将最终导致大陆降水量几乎是全域性地增加,特别是中国西北地区降水量增加比较明显。

　　(9)未来中国东北与华北的大部分地区以及江南一些地区日最低气温继续升高,因此无霜期或生长期将进一步增长,但大部分地区日最高气温的升高均不明显;北方的年平均降水日数可能增多,西北地区可能更明显;年平均强降水日数在东南沿海地区增多的可能性比较大。

　　国家科技攻关课题研究获得的这些发现和结论对气候变化影响评价分析、国家气候变化基本响应策略制订、国际气候谈判对策和立场的确定等,已经并将继续产生重要影响。到目前为止,国家气候变化评估、青藏铁路建设、全国水资源综合规划及若干部门和地区的气候变化影响评价研究等,均采用或参考了这些成果。这些最新的研究成果也为今后深入分析中国乃至东亚地区气候变化规律和趋势提供了素材,为开展深入研究奠定了基础。

1.3　有待解决的科学问题

尽管经过多年的研究,在气候变化基础科学领域取得了大量成就,但是,中国的全球气候变化研究还有巨大的潜力。相信在不久的将来,通过科学的长期战略规划和协调,加强基础性和应用性研究间的紧密联系,确定更明确的科学目标,增进自然科学和社会科学的跨学科联合研究,一定可以产出更多具有创新性和实用性的科学成果,扩大对国际相关研究计划和 IPCC 评估活动的贡献,更好地回答国家可持续发展对气候变化科学提出的科学技术问题。

在全球气候变化检测和预估领域,还有许多科学技术问题没有很好解决。气候变化的监测和检测方面的科学上的不确定性还很大。例如,在现有的全球和区域平均温度序列中,一般都得出了明显增温的结论,但很多分析并没有考虑气象台站附近局地环境因素改变造成的影响,中国的城镇化对现有区域或全国平均气温序列的影响究竟有多大,还没有进行定量估计;再比如,根据古气候代用资料分析 20 世纪增暖是不是异常还面对许多困难。由于代用资料本身和资料覆盖的问题,对近代和未来预测的温度变化在历史上到底处于什么地位仍不很清楚。TAR 给出的 1 000 年温度序列是初步的。在年际到世纪尺度上气候的自然变化幅度是较大的,目前对自然气候变化及其影响因子的了解还是有限的(Houghton et al. 2001,Van Geel et al. 1999)。对温室气体辐射强迫和气候系统敏感性的认识还存在差距。模式本身在模拟长期气候变化方面能力也欠佳,需要不断改进,才能在气候变化原因的判别上充分发挥作用。

在未来气候变化趋势估计方面,同样存在着许多科学上的不确定性。例如,下列因素继续阻碍着对未来气候变化的预估:①目前在温室气体排放情景、气候系统若干关键过程和反馈等方面,认识上还有很大差距。在解决生物地球化学循环、温室气体和气溶胶源与汇的时空分布及在理解气候系统中关键的反馈作用方面,将来会有进一步改进。② 在估计包括气溶胶在内的辐射强迫时,误差也还很大。现在的估计带有主观色彩,真实的强迫可能落在目前估计的不确定性区间之外(石广玉等2002)。③气候模式本身存在着较大的缺陷。现在模式还不能较好地模拟气候系统状态,关于未来气候趋势的预测其不确定性是相当高的,结果有待检验。今后需要大量的改进工作,然后才有可能模拟出区域细节以及极端气候事件。为了解决这些问题,需要切实加强气候系统观测,独立地发展中国的气候系统模式,并加大对研究的投入。

显然,在气候变化的检测和预估方面,上述重要的科学问题仍需要进一步研究。气候成因分析和气候趋势估计的可靠性将严重依赖于对这些科学问题的理解水平,今后特别应加强对如下问题的深入研究(任国玉 2003):

(1)多时间尺度上的气候系统变化史。对近 100 年和古代气候系统演化历史的了解是解决气候变化科学许多问题的基础,但目前的了解还十分粗浅。我们需要对主要气候要素(如温度、降水或湿度、风、云量等)、气候强迫因子(如太阳辐射、火山喷发或平流层硫酸盐气溶胶、大气中温室气体浓度和气溶胶浓度等)、其他气候因子(如冰雪面积、海气耦合系统的低频振荡、陆地植被或土地覆盖等)、极端气候事件(如严寒、旱涝、台风、沙尘暴、气候突变等)等在年代到千年尺度上的时空演化状况有更清晰的认识。

因此,加强气候系统观测和历史资料分析就显得非常重要。全球气候观测计划(GCOS)、气候变率与可预报性计划(CLIVAR)及过去全球变化计划(PAGES)等相关观测和研究计划的实施与协调将有助于实现上述科学目标。当前,特别需要结合国内外科学合作计划,对器测资料的空间覆盖和非均一性、城市热岛效应增强和区域土地利用变化影响、古气候代用资料可靠性及其与器测记录的衔接、气候系统内部低频自然变率(NAO,PDO,ENSO 等)的历史重建和模拟、外部强迫因子的时间序列及其气候系统的响应、近地面与对流层增温速率的差异等问题进行深入研究。

(2)碳排放及其陆地和海洋的碳汇作用。人为碳排放及陆地和海洋的碳通量动态是预测未来大气中温室气体浓度和人为气候系统变化的关键因素。例如,在近 10 多年内北半球陆地碳汇的作用在增强,但陆地生态系统碳汇吸收能力到 21 世纪中期达到峰值后是否将逐渐下降(Houghton *et al*. 2001,Melillo *et al*. 2002)?海洋的碳汇作用是否也将随气候变暖而减弱?这些问题不解决,就无法了解未来大气中温室气体浓度变化趋势。陆地碳汇问题也由于《京都议定书》确定的灵活履约机制而受到重视。目前酝酿中的全球碳循环计划的实施将增进对这些问题的理解。

今后特别值得关注的科学技术问题包括:海洋表层水酸度、海洋生态系统和大洋环流对大气中 CO_2 浓度增加及气候变化的响应;土地利用和土地覆盖变化及其陆地生态系统碳收支动态,其中包括目前陆地碳汇过程的延续性;水和氮、磷、铁、硅、钙等元素的循环在海-陆-气碳交换过程中的作用;基于陆地和海洋的各种固碳技术等。

(3)气候系统模式及其模拟。气候模式研究发展比较快,已建立了一系列由简单到复杂的不同等级的气候系统模式,可对地球气候系统历史变化以及未来趋势进行模拟。气候模式要可靠地模拟气候系统的演化,离不开观测数据集的发展,并需要经过观测资料(包括器测资料和代用资料)分析的检验。气候模式应该更合理地模拟降水的时空变化特征,尤其应该提高对极端气候事件的模拟能力。增加模式的分辨率固然重要,但更重要的还是不断提升对云和水汽、气溶胶(硫酸气溶胶、矿物气溶胶、黑碳等)、陆地植被、海洋环流、冰雪等反馈过程及其气候系统敏感性的认识。对在气候系统模式中怎样耦合人类社会经济系统的影响也提出了一个新的挑战。

(4)土地利用变化及其区域气候效应。土地利用和土地覆盖变化不仅通过碳循环过程影响全球变化,而且也通过改变地表特性影响区域气候。在像中国东部这样的人口密集和经济活动活跃地区,历史上和未来的土地利用和土地覆盖变化都是很显著的,其对区域气候的影响不容忽视。近年来,一些主要来自模式敏感性试验的研究表明,陆地表面特性改变对区域甚至大陆尺度气候的影响是存在的(Fu 2001)。

今后,应通过多种途径,包括器测和代用资料分析、遥感技术、科学试验和模式模拟等,系统地开展研究,以便对下述科学问题获得新的认识:过去几十年到几千年不同时间上的土地利用和土地覆盖的演化历史;这些变化对局地、区域和次大陆范围气候的影响;过去土地覆盖变化引起的气候改变对于气候变化检测的意义;未来几十年土地利用和土地覆盖演化趋势及其气候效应。

(5)大气气溶胶的气候效应。大气中硫酸盐、硝酸盐和黑碳等气溶胶含量的增加可能也对中国近几十年来的局地和区域性气候造成了影响(王明星 2000)。大气气溶胶可以影响辐射平衡和云物理过程,导致近地表辐射、气温和降水的改变。在过去的 50 年,特别是自 20 世纪 60 年代以来,中国东部大范围地区日照时间和太阳辐射呈现明显减少趋势,可能与气溶胶含量的增加有密切关系。一些研究表明,气溶胶含量上升可能还对中国东部地表气温、区域降水分布形式等产生一定影响。

当前,国际地学界对大气气溶胶及其气候效应的研究非常重视,中国近些年也开展了许多观测和模拟研究。今后还需要加强对各类气溶胶观测技术包括卫星遥感技术的研究,开展主要污染物的排放因子及排放源清单研究,深入理解不同气溶胶的排放、清除和转化机理,发展大气气溶胶模式和气候系统模式,模拟分析中国东部关键区域大气气溶胶对局地和区域气候的影响。

(6)气候系统的不稳定性。古气候代用资料表明,在地球最近的历史上,北大西洋地区曾多次发生海洋温盐环流和气候的突然变化。在过去的近 50 万年内,地球气候系统多数时间是运行于不同的准稳定态中,在这些状态之间则出现突然变化(Broecker 1997)。

人类活动是否有可能激发这种突变,并对人类社会经济系统造成灾难性后果,这个问题日益令人关注。目前大气中 CO_2 和 CH_4 浓度等参数已经偏离到至少过去 50 万年自然变率幅度之外了;同时一些模式模拟显示,当全球气温上升超过一定阈值时,北大西洋温盐环流有可能减弱甚至停顿,欧洲气候可能转而变冷。这些发现加重了科学界对人为因素可能引发地球气候系统失稳问题的担忧。尽管北大西洋温盐环流的剧烈变化可能主要与冰期和冰消期大陆冰盖动态有关,而且在目前这样的间冰期发生类似剧变的可能性似乎很小,但这个问题仍然值得给予足够的重视。

目前需要深入了解的问题包括:过去间冰期和全新世北大西洋地区温盐环流和气候动态;冰期北大西洋地区温盐环流和气候突变的时间特征、影响范围和物理机制;中国对过去北大西洋地区气候突变的响应;未来可能由人类活动引起的全球变暖对海洋环流和陆地生态系统稳定态的影响。

1.4　本书阐述的科学问题

1.4.1　科学术语

本书采用IPCC报告对气候变化概念的定义,即气候变化是指由于人类活动和自然因子作用引起的气候系统平均状态的改变。人类活动的影响包括排放温室气体引起的增强的温室效应、土地利用和土地覆盖变化及人类排放各种气溶胶可能引起的区域气候变化等;自然因子作用主要包括太阳输出辐射变化和火山喷发频率变化可能导致的气候变化,也包括气候系统内部低频振荡引起的气候变化。气候变化主要体现为近地表温度和降水等气候要素多年平均值的变化,也表现为极端天气和气候事件发生频率的变化。气候变化研究更关注气候系统在年代及其以上时间尺度上的演化,但也关心气候变率的演化。

1.4.2　基本内容

本书共分11章,分别为引论、中国的温室气体排放与吸收、大气气溶胶及其气候效应、近100年全球和中国地区观测的气候变化、中国地区极端气候事件的变化、全球及中国气候变化的检测和原因分析、气候变化预估模式的检验与气候敏感性、21世纪全球和东亚地区气候变化趋势预测、21世纪中国及分区域气候变化趋势、气候变化检测与预估的不确定性、对气候变化若干科学问题的认识。各章之间既相互联系,又相对独立,这些内容基本涵盖了当前气候变化基础科学部分中的关键问题。我们希望本书能为更全面、准确地了解中国气候变化问题提供一份最新的参考材料。

1.4.3　与国家科技攻关课题研究的关系

本书汇集了国家"十五"重点科技攻关项目课题"全球与中国气候变化的检测和预测"的主要成果,但又不限于课题研究,还适当地吸收和评述了国内外其他相关研究成果。多数章节取材于攻关课题研究成果,但第2、第3、第6、第7和第10章中更多的内容取材于国内其他项目的研究成果。就课题以外的成果而言,我们强调国内科学家针对中国气候变化的研究,以评述国内科学家最近几年的研究成果为主,但也对境外学者针对中国和全球气候变化的重要研究成果予以介绍与评价。

参　考　文　献

丁一汇主编.2002.中国西部环境变化的预测.见:秦大河总主编.中国西部环境演变评估(第二卷).北京:科学出版社.

秦大河,丁一汇,苏纪兰主编.2005.中国气候与环境的演变及预估.见:秦大河,陈宜瑜,李学勇总主编.中国气候与环境演变(上卷).北京:科学出版社.

秦大河,孙鸿烈主编.2004.中国气象事业发展战略研究,中国气象事业发展战略研究领导小组,北京.

任国玉.2002.全球气候变化研究的现状与方向.见:中国气象学会秘书处编.大气科学发展战略.北京:气象出版社,76-81.

任国玉.2003.我们未来的气候:人类的干预有多大.气象,**29**(3),3-8.

石广玉,王会军,王乃昂等.2002.人类活动在西部地区环境演变中的作用.见:秦大河总主编.中国西部环境演变评估(第一卷).北京:科学出版社,pp182.

王明星.2000.气溶胶与气候.气候与环境研究,**5**(1):1-5.

王绍武,董光荣主编.2002.中国西部环境特征及其演变.见:秦大河总主编:中国西部环境演变评估(第一卷).北京:科学出版社.

Broecker W S. 1997. Thermohaline circulation, the achilles heel of our climate system: will man-made CO_2 upset the current balance. *Science*, **278** (5343): 1 582-1 588.

Fu Congbin. 2001. Land Use and the East Asian Monsoon. Global Change Conference. Amsterdam, 10-13 July, 2001.

Houghton J T, Ding Y H, *et al*. 2001. Climate Change 2001: The Scientific Basis. Cambridge Univ. Press, Cambridge, 896 pp.

IPCC WG1. 2007. Climate Change 2007: The Physical Science Basis. Summary for Policymakers.

McCarthy J, Canzian O F, Leary N. 2001. Climate Change 2001: Impacts, Adaptation, and Vulnerability. Cambridge Univ. Press, Cambridge, 1 050 pp.

Melillo J M, Steudler P A, Aber J D, *et al*. 2002. Soil warming and carbon-cycle feedbacks to the climate system. *Science*, **298** (5601): 2 173-2 176.

Moore III B. 2001. The Challenges of a Changing Earth. Global Change Conference, Amsterdam, 10-13 July 2001.

Van Geel B, Raspopov O M, Renssen H, *et al*. 1999. The role of solar forcing upon climate change. *Quaternary Science Reviews*, **18**: 331-338.

第 2 章 中国的温室气体排放与吸收

主　　笔:张称意　宫　鹏
主要作者:韩圣慧　徐　明　张　华
贡献作者:郑循华　陈镜明　陈　晋
　　　　　Chris Potter　石广玉

2.1　碳循环与 CO_2 辐射强迫

2.1.1　引言

自工业革命以来,矿物燃料的使用支持了现代经济的发展和社会的繁荣,为人类的知识创新与技术进步提供了直接的现实动力。如若没有矿物燃料的使用,火车、轮船、汽车、飞机等现代交通工具因缺乏机械动力而无法行驶,人类社会也可能因没有快速而便捷的交通条件而大大降低其发展与发达的程度。毋庸置疑,矿物燃料的使用极大地促进了现代文明。然而,矿物燃料的使用给人类带来便利的同时,也给地球环境带来了负面影响。矿物燃料使用所排放的温室气体,直接导致地球系统的碳循环过程与源汇关系发生变化,进而引发大气组成的改变;并极有可能成为引起全球气候变化的主要诱因,给人类社会的可持续发展带来严重问题。

人类使用矿物燃料、从事农业生产等活动而向大气排放温室气体,导致大气温室气体浓度的上升,所产生的额外辐射效应导致地球的温度上升和气候系统的其他变化。然而,二氧化碳(CO_2)、甲烷(CH_4)等温室气体在地球的岩石圈、水圈、生物圈和大气圈之间进行着相互交换,大气温室气体浓度的变化受着地球系统不同圈层之间物质交换的深刻影响。对大气温室气体浓度变化的科学认识和准确预测,要依赖人类对碳循环、温室气体在地球各圈层的源排放、汇吸收的深入理解和把握。

碳循环研究是地球系统科学研究的中心问题之一。它与气候、水循环、养分循环及陆地和海洋中光合作用所生产的生物量有密切关系。这些生物量维持着地球上包括人类在内的绝大多数动物的生存(大洋深处靠氧化硫化氢的能量维持的生态系统除外)。因此,理解全球碳循环对认识环境史、人类活动对环境的改变、预测未来环境等都至关重要。

Petit 等(1999)根据南极冰芯采样估测过去 42 万年四次冰期、间冰期大气中 CO_2,CH_4 的浓度(图 2.1)。现在大气中 CO_2 浓度比过去间冰期最高值还高近 100 ppmv。大气中的 CH_4,N_2O 与 CO_2 有着类似的趋势。近 200 年,大气中温室气体浓度的变化速度远远高于从前。这些变化无疑是由人类活动引起的,并且影响着全球的气候。

对大气、陆地和海洋之间的碳交换的幅度在时空上的分布的研究表明,人类和自然系统的交互作用极其复杂,碳循环、人类活动与气候变化处于相互作用的统一体中。不同的国家、社会政策和种族文化对碳循环自然过程的影响和扰动程度及其应对气候变化的措施差异很大,而且人类活动对碳循环的反馈作用也因地因时而异。研究碳循环的难点之一是难以分离碳循环过程中人为和自然因素各自的作用。

碳可以在大气、海洋和陆地上积累。利用库存的概念把蓄积碳的各个部分称为碳库,如土壤碳

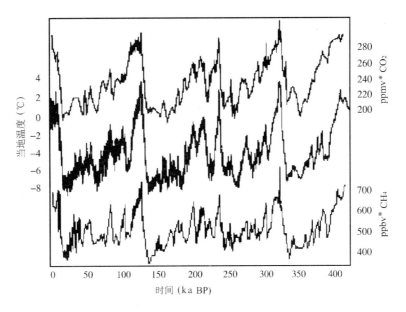

图 2.1　过去 42 万年来南极 Vostok 冰芯气孔中 CO_2 和 CH_4 浓度及推测的当地温度(Petit *et al.* 1999)

库、河流碳库、石灰岩和黄土等地质碳库等。碳源和碳汇是相对于某一个碳库的概念。如对于陆地生态系统来说,在某一特定时间和空间范围内,它向其他碳库输送的碳多于从其他碳库获得的碳,那么它就是碳源;反之是碳汇。陆地上,现在处于碳汇状态的地区大致分布在土地利用变化的地带,而碳汇强度取决于生态系统对不断干扰作出的植物生理反映。海洋对碳的吸收也会随大气从陆地输送的富铁粉尘的分布的变化而变化。而大气中地表粉尘的丰度和成分又受到土地利用和气候变化的影响。人类可以通过减少矿物燃料的燃烧排放及增强陆地和海洋生态系统的碳吸收来调控碳循环(Global Carbon Project 2003)。

　　人们针对全球碳循环及其环境影响做了大量研究。有将卫星观测、大气采样和数值反演结合起来的所谓"自上而下"的途径,这种途径的长处是便于确定大尺度(全球到大陆尺度)的碳源汇分布;有通过地表监测或过程模拟研究的所谓"自下而上"的途径,便于确定小空间尺度上地-气或海-气碳交换,了解在区域或生态系统尺度上碳交换的控制机制。这两种途径是科学技术发展到今天,人类社会认识和理解地球系统碳循环的主要途径,并以此来推断碳循环-人类活动-气候之间的相互作用、相互影响与反馈。

　　本章依据学术界对温室气体排放、地球系统碳循环的研究结果以及人类活动与气候变化之间相互关系的认识与理解,着重介绍中国对大气 CO_2 浓度的监测结果,CO_2、CH_4 和 N_2O 排放的研究进展,近年来中国陆地生态系统的 CO_2 源和汇分布的研究结果以及 CH_4 的陆地生态系统汇吸收;同时,对中国土地利用与碳通量关系的研究结果进行汇总。为了能更好地说明人类活动对碳循环的扰动、碳循环与气候的关系,本章还简略地介绍全球碳源汇的研究结果及大气 CO_2 气候效应的最新研究结果。

2.1.2　世界碳源汇分布

　　1995 年世界矿物燃料燃烧、水泥生产和油气田放空燃烧(gas flaring)排放的 CO_2 总量如图 2.2 所示。图中显示美国东部、欧洲中部和亚洲东部碳排放量最高。虽然全球矿物燃料燃烧总量仍在增加,该图所用数据近年来被用做大气输送模型反演的输入数据。另一种输入数据是定点测量的大气

---

* 此处表示某成分(此处为 CH_4)的体积分数为 10^{-9},下同。

中 CO_2 浓度(图 2.3)。

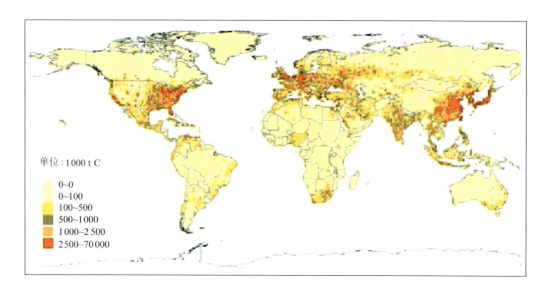

图 2.2　1995 年世界矿物燃料燃烧、水泥生产、油气田放空燃烧的 CO_2 排放的 $1° \times 1°$ 格网的分布
(见 http://cdiac.esd.ornl.gov/ndps/ndp058a.html)

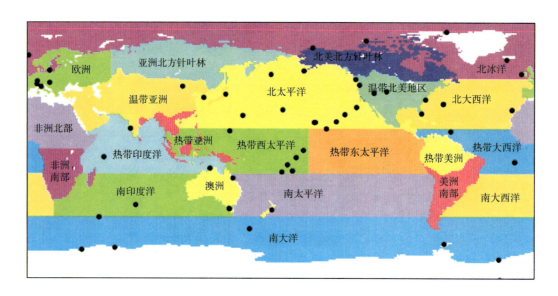

图 2.3　大气输送模型反演使用的 76 个 CO_2 浓度测量点(黑点位置)及全球碳源汇反演的 22 个分区
(Gurney *et al*. 2002,见 ftp://ftp.cmdl.noaa.gov/ccg.CO2/ GLOBALVIEW)

陶波等(2001)将陆地生态系统碳循环模型分为四大类,分别是清单法、涡度相关法、生态系统模型法和大气 CO_2 测量反演法。清单法需要详细的历史土地利用资料。涡度相关法一般适合于地表景观较均一的小空间尺度测量。后两种方法是比较常用的全球范围估算碳平衡的方法。

自 Tans 等(1990)利用海洋中建立的大气 CO_2 测量,通过"自上而下"的大气输送模型反演全球几大陆地和海洋的碳源汇范围之后,随着 CO_2 测量点的增多,大气输送模型反演被不断用于对大区域的碳源汇研究。其中,Gurney 等(2002)将全球划分为 11 个海区和 11 个陆地区域(表 2.1),使用 76 个 CO_2 测量点 1992—1996 年的年平均数据,通过比较 16 种大气输送模型的反演方法,得出各个区域的碳源汇及其不确定性的范围。11 个陆地区域通过具有类似季节类型的生态系统确定,而 11 个海域则是大致根据洋流特征确定。表 2.1 中的模拟碳源汇结果对陆地部分是平均模拟通量,对海洋部分则是背景海洋通量和平均模拟通量之和(图 2.4)。模型需要的预设碳通量在陆地区域根据卡耐基-艾姆斯-斯坦福途径生物圈模型(CASA)净初级生产力以及近年调查结果估算得到,并有季节变化,而海域则假设为零。预设碳通量不确定性根据近年来模型模拟结果确定其范围。矿物燃料燃烧碳通量已在图 2.2 中介绍。背景海洋碳通量根据大量模拟结果估计得到。反演结果为平均模型通量、平均模型不确定性和模型间不一致性(图 2.4)。

表 2.1　16 种大气输送模型反演的碳通量结果

(Gurney *et al*. 2002)

单位:PgC a^{-1}

	预设通量	预设不确定性	背景矿物燃料燃烧量	平均模型通量	模型不确定性均值	模型间不一致性
陆地分区						
北美北方针叶林	0.00	0.73	0.01	**0.26**	0.39	0.33
温带北美地区	−0.54	1.50	1.60	**−0.83**	0.52	0.44
欧洲	−0.10	1.42	1.64	**−0.61**	0.43	0.47
亚洲北方针叶林	−0.40	1.51	0.17	**−0.52**	0.51	0.52
温带亚洲	0.30	1.73	1.80	**−0.62**	0.66	0.59
热带美洲	0.55	1.41	0.13	**0.63**	1.06	0.63
非洲北部	0.15	1.33	0.11	**−0.17**	0.98	0.66
热带亚洲	0.80	0.87	0.35	**0.68**	0.74	0.45
美洲南部	0.00	1.23	0.12	**−0.16**	0.93	0.42
非洲南部	0.15	1.41	0.10	**−0.32**	0.93	0.52
澳洲	0.00	0.60	0.08	**0.32**	0.27	0.25
海洋分区			背景海洋通量			
北太平洋	0.00	0.82	**−0.51**	**0.20**	0.29	0.42
北冰洋	0.00	0.26	**−0.44**	**0.14**	0.15	0.32
北大西洋	0.00	0.40	**−0.29**	**−0.15**	0.29	0.81
热带西太平洋	0.00	0.50	**0.15**	**−0.27**	0.31	0.48
热带东太平洋	0.00	0.56	**0.47**	**0.18**	0.33	0.51
热带大西洋	0.00	0.40	**0.13**	**−0.17**	0.32	0.61
热带印度洋	0.00	0.74	**0.12**	**−0.22**	0.37	0.44
南太平洋	0.00	1.22	**−0.23**	**0.27**	0.53	0.57
南大西洋	0.00	0.48	**0.13**	**0.09**	0.42	0.74
南印度洋	0.00	0.54	**−0.56**	**0.22**	0.33	0.42
南大洋	0.00	1.50	**−0.88**	**0.42**	0.27	0.34

　　从表 2.1 和图 2.4 可得出:温带北美、温带亚洲和欧洲是陆地上最大的碳汇,中高纬海域也是碳汇;模型之间的差异比模型预测值的不确定性小,表明选择不同模型估算 CO_2 源汇的效果相差不多。

　　Schimel 等(2001)对 IPCC 估算的 20 世纪 80 年代和 20 世纪 90 年代碳收支(表 2.2)中陆地-大气间的碳交换做了分析后指出,由 20 世纪 80 年代地-气碳交换平衡到 20 世纪 90 年代的陆地生态系统处于碳汇状态是由于中纬度北美和亚欧大陆的碳汇贡献。北半球中纬度地区由于森林防火和植树造林、退耕还林还草等土地利用变化使碳交换处于暂时性碳汇状态。高纬度北方针叶林由于火灾、病虫灾害等干扰而变成小的碳源。热带生态系统经受了较大的森林砍伐和毁林开荒,但是仍处于较小的碳汇状态,表明热带生态系统暂时具有较强的碳汇能力,但是不确定性很高。同时指出,近年来研究发现全球生态系统随气候变暖变干而成为碳源,变湿变冷而成为碳汇。因此,全球碳循环与厄尔尼诺和南方涛动有关(下面介绍"自下而上"方法时有单独考查温度异常和水分异常的结果)。

　　总之,由于森林再生等土地利用变化会减弱、二氧化碳和氮素的施肥作用会饱和及气候变化削弱全球碳汇,因此,20 世纪 90 年代的陆地生态系统碳汇是不可持续的。Houghton(2003)认为只有通过对北半球中纬度土地利用历史重建和对热带地区土地利用变化高分辨率的遥感监测才可能降低表 2.2 中的不确定性。

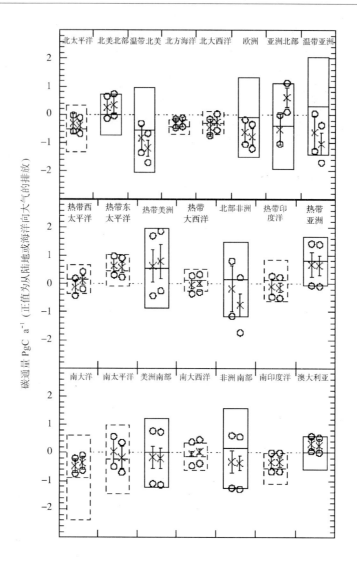

图 2.4　全球 22 个分区碳通量及其不确定性

虚线框为海域预设不确定性,实线框为陆域预设不确定性。每个框内左边为控制模拟结果,右边为去除背景碳通量季节性变化而得到的结果。差号代表平均值,圆圈代表模型平均不确定性,线段代表模型间的不一致性(Gurney *et al.* 2002)

表 2.2　全球碳收支状况

（Houghton 2003）　　　　　　　　　　　　　　　　　　　　　　　　　　　　　　　单位:PgC a^{-1}

	20 世纪 80 年代平均状况	20 世纪 90 年代平均状况
矿物燃料燃烧和水泥制造的碳排放	5.4 ± 0.3	6.3 ± 0.4
大气碳增加	3.3 ± 0.1	3.2 ± 0.1
海洋碳吸收	-1.9 ± 0.5	-1.7 ± 0.5
陆地碳吸收	-0.2 ± 0.7	-1.4 ± 0.7
由土地利用造成的碳排放	1.7（0.6～2.5）	假设 1.6 ± 0.8
平衡上述各项的残差——尚未确知的"遗漏"碳汇	-1.9（-3.8～0.3）	-2～-4（极不确定）

　　一般认为,碳循环在不同时间尺度上有不同的主导驱动因素。在地质时间尺度上,海洋碳沉积起主导作用,而在 2 万～3 万年尺度上,液、固界面上的腐蚀、化学剥蚀和沉积起主要作用,在百年或百年以内尺度上生物作用才对碳循环起调节作用(徐永福 1995)。袁道先(1999)批评在全球变化研究中将气候物理系统和生物作用、矿物燃料和地质作用机械划分为短、中、长尺度,并在实际观测中忽略地质作用的作法,认为这可能是造成生物地球化学模型不平衡的原因。他估算全球岩溶作用每年可回收0.6 Pg 碳,约为遗漏碳的 1/3。

Potter 等(2003)年利用 1982—1998 年 17 年 NOAA/AVHRR 卫星序列资料,估算出全球陆地生态系统 0.5°×0.5°网格的光合作用有效辐射能吸收比持续降低 12 个月的地区,并将光合作用有效辐射能吸收比持续降低 12 个月定义为干扰事件(Potter *et al*. 2003a)。发现干扰事件在该期间发生的地区主要分布在热带稀树草原和北方针叶林带。若假定这类地区的干扰事件为火烧造成,则过去 17 年由于火烧引起的碳排放可达 9 PgC。

近年来,不少"自下而上"的生态系统模型方法被用于生态系统碳平衡研究(王绍强等 1998)。有的基于气候、植被、土壤条件和生态过程机理,网格尺度一般较大(Tian *et al*. 2003)。有的基于 NOAA 或 EOS 卫星对地观测数据和对土壤碳收支的经验估算(Gong *et al*. 2002,Potter *et al*. 2003)。在生态系统模型中,碳源汇的符号一般与"自上而下"的全球大气输送模型相反。

一般可把陆地生态系统看做由植物、土壤、水分和其他生物组成。水和土壤在适当温度条件下为植物生长提供条件,植物在适当的光照条件下吸收 CO_2 以满足自身生长需要,此为植物总初级生产力 GPP。GPP 中减去植物自身呼吸作用向大气中释放的碳即是植物的净初级生产力 NPP。陆地生态系统中非植物的其他生物依靠植物的碳积累获取能量,通过生物呼吸分解植物有机碳来向大气中释放 CO_2。非植物生物的呼吸作用中土壤微生物的异氧呼吸量 R_h,占释放 CO_2 总量的绝大多数,其他呼吸量可忽略不计。因此陆地生态系统的净生产力 NEP = NPP−R_h。当 NEP 为负值时,陆地生态系统是向大气圈排放碳的源,反之为汇。

Potter 等(2003b)利用 1982—1998 年根据 NOAA 卫星数据估算的逐月光合作用有效辐射能吸收比和全球月平均气候数据驱动 NASA-CASA 生态系统模型。模型空间分辨率为 0.5°×0.5°。NPP 由卫星数据和气候数据推算得来。通过对枯枝落叶、表层有机质、土体有机质和矿化及深层矿化过程分层,并对从枯枝落叶到枯根经土壤微生物转化成土壤有机质逐步模拟。用 NPP 初始化土壤碳库然后计算土壤异氧呼吸量 R_h。计算结果显示全球 NEP 年际变化幅度为−0.9~2.1 PgC。北美地区在 1982—1998 年间,当气候正常时基本处于 0.2~0.3 PgC a^{-1} 的碳汇水平,而在较冷年份接近于 0。亚欧大陆从 20 世纪 80 年代后期至 20 世纪 90 年代碳汇水平增加到 0.3~0.55 PgC a^{-1}。其结果证明 NEP 与气候变动有关,但是不同区域和不同生态类型 NEP 与气候关系不同。总趋势是 NEP 随温度异常增高而增高,随湿度异常降低而降低。图 2.5 显示全球陆地生态系统 NEP 1983 和 1998 年的结果。1983 年全球 NEP 为碳源−0.72 PgC,而 1998 年为碳汇 1.25PgC。

McGuire 等(2001)比较了 4 种生态系统模型计算陆地生态系统在 1920—1992 年的逐年碳平衡,并模拟了大气 CO_2 增加、气候和土地利用变化对 NEP 的影响。3 个模型的结果表明在 1958 年以前全球由于农业垦殖而处于碳源状态。之后所有模型均显示陆地生态系统处于碳汇状态。与 Potter 等工作不同的是他们的模型没有使用卫星观测资料,气候资料为 0.5°×0.5°格网。结果显示气候因素没有 CO_2 增加和土地利用改变对碳平衡的影响大。

向大气排放 CO_2 还受到人为和非人为因素影响,特别是人为或自然因素引起的植物燃烧碳排放 F,又将 NEP 减少成为陆地生物圈的净固碳能力(NBP),即 NBP=NEP−F。Tian 等(2003)将人与牲畜消耗分解的有机碳以及用于经济活动的木材及其派生品的分解在新版的陆地生态系统模型(TEM)中单独列项考虑,以期减少陆地生态系统与大气圈碳交换的不确定性。

2.1.3　CO_2 辐射强迫

辐射强迫指的是在地球气候系统辐射能量收支平衡中外部强加的扰动(IPCC 2001)。这种扰动可由辐射活性气体(如 CO_2 等)浓度和太阳入射辐射的长期变化或影响地表吸收辐射能量的其他变化(如地表反照率性质的变化)所产生。这些通过改变地球气候系统辐射收支平衡而改变气候的因子被称为辐射强迫因子。辐射强迫(W m^{-2})在数值上定义为某种强迫因子变化时所产生的对流层顶平均净辐射的变化。按照是否允许对平流层温度进行调整,将辐射强迫具体划分为不考虑平流层温度变化的瞬时辐射强迫和允许平流层温度变化的调整过的辐射强迫。按照产生辐射强迫的物理机

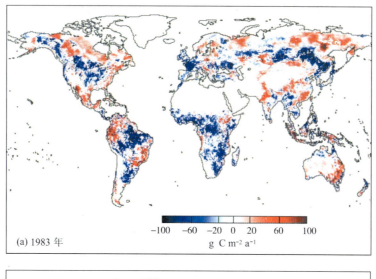

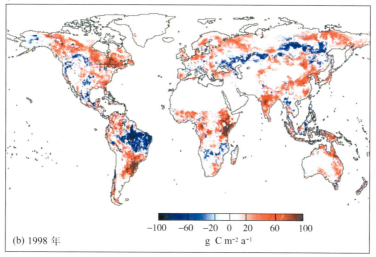

图 2.5　利用 NASA-CASA 生态系统模型模拟的全球陆地生态系统净生产力 NEP

制,辐射强迫又可划分为直接辐射强迫和间接辐射强迫。直接辐射强迫指的是指 CO_2 等温室气体和大气气溶胶的浓度变化通过辐射效应直接产生的强迫;间接辐射强迫是指 CO_2 等温室气体和大气气溶胶通过化学或物理过程影响其他辐射强迫因子所产生的间接效应。

　　CO_2 等温室气体辐射强迫有很多计算方法。用逐线积分模式可以精确地计算 CO_2 加倍后的辐射强迫,它的缺点是速度太慢;20 世纪 90 年代以后日趋成熟的 k -分布模式日前被广泛地用来计算温室气体的瞬时辐射强迫,它的优点是精度高,速度快。石广玉(1992)利用一个以 k -分布为基础的一维辐射——对流模式研究了温室气体的辐射强迫,并对它们的瞬时辐射强迫提出了一组简化公式(IPCC 2001b)。在这些公式中,已知 CO_2 等温室气体的浓度,就可非常容易地计算它们的辐射强迫值。

　　用简化公式计算的 CO_2 加倍的辐射强迫为 4.37 W m^{-2}(IPCC 1990,1996)。此后,一些研究(Myhre et al. 1998, Jain et al. 2000),包括用大气环流模式的研究(Ramaswamy et al. 1997;Hansen et al. 1998),给出了较低的 CO_2 辐射强迫值。这些对 CO_2 加倍的辐射强迫的最新估计值为 3.5~4.1 W m^{-2},在计算中考虑了相关的温室气体和它们之间的各种重叠。得到较低强迫值的原因在于在新的计算中考虑了平流层的温度调整,而在简化公式中(IPCC 1990,1996)却没有恰当地处理平流层的温度调整(IPCC 2001)。

CO_2 加倍的辐射强迫的最新估计值是 3.7 W m^{-2}，与 IPCC(1996)相比，减少了 15％。自工业革命以来的强迫值也从 1.56 W m^{-2}(IPCC 1996)下降到 1.46 W m^{-2}(IPCC 2001)。因此，有必要在简化公式中考虑平流层调整的作用，而 GCM 模拟的 CO_2 加倍的气候效应已经隐含了这种物理作用。在某些气候研究中，非 CO_2 混合气体强迫的总和用 CO_2 的等效量来代替。由于 CO_2 的辐射强迫值在 IPCC(1996)中高于最新估计值(IPCC 2001)，所以如果使用 IPCC(2001)给出的 CO_2 辐射强迫值，那么等效 CO_2 概念的使用会低估非 CO_2 混合气体的作用，在实际计算与应用时，应该特别注意。

研究辐射强迫的意义在于，如果全球平均辐射强迫为 ΔF，则全球平均地表温度响应为 $\Delta T_S(K)$。WMO(1986)将二者的关系定义为：$\Delta T_S = \lambda \Delta F$。它表示为了响应一种外部强加的辐射扰动，地表-对流层系统从一种平衡态向另外一种平衡态的转变。式中 λ 是气候敏感度参数，不同模式的 λ 值很不相同，但在同一个模式中，其值几乎不变，典型值为 0.5 K(W m^{-2})$^{-1}$。λ 值的不变性使得辐射强迫概念成为估计全球年平均地表温度响应的方便工具。

2.1.4　中国大气 CO_2 浓度

中国大气 CO_2 浓度的观测始于 1994 年。观测站设立在地处青藏高原东北部的瓦里关山(Mt. Waliguan)，是世界气象组织(WMO)的全球大气观测(Global Atmosphere Watch)监测网络 22 个大气本底站之一(WMO 2002)。从瓦里关山站的监测结果看：大气 CO_2 浓度自 1994 年以来一直处于上升趋势(图 2.6)(Zhou *et al*. 2003)，从 1994 年的大约 360 ppmv 上升到 2000 年的约 370 ppmv。其上升的趋势可表述为线性函数(Zhou *et al*. 2003)。依据这一趋势函数，瓦里关山站的大气 CO_2 浓度在 1994—2000 年这一段时间上升的平均速率为该线性直线的斜率，即 0.158 ppmv mon^{-1} (Zhou *et al*. 2003)。这一明显的上述趋势说明：人类活动引起的碳排放量多于地球生态系统所吸收的碳量。世界气象组织的监测结果表明：全球在 2000 年的 CO_2 平均浓度为 369 ppm，1983—2000 年的平均上升率为 1.6 ppmv a^{-1}(WMO 2002)。瓦里关山站的检测结果表明：中国大气 CO_2 本底浓度的变化与世界气象组织的观测结果基本一致。

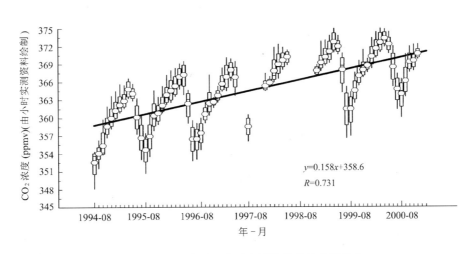

图 2.6　瓦里关山 CO_2 月均时间序列和小时实测值的线性估计趋势(Zhou *et al.* 2003)

瓦里关山站的监测结果还显示：中国大气 CO_2 浓度表现出十分明显的年内季节循环(图 2.7)(Zhou *et al*. 2003)；以 4 和 5 月的浓度为最高，而以 7 和 8 月的浓度为最低；二者相差在 10 ppmv 左右。CO_2 浓度的年内循环从侧面反映了地球陆地生态系统碳排放与吸收的季节波动。世界气象组织的监测结果也表明：CO_2 浓度在北半球的中、高纬度区有清晰而大的年内循环，以冬春季节的浓度高，而以夏秋季节的浓度低；在南半球却只有小的年内差异(WMO 2002)。

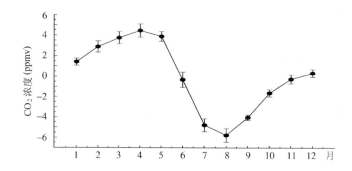

图 2.7　瓦里关山站在 1994—2000 年的 CO_2 浓度季节循环(Zhou *et al.* 2003)

2.2　中国碳排放的历史与现状

人类在工业革命后大量使用矿物燃料所产生的碳排放,是对地球系统碳循环的重大扰动。为了防止地球气候系统发生突然变化,给人类社会带来灾难,联合国签署了气候变化框架公约(UNFCCC 1992),旨在有效减少以 CO_2 为主的温室气体排放,保护地球气候系统。为了落实 UNFCCC 的最终减排目标"将大气温室气体浓度稳定在防止气候系统受到危险的人为干扰的水平上",联合国签署了《京都议定书》,并启动了多轮的履行气候变化公约的谈判,以明确各国的减排责任、义务和减排的定量指标。然而,由于世界各国的发展有先有后,碳排放的历史差异很大;而且碳排放的总量和相对量也极其不同,减排的技术与成本相差悬殊,减排给各国经济与社会发展所带来的影响也有很大不同,实现 UNFCCC 的目标,尚需国际社会付出艰苦的努力。

为了全面建设小康社会,实现经济、社会和生态的可持续发展,并积极参加保护地球气候系统的国际行动,使中国在国际环境外交谈判中争取主动,维护中国的正当权益,很有必要对中国碳排放的历史与现状的基本问题进行综述与分析,进而确切认识中国在全球碳排放中所占据的份额与比重(何建坤等 2002)。

2.2.1　中国碳排放的总量

历史上中国一直是农业文明古国,进入 20 世纪后才逐渐有了工业。直至 20 世纪上半叶,中国的矿物燃料使用量都很少,碳排放量极低(矿物燃料燃烧与水泥生产排放),仅占全球的极小份额。到了 1950 年中国的年碳排放量仅有 2100 多万 t(图 2.8)(Marland *et al.* 2003a),还不足全球的 1/1 000(Marland *et al.* 2003b),仅相当于美国在 20 世纪初排放量的 1/10(任国玉等 2002),相当于其同期排放量的 3.1%(Marland *et al.* 2003c)。由此可见,长期以来,中国的碳排放量都是极低的。1950 年后,中国的碳排放量才随着工业的发展逐步有所增加,在全球的碳排放份额中所占的比例也缓慢升高。但由于中国工业基础薄弱以及建国后近 30 年所执行的计划经济束缚等原因,中国的碳排放量仍然很小。直至改革开放的初期,年排放量才接近 4 000 万 t(Marland *et al.* 2003a)。这些都是国际公认的事实。

1978 年后,随着改革开放,中国的经济进入快速增长阶段,矿物燃料使用迅速增加,由此而产生的碳排放也随之稳定增加。1980—2000 年,中国碳排放量的年均递增率为 3.4%,在改革开放初期的 20 世纪 80 年代,碳排放量年递增率为 5%～8%(Marland *et al.* 2003a),是中国碳排放的快速增长期。20 世纪 90 年代末,由于节能措施的大力实施,中国的碳排放增长变缓,甚至出现了下降的趋势(Marland *et al.* 2003a),1997—1999 年平均年排放递增率下降了 2.1%。然而,中国是一人口大国,生活用能有很大的需求,由此而导致的碳排放量很大。1990 年中国的碳排放量占世界总量的 10.7%,1999 年上升为 11.6%,2000 年仍为 11.5%,成为仅次于美国的第二大碳排放国,对全球的碳排放总量有较大的影响。如果未来中国的经济增长建立在巨量能源消耗基础上,能源结构仍以煤炭为主,那么到 2050 年中国碳排放量可能占世界总排放量的一半以上(戴彦德、朱跃中 2002),成为世界第一排放大国。

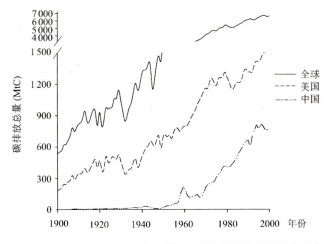

图 2.8　1900—2000 年中国、全球及美国的碳排放总量 *

2.2.2　中国的人均碳排放量

　　生存与发展是人类永恒的主题。在生存与发展的原则上,人人享有均等的碳排放权。然而,用碳排放总量度量温室气体排放量显然无法体现公平与公正的原则(任国玉等 2002),而人均碳排放量却能在一定程度上反映碳排放享有权分配的公平性。因此,人均碳排放量是衡量碳排放的一个重要指标。就现有的资料而言,中国的人均碳排放量一直低于世界同期的水平,而西方发达国家的人均碳排放量是中国同期值的 3～100 多倍(图 2.9)。2000 年,中国人均碳排放量为 0.6 t,比全球平均值低 0.49 t,相当于美国的 11.1%,加拿大的 15.5%,英国的 23.2%,法国的 35.7%,德国的 23.0%,澳大利亚的 12.2%,日本的 23.5%。自 20 世纪 80 年代,中国在碳排放总量增加的同时,人均排放量也有所增加,平均年增碳排放 0.008 t,年平均增长率为 1.71%。随着中国的经济发展,在 21 世纪中国的能源需求还会增长(戴彦德,朱跃中 2002),人均碳排放量也会增大。据估计:中国的人均碳排放量可能在 2010 年后接近或达到世界平均水平(何建坤,苏明山 2002;任国玉等 2002)。

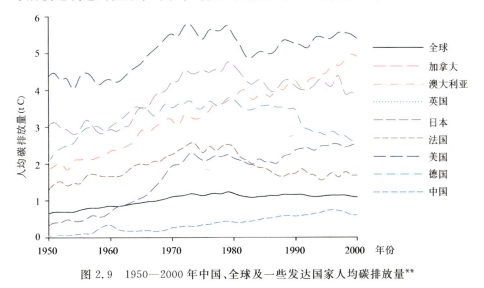

图 2.9　1950—2000 年中国、全球及一些发达国家人均碳排放量 **

　　* 根据美国橡树岭国家实验室 CO_2 信息分析中心(ORNL/CDIAC)资料绘制,见 http://cdiac.org.gov/trends/emis/tre_prc.htm;1995—1999 年采用中国能源统计资料。

　　** 根据美国橡树岭国家实验室 CO_2 信息分析中心(ORNL/CDIAC)资料绘制,见 http://cdiac.org.gov/trends/emis/tre_prc.htm。

2.2.3 中国近百年的累积碳排放量

矿物燃料使用所排放的碳,在进入大气后即行混匀而加入地球碳循环。由于生物地球化学循环,CO_2 在大气中的居留期约为 100 年以上(Hulme et al. 2002)。20 世纪初以来人类排放的 CO_2 仍然存留在空气中。因此,最近百年的累积碳排放量是确定一个国家或地区对气候变化影响的程度及相应所应承担的责任和义务的重要客观依据。1900—2000 年,中国的累积碳排放量为 194.7 亿 t,占全球同期的 7.17%(表 2.3),与德国大致相当,约是美国的 1/4。

表 2.3 全球及部分国家 1990—2000 年矿物燃料燃烧与水泥生产的累积碳排放量　　　　单位:10^8 t

	全球	中国	美国	加拿大	德国	法国	英国	日本	印度
累积碳排放量(亿 t)	2716.0	194.7	783.8	56.87	187.5	72.52	143.6	108.7	59.81
累积碳排放量占全球的百分比(%)	—	7.17	28.86	2.09	6.90	2.67	5.29	4.00	2.20

资料来源:根据美国橡树岭国家实验室 CO_2 信息分析中心(ORNL/CDIAC)资料整理。

近百年累积碳排放量是对一个国家碳排放历史责任的度量,强调了国家对碳排放的影响。事实上,每一个国家的人口是不同的。如果人均收入一样,则人口越多,生活用能、交通用能等则越大(徐玉高等 1999),国家的碳排放必然越大。一个国家的人口对其碳排放有着重要影响。单纯以国家的累积碳排放量来度量碳排放责任,会忽略"每个人对全球的公共资源享有相同的权利"这一公平原则(陈文颖,吴宗鑫 1999),需要将国家的历史责任、现实责任与人均公平原则进行有效结合。中国学者基于债权与债务继承的社会准则,提出了"人均历史累积排放量"概念(任国玉等 2002)。采用《京都议定书》等有关国际气候变化文件所用的基础年——1990 年作为人口的基准年,用过去 100 年的各国碳排放的累积量作为历史累积排放量,将前者除后者定义人均历史累积排放量,并以此来衡量世界各国的人均历史累积排放量。结论是:发展中国家的人均历史累积碳排放量都很低,中国 CO_2 人均历史累积排放量只有 15 t;而发达国家的人均历史排放量均在 100 t 以上,美国为 290 t,英国为 240 t,前苏联为 210 t(任国玉等 2002)。发达国家的碳排放人均历史累积量很高,说明在减缓全球气候变化方面他们具有比发展中国家大得多的责任和义务,这符合 UNFCCC"共同担有区别的责任"原则。

2.2.4 中国碳排放的主要特征与趋势

(1)中国碳排放的变化特点:高而增长快的排放总量、低而增长中速的人均排放量、较高的历史累积排放量、非常低的人均历史累积排放量(任国玉等 2002)。

(2)中国的碳排放总量的变化与中国的人口和经济发展密切相关:分析表明,人口增长与人均 GDP 增加是人均碳排放量增加的主要来源(徐玉高等 1999);到 2020 年,中国的碳排放量可能达到 11.06 亿~16.7 亿 t,年均增长 1.45%~3.37%(戴彦德,朱跃中 2002)。

(3)中国单位 GDP 的 CO_2 排放:在 1990 年按汇价计算,中国单位 GDP 的碳排放强度为 1.55 kg C/美元,比 OECD 国家的 0.166 kg C/美元高出近 10 倍;但按购买力计算,则中国碳排放强度会明显下降,与美国相近,仍高于多数的发达国家(何建坤等 2002)。GDP 能源消耗强度的下降是碳排放降低的来源之一(徐玉高等 1999),提高能源转化和利用效率对降低中国 GDP 的 CO_2 排放强度具有重要意义(何建坤等 2002)。

(4)影响中国碳排放量的因素主要有:①经济结构:服务业增加值的能耗强度不及工业的 1/4(何建坤等 2002),经济结构多元化的发展导致国家能源需求增长的减缓(何建坤等 2002,张雷 2003),导致碳排放增长的减缓。②能源结构:单位标煤煤炭燃烧排放的 CO_2 比等标量石油多 29%,比天然气多 80%(郎一环等 2004)。中国的一次能源结构以煤炭为主。1990 年中国能源消费总量的比重为原煤 76.2%、石油 16.6%、天然气 2.1%、水电 5.1%(中华人民共和国国家统计局 2002);而世界能源消费平均水平为石油 40.6%、煤炭 25.0%、天然气 24.2%、核电 7.6%、水电 2.6%。逐步改善中国以煤炭为主的一次能源供应结构,大力发展低碳(如天然气等)和清洁能源(如水电、太阳能、风能等),对中国降低碳排放具有重要意义(王灿 2001;何宏舟 2002;王珏等 2002;戴彦德,朱跃中 2002)。③能源转化与利用效率:提高能源的转化与利用效率是采用新的节能技术和新工艺的结果;而新技术与新工艺的采用往往带来加工深度的加大和产品附加值的提高,直接影响单位产值的碳排放强度,给定量评价能源效率对碳排放的影响增加了不确定性因素。何建坤等(2002)估计:中国自 1980 年以来,节能的效果中有 1/3 来自技术节能,能源效率的改进使中国 1995 年的能耗比 1980 年少消费 425 MtC。对中国的能源发展情景与碳排放的预测分析显示:在"十五"期间钢铁行业通过淘汰落后工艺、加大余热余能的回收利用、拓展产品加工链、加大高附加值产品的构成等措施,能够做到产量、产值增加而能源消耗微增(戴彦德,朱跃中 2002)。提高能源效率必然能减少排放。然而如何运用能源效率确切评价中国的减排潜力却是十分关键的问题。何建坤等(2002)认为:到 2020 年中国的能源效率和技术总体上会与发达国家相当,"无悔技术"也已极少存在,中国再进一步减少 CO_2 排放的成本不会比发达国家的低,而以现有的减排技术来评价中国未来的减排潜力,会过高估计中国的减排潜力,而低估了减排成本。

2.3　甲烷和其他温室气体排放

大气中能吸收红外辐射而产生温室效应的气体统称温室气体。一般来说,包含三个或多个原子的多原子分子气体,例如二氧化碳(CO_2)、甲烷(CH_4)、氧化亚氮(N_2O)等,都是主要的温室气体。本节重点总结中国近年来在(CH_4)和 N_2O 排放方面的主要研究成果。

2.3.1　甲烷

甲烷(CH_4)俗名沼气。冰芯资料显示,1800 年以前大气中 CH_4 的浓度约是 0.7 ppmv。目前,它正以每年 0.6 % 左右的速度增加(Watson et al. 1990)。虽然 CH_4 在大气中的浓度现在是 2.0 ppmv,远远小于 CO_2 的浓度 370 ppmv,但其温室效应却不可忽略不计。因为单位质量 CH_4 的全球增温潜势约为 CO_2 的 20～60 倍(IPCC 2001b)。迄今为止,CH_4 对全球变暖的贡献仅次于 CO_2。

通过对大气中 ^{14}C 的观测表明,大气中的 CH_4 约有 80% 来自地表生物源。CH_4 的主要天然源是湿地。各种其他的源都直接或间接来自人类活动,诸如稻田,牛和其他反刍动物的消化道发酵,动物粪便管理系统,生物质燃烧,天然气管道、油井和煤层泄漏,垃圾填埋厂等。大气是 CH_4 最主要的汇,因为 CH_4 能被大气中的 OH 自由基氧化。此外,森林和草原土壤也是 CH_4 的汇。其中与土地利用变化密切相关的 CH_4 排放源与汇主要包括湿地、稻田、森林和草原。近年来对中国 CH_4 源与汇的估算结果详见表 2.4。

2.3.1.1　天然湿地甲烷排放

湿地是一种多功能、独特的生态系统。中国的天然湿地有 CH_4 $1.25～2.5×10^{11}$ m^2 左右,约占全球湿地面积的 4.7%,主要分布在东北地区、长江中下游地区、西北内陆区和沿海地区(徐琪等 1995,陈伟烈 1995,刘兴土 1995)。目前,国内学者对中国自然湿地 CH_4 排放的研究在逐渐增加。叶勇等(1997)首次报道了海南岛红树林土壤 CH_4 排放情况,土壤含水量是控制红树林湿地 CH_4 排放通量的重要因素,含水量高的滩面 CH_4 排放通量高于含水量低的滩面的 5 倍。目前一些研究显示,海南红树林群落 CH_4 平均排放通量为 $0.56～0.81$ mg m^{-2} d^{-1},并发现红树植物叶片具有吸收大气 CH_4 的效应(卢昌义等 2000),这也许就是红树林 CH_4 排放量低的原因。黄国宏等(2001)报道辽河芦苇湿地 CH_4 排放通量平均为 0.52 mg m^{-2} h^{-1}(即 12.48 mg m^{-2} d^{-1})。三江平原毛果苔草沼泽湿地 CH_4 排放通量较高,平均达 17.29 mg m^{-2} h^{-1}($1.32～46.38$ mg m^{-2} h^{-1})(王德宣等 2002)。

不同类型湿地产 CH_4 的途径不尽相同。泥炭沼泽产 CH_4 是通过有机物发酵生成乙酸,再还原生成 CH_4;而苔藓泥炭沼泽相反,它所排放的 CH_4 主要由 H_2/CO_2 还原形成(丁维新,蔡祖聪 2002)。

估计中国天然湿地 CH_4 年排放量约为 $1.65\sim2.8$ Tg(Khalil *et al.* 1993；王明星等 1993；王少彬 1993；金会军等 1999；丁维新，蔡祖聪 2002)。丁维新、蔡祖聪(2002)对中国不同类型沼泽湿地面积及其 CH_4 排放因子进行估算，得到中国天然湿地最新 CH_4 排放量为 $1.65\sim1.77$ Tg，平均为 1.71 Tg。

2.3.1.2 稻田甲烷排放

中国水稻种植面积占全国耕地面积的近 1/4，范围涉及 28 个省(自治区、直辖市)，以长江中下游平原、成都平原、珠江三角洲、云贵川丘陵与平原、浙闽海滨地带和台湾平原最为集中。按照种植系统，中国水稻田分为双季早稻、双季晚稻和单季稻三大类型，除常年淹水稻田(即冬水田)以外，水稻生长季为 CH_4 排放的主要阶段。但对冬水田，由于全年淹水，不仅要考虑水稻生长季 CH_4 的排放，还要考虑非水稻生长季 CH_4 的排放。

中国稻田 CH_4 排放的田间观测研究始于 20 世纪 80 年代末期。最初的观测地点在浙江杭州和四川乐山的稻田(陈德章等 1993，Wang *et al.* 1988)，但这两个观测点的 CH_4 排放量均高于世界其他地方已有的数据。因而，引起了国际上相关的环境组织和科学家的极大关注，同时也极大地促进了中国稻田 CH_4 排放的观测研究。到目前为止，中国稻田 CH_4 排放的田间观测点已经遍布水稻主要种植区，包括广东的广州，贵州的贵阳，浙江的杭州和富阳，江苏的吴县、无锡和南京，江西的鹰潭，湖南的桃园和长沙，湖北，四川的乐山和盐亭，重庆，河南的封丘，河北的石家庄，北京，天津，辽宁的沈阳等地区(上官行健等 1994；张剑波等 1994；陈冠雄等 1995；沈壬兴等 1995；曹景容，洪业汤 1996；杨军等 1996；林匡飞等 2000；郑武，谢晓丽 2000；Wang *et al.* 2001；任丽新等 2002)，各地区稻田 CH_4 排放因子平均在 $2\sim33$ mg m^{-2} h^{-1}。至此，中国已是世界上稻田 CH_4 排放观测数据积累较多的几个国家之一。随着田间观测数据的不断增多，中国国内学者建立了稻田 CH_4 排放的生物物理过程模型(Ding Wang 1996)，模拟水稻生长过程中土壤有机质含量及自然条件对稻田 CH_4 排放率的影响。此模型被 IPCC 作为计算稻田 CH_4 排放的推荐模型。

从诸多的研究成果可看出，影响稻田 CH_4 排放的因素主要与土壤特性、气候条件和农业管理措施(灌溉方式、各种肥料施用等)密切相关。Cai 等(1997)的研究结果显示，水稻生长期间进行烤田的稻田，CH_4 排放量最低，水稻生长期实行间歇灌溉的稻田次之，终年淹水的稻田(水稻生长季和冬水田)CH_4 排放量最大；是否施用有机肥及有机肥施用量是另一主要影响因素；冬季土壤利用情况及冬季降水量均影响次年稻田 CH_4 排放量。

目前，稻田 CH_4 排放量的估算方法有多种(蔡祖聪 1999)：①根据田间直接测定结果和该测定结果所代表的稻田面积计算(IPCC 1997)；②根据水稻初级生产力估算(折算系数为 5%)；③根据投入到土壤的有机碳量折算(换算系数为 0.3)；④模型计算(Ding Wang 1996；Huang *et al.* 1998a，1998b)。

随着观测技术和模式模拟技术的提高，以及观测数据的不断丰富，近年来对全球稻田生长季 CH_4 排放量的估计值大幅度降低。从 IPCC 第一次评估报告的 110 Tg 降到第二次评估报告的小于 60 Tg，最近又进一步降低到大约 20 Tg (Sass *et al.* 2002)。中国情况也是如此，最初报道的中国稻田 CH_4 排放因子的观测值都很大，致使对中国稻田 CH_4 排放量的估计结果偏大，达到每年 $15.0\sim30.0$ Tg (戴爱国等 1991，王明星等 1993，王少彬 1993，宋文质等 1996，郑爽 2002)。经过对遍布水稻种植区典型稻田近 10 多年的田间观测，中国稻田 CH_4 年排放总量的不确定范围降为每年 $3\sim13$ Tg (Wang 1996；85-913-04-05 攻关课题组 1993a，1993b；吴海宝等 1993；林而达等 1994；沈壬兴等 1995；蔡祖聪 1999；郑爽 2002；李晶等 2000)。

2.3.1.3 其他排放源

(1)家畜消化道

动物在消化过程中，食物中的有机质在其瘤胃内厌氧发酵将释放大量的 CH_4 气体。反刍动物(牛、羊等)是 CH_4 的主要源。影响反刍动物 CH_4 排放的主要因素有动物种类、品种、体重、生长发育阶段、饲养管理方式、生产水平、饲料消化率及采食水平等(董红敏等 1995)。全球动物 CH_4 排放量估计约为 80 Tg,占人为源 CH_4 排放总量的 22.2%(IPCC 1992)。根据 OECD 方法估算 1990 年中国反刍动物甲烷排放量达 3.2~5.8 Tg(王明星等 1993,王少彬 1993,董红敏等 1995)。一些非反刍动物(猪、马、骡、驴)也能产生部分 CH_4,估计 1990 年其排放量为 0.8 Tg(王少彬 1993)。

(2)动物粪便 CH_4 排放

动物粪便在厌氧环境下,发生有机物分解时会产生 CH_4。在中国的农村,每年都有大量的动物粪便进行堆肥处理。这样,堆肥场也成为 CH_4 的排放源。从 1970—1990 年中国动物粪便处理系统 CH_4 年排放量不断增加,从 0.683 Tg 增加到 1.198 Tg(李玉娥等 1995)。

(3)矿物燃料燃烧

矿物燃料(煤、石油、天然气)等在燃烧过程中排放大量的 CO_2,CH_4,NO_x 和 N_2O 等气体。由于燃烧装置类型不同,燃烧过程中产生这些气体的量也不同。根据 OECD 方法计算中国 1990 年矿物燃料消耗排放 CH_4 的量约为 0.04 Tg(其中固定源为 0.03 Tg,流动源为 0.01 Tg)(王少彬 1993)。

(4)煤层 CH_4 气体排放

中国是世界第一产煤国,原煤产量的 95% 左右来自地下开采,部分开采的煤层是保存有丰富 CH_4 的石炭二叠纪煤层。随着煤层的开采,以吸附态和游离态赋存在煤层中的 CH_4 和 CO_2 等气体会不断涌入煤矿坑道和采掘空间,通过矿井通风和抽气系统排放到大气中。根据科技部 1998 年组织完成的《中国气候变化国家研究》,1990 年中国煤炭开采和矿后活动产生的甲烷排放量为 131×10^8 m^3,合 879×10^4 t(即 8.79Tg CH_4),占全球煤矿 CH_4 排放的 30% 左右(郑爽 2002)。

因此,提高煤层气这种高效清洁能源的利用率,既可实现资源的综合利用,又可减少温室气体排放对环境带来的负面影响,对保护全球环境具有长远而重要的意义。

(5)城市垃圾

城市垃圾中含有多种有机物,垃圾在填埋处理过程中排放 CH_4。中国江浙沪地区垃圾场排放 CH_4 量占该地区甲烷排放总量的 19%,仅次于稻田 CH_4 排放量。据估算,中国 1991 年全国垃圾 CH_4 潜力达 5.88~6.25 Tg(徐新华 1997)。1992 年中国 46 个主要大中城市的生活垃圾 CH_4 排放总量达 0.99 Tg(余国泰 1997)。而采用 OECD 方法估算的中国 1990 年废弃物 CH_4 排放量约为 0.6~1.2 Tg(王明星等 1993,王少彬 1993,郑爽 2002)。

(6)生物质燃烧

由于作物秸秆仍是中国广大农村地区能源的主要组成部分。因此秸秆燃烧排放的痕量气体对中国温室效应有相当贡献。王少彬(1993)依据中国主要农作物(稻谷、小麦、玉米和大豆等)产量估算秸秆总量,按照 OECD 提供的方法和相关数据,估算出 1990 年中国生物质燃烧 CH_4 排放量为 2.5 Tg。采用 IPCC 方法估算中国农作物秸秆燃烧 CH_4 排放量 1987—1989 年平均为 0.79~1.46 Tg a^{-1},1990 年为 0.88~1.64 Tg(85-913-04-05 攻关课题组 1993b)。

2.3.1.4　甲烷汇

水田是 CH_4 的主要排放源,而旱地则是 CH_4 的汇,中国不同区域的一些试验测定结果证明:无论是草地或耕地,还是森林都吸收大气中的 CH_4(李玉娥,林而达 2000;齐玉春等 2002a,2002b;孙向阳 2000;王艳芬等 2000;Pei et al. 2003)。中国长白山北坡森林土壤对 CH_4 的吸收量为 85.63~7.58 μg m^{-2} h^{-1}(平均 41.45 μg m^{-2} h^{-1})(徐慧等 1995)。天然草原对大气 CH_4 的吸收率约为 1~499 μg m^{-2} h^{-1}(Dong et al. 2000,李玉娥等 2000,王艳芬等 2000,杜睿等 2001),中国内蒙古温带半干旱草原是 CH_4 的弱汇,且吸收量与季节(即温度和降水)紧密相关,最大吸收量发生在气温最高的春、夏两季,最小吸收量发生在秋、冬季节,即使 -30 ℃ 的低温仍有 CH_4 吸收(王艳芬等 2000,杜睿等 2001)。王跃思等(2002)研究放牧对内蒙古草原温室气体排放影响后认为,自由放牧降低了羊草草原对 CH_4 的吸收。而王艳芬等(2000)却认为不同放牧强度处理 10 年后,土壤吸收 CH_4 的能力与当地自然气候条件下没有显著变化。因此,关于放牧对草原温室气体排放的影响还需进行时间尺度上的连续监测。但是,放牧过度会造成草原荒漠化是不容置疑的现象。齐玉春等(2002b)对旱地(夏玉米和冬小麦)生长季 CH_4 排放通量观测结果是:年平均通量为 $-43.1\ \mu g\ m^{-2}\ h^{-1}$(施肥区),比未施肥土壤对 CH_4 的吸收量降低 27%~29%。王少彬(1993)估计中国上述地区对 CH_4 的吸收量约为 1.4 Tg。土地利用方式改变,例如天然草原变成耕地,将使 CH_4 吸收量降低 42%~56%(李玉娥,林而达 2000),这与国外科学家得到的结果相似(Ojima *et al.* 1993,Mosier *et al.* 1997)。

　　大气 CH_4 是一种寿命较长的温室气体,在大气中的寿命约为 8.4 年(IPCC 2001a)。公元 1000—1800 年,大气 CH_4 的浓度一直保持在 700 ppbv(图 2.10)。大气 CH_4 浓度的持续上升不仅是其源排放增加的结果,同时也可能是其汇吸收强度减弱的结果(King *et al.* 1994)。大气 CH_4 的汇主要有:①大气对流层的 OH 自由基的化学反应:$OH+CH_4\longrightarrow CH_3+H_2O$;②在平流层与 OH 自由基、Cl 自由基、O 自由基的化学反应;(3)水分未饱和土壤的氧化吸收(IPCC 2001a)。IPCC 第三次评估报告的结果显示:大气对流层 OH 自由基、平流层 OH 自由基等化学反应及陆地水分未饱和土壤氧化吸收所消除的大气 CH_4 的量分别是 50 740 和 30 Tg a^{-1}(IPCC 2001a)。水分未饱和土壤吸收 CH_4 的量约占总汇的 5.2%。

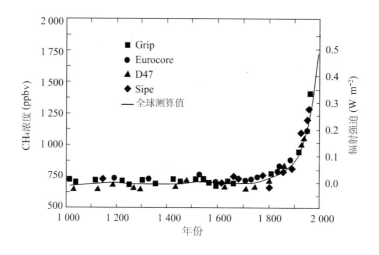

图 2.10　大气 CH_4 的丰度(Houghton *et al.* 2001)

　　陆地生态系统的 CH_4 汇主要是由土壤吸收氧化大气 CH_4 来实现的。而土壤吸收氧化大气 CH_4 主要是甲烷氧化细菌(methanotrophs)作用的结果。甲烷氧化菌是 methylotrophs 生理组细菌的一个分支,具有专一性,以 CH_4 为其碳和能量的唯一来源。自从 Harriss 等(1982)首次发现沼泽土壤在水分排干情况下可以消耗大气 CH_4 后,温带森林土壤(Steudler *et al.* 1989)、热带雨林土壤(Keller *et al.* 1990)、温带草地土壤(Mosier *et al.* 1991)、热带草原(Seiler *et al.* 1984)、苔原土壤(Whalen *et al.* 1990)、沙漠土壤(Striegl *et al.* 1992)等的 CH_4 吸收被相继报道了出来。进一步的研究证实:除了在水分饱和条件下外,几乎所有的土壤在水分不饱和情况下都能够吸收 CH_4(Smith *et al.* 2000,李俊等 2005)。由于土壤吸收氧化大气 CH_4 主要是甲烷氧化菌作用的结果,对甲烷氧化菌活性有影响的因素都有可能影响 CH_4 的氧化。土壤湿度影响着大气 CH_4 和 O_2 向土壤的扩散及氧化菌的活性,当土壤水分超过田间持水量时,甲烷氧化菌的活性和土壤的 CH_4 吸收速率下降(Adamsen *et al.* 1993);当土壤水分过少,甲烷氧化菌的活性受到抑制,土壤对 CH_4 的吸收也随之下降。因而土壤对 CH_4 的吸收氧化随水分的变化表现出低—高—低的动态趋势,并有一最佳水分含量(蔡祖聪等 1999)。温度对土壤吸收氧化 CH_4 的影响没有水分那么明显(Smith *et al.* 2000),Crill 等(1994)测得泥炭土 CH_4 氧化的 Q_{10} 为 1.27~2.25。可见,温度对土壤吸收氧化 CH_4 表现出相对较弱的影响。

但是,大量的研究发现,土壤夏季的 CH_4 吸收要远远多于冬季(Smith *et al.* 2000,王跃思等 2003),可能与冬季低温对甲烷氧化菌活性的影响有关。施氮肥与氮沉降的增加都会导致土壤氧化 CH_4 的速率降低(Hutsch *et al.* 1993,Mosier *et al.* 1996);不同土地利用方式对 CH_4 的吸收有很大影响,将草地或森林转化为农田会导致土壤吸收 CH_4 的能力下降约 2/3(Smith *et al.* 2000)。由于土壤吸收氧化大气 CH_4 涉及物理、生物、土壤等众多因素,其中的许多过程和机理尚未搞清,因而给估算全球土壤 CH_4 汇带来了很大的不确定性。

2.3.2　氧化亚氮

氧化亚氮(N_2O)是继 CO_2 和 CH_4 之后第三大痕量温室气体,它对大气的增温效应是 CO_2 的 $280\sim310$ 倍(IPCC 2001a)。人类活动使大气中的 N_2O 浓度增加。自 20 世纪 70 年代以来,对大气中 N_2O 浓度的时间演变和空间分布开展了一系列观测,证实大气中 N_2O 浓度在 20 世纪 40 年代开始迅速增加,20 世纪 80 年代比 70 年代中期增长的速度快。到 2001 年,N_2O 在大气中的浓度已经上升到 317 ppbv[*]。目前,每年还以 0.25％的速度增加。N_2O 排放源也同样分为自然源(海洋、森林、草地)和人为源(农田、动物废弃物、矿物燃料燃烧、生物质燃烧、己二酸生产等)。其中农业 N_2O 排放量约占人为源 N_2O 排放量的 75％～80％(Kroeze *et al.* 1999,IPCC 2001)。

估算农田 N_2O 排放量的方法主要有 IPCC 方法(统计方法)(IPCC 1997,2001b)和模型 DNDC(Li *et al.* 1992),另外还有其他的模式,如 DAYCENT(Parton *et al.* 2001),IAP-N(Zheng *et al.* 2002)等。这些方法基本上都是从氮素在农业整体活动的循环出发,即包括氮输入(合成氮肥、粪肥、秸秆还田、氮沉降、生物固氮等)和氮输出(作物吸收、N_2O 排放、活性氮 $NO_x＋NH_3$ 排放、径流/淋溶等)。

迄今为止,已在中国主要农业区开展了一些 N_2O 排放的田间观测,这些观测主要分布于辽宁沈阳(黄国宏等 1995,1998)、河北石家庄(苏维瀚等 1992;王少彬等 1994a,1994b;曾江海等 1995)、山东禹城(Dong *et al.* 2001)、河南封丘(Xu *et al.* 1997,徐华等 2000)、江苏南京(黄耀等 2001;蒋静燕等 2003,邹建文等 2003)、句容(Xing 1998,Xing *et al.* 1997)、无锡(徐仲均等 2002)和苏州(Zheng *et al.* 2000,郑循华等 1997)、四川盐亭(Zheng *et al.* 2003)、江西鹰潭(Xu *et al.* 1997,徐华等 2000)、贵州贵阳(徐文彬等 2000)、广东广州(Xu *et al.* 1997,徐华等 2000),作物生长季期间 N_2O 排放因子在 0.002％～0.0264％范围。另外,这些观测试验的设计不都是根据 IPCC 方法设计的,它们不是存在观测频率低、观测季节不完整、缺乏无氮肥的对照处理等问题,就是存在田间处理单一,或无年际重复等不足。因而,如果在 IPCC(1997,2000)方法中直接采用这些观测数据估算的排放因子估计 N_2O 排放总量,将会带来极大误差。所以对这些观测地点的 N_2O 排放因子数据需要对上述几方面的误差进行校正后,再用 IPCC 方法或 IAP-N 模型估算农田 N_2O 排放量,才能增加估算的准确性,降低估算的不确定性。

不论是森林、草原,还是农田及动物粪便处理系统,N_2O 都是氮源经过硝化和反硝化过程的产物,并且总是在干湿交替情况下排放量最大。温度、水分、氮源是 N_2O 产生的主要条件。一般来说,N_2O 与 CH_4 排放通常互为消长,就是厌氧环境以 CH_4 排放为主,进入好氧或嫌氧环境,则以 N_2O 排放为主,如稻田淹水时,CH_4 排放量大,而在烤田时,N_2O 排放量大(颜晓元等 2000)。

近几年,一些学者采用 IPCC 方法及 DNDC 模型估算中国 N_2O 排放量(表 2.5)。其中农田 N_2O 直接排放量在 $48\sim602$ Gg N_2O—N a^{-1} 范围之内(Xing *et al.* 1999)。

---

[*]　见 http://cdiac.esd.ornl.gov/pns/current_ghg.html。

表 2.4　发表的中国 CH₄ 排放估算结果

単位：Tg a⁻¹

年份	工业源			非工业源									方法	参考文献
	煤矿	油气系统泄露	矿物燃料燃烧	生物质燃烧	农业(稻田)	家畜消化道	动物排泄物	废弃物(垃圾)	沼气池	天然湿地	海洋和淡水、苔原	森林		
1990	5.3	0.4	5.5	0.4	20.5	—		0.6					OECD 推荐方法(1991)	郑爽 2002
1985~1990	18.45	0.18	6.0×10⁻⁸	1.834~2.6	20.84	—		0.792					OECD 推荐方法(1991)	郑爽 2002
1988	6.1				17	5.5	3.2	0.6	0.01	2.2				王明星等 1993
1990	8.69	0.092	—	2.971	20.68			2.5					IPCC 1995	郑爽 2002
1990	8.775	0.0835	—	2.971	12.59			0.899					IPCC 1995	郑爽 2002
1990	2.00		0.04	2.5	23.7	4.6	8.6	1.2	0.003	2.8	2.36	−1.4	OECD	王少彬 1993
1990					7.02									吴海宝,叶兆杰 1993
1990					11.0~12.4									85-913-04-05 攻关课题组 1993
1990					11.335									林而达等 1994
1990					11.1									沈壬兴等 1995
1990					15.6~19.4									宋文质等 1996
1990					7.6(包括冬水田和非水稻生长期)									蔡祖聪 1999
1990							1.198							李玉娥,饶敏杰 1995
1990						3.2~5.8								王明星等 1993;王少彬 1993;董红敏等 1995
1990					9.67~12.66									李晶等 2000
1995										2				金会军等 1999
										1.7				Khalil et al. 1993

表 2.5　发表的中国氧化亚氮排放估算结果　　　　　　　单位:$GgN\ a^{-1}$

年份	人为源				自然源						参考文献
	己二酸生产	矿物燃料燃烧	生物质燃烧	农田	海洋	淡水	荒地	森林	草地	耕地	
1990	92.2	116.8	18.8	48.2	265	23	37	88	200	63	王少彬,苏维翰 1993
1990	7.31	38.39	19.7	152.49				94.1	112.13		于克伟等 1996
1990				96							宋文质等 1996
1990				310(DNDC),360(IPCC)							Li et al. 2001
1990				270							Xing1998
1991				127							周文能 1994
1993				180.6(26.5～693.0)							王智平 1997
1995				398(中国排放因子),336(IPCC 排放因子)							Xing et al. 2000

2.4　中国碳源汇分布

对中国碳源汇的研究始于 20 世纪 90 年代。到目前,已有不少综述性文章发表,如地质与生物地球化学与碳储量的关系(徐永福 1995,肖志峰等 1996,朱岳年 1997,储雪蕾 1997,吴海斌等 2001,袁道先 2001,汪品先 2002),冻土碳储量与气候变化的关系(陈汉宗等 1997),河流对碳循环的作用(高全洲等 1998),土壤碳循环(陈庆强等 1998,李玉宁等 2002),岩溶作用对碳循环的影响(翁金桃 1995,袁道先 1999),人类活动和温室气体增加与碳循环(丁一汇等 1998,刘强等 2000a,刘慧等 2002,王明星等 2002);大气圈碳循环的模拟;海洋碳循环(浦一芬等 2000,宋金明 2003),以及各种碳循环模拟或测量方法(张宾等 1996,乔然 1999,王绍强等 1998,汪业勖等 1998,金心等 2000,陶波等 2001,陈跃琴等 2002,王效科等 2002)。

中国碳循环研究的地点、时段比较零散,时间和空间分辨率不一致,不少研究选择小区域或定点取样。如通过对树木年轮分析验证大气 CO_2 浓度增加(李正华等 1994),黄土剖面中积累的 CO_2 的定点测量(刘强等 2000 b),红壤丘陵区土地利用方式与碳储量的关系(李家永 2001),湖泊生态系统碳循环模式(陈毅风等 2001),对某类植物生态系统碳循环机理的研究(蒋延玲等 2002,桑卫国等 2002,张娜等 2003b),及对不同岩溶地区溶蚀作用 CO_2 吸收的测量(袁道先 1995,赵景波等 2000,曹建华等 2001,周广胜等 2002,周运超等 2002)。

从上述可见,中国碳循环研究虽然处于起步阶段,但在岩溶和黄土地区地质固碳作用方面有自己的特色。尽管中国不同部门拥有相当多的基础数据可用于碳循环研究,但收集起来比较困难。定点涡度相关法测量生态系统碳通量(China Flux)也刚刚建立。因此,全国性的碳循环研究不多。刘允芬(1995)采用清单法研究 1990 年中国农业生态系统的碳循环,并对 2000 年进行了预测。结果是 1990 年中国农业生态系统总碳吸收为 0.652 Pg,而碳排放为 0.585 Pg,占当年吸收的 89.7%,而碳出口仅占总吸收的约 1.2%。当时预测 2000 年总碳吸收为 0.727 Pg,而碳排放为 0.661 Pg,占当年吸收的 91.0%。因此,认为中国农业生态系统是一个弱碳汇。

Xiao 等(1996)利用 NOAA 卫星 AVHRR 传感器数据计算的植被指数数据完成了第一份对全国陆地生态系统净初级生产力的估算。Jiang 等(1999)利用 NOAA AVHRR 数据研究中国森林生态系统的 NPP。孙睿等(2000)利用 NOAA AVHRR 1992—1993 年逐月数据估算的有效光合作用辐射能比例结合气候和土壤数据算得中国当时的 NPP 为 2.645 $PgC\ a^{-1}$。王绍强等(1999a,1999b)根据已发表的实地测量数据和土壤调查数据对中国天然植被碳密度和土壤有机质进行了估算。Wang 等(2003)比较了根据 20 世纪 60 年代和 80 年代土壤调查资料估算的中国土壤有机碳含量,结果 20

世纪60年代中国土壤总有机碳为92 Pg,而20世纪80年代降为91 Pg。土壤有机碳含量最高的为西南地区的湿地(45 kg m^{-2}),最低为西部沙漠土(1 kg m^{-2})。这些研究对了解中国植被和土壤两大碳库的基本情况有帮助。但是由于不同资料的采集的时间不同,无法直接用于估算碳动态。上述多数研究没有经过验证。Zheng 等(1999)使用13个野外NPP测量点的数据同用 NOAA AVHRR 数据估算的中国森林 NPP 结果和基于气候数据的三种生态系统模型 NPP 估算结果进行比较,发现用卫星数据估算的 NPP 结果较准确。Fang 等(2001)使用中国 1949—1998 年森林调查数据分析了中国全国森林生态系统碳库的变化。他们的计算结果显示中国森林生态系统的碳库从20世纪70年代后期的4.38 Pg 增加到1998年的4.75 Pg。从1980年以前的平均每年约0.022 Pg 的碳源变成1980年以后的平均每年约0.021 Pg 的碳汇。

　　在局地和区域尺度上,Li 等(1998)发现内蒙古锡林河流域保护的草原是碳汇。Li 和 Zhao (1998)通过估算认为中国热带和亚热带的森林和农业区为碳汇。但是,中国东部土地利用变化和北方的过度放牧造成土壤碳流失(Cai 1996)。Bachelet 等(1995)使用国际粮农组织土壤数据结合气候数据和公开发表的中国水稻产量通过模拟认为中国水稻土壤大致达到碳平衡态。诸如上述的土壤碳研究没有系统估算中国土壤异氧呼吸量 R_h。有些中国森林土壤样点的 NPP 可从网页下载(http://www-eosdis.ornl.gov/NPP/npp_home.html)。如果土壤碳库(C_s)和碳周转率(K)已知,则不难计算 R_h($R_h = K \times C_s$)。全球土壤碳密度可从网页(http://www.daac.ornl.gov/daacpages/soils_collections.html)下载。因此,估算 K 是估算中国碳源汇的关键。K 的取值与温度、水分和生态类型有关。利用生态系统在平衡态时 NPP 等于 R_h 这一事实,Gong 等(2002)从690个 NPP 测站中选出23个受扰动最轻的测站,估算了中国森林生态系统的土壤异氧呼吸 R_h,发现 K 主要与温度和降水及两者之交叉项有关。事实上,K 与温度和降水的交叉项高度相关($R^2 = 0.94$)(图2.11)。增加土壤氮含量、碳氮比和土壤碳密度等变量对预测 K 帮助不大。尽管 K 是通过平衡态条件下估算的,它也适用于非平衡态,因为世界上大多数生态系统土壤碳分解取决于气候条件(Kirschbaum 1993)。

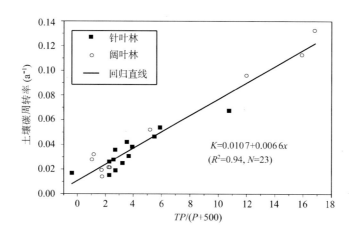

图2.11　森林土壤碳周转率与年平均气温(T)和年降水量(P)的关系(Gong *et al.* 2002)

　　对512个气象站气候数据1980—1999年20年平均气温和年降水量在1 km^2 格网上插值,用20世纪80年代土壤有机质在同样格网上插值。使用这些数据,Gong 等(2002)估算出中国森林生态系统土壤异氧呼吸在1982—1998年间约为0.8 Pg C a^{-1}。这与用 CASA 模型从8 km 分辨率 NOAA AVHRR 逐旬植被指数数据估算的年森林生态系统 NPP 为0.77 Pg C a^{-1} 很接近。逐年 NEP 结果见图2.12。

　　图2.12显示中国森林生态系统在1982—1992年是碳源(0.1 Pg C a^{-1})而1993—1998年为碳汇(0.07 Pg C a^{-1})。这些结果与 Potter 等(2003b)的结果一致,但与 Fang 等(2001)的结果有出入。Fang 等(2001)根据森林调查生物量得出20世纪80年代以来中国森林生态系统是碳汇,并将之归因

为森林种植和再生。对 20 世纪 60—70 年代大规模采伐后的森林，在 20 世纪 80 年代再生状况下土壤异氧呼吸很高。当然 Gong 等(2002)对森林土壤碳周转率的估算忽略了达到顶极群落的森林的平衡态也随气候变化和大气 CO_2 浓度增加和氮累积而增强的事实。如果这一推断成立就意味着低估了 NEP。

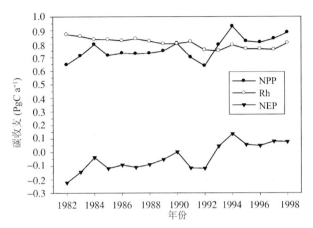

图 2.12　中国森林生态系统的碳收支(Gong *et al*. 2002)

图 2.13 表示在 Gong 等(2002)的基础上，将农业、草原等生态系统包括在内得到的 1982—1998 年中国陆地生态系统平均碳收支。从图中可见，20 世纪 80—90 年代，主要森林区除长白山地区以外均为碳汇，四川盆地、华东和华北平原也为碳汇，青藏高原和内蒙古东部为弱碳汇，中国南方丘陵山区和东北平原为碳源，而内蒙古草原和西北地区为弱碳源或达到收支平衡。中国南方山区碳源主要与 20 世纪 80 年代过度垦殖和森林砍伐有关。而东北碳源可能与森林采伐、湿地转化为农地及农地转化为城镇用地有关(Wang *et al*. 2002)。

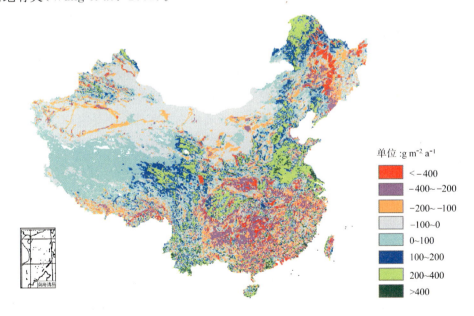

图 2.13　中国 1982—1998 年陆地生态系统平均碳收支(Gong *et al*. 2002)

2.5　土地利用与碳通量变化

Houghton(1999)将全球陆地分成 9 个区域重建了 1850—1990 年森林砍伐、土地利用变化速度，使用当地植被和土壤碳储量计算了当地的碳源汇。结果显示，过去 140 年内因土地利用变化生态系统向大气排放 124 PgC,大致是同期矿物燃料燃烧排放的一半。其中 108 PgC 是由人类在森林地带活动引起的。2/3 是来自热带森林,另外 1/3 来自温带。另有 16 PgC 是由开垦中纬度草原所致。这 140 年间,大约 800 万 km² 森林转化为农地,大约 2000 万 km² 森林被采伐过。这些人类活动共造成土壤和植被碳排放 373 PgC。而同期森林再生和作物栽培造成碳蓄积 249 PgC。20 世纪 80 年代全球因土地利用改变每年向大气排放 2.0 PgC,几乎全部来自热带每年 15 万 km² 的森林转变成其他用地。

中国土地覆盖和土地利用资料见吴传钧主编的 1:100 万图集。它是根据 20 世纪 70 年代 80 m 分辨率的陆地卫星影像解译得到的。完成于 20 世纪 80 年代。刘纪远组织用覆盖全国的 1991—1992 年 30 m 分辨率卫星影像解译得到 1:10 万中国土地覆盖/利用图;又将 1995—1996 年同样卫星影像按同种分类方案进行制图,从而得到两期 1:10 万中国土地覆盖/利用图;然后再对 1999—2000 年采集的同类卫星数据与 1995—1996 年数据进行变化探测,并将变化区分类。因此,拥有 1991—2000 年大约每 5 年间隔的全国土地利用状况。这些资料还没有被广泛用于碳循环研究。

Wang 等(2002)利用这些卫星资料分析了中国东北三省和内蒙古东四盟 124 万 km² 土地覆盖变化对碳循环的影响。结果显示:1991—2000 年,该地区损失 2.76 万 km² 森林,增加了 2.32 万 km² 的建成区。这意味着中国东北在 20 世纪 90 年代仍然可能是高达 0.027 3 PgC a^{-1} 的碳源(植被排放 0.009 6 PgC a^{-1},土壤排放 0.017 8 PgC a^{-1})。这与图 2.12 的结果相一致。

2.6　总结与展望

本章介绍了国内外对全球与中国温室气体排放及碳循环研究的最新进展,概括起来有下列几点:

(1)就碳循环而言,目前对全球碳通量空间分布和变动的理解建立在总量平衡、大气与海洋动态和生物地球化学过程的模拟及不同尺度的观测的基础上。主要的研究结论:①全球燃烧矿物燃料的碳排放从 1980 年的 5.2 Pg 升到 2002 年的 6.5 Pg,多数分布在北半球;②1750 年以来,大气中 CO_2、CH_4 和 N_2O 分别增加 31%、150% 和 16%;③陆地和海洋大约吸收人类活动排入大气中的 CO_2 总量的一半;④观测的大气 CO_2 分布和氧氮比以及大气反演模型均表明陆地碳汇处于北半球中纬度地区;⑤热带地区土地利用变化使该地区成为碳源,而北半球中纬度地区的碳汇主要由土地管理方式的改变所致;⑥近数十年,观测到的大气 CO_2 浓度变化幅度高到大气年碳蓄积相当于矿物燃料燃烧的年平均碳排放;⑦大气碳交换的年际变化主要取决于陆地生态系统而不是海洋;⑧1995 年全球大气-海洋的碳为 2.2 Pg。海洋观测和模拟表明,气-海碳流年际变动为 0.5 Pg,在热带海洋,年际变动最大,低纬度海洋是碳源而高纬度海洋是碳汇。北大西洋海洋是最大碳汇而太平洋热带海洋是碳源;⑨全球河流向海岸带地区输送 1 PgC a^{-1}。

(2)大气 CO_2 对地球气候系统辐射能量收支具有直接和间接辐射强迫作用。考虑平流层温度的调整和相关温室气体的各种重叠,CO_2 加倍的辐射强迫的最新估计值为 3.5～4.1 W m^{-2},地表-对流层系统对其的响应为全球平均地表温度的增加。

(3)近年来中国对温室气体 CH_4 和 N_2O 的排放研究成果表明:CH_4 的主要天然源是湿地,中国天然湿地的排放量为 1.65～1.77 Tg,平均 1.71 Tg。中国已是稻田 CH_4 排放观测数据积累较多的几个国家之一,估计的排放量已大幅度降低,中国稻田 CH_4 年排放总量的不确定范围降为 3～13 Tg。根据 OECD 的方法估算,1990 年中国反刍动物 CH_4 排放量达 3.2～5.8 Tg;矿物燃料消耗排放 CH_4 的量约为 0.04 Tg;中国煤炭开采和矿后活动产生的 CH_4 排放量为 8.79 Tg,占全球煤矿 CH_4 排放量的 30% 左右;中国废弃物 CH_4 排放量约为 0.6～1.2 Tg。1970—1990 年中国动物粪便处理系统 CH_4 年排放量从 0.683 Tg 增加到 1.198 Tg。中国农作物秸秆燃烧 CH_4 排放量 1987—1989 年平均为 0.79～1.46 Tg a^{-1};1990 年为 0.88～1.64 Tg。在中国不同区域的试验测定证明:草地、旱作耕地、森林都吸收大气中的 CH_4;天然草原变成耕地等土地利用方式的改变,可能导致 CH_4 吸收量的降低。中国农田 N_2O 直接排放量在 48～602 GgN_2O-N a^{-1} 范围之内。

（4）现在中国的矿物燃料燃烧和水泥生产所形成的碳排放约占世界总排放量的 11%，成为第二大碳排放国。而中国人均年碳排放量仅有 0.6 t，比全球平均值低 0.49 t，可能在 2010 年后接近或达到世界平均水平；近 100 年的累积碳排放量中国为 194 亿 t，占全球同期的 7%，与德国大致相当，是美国的 1/4。而近 100 年 CO_2 人均历史累积排放量，中国仅有 15 t，发达国家均在 100 t 以上。人口增长与人均 GDP 增加是中国人均碳排放增加的主要原因。经济结构、能源结构、能源转化与利用效率等因素影响着中国的碳排放量。但以现有的减排技术来评价中国未来的减排潜力，可能会过高估计中国的减排潜力，而低估减排成本。

（5）中国碳循环研究处于起步阶段，中国生态系统总的处于碳汇状态，主要归因于造林、森林再生、森林防火、不断提高的农业生产能力，不排除青藏高原随气候变暖 NPP 增加和岩溶地质作用的贡献。但是，这些结论需要进一步研究论证。中国过去近 50 年土地利用变化剧烈，20 世纪 80 年代及以前为自然生态系统向农业人工生态系统转化阶段。20 世纪 90 年代以来，农耕地向建成区、草地和林地转化，许多地区处于碳收支不平衡态。航空和卫星遥感方法是唯一可以较准确记录这些变化过程的途径。今后的研究需要加强遥感观测、地面观测和生态系统过程模型的结合以建立中国碳循环确切的时空分布（Chen *et al*. 2000，刘纪远等 2002）。目前不同研究人员对中国碳循环的研究成果存在许多不一致之处，需要进一步整合、比较，改善对中国各地碳源汇的认识，以便更好地发展新一代的中国碳循环模型。

（6）中国幅员辽阔，生态系统类型多样。对中国陆地生态系统 CH_4 汇吸收还仅有为数不多的研究，直接造成了难以估算出中国陆地生态系统的 CH_4 总汇的局面。为了支持中国适应、缓解气候变化和保护气候系统的能力建设，为参与气候变化国际谈判提供支撑和科学依据，应继续加强对中国陆地生态系统 CH_4 汇吸收的研究。

致谢

本研究获得国家"十五"重点攻关项目"全球环境变化对策与支撑技术研究"项目、中国科学院海外杰出青年基金和加拿大国际发展署资助。

参 考 文 献

85-913-04-05 攻关课题组. 1993a. 我国稻田甲烷排放量和施用氮肥氧化亚氮排放量的估算. 农业环境保护，**12**(2)：49-51.

85-913-04-05 攻关课题组. 1993b. 我国作物秸秆燃烧甲烷和氧化亚氮排放量估算. 农业环境保护，**12**(2)：57-61.

蔡祖聪，Mosier A R. 1999. 土壤水分状况对 CH_4 氧化，N_2O 和 CO_2 排放的影响. 土壤，(6)：289-294.

蔡祖聪. 1999. 中国稻田甲烷排放研究进展. 土壤，**5**，266-269.

曹建华，袁道先，潘根兴等. 2001. 岩溶动力系统中生物作用机理初探. 地学前缘，**8**(1)：203-209.

曹景容，洪业汤. 1996. 贵阳郊区水稻田甲烷释放通量的研究. 土壤通报，**27**(1)：19-22.

陈冠雄，黄国宏，黄斌等. 1995. 稻田 CH_4 和 N_2O 的排放及养萍和施肥的影响. 应用生态学报，**6**(4)：378-382.

陈汉宗，周蒂. 1997. 天然气水合物与全球变化研究. 地球科学进展，**12**(1)：37-42.

陈庆强等. 1998. 土壤碳循环研究进展. 地球科学进展，**13**(6)：555-563.

陈伟烈. 1995. 中国湿地植被类型、分布及其保护. 见：陈宜瑜主编. 中国湿地研究. 长春：吉林科学技术出版社. pp55-62.

陈文颖，吴宗鑫. 1999. 关于温室气体限排目标的确定（巴西提案）. 上海环境科学，**18**(1)：5-7.

陈毅风，张军，万国江. 2001. 贵州草海湖泊系统碳循环简单模式. 湖泊科学，**13**(1)：15-19.

陈跃琴，李金龙. 2002. 一维全球碳循环模式研究. 环境研究，**15**(4)：60-64.

陈德章，王明星，上官行健等. 1993. 我国西南地区的稻田 CH_4 排放. 地球科学进展，**8**(5)：47-54.

储雪蕾. 1997. 碳的化学地球动力学. 地球物理学进展，**12**：61-67.

戴爱国, 王明星, 沈壬兴等. 1991. 我国杭州地区秋季稻田的甲烷排放. 大气科学，**15**(1)：102-110.

戴彦德, 朱跃中. 2002. 中国可持续能源发展情景及其碳排放分析. 研究与探讨，(11)：31-36.

丁维新, 蔡祖聪. 2002. 沼泽产甲烷能力与途径差异的机制. 农业生态环境，**18**(2)：53-57.

丁一汇, 耿全震. 1998. 大气海洋、人类活动与气候变暖. 气象，(3)：12-17.

董红敏, 林而达, 杨其长. 1995. 中国反刍动物甲烷排放量的初步估算及减缓技术. 农村生态环境(学报)，(4)：4-8.

杜睿, 王庚辰, 吕达仁等. 2001. 内蒙古温带半干旱羊草草原温室气体 N_2O 和 CH_4 通量变化特征. 自然科学进展，**11**(6)：595-601.

高全洲, 沈承德. 1998. 河流碳通量与陆地侵蚀研究. 地球科学进展，**13**(4)：369-375.

耿元波, 董云社, 孟维奇. 2000. 陆地碳循环研究进展. 地理科学进展，**19**(4)：297-306.

何宏舟. 2002. 改善一次能源消费结构减少温室气体排放. 节能与环保，(11)：9-12.

何建坤, 刘滨, 张阿玲. 2002. 我国未来减缓 CO_2 排放的潜力分析. 清华大学学报(哲学社会科学版)，**17**(6)：75-80.

何建坤, 苏明山. 2002. 全球气候变化与21世纪我国能源发展战略. 中国环保产业，(2)：30-33.

黄国宏, 陈冠雄. 1995. 东北典型旱作农作物 N_2O 和 CH_4 排放通量研究. 应用生态学报，**6**(4)：383-386.

黄国宏, 陈冠雄, 张志明等. 1998. 玉米田 N_2O 排放及减排措施研究. 环境科学学报，**18**(4)：344-349.

黄国宏, 李玉祥, 陈冠雄等. 2001. 环境因素对芦苇湿地 CH_4 排放的影响. 环境科学，**22**(1)：1-5.

黄耀, 蒋静艳, 宗良纲等. 2001. 种植密度和降水对冬小麦田 N_2O 排放的影响. 环境科学，**22**(6)：20-23.

蒋静艳, 黄耀, 宗良纲. 2003. 水分管理与秸秆施用对稻田 CH_4 和 N_2O 排放的影响, 中国环境科学，**23**(5)：552-556.

蒋延玲, 周广胜. 2002. 兴安落叶松碳平衡及管理活动影响研究. 植物学报，**26**(3)：317-322.

金会军, 吴杰, 程国栋等. 1999. 青藏高原湿地 CH_4 排放评估. 科学通报，**44**(6)：1 758-1 762.

金心, 石广玉. 2000. 海洋对人为 CO_2 吸收的三维模式研究. 气象学报，**58**(1)：40-48.

郎一环, 王礼茂, 王冬梅. 2004. 能源合理利用与 CO_2 减排的国际经验及其对我国的启示. 地理科学进展，**23**：28-34.

李家永, 袁小华. 2001. 红壤丘陵不同土地资源利用方式下有机碳储量比较研究. 资源科学，**23**(5)：73-76.

李晶, 王明星, 郑循华等. 2000. 稻田生态系统甲烷排放的机理研究. 中国基础科学研究进展，(7)：19-23.

李俊, 同小娟, 于强. 2005. 不饱和土壤 CH_4 的吸收与氧化. 生态学报，**25**：141-147.

李玉娥, 林而达. 2000. 天然草地利用方式改变对土壤排放 CO_2 和吸收 CH_4 的影响. 农林生态环境，**16**(2)：14-16.

李玉娥, 饶敏杰. 1995. 动物废弃物源甲烷排放量的初步估算与减缓技术选择. 农村生态环境(学报)，**11**(3)：8-10.

李玉宁, 王关玉, 李伟. 2002. 土壤呼吸作用和全球碳循环. 地学前缘，**9**(2)：351-357.

李正华等. 1994. 工业革命以来 CO_2 浓度不断增加的树轮稳定同位素证据. 科学通报，**39**(23)：2 172-2 174.

林而达, 李玉娥, 饶敏杰等. 1994. 稻田甲烷排放量估算和减缓技术选择. 农村生态环境(学报)，**10**(4)：55-58.

林匡飞, 项雅玲, 姜达炳等. 2000. 湖北地区稻田甲烷排放量及控制措施的研究. 农业环境保护，**19**(5)：267-270.

刘慧, 成升魁, 张雷. 2002. 人类经济活动影响碳排放的国际研究动态. 地理科学进展，**21**(5)：420-429.

刘纪远等. 2002. 中国近期土地利用的空间格局分析. 中国科学(D辑)，**32**(12)：1 029-1 040.

刘强, 刘嘉麒, 贺怀宇. 2000a. 温室气体浓度变化及其源与汇研究进展. 地球科学进展，**15**(4)：453-460.

刘强, 刘嘉麒, 刘东生. 2000b. 北京斋堂黄土剖面温室气体组分初步分析. 地质地球化学. **28**(2)：82-86.

刘兴土. 1995. 三江平原湿地及其合理利用与保护. 见：陈宜瑜主编. 中国湿地研究. 长春：吉林科学技术出版社, pp108-117.

刘允芬, 1995. 农业生态系统碳循环研究. 自然资源学报，**10**(1)：1-8.

卢昌义, 叶勇, 黄玉山, 谭凤仪. 2000. 海南岛冬寨港红树林群落甲烷通量研究. 植物生态学报，**24**(1)：87-90.

莫江明, 方运霆, 李德军等. 2006. 鼎湖山主要森林土壤 CO_2 排放和 CH_4 吸收特征. 广西植物，**26**：142-147.

倪维斗, 郑洪弢, 李政等. 2003. 多联产系统：综合解决我国能源领域五大问题的重要途径. 动力工程，**23**(2)：2 245-2 251.

浦一芬, 王明星. 2000. 海洋碳循环模式(Ⅰ)——一个包括海洋动力学环流、化学过程和生物过程的二维碳模式的建立. 气候与环境研究，**5**：129-140.

齐玉春, 董云社, 章申. 2002a. 华北平原典型农业区土壤甲烷通量研究. 农村生态环境(学报)，**18**(3)：56-58.

齐玉春, 罗辑, 董云社等. 2002b. 贡嘎山山地暗针叶林带森林土壤温室气体 N_2O 和 CH_4 排放研究. 中国科学(D

辑），**32**(11)：934-941.

任国玉，徐影，罗勇. 2002. 世界各国 CO_2 排放的历史和现状. 气象科技，**30**(3)：129-134.

任丽新，王庚辰，张仁健等. 2002. 成都平原稻田甲烷排放的实验研究. 大气科学，**26**(6)：731-733.

桑卫国，马克平，陈灵芝. 2002. 暖温带落叶阔叶林碳循环的初步估算. 植物生态学报，**26**(5)：543-548.

上官行健，王明星，沈壬兴等. 1994. 我国华中地区稻田甲烷排放特征. 地区科学，**18**(3)：358-365.

沈壬兴，上官行健，王明星等. 1995. 广州地区稻田甲烷排放及中国稻田甲烷排放的空间变化. 地球物理学报，**10**：387-392.

沈壬兴，上官行健，王明星等. 1995. 广州地区稻田甲烷排放及中国稻田甲烷排放的时空变化. 地球科学进展，**10**(4)：387-392.

石广玉，王会军，王乃昂等. 2002. 人类活动在西部地区环境演变中的作用. 见：王绍武 董光荣主编，中国西部环境演变评估. 北京：科学出版社，pp182.

宋金明. 2003. 海洋碳的源与汇. 海洋环境科学，**22**(2)：75-80.

宋文质，王少彬，苏维翰等. 1996. 我国农田土壤的主要温室气体 CO_2，CH_4 和 N_2O 排放研究. 环境科学，**17**(1)：85-88.

孙睿，朱启疆. 2000. 中国陆地植被净第一性生产力及季节变化研究. 地理学报，**55**：36-45.

孙向阳. 2000. 北京低山区森林土壤中 CH_4 排放通量的研究. 土壤与环境，**9**(3)：173-176.

陶波，葛全胜，李克让等. 2001. 陆地系统碳循环研究进展. 地理研究，**20**(5)：564-575

汪品先. 2002. 气候演变中的冰和碳. 地学前缘，**9**：85-93.

汪业勖，赵士洞. 1998. 陆地碳循环研究中的模型方法. 应用生态学报，**9**(6)：658-664.

王灿. 2001. 从能源消费的角度探讨控制温室气体排放的途径. 中国能源，(4)：20-22

王珏，肖利，朱斌. 2002. 全球变暖与中国能源发展. 自然辩证法通讯，**24**(4)：32-37.

王明星，戴爱国，黄俊等. 1993. 中国 CH_4 排放量的估算. 大气科学，**17**(1)：52-64.

王明星，杨昕. 2002. 人类活动对气候影响的研究，I、温室气体与气溶胶. 气候与环境研究，**7**(2)：247-254.

王少彬，宋文质，苏维瀚等. 1994a. 冬小麦田氧化亚氮的排放. 农业环境保护，**13**(5)：210-212.

王少彬，宋文质，苏维瀚等. 1994b. 玉米地氮肥释放 N_2O 的研究. 农村生态环境(学报)，**10**(4)：12-14.

王少彬，苏维翰. 1993. 中国地区氧化亚氮排放量及其变化的估算. 环境科学，**14**(3)：42-46.

王少彬. 1993. 中国地区温室气体 CH_4 的源与汇. 环境保护，(9)：42-44.

王绍强，陈育峰. 1998. 陆地表层碳循环模型及其趋势. 地理科学进展，**17**(4)：64-72.

王绍强等. 2001. 东北地区陆地碳循环平衡模拟分析. 地理学报，**56**(4)：390-400.

王绍强等. 2001. 土地覆盖变化对陆地碳循环的影响. 遥感学报，**5**(2)：142-148.

王绍强，周成虎，罗承文. 1999. 中国陆地自然植被碳量空间分布探讨. 地理科学进展，**18**(3)：238-244.

王绍强，周成虎. 1999. 中国陆地土壤有机碳库的估算. 地理研究，**18**(4)：349-356.

王效科等. 2002. 全球碳循环中的失汇及形成原因. 生态学报，**22**(1)：94-103.

王德宣，吕宪国，丁维新等. 2002. 三江平原沼泽湿地与稻田 CH_4 排放对比研究. 地理科学，**22**(4)：500-503.

王艳芬，纪宝明，陈佐忠等. 2000. 锡林河流域放牧条件下草原 CH_4 通量研究结果初报. 植物生态学报，**24**(6)：693-696.

王跃思，胡玉琼，纪宝明等. 2002. 放牧对内蒙古草原温室气体排放的影响. 中国环境科学，**22**(6)：490-494.

王跃思，王明星，胡玉琼等. 2002. 半干旱草原温室气体排放/吸收与环境因子的关系研究. 气候与环境研究，**7**：295-310.

王跃思，薛敏，黄耀等. 2003. 内蒙古天然与放牧草原温室气体排放研究. 应用生态学报，**14**：372-376.

王智平. 1997. 中国农田 N_2O 排放量的估算. 农村生态环境，**13**(2)：51-55.

苏维瀚，宋文质，张桦等. 1992. 华北典型冬麦区农田氧化亚氮通量. 环境化学，**11**：26-32.

翁金桃. 1995. 碳酸盐岩在全球碳循环过程中的作用. 地球科学进展，**10**(2)：154-158.

吴海宝. 1997. 气候变暖与稻谷生产的相互影响及对策. 生态学报，**17**(2)：216-219.

吴海宝，叶兆杰. 1993. 我国稻田甲烷排放量的初步估算. 中国环境科学，**13**(1)：76-80.

吴海斌，郭正堂，彭长辉. 2001. 末次间冰期以来陆地生态系统的碳储量与气候变化. 第四纪研究，**21**(4)：366-376.

肖志峰，欧阳自远，林文祝. 1996. 新生代的气候效应与碳循环. 空间科学学报，**16**(2)：109-114.

徐华,邢光熹,蔡祖聪等. 2000. 土壤质地对小麦和棉花田 N_2O 排放的影响. 农业环境保护, **19**(1):1-3.

徐慧,陈冠雄,马成新. 1995. 长白山北坡不同土壤 N_2O 和 CH_4 排放的初步研究. 应用生态学报, **6**(4):373-377.

徐琪,蔡力,董元华. 1995. 论我国湿地的特点、类型与管理. 见:陈宜瑜主编,中国湿地研究. 长春:吉林科学技术
     出版社, pp24-33.

徐文彬,洪业汤,陈旭晖等. 2000. 贵州省旱田土壤 N_2O 释放及其环境影响因素. 环境科学, **21**:7-11.

徐新华. 1997. 垃圾中甲烷产率计算及全国垃圾甲烷气资源估算. 自然资源学报, **12**(1):89-93.

徐永福. 1995. 二氧化碳生物地球化学循环研究的进展. 地球科学进展, **10**(4):367-372.

徐玉高,郭元,吴宗鑫. 1999. 经济发展、碳排放和经济演化. 环境科学进展, **7**(2):54-64.

徐仲均,郑循华,王跃思等. 2002. 开放式空气 CO_2 增高对稻田 CH_4 和 N_2O 排放的影响. 应用生态学报, **13**(10):1
     245-1 248.

颜晓元,施书莲,杜丽娟等. 2000. 水分管理对水田土壤 N_2O 排放的影响. 土壤学报, **37**(4):482-489.

杨军,陈玉芬,胡飞等. 1996. 广州地区晚季稻甲烷排放通量与施肥影响研究. 华南农业大学学报, (2):17-22.

叶勇,卢昌义,黄玉山等. 1997. 海莲林土壤 CH_4 通量的日变化和滩面差异. 厦门大学学报, **36**(6):925-930.

于克伟,黄斌,陈冠雄等. 1996. 中国氧化亚氮主要排放源排放总量估算及趋势预测. 见:王庚辰,温玉璞主编,温
     室气体浓度和排放检测及相关过程, 北京:中国环境科学出版社, pp295-309.

余国泰. 1997. 城市固废(生活垃圾)中甲烷排放量. 环境科学进展, **5**(2):67-74.

袁道先. 2001. 地球系统的碳循环和资源环境效应. 第四纪研究, **21**(3):223-232.

袁道先. 1995. 岩溶作用对环境变化的敏感性及其记录,科学通报, **40**:1 210-1 213.

袁道先. 1999. 岩溶作用与碳循环研究进展. 地球科学进展, **14**(5):425-431.

曾江海,王智平. 1995. 农田土壤 N_2O 生成与排放研究. 土壤通报, **26**:132-134.

张宾,马黎明,乔然. 1996. 海水中总溶解 CO_2 的测试方法和计算. 海洋预报. **13**(1):76-79.

张剑波,邵可声,李智等. 1994. 北京地区春季稻田甲烷排放的研究. 环境科学, **15**(5):23-26.

张雷. 2003. 经济发展对碳排放的影响. 地理学报, **58**(4):629-637.

张娜等. 2003. 长白山自然保护区生态系统碳平衡研究. 环境科学, **24**(1):24-32.

张娜等. 2003. 基于遥感和地面数据的景观尺度生态系统生产力模拟. 应用生态学报, **14**(5):643-652.

赵景波,袁道先,席林平. 2000. 西安灞河流域现代岩溶作用 CO_2 吸收量. 第四纪研究, **20**(4):367-373.

郑爽. 2002. 我国煤层甲烷类温室气体排放及清单编制. 中国煤炭, **28**(5):37-40.

郑武,谢晓丽. 2000. 广州地区水稻田甲烷排放量测定. 广州环境科学, **15**(3):33-35.

郑循华,王明星,王跃思等. 1997. 华东地区稻麦轮作生态系统的 N_2O 排放研究. 应用生态学报, **8**(5):495-499.

中华人民共和国国家统计局. 2002. 中国统计年鉴.2002(总第 21 期). 北京:中国统计出版社, 43.

周广胜等. 2002. 陆地生态系统类型转变与碳循环. 植物生态学报, **26**(2):250-254.

周文能. 1994. 中国农业氧化亚氮的排放量和减缓对策. 农业环境与发展, (1):27-31.

周运超,张平究,潘根兴等. 2002. 表层岩溶系统中土-气-水界面碳流通的短尺度效应. 第四纪研究, **22**(3):258-
     265.

邹建文,黄耀,宗良纲等. 2003. 稻田灌溉和秸秆施用对后季麦田 N_2O 排放的影响. 中国农业科学, **36**(4):409-414.

Adamsen A P S, King G M. 1993. Methane consumption in temperate and sub-arctic forest soils: Rate, vertical zona-
     tion and response to water and nitrogen. *Applied Environmental Microbiology*, **59**:485-490.

Bachelet D, Kern J, Toelg M. 1995. Balancing the rice carbon budget in China using spatially-distributed data. *Eco-
     logical Modelling*, **79**(1-3):167-177.

Cai Z. 1996. Effect of land use on organic carbon storage in soils in Eastern China. *Water, Air & Soil Pollution*, **91**:
     383-393.

Cai Z, Xing G, Yan X, *et al*. 1997. Methane and nitrous oxide emissions from rice paddy fields as affected by nitrogen
     fertilizers and water management. *Plant and Soil*, **196**, 7-14.

Chen J M, Chen W, Liu J, *et al*. 2000. Annual carbon balance of Canada's forests during 1895—1996. *Global Bio-
     geochemical Cycle*, **14**(3):839-850.

Crill P M, Kainen P J M, Nykanen H, *et al*. 1994. Temperature and N fertilization effects on methane oxidation in a
     drained peatland soil. *Soil Biology Biochemistry*, **26**:1 331-1 339.

Ding A, Wang M. 1996. Model for methane emission from rice fields and its application in Southern China. *Advances in Atmospheric Sciences*, **13**:159-168.

Dong Y, Scharffe D, Qi Y C, et al. 2001. Nitrous oxide emissions from cultivated soils in the North China Plain. *Tellus*, **53**B:1-9.

Dong Y, Zhang S, Qi Y, et al. 2000. Fluxes of CO_2, N_2O and CH_4 from a typical temperate grassland in Inner Mongolia and its daily variation. *Chinese Science Bulletin*, **45**(17):1 590-1 594.

Fang J, Chen A, Peng C, et al. 2001. Changes in China's forest carbon storage between 1949—1998. *Science*, **292**: 2 320-2 322

Global Carbon Project. 2003. Science Framework and Implementation. Earth System Science Partnership (IGBP, IHDP,WCRP,DIVERSITAS). Report No. 1. Global Carbon Project Report No. 1, p69, Canberra

Gong P, Xu M, Chen J,et al. 2002. A preliminary study on the carbon dynamics of China's terrestrial ecosystems in the past 20 years. *Earth Science Frontiers*, **9**(1):55-61.

Gurney K R et al. 2002. Towards robust regional estimates of CO_2 sources and sinks using atmospheric transport models. *Nature*, **415**:626-630

Hansen J, Sato M, Lacis A, et al. 1998. Climate forcing in the Industrial Era. Proc. *Natl Acad Sci*, **95**: 12 753-12 758

Harriss R C, Sebacher D I, Day F P. 1982. Methane flux in the Great Dismal Swamp. *Nature*, **297**:673-674.

Houghton R A. 1999. The annual net flux to the atmosphere from changes of land use in 1850—1990, *Tellus*, **51**B: 298-311.

Houghton R A. 2003. Why are estimates of terrestrial carbon balances so different? *Global Change Biology*, **9**:500—509.

Huang Y, Sass R L, Fisher F M. 1998a. A semi-empirical model of methane emission from flooded rice paddy soils. *Global Change Biology*, **4**:247-268.

Huang Y, Sass R L, Fisher F M. 1998b. Model estimates of methane emission from irrigated rice cultivation of China. *Global Change Biology*, **4**:809-821.

Hulme M, Jenkins G J, Lu X, et al. 2002. Climate Change Scenarios for the United Kingdom: The UKCIP02 Scientific Report, Tyndall Centre for Climate Change Research, University of East Anglia, Norwich, UK. p120.

Hutsch B W, Webster C P, Powlson D S. 1993. Long-term effects of nitrogen fertilization on methane oxidation in soil of the Broadbalk wheat experiment. *Soil Biology and Biochemistry*, **25**:1 307-1 315.

IPCC. 2000. Agriculture. In: IPCC/IGES. Good Practice Guidance, Uncertainty Management in National Greenhouse Gas Inventories. Kanagawa, Japan.

IPCC. 2001a. Climate Change 2001-Synthesis Reports: A Report of the Intergovernmental Panel on Climate Change, Cambridge University Press.

IPCC. 2001b. Climate Change 2001: the Scientific Basis. Contribution of Working group I to the Third Assessment Report of the Intergovernmental Panel on Climate Change. eds. by Houghton J T, Ding Y, Griggs D J, et al. Cambridge: Cambridge University Press, UK. p882

IPCC. 1996. Climate change 1995: Impacts, adaptations and Mitigation of Climate Change: Scientific Technical Analyses. Contribution of Working Group II to the Second Assessment Report of the intergovernmental Panel on Climate Change eds. by Watson R T, Zinyowera M C, Moss R H. Cambridge, United Kingdom and New York, NY, USA: Cambridge University Press, 880.

IPCC. 1990. Climate Change. 1990. The Intergovernmental Panel on Climate Change Scientific Assessment. eds. by Houghton J T, Callander B A, Varney S K. Cambridge, United Kingdom and New York, NY, USA: Cambridge University Press.

IPCC. 1992. Climate Change: The Supplementary Report to the IPCC Scientific Assessment. Cambridge University Press, 25-67.

IPCC. 1997. Revised 1996 IPCC Guidelines for National Greenhouse Gas Inventories. Workbook Vol. 2.

Jain A K, Briegleb B P, Minschwaner K, et al. 2000. Radiative forcing and global warming potentials of 39 greenhouse gases. *J Geophys Res*, **105**:20 773-20 790

Jiang H, Apps M, Zhang Y C, *et al*. 1999. Modeling the spatial pattern of NPP in Chinese forests. *Ecological Modeling*, **122**:275-288.

Keller M, Mitre M E, Stallard R F. 1990. Consumption of atmospheric methane in soils of central Panama: Effects of agricultural development. *Global Biogeochemical Cycle*, **4**:21-27.

Khalil M A K, Schearer M J, Rasmussen R A. 1993. Methane sources in China: Historical and current emissions. *Chemosphere*, **26**:127-142.

King G M, Schnell S. 1994. Effect of increasing atmospheric methane concentration on ammonium inhibition of soil methane consumption. *Nature*, **370**:282-284.

Kirschbaum M. 1993. A modeling study of the effects of changes in atmospheric CO_2 concentration, temperature and atmospheric nitrogen input On Soil organic-carbon storage. *Tellus B*, **45**:321-334

Kroeze C, Mosier A, Bouwman L. 1999. Closing the global N_2O budget: A retrospective analysis 1500—1994. *Global Biogeochemical Cycles*, **13**:1-8.

Li C, Frolking S, Forlking T A. 1992. A model of nitrous oxide evolution from soil driven by rainfall events: I. Model structure and sensitivity. *J Geophys Res*, **97**:9 759-9 776.

Li Changsheng, Zhuang Yahui, Cao Meiqiu, *et al*. 2001. Comparing a process—based agro-ecosystem model to the IPCC methodology for developing a national inventory of N_2O emissions from arable lands in China. *Nutrient Cycling in Agroecosystems*, **60**:159-175.

Li L H, Liu X H, Chen Z Z. 1998. Study on the carbon cycle of Leymus chinensis steppe in the Xilin River basin. *Acta Botanica Sinica*, **40**(10):955-961.

Li Z, Zhao Q G. 1998. Carbon dioxide fluxes and potential mitigation in agriculture and forestry of tropical and subtropical China. *Climatic Change*, **40**(1):119-133.

Marland G, Boden T, Andres R J. 2003a. National CO_2 Emissions from Fossil—Fuel Burning, Cement Manufacture, and Gas Flaring: 1751—2000. http://cdiac. org. gov/trends/emis/tre_prc. htm

Marland G, Boden T, Andres R J. 2003b. Global CO_2 Emissions from Fossil-Fuel Burning, Cement Manufacture, and Gas Flaring: 1751—2000. http://cdiac. org. gov/ftp/ndp030/global00. ems

Marland G, Boden T, Andres R J. 2003c. National CO_2 Emissions from Fossil-Fuel Burning, Cement Manufacture, and Gas Flaring: 1751—2000. http://cdiac. org. gov/trends/emis/tre_usa. htm

McGuire A D, Sitch S, Dargaville D, *et al*. 2001. Carbon balance of the terrestrial biosphere in the twentieth century: Analyses of CO_2, climate and land use effects with four process-based ecosystem models. *Global Biogeochemical Cycles*, **15**(1):183-206.

Mosier A R, Parton W J, Valenrine D W, *et al*. 1997. CH_4 and N_2O fluxes in the Colorado shortgrass steppe 2. Long-term impact of land use change. *Global Biogeochemical Cycles*, **11**(1):29-42.

Mosier A R, Parton W J, Valentine D W, *et al*. 1996. CH_4 and N_2O fluxes in the Colorado shortgrass steppe, 1. Impact of landscape and nitrogen addition. *Global Biogeochemical Cycles*, **10**:387-399.

Mosier A R, Schimel D, Valentine D, *et al*. 1991. Methane and nitrous oxide fluxes in native, fertilized and cultivated grasslands. *Nature*, **350**:330-332.

Myhre G, Highwood E J, Shine K P, *et al*. 1998. New estimates of radiative forcing due to well mixed greenhouse gases. *Geophys Res Lett*, **25**:2 715-2 718.

Ojima D S, Valenrine D W, Mosier A R, *et al*. 1993. Effect of land use change on methane oxidation in temperate forest and grassland soils. *Chemosphere*, **26**(1-4):675-685.

Parton W J, Holland E A, Del Grosso S J, *et al*. 2001. Generalized model for NO_x and N_2O emission from soils. *J Geophys Res*, **106**(D15):17 403-17 419.

Pei Z Y, Ouyang H, Zhou C P, *et al*. 2003. Fluxes of CO_2, CH_4 and N_2O from alpine grassland in the Tibetan plateau. *Journal of Geographical Sciences*, **13**(1):27-34.

Petit J R, *et al*. 1999. Climate and atmospheric history of the past 420,000 years from the Vostok ice core, Antarctica. *Nature*, **399**:429-436

Potter C, Klooster S, Myneni R, *et al*. 2003a. Continental scale comparisons of terrestrial carbon sinks estimated from satellite data and ecosystem modeling 1982—1998. *Global and Planetary Change*, **39**:201-213.

Potter C, Tan P N, Steinbach M, *et al*. 2003b. Major disturbance events in terrestrial ecosystems detected using global satellite data sets. *Global Change Biology*, **9**:1 005-1 021.

Ramaswamy V, Boucher O, *et al*. Radiative Forcing of Climate Change. In: Houghton JT, Ding Y, Griggs DJ *et al*. (eds) Climate Change 2001: the Scientific Basis. Contribution of Working group I to the third assessment report of the Intergovernmental Panel on Climate Change. Cambridge, New York, Melbourne, Madrid, Cape Town: Cambridge University Press, 353-358

Ramaswamy V, Chen C T. 1997. Climate forcing-response relationships for greenhouse and shortwave radiative perturbations. *Geophys Res Lett*, **24**:667-670.

Sass R L, Andrews A J, Ding A J, *et al*. 2002. Spatial and temporal variability in methane emissions from rice paddies: Implications for assessing regional methane budgets. *Nutrient Cycling in Agroecosystems*, **64**(1-2):3-7.

Schimel D S, *et al*. 2001. Recent patterns and mechanisms of carbon exchange by terrestrial ecosystems. *Nature*, **414**:169-172.

Seiler W, Conrad R, Scharffe D. 1984. Field studies of methane emission from termite nests into the atmosphere, measurements of methane uptake by tropical soils. *Journal of Atmospheric Chemistry*, **1**:171-186.

Shi GY. 1992. Radiative forcing and greenhouse effect due to the atmospheric trace gases. *Science in China* (Series B), **35**:217-229.

Smith K A, Dobbie K E, Ball B C, *et al*. 2000. Oxidation of atmospheric methane in Northern European soils, comparison with other ecosystems, and uncertainties in the global terrestrial sink. *Global Change Biology*, **6**:791-803.

Steudler P A, Bowden R D, Mellilo J M, *et al*. 1989. Influence of nitrogen fertilization on methane uptake in temperate forest soils. *Nature*, **341**:314-316.

Striegl R G, McConnaughey T A, Thorstenson D C, *et al*. 1992. Consumption of atmospheric methane by desert soils. *Nature*, **357**:145-147.

Sun R, Zhu Q. 2000. Distribution and seasonal change of net primary productivity in China from April, 1992 to March, 1993. *Acta Geographica Sinica*, **55**:36-45.

Tans P, *et al*. 1990. Observational constraints on the global atmospheric CO_2 budget. *Science*, **247**:1 431-1 438.

Tian H, Melillo J M, Kicklighter D W, *et al*. 2003. Regional carbon dynamics in monsoon Asia and its implications for the global carbon cycle. *Global and Planetary Change*, **37**:201-217.

United Nations. 1992. United Nations Framework Convention on Climate Change. http://unfccc.int/text/resource/convkp.html

Wang M X, Khalil M A K, Rasmussen R A. 1998. Flux measurement of methane from rice fields and biogas generator leakages. *Chinese Science Bulletin*, **33**:942-947.

Wang S, *et al*. 2002. Characterization of changes in land cover and carbon storage of Northeastern China, an analysis based on Landsat TM imagery, Science in China (Series C), Supp. :40-47.

Wang S, Tian H, Liu J Y, *et al*. 2003. Patterns and change of soil organic carbon in China between 1960s—1980s. *Tellus*, **55**B:416-427.

Wang Y, Hu Y , Ji B. 2003. An investigation on the relationship between emission/uptake of greenhouse gases and environmental factors in semiarid grassland. *Advances in Atmospheric Sciences*, **20**:119-127.

Wang Z Y, Xu Y C, Li Z, *et al*. 2001. Methane emission from irrigated rice fields and its control. *Acta of Crop Sciences*, **27**(6):757-768.

Watson R T, Rodhe H, Oeschger H, *et al*. 1990. Greenhouse Gases and Aerosols. in Houghton J T, Jenkins , G J Ephraums J J (eds). Scientific Assessment of Climate Change-Report of Working Group I . Cambridge, New York, Melbourne, Madrid, Cape Town: Cambridge University Press, pp7-40.

Whalen S C , Reeburgh W S. 1990. Consumption of atmospheric methane by tundra soils. *Nature*, **346**:160-162.

WMO. 1986. Atmospheric Ozone: 1985, Assessment of our understanding of the processes controlling its present distribution and change. Global Ozone Research and Monitoring Project, World Meteorological Organization, Report No. 16, Geneva, Switzerland.

WMO. 2002. World data center for greenhouse gases(WDCCG) data summary, Volume IV-greenhouse gases and other atmospheric gases,WDCGG No. 26. Tokyo,Japan.

Xiao Q G, Chen W Y, Sheng Y W, et al. 1996. Estimating the net primary productivity in China using meteorological satellite data. *Acta Botanica Sinica*, **38**(1):35-39.

Xing G X. 1998. N_2O emission from cropland in China. *Nutrient Cycling in Agroecosytem*, **52**:249-254.

Xing G X, Yan X Y. 1999. Direct nitrous oxide emissions from agricultural fields in China estimated by the revised 1996 IPCC guidelines for national greenhouse gases. *Enviornmental Sciences & Policy*, **2**:355-361.

Xing G X, Zhu A L. 1997. Preliminary studied on N_2O emission fluxes from upland soils and paddy soils in China. *Nutrient Cycling in Agroecosytem*, **49**:58-63.

Xing G X, Zhu Z L. 2000. An assessment of N loss from agricultural fields to the environment in China. *Nutrient Cycling in Agroecosystems*, **57**: 67-73.

Xu H, Xing G X, Cai Z C, et al. 1997. Nitrous oxide emissions from three rice paddy fields in China. *Nutrient Cycling in Agroecosystems*, **49**:18-23.

Zheng X H, Fu C B, Xu X K, et al. 2002. The Asian nitrogen cycle case study. *Ambio*, **31**:79-87.

Zheng X H, Huang Y, Wang Y S, et al. 2003. Seasonal characteristics of nitric oxide emission from a typical Chinese rice-wheat rotation during the non-waterlogged period,*Global Change Biology*,**9**:219-227.

Zheng X H, Wang M X, Wang Y S, et al. 2000. Impacts of soil moisture on nitrous oxide emission from croplands: a case study on the rice-based agro-ecosystem in Southeast China. *Chemosphere Global Change Science*, **2**: 207-224.

Zheng Y, Zhou G. 2000. A forest vegetation NPP model based on NDVI. *Acta Phytoecologica Sinica*, **24**(1):9-12.

Zhou G, Wang Y, Jiang J, et al. 2002. Carbon balance along the Northeast China Transect. *Science in China* (Series C), Supp:18-29.

Zhou L X,Tang J,Wen Y P, et al. 2003. The impact of. local winds and long-range transport on the continuous carbon dioxide record at Mount Waliguan, China. *Tellus B*,**55**:145-158.

第 3 章 大气气溶胶及其气候效应

主　　笔:许　黎　张仁健
主要作者:胡国权　丁一汇　张　莉　张　华

3.1　大气气溶胶的基本特性

大气气溶胶是由大气介质和悬浮于其中的固态和液态颗粒物组成的多相体系,是大气中唯一的非气体成分,也是大气中的微量成分。大气气溶胶粒子是人们的感官能直接觉察到的大气微量成分,它直接影响大气能见度、人和动物呼吸系统的健康;还通过散射和吸收太阳和地气系统的辐射而影响其能量收支;也是大气中形成云和降水的先决条件之一。因此,大气气溶胶粒子的浓度直接影响天气、气候和人类的生存环境。在过去几十年里,大气气溶胶学得到了快速发展,成为大气科学的一个重要分支学科。大气气溶胶的基本特性包括物理、光学和化学特性,它决定了其在大气中所起的吸收或散射作用,是研究气溶胶及其气候效应的基础。

3.1.1　气溶胶的物理特性

大气气溶胶的物理特性主要有气溶胶浓度和谱分布。描述气溶胶浓度的参数有数浓度、质量浓度和体积浓度。测量气溶胶物理特性的仪器通常是分级式光电粒子计数器、分级式撞击采样仪、多波段太阳辐射计和激光雷达等。测量的方式从地面、飞机、高空气球($0\sim35$ km)到卫星遥感。

20 世纪 80 年代初中国科学院大气物理研究所开展了国内最早的气溶胶物理特性测量和研究(游荣高 1981),随着大气气溶胶的重要性被广泛地认识,开展这方面测量的工作不断扩大,测量工作从被污染的城市到区域大气本底站(王式功等 1999 杨东贞等 1995),也从青藏高原到西太平洋(杨龙元等 1994,沈志来等 1989),还从近地面到平流层气球(许黎等 2002;石广玉等 1986,1996)等。近几十年的测量结果表明,近地面半径在 0.15 μm 以上的气溶胶数浓度为每立方厘米几个至 1 000 多个;西太平洋海域气溶胶的质量浓度为 0.1$\sim$10 μg m^{-3};河北香河地区气溶胶数浓度的垂直分布经常有三个极值区,除了近地面和平流层气溶胶层的浓度极值区外,在对流层经常出现数浓度的次峰,这个次峰的形成与天气状况有密切的关联,在大气环流的辐合区或云区,气溶胶的数浓度会出现峰值(Xu et al. 2004)。气溶胶的谱分布在中国地区近地面经常出现三个峰,第一个在亚微米的小粒子区,第二个在微米区的大粒子区,第三个在超微米的巨形粒子区(王明星等 1984,游荣高 1981)。由于中国有大量的地壳粒子直接进入大气,因此中国地区气溶胶的谱分布中出现巨形粒子的第三个峰,而国外如日本、美国的探测中没有发现第三个峰(Iwasaka et al. 1996,Hofmann 1993),根据许黎等(2002)香河地区高空气球探测的结果,巨形粒子可以出现在对流层 6 km 以下的大气层中,即对流层中、下部呈现三峰现象,对流层中、上部和平流层的底部则是双峰型(Xu et al. 2003)。王明星等(1984)和杨军(2000)的飞机实验结果显示,北京和辽宁地区上空气溶胶谱分布呈现三峰现象。这些观测研究得到了一致的结果,即气溶胶数浓度出现巨形粒子峰。游来光等(1991)最早在银川用飞机对 1983 年 6 月的一次沙尘暴天气粒子的浓度和谱分布进行了测量,得到沙尘粒子的质量浓度为 1 mg m^{-3},其谱分布向大粒子方向移动;并发现 3.6 km 高度有直径 350 μm 的巨形粒子。

3.1.2 气溶胶的光学特性

  大气气溶胶的光学特性包括大气气溶胶的光学厚度、单次散射反照率、散射相函数(或不对称因子)等。大气气溶胶的光学特性又与大气环流、大气湿度等有关。气溶胶粒子在大气中的加载对入射辐射产生散射和吸收,从而改变入射辐射的强度和性质,通过测量入射辐射的变化,可以反演气溶胶的光学特性。这种遥感测量气溶胶光学特性的方式有两种,一种是地对空的遥测,另一种是空对地的遥测,也称为地基和空基的遥测。地基遥测有多波段太阳辐射仪和激光雷达等,空基遥测主要通过飞机、气象卫星携带的高分辨率辐射仪进行。最早开展大气气溶胶光学特性研究的是 Linke 和 Boda(1922)及 Angstrom(1929),之后他们被广泛应用并称之为 Linke 浑浊度因子和 Angstrom 波长指数。

  中国在 20 世纪 70 年代就开展了这方面的测量,王庚辰等(1979)观测了西藏拉萨地区大气气溶胶的消光系数(单位大气质量的光学厚度),获得了国内最早(1976)高原地区气溶胶光学特性;许黎(1990)等观测了 1987 年中国日环食期间大气气溶胶消光系数的变化,发现消光系数与日环食之间没有明显的相关性。邱金桓(1995)等提出用气象台站的全波段直接辐射资料计算大气气溶胶的光学厚度,这为气象台站积累的长期辐射观测资料的利用提供了一个有效的途径,也为中国研究气溶胶光学厚度的长期变化提供了有用的资料。中国最早用自己研制的多波段光度计进行气溶胶光学特性测量的是赵柏林等(1983),他们对北京地区气溶胶的光学特性做了全年观测,得到气溶胶光学厚度 5 月最大,9 月最小;许黎等(2002)测量了 1997 年北京大气气溶胶的消光系数,其结果是 5 和 8 月最大,9 月最小。祁栋林等(1999)在瓦里关大气本底站的测量结果表明,1997 年大气气溶胶的浑浊度夏季最小,冬季最大,冬、夏两季气溶胶的波长指数平均为 3.71。许黎等(1997)在台湾阿里山、台南地区测量和分析了大气气溶胶的消光系数,获得 1995 年 12 月阿里山平均波长指数为 2.74。根据光谱学理论,波长指数约为 1.3,比较接近实际大气的状况,瓦里关(海拔 3 810 m)和阿里山(2 428.1 m)地区比较洁净,尤其是瓦里关全球大气本底站的波长指数比较接近大气分子的瑞利散射。

  邱金桓等(1988)测量的北京地区气溶胶复折射率 1984 年春、夏、秋和冬季平均分别为 $1.51+0.015\,2i$,$1.49+0.012\,8i$,$1.51+0.021\,5i$,$1.55+0.057\,2i$。黎洁等(1989)测量的北京地区气溶胶复折射率采暖期平均为 $1.517+0.034i$,非采暖期为 $1.533+0.016i$。复折射率虚部的变化表明冬季采暖期的数值比较大,表现出燃煤过程不完全燃烧排放的黑碳的作用。石广玉等(1992)测量的北京地区 1991 年 4 月 30 日一次沙尘暴来临时气溶胶散射相函数的变化,其前向散射(10°)比晴天时大一个数量级。赵增亮等(1999)测量得到北京地区 $0.6\,\mu m$ 波长处气溶胶的不对称因子为 $0.6\sim0.7$。

  就多波段太阳辐射计的被动遥感而言,激光雷达是另一类主动遥感的方式,它的主要优势是可以获得大气气溶胶特性的垂直分布。中国科学院大气物理研究所于 20 世纪 60 年代研制成功了第一台激光气象雷达(吕达仁 1999),并不断地完善和改进其探测功能,开展了大气气溶胶、火山气溶胶和沙尘暴气溶胶光学特性的监测。邱金桓等(1984)最早用激光雷达测量沙尘暴气溶胶的光学厚度和垂直分布,发现沙尘暴来临时气溶胶的光学厚度可以有量级的变化。中国科学院安徽光学和精密机械研究所研制的双波长激光雷达,从 1995 年开始进行了大气气溶胶水平和垂直光学厚度的长期测量,积累了大量气溶胶光学厚度的垂直分布和大气环流之间的关系特征的资料(周军等 1998a)。白宇波(2000)根据 1998 年 9 月 17 日拉萨激光雷达测量的气溶胶光学厚度分析得出,在对流层随高度增加而逐渐减小,没有出现极值层,但是同一天,激光雷达测量的合肥气溶胶光学厚度在对流层内却具有多层结构。这种垂直分布的差异可能源于拉萨特殊的地理位置,测量站点的海拔高度使得该地夏季有较强的上升气流,气溶胶得以向上输送,其浓度随高度增加而逐渐减少,在合肥,气溶胶的垂直分布受周围环流影响并不呈现均匀分布,所以,在对流层有多层气溶胶层的现象(周军 1998b,Xu *et al.* 2003)。

  罗云峰等(2000)利用中国 47 个辐射观测站逐日直接太阳辐射量和日照时数等气象资料配合气

象卫星 TOMS version-7 的臭氧资料反演波长 0.75 μm 处 1961—1990 年 30 年逐月逐年整层大气气溶胶光学厚度,表 3.1 列出了其 30 年的平均值,从表中的数值可以看到,四川省气溶胶光学厚度较大,最小值位于云南省的景洪。按照 IPCC(1994)报告,全球平均气溶胶光学厚度,陆地污染地区为 0.2～0.8,洁净区为 0.02～0.1。由此可见,47 个站中除了云南省景洪地区外,气溶胶的光学厚度都在陆地污染区的范围,说明中国大部分城市气溶胶的污染比较严重。需要说明的是,用台站辐射资料计算的气溶胶光学厚度在扣除云的消光方面存在较大的误差。尽管如此,这为利用气象台站辐射资料提供了有效的途径,也为研究气溶胶光学特性的长期变化提供了宝贵资料。减少用常规气象资料计算整层大气气溶胶光学厚度方法误差的办法是在台站配合使用太阳光度计测量气溶胶的光学厚度,进行对比后再订正。

表 3.1　1961—1990 年平均整层大气气溶胶光学厚度

(罗云峰等 2000)

成都	0.69	武汉	0.50	绵阳	0.43	郑州	0.41	南宁	0.38	海口	0.34
重庆	0.66	贵阳	0.49	昆明	0.43	太原	0.41	烟台	0.38	阿勒泰	0.34
南充	0.64	库车	0.48	哈密	0.42	乌鲁木齐	0.40	桂林	0.37	哈尔滨	0.33
若羌	0.56	西宁	0.48	合肥	0.42	杭州	0.40	天津	0.37	南昌	0.32
兰州	0.55	昌都	0.45	银川	0.42	北京	0.39	蒙自	0.37	汕头	0.31
和田	0.53	广州	0.45	敦煌	0.42	沈阳	0.39	上海	0.37	福州	0.30
喀什	0.51	宜昌	0.44	济南	0.42	长春	0.39	南京	0.36	景洪	0.18
遵义	0.50	西安	0.43	拉萨	0.41	佳木斯	0.38	赣州	0.35		

空基遥感大气气溶胶光学特性可以对全球气溶胶特性进行全面的探测,尽管空基遥测资料的准确度还有待提高,但是它却是研究气溶胶特性和气候效应的有效手段。毛节泰等(2002)综合评述了中国气溶胶研究的状况,在他们的综述中介绍了卫星遥感气溶胶的工作。卫星遥感气溶胶光学特性工作国外是从 20 世纪 70 年代开始的(Carlson 和 Wending 1977),中国科学家从 20 世纪 80 年代也开展了这方面的研究。赵柏林等(1986)首先对均匀地表的海洋进行卫星反演,给出了渤海海区气溶胶的光学厚度;刘莉(1999)则研究了湖面上空气溶胶光学厚度;韩志刚(1999)利用 ADEOS (Advanced Earth Observing Satellite)上辐射偏振探测器的资料研究了草地上空气溶胶的光学厚度:其共同点是在比较均一的表面进行卫星反演。毛节泰主持的国家自然科学基金重点项目在地基(湖面)遥感气溶胶光学特性的基础上修正卫星遥感的气溶胶光学特性资料,给出了中国地区 1°×1.25°气溶胶的光学厚度,为全面研究中国地区气溶胶的光学特性和辐射强迫奠定了基础(毛节泰等 2001)。

3.1.3　气溶胶的化学特性

大气气溶胶的化学特性是另一个非常重要的气溶胶参数,气溶胶的化学组成决定气溶胶粒子是否发生辐射吸收;另外,从元素分析可以得知粒子的来源和在大气中传输时发生的变化。大气气溶胶化学元素组成的分析设备有:配有电子显微镜的散能-X 射线分析仪和质子-X 射线荧光(PIXE)分析仪;气溶胶化合物组成的分析设备有:激光微探针质谱仪。

国内最早开展气溶胶化学元素组成研究的是赵德山等(1983)和王明星等(1982),他们与美国佛罗里达州立大学合作,于 1980 年 3 和 4 月的沙尘暴事件中在中国科学院大气物理研究所铁塔上收集气溶胶粒子样品,用质子-X 射线荧光分析仪分析了气溶胶的化学元素组成;周明煜等(1981)和王明星等(1982)同时对 1980 年 4 月北京的一次沙尘暴进行采样并分析其元素组成。他们收集了沙尘暴发生时气溶胶粒子的样品,分析了粒子的元素组成,从元素的富集因子和大气的后向轨迹反推沙尘暴的源地,并得到沙尘暴粒子特有的元素 Eu(铕)和 Ta(钽)。张小曳等(1991)对三次尘暴事件矿物气溶胶中元素源区及大气搬运过程中的变化的研究,提出中国风成黄土中较粗粒子可能主要来自尘暴的搬运,而元素的比值 Mg(镁)/Ti(钛),Al(铝)/Fe(铁),Mg(镁)/K(钾)对追踪风成黄土中古气溶胶粒子的源区颇有指示意义。Fan 等(1996)跟踪了一次沙尘暴事件,在沙尘途经的呼和浩特、北京和日本长崎三地收集并分析了沙尘粒子形态和化学元素组成及其组分的变化,其特点是:呼和浩特的粒子以地壳粒子为主,但能看到球形的人为粒子;北京的粒子都是不规则形的矿物粒子;到日本长崎,由于粒子在传输过程中与海洋上空粒子的碰并、凝结,出现了很多矿物和海盐相混合的粒子。这次沙尘暴起源于蒙古国乌兰巴托,途经浑善达克沙地时沙尘暴得到加强,到达北京时沙尘粒子最充足,然后再逐渐减弱。对北京 1993 和 1995 年沙尘个例研究发现,发生于中国北部和西北地区的沙尘在中国大陆内的传输过程中,其成分变化不大,仍以其源区的组成成分为主(张代洲等 1998)。而对 1993 年日本的观测结果则发现,沙尘气溶胶经长距离输送到日本后,多数沙尘粒子外部都包围着可溶性成分,这与海盐气溶胶、污染物同沙尘气溶胶的相互作用及成云过程有关(Zhou *et al.* 1996)。

许黎等(2002)采集和分析了北京近地面气溶胶粒子的形态和化学元素组成,捕获到非常典型的黑碳粒子(图 3.1)及近地面一些方形的建筑粉尘粒子。许黎等(1998)和 Xu *et al.*(2001)首先于 1993 和 1994 年通过高空气球在香河地区收集了对流层和平流层的粒子样品,分析了气溶胶粒子化学元素和化合物的组成,发现 1993 年对流层大气中经常出现不规则形的粒子,可能是土壤粒子,平流层中以"卫星"滴环绕的硫酸盐粒子为主;在对流层的中、下部还经常出现被硫酸滴环绕的矿物粒子和硫酸铵粒子,这在国外的探测中很少发生,与中国大气中矿物粒子、二氧化硫(SO_2)和氨气(NH_3)很丰富有关;在对流层和平流层下部,还有海盐粒子和海盐与矿物相混合的粒子;气溶胶的化合物有硫酸盐、硅酸盐、硝酸盐和磷酸盐等,即使到达平流层低层的高度,大气中仍含有丰富的硅酸盐粒子。

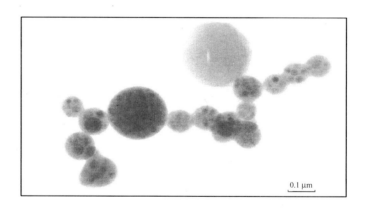

0.1 μm

图 3.1　典型的黑碳粒子(许黎等 2002)

3.2　大气气溶胶的源和汇

3.2.1　大气气溶胶的源

大气气溶胶的源分为三大类,即地表源、大气自身产生的部分和外部空间注入的部分,其中最重要的是地表源。大气气溶胶质粒主要来自地球表面,它既可通过自然和人为机制直接进入大气,也可从地球表面自然过程和人为排放的气体中通过化学或光化学反应,转化为可凝结分子物质再形成质粒,只有少量质粒来自地层深处,通过火山爆发进入大气,并可直达平流层,外层空间也有一些入流粒子通量(章澄昌等 1995)。

气溶胶的源强很难确定。首先,许多气溶胶(如硫酸盐气溶胶、次生有机物)并非直接排入大气,而是由其气态前体物在大气中生成。其次,一些由粒子组成的气溶胶(如沙尘、海盐),其物理属性(如粒子大小、折射系数)的变化范围很大。粒子在大气中的生命期和辐射效应取决于这些属性,所以很难给出一个确定值描述这些气溶胶的源强。最后,不同的气溶胶通常因其光学性质和大气生命期与原来组分不同而形成混合粒子。另外,云对气溶胶有着复杂的影响。IPCC(2001)第三次评估报告给出了气溶胶各种前体物的源强(见表 3.2)。

表 3.2 气溶胶前体物的年度源强(IPCC 2001) 单位:Tg N、S 或 C a^{-1}

	北半球	南半球	全球[a]	范围	出处
氮氧化物 NO$_x$(as TgN a^{-1})	32	9	41		
矿物燃料(1985)	20	1.1	21		Benkovitz et al. (1996)
飞行器(1992)	0.54	0.04	0.58	0.4~0.9	Penner et al. (1999b); Daggett et al. (1999)
生物质燃烧(ca. 1990)	3.3	3.1	6.4	2~12	Liousse et al. (1996); Atherton (1996)
土壤(ca. 1990)	3.5	2.0	5.5	3~12	Yienger and Levy (1995)
农业土壤			2.2	0~4	Yienger and Levy (1995)
自然土壤			3.2	3~8	Yienger and Levy (1995)
闪电	4.4	2.6	7.0	2~12	Price et al. (1997); Lawrence et al. (1995)
氨 NH$_3$(as TgN a^{-1})	41	13	54	40~70	Bouwman et al. (1997)
家畜(1990)	18	4.1	21.6	10~30	Bouwman et al. (1997)
农业(1990)	12	1.1	12.6	6~18	Bouwman et al. (1997)
人(1990)	2.3	0.3	2.6	1.3~3.9	Bouwman et al. (1997)
生物质燃烧(1990)	3.5	2.2	5.7	3~8	Bouwman et al. (1997)
矿物燃料和工业(1990)	0.29	0.01	0.3	0.1~0.5	Bouwman et al. (1997)
自然土壤(1990)	1.4	1.1	2.4	1~10	Bouwman et al. (1997)
野生动物(1990)	0.10	0.02	0.1	0~1	Bouwman et al. (1997)
海洋	3.6	4.5	8.2	3~16	Bouwman et al. (1997)
二氧化硫 SO$_2$(as TgS a^{-1})	76	12	88	67~130	
矿物燃料和工业(1985)	68	8	76	60~100	Benkovitz et al. (1996)
飞行器(1992)	0.06	0.004	0.06	0.03~1.0	Penner et al. (1998a); Penner et al. (1999b); Fahey et al. (1999)
生物质燃烧(ca. 1990)	1.2	1.0	2.2	1~6	Spiro et al. (1992)
火山	6.3	3.0	9.3	6~20	Andres and Kasgnoc (1998) (including. H$_2$S)
DMS 或 H$_2$S (as TgS a^{-1})	11.6	13.4	25.0	12~42	
海洋	11	13	24	13~36	Kettle and Andreae (2000)
陆地生物区和土壤	0.6	0.4	1.0	0.4~5.6	Bates et al. (1992); Andreae and Jaeschke (1992)
易挥发有机物排放(as TgC a^{-1})	171	65	236	100~560	
人为排放(1985)	104	5	109	60~160	Piccot et al. (1992)
萜烯(1990)	67	60	127	40~400	Guenther et al. (1995)

a) 由于数字的舍入误差,全球值可能不等于南、北半球之和。表中 as:相当于;ca:约,左右。

3.2.1.1 自然气溶胶

气溶胶的自然源主要包括海洋、土壤、生物圈及火山等(王明星等 2001)。海洋源气溶胶主要包括海洋表面由于风浪作用使海水泡沫飞溅而生成的海盐粒子,以及海洋生物生理活动产生的有机物通过海气交换进入大气并经一系列化学物理转化过程形成的液体或固体粒子等（王珉等 2000）。据估计，全球由海洋向大气输送的海盐通量为 3 300 Tg a^{-1}（见表 3.3），且不同研究者给出了不同的数值范围：1 000～3 000 Tg a^{-1}（Erickson et al. 1988）；5 900 Tg a^{-1}（Tegen et al. 1997）。

表 3.3　2000 年主要的粒子排放[a]　　　　　　　　　　　　　单位：Tg a^{-1}

	北半球	南半球	全球	低纬度地区	高纬度地区	出处
含碳气溶胶有机物（0～2 μm）						
生物质燃烧	28	26	54	45	80	Liousse et al. (1996)
矿物燃料	28	0.4	28	10	30	Cook et al. (1999); Penner et al. (1993)
生物排放（>1 μm）	—	—	56	0	90	Penner (1995)
黑碳（0～2 μm）						
生物质燃烧	2.9	2.7	5.7	5	9	Liousse et al. (1996); Scholes and Andreae (2000)
矿物燃料	6.5	0.1	6.6	6	8	Cooke et al. (1999); Penner et al. (1993)
飞行器	0.005	0.000 4	0.006			Wolf and Hidy (1997); Andreae (1995)
工业尘埃，等（> 1 μm）			100	40	130	
海盐						
D< 1 μm	23	31	54	18	100	
D=1～16 μm	1 420	1 870	3 290	1 000	6 000	
总计	1 440	1 900	3 340	1 000	6 000	
矿物（土壤）尘埃[b]						
D< 1 μm	90	17	110	—	—	
D=1～2 μm	240	50	290	—	—	
D=2～20 μm	1 470	282	1 750	—	—	
总计	1 800	349	2 150	1 000	3 000	

[a] 变化范围反映了文献中报道的估算值。不确定性的实际范围包含的值可能大于或小于这里报道的值。
[b] 排放源清单由 P. Ginoux 为 IPCC 模式比较工作组准备。

徐新华等（1997）对青岛地区大气气溶胶海洋因子贡献研究发现，海洋气溶胶中主要元素组分是氯（Cl）、钠（Na）、镁（Mg）、钙（Ca）、钾（K）和溴（Br），与海水的主成分一致，气溶胶中的海盐浓度可根据海水中各组分之间的比例计算得到。海洋气溶胶对沿海地区大气气溶胶质量浓度有一定贡献，其向陆地的输送距离相对来说不是太远，但世界上在距离海洋 100 km 的范围内居住着全球 1/3 的人口（Gomez 1998）。海洋气溶胶对沿海陆地环境有着不可忽视的影响。首先海洋气溶胶影响着沿海地区的酸沉降，海盐气溶胶为碱性（pH=8.0），当其成为云滴，就会增大云水的 pH，因此对沿海地区排放的酸性污染物有中和作用，而且在这种碱性条件下，SO_2 可以被 O_3 迅速氧化；来自海洋的非海盐气溶胶对雨水天然酸性也会产生影响。其次，海洋气溶胶有助于沿海地区某些大气污染物的去除（王珉等 2000）。

空气中的悬浮颗粒物 80% 以上来源于自然环境中地面的排放，人类活动的直接贡献很小（Chow et al.1994）。Prospero 和 Nees（1986）指出，最容易形成气溶胶颗粒的地区是那些经历了从潮湿到干旱气候转变的地区。沙尘是对流层气溶胶的主要成分，在大气化学、生态以及地球能量平衡中起着非常重要的作用。土壤尘是大气气溶胶和光学厚度的重要贡献者，尤其是在亚热带和热带地区。据估计，其全球源强为 1 000～5 000 Mt a^{-1}（Duce 1995，IPCC 2001），且有着很大的时空变率。主要的沙尘源为沙漠、干涸的湖床、半干旱的沙漠边缘，还有一些由于人类活动而导致植被减少或者地表受到干扰的较干旱的地区。全球主要的沙尘源区分布在北半球的沙漠地区，南半球的贡献相对较小（IPCC 2001），主要来自撒哈拉沙漠、美国西南部沙漠和亚洲地区（王明星等 2002）。中国西北地区处于宽广的欧亚大陆的中部,该地区被认为是大气中悬浮颗粒的第二大源地(继非洲北部的撒哈拉大沙漠之后)(宣捷 2000)。宣捷的研究显示,中国北方的地面尘排放总量为 4.3×10^7 t a^{-1}(PM_{50})及 2.5×10^7 t a^{-1}(PM_{30}),且春季是起尘最严重的季节,起尘量占全年起尘量的一半以上。

火山大规模喷发后,进入平流层的大量气体易形成气溶胶,这取决于岩浆中硫(S)的含量及喷出岩浆的体积。玄武质岩浆含 S 量高,喷发时间常持续几个月以上,在对流层也会产生气溶胶(李霓 2000)。由 SO_2 转变为硫酸气溶胶的过程大约需要几周到几个月的时间,一般认为 3 个月内就可实现这种转变(李晓东 1995)。据测量,1991 年菲律宾皮纳图博火山喷发两周后,火山喷发的 SO_2 总量已降至 1/3,两个半月后已测不到 SO_2,原因是 SO_2 已快速扩散、氧化,并已转变成了硫酸气溶胶(Goldman *et al.* 1992,Deshler *et al.* 1992)。除 SO_2 外,强火山爆发喷出的氯(Cl)和铁(Fe)也可形成气溶胶。火山气溶胶被认为是地球系统气候变化中一个重要的因素。强火山喷发出的大量火山灰和气体进入大气圈的对流层和平流层,随风漂浮,几年后才能消失,对全球气候影响很大。因此,每次强火山喷发几乎都对应着次年或其后几年全球降温,即“火山冬天效应”。火山喷发的影响范围与其地理位置有一定的关系,低纬度火山的影响范围较大,可达南北两个半球,而高纬火山的喷发其影响则一般仅限于所在的半球。

3.2.1.2　人为气溶胶

人为气溶胶是由人类生产和活动产生的各种粒子,包括原生粒子和污染气体产生的二次气溶胶。主要来自矿物燃料的燃烧、工农业生产活动等(王明星 1999)。自然气溶胶(如沙尘、海盐粒子和海洋硫酸盐化合物等)在大气中的含量、分布和光学特性在一段较长的时期内可以看做不变,火山爆发产生的气溶胶也不会有长期的效应,而人为气溶胶由于受人类活动的影响较大,工业革命以来,尤其是 20 世纪 50 年代以来,增加迅猛(杨军 2000),其增长对气候变化以及生态环境的影响则更显重要。

工业革命以来,人类活动不仅直接向大气排放大量粒子,更重要的是向大气排放大量的 SO_2 和 NO_x。SO_2 和 NO_x 在大气中通过非均相化学反应逐渐转化成硫酸盐和硝酸盐粒子,形成二次气溶胶,污染气体形成的大气气溶胶自工业革命以来有大幅度增加(王明星等 2001)。而主要的人为污染源存在于人口众多的城市和工业发达的地区(Yang 1989)。IPCC(2001)第三次评估报告给出了各种主要人为气溶胶前体物的年排放强度,北半球人为气溶胶的排放总量为 104 Tg a^{-1},南半球为 5 Tg a^{-1},全球人为排放总量为 109 Tg a^{-1}。硫酸盐是人为大气气溶胶细粒子中的重要成分,特别是对于以燃煤为主要能源的城市和工业区具有重要意义,其主要人为源是矿物燃料燃烧、生物体秸秆燃烧、硫酸生产和铜、铅、锌金属矿石冶炼等。全球年平均人为 SO_2 排放总量约为 70～90 Tg S,东亚地区占全球排放总量的 16.7%～21.5%,中国大陆的排放占东亚排放量的 78.8%(约 11.84 Tg S),且 100°E 以东中国东部经济发达地区的排放量占中国大陆总排放量的 97.7%(王喜红 2000)。一般来说,导致 NO_x 净增长的主要是人为排放,如矿物燃料燃烧(包括锅炉、汽车及其他)、秸秆燃料燃烧、水泥生产和硝酸生产等。IPCC 第三次评估报告中给出了 2000 年全球的 NO_x 总排放量为 51.9 TgN a^{-1},其中人为排放为 32.6 TgN a^{-1}。

另外,由于含碳燃料不完全燃烧而排放出来的细颗粒物,即大气中的黑碳或有机碳,也是大气气溶胶的重要成分。黑碳气溶胶在从可见光到近红外的波长范围内对太阳辐射有强烈的吸收作用,其单位质量吸收系数要比沙尘高两个量级,尽管黑碳气溶胶在大气气溶胶中所占的比例较小,但它对区域和全球的气候影响甚大,因此也倍受科学家的关注。目前,对于黑碳排放的估算仍存在很大的不确定性。Cooke 等曾指出,全球黑碳的人为排放约有 1/4 来自中国(Cooke *et al.* 1999)。NASA 的 China-MAP 计划中对中国的黑碳排放量进行了估算(Streets *et al.* 2001),中国 1995 年的黑碳排放量为 1 342 Gg,其中 83% 是由于住宅区使用煤炭和生物质燃料产生的,而随着科技的发展,2020 年中国的黑碳排放量可降至 1 224 Gg。

1995—1999 年,一个由 250 位科学家组成的国际科学工作组,对印度洋上空进行科学监测时发现,一层 3 km 厚,相当于美国大陆面积的棕色污染阴霾云层笼罩在印度洋、南亚、东南亚和中国上空。阴霾中含有大量硫酸盐、硝酸盐、有机物及其他污染物颗粒,被专家们形象地称为大气棕色云(简称 ABC)。这种棕色的霾同样也出现在北美、欧洲和世界其他地区的大城市中。目前,国际社会对此给予了极大关注,诺贝尔奖获得者 Paul J. Crutzan 教授甚至断言"大气棕色云"的重要性不亚于臭氧层损耗。

中国是大气气溶胶污染比较严重的国家。作为大气棕色云问题的可能贡献者和受害者,ABC 将成为中国环境外交决策和未来控制污染必须面临的重大问题,所以开展对大气中黑碳和有机碳气溶胶的研究不仅有科学意义,还有政治意义。

3.2.2 大气气溶胶的汇

气溶胶的汇主要通过大气的干、湿沉降过程来实现。在没有降水的条件下,通过重力沉降作用和湍流输送作用将气溶胶粒子直接送到地球表面而使之从大气中消失的过程,称为气溶胶的干沉降过程;通过降落的雨滴、雪片、霰粒等水汽凝结体把气溶胶粒子带到地面而使之从大气中消失的过程,称为气溶胶的湿沉降过程。

3.2.2.1 气溶胶粒子的干沉降过程

气溶胶的干沉降过程非常复杂。一般在地表的固体或液体表面上都有一个特殊的流体层,称为片流层,厚度大约为 1 mm。对于较小的粒子,湍流扩散作用和重力沉降作用只能把粒子输送到片流层边界上方。粒子必须依靠其他作用力越过片流层到达物体表面。这些作用力可能包括热致漂移力、光致漂移力和分子扩散力等。粒子通过片流层后再通过物质表面的吸收粘附特性和可溶性而沉降在下垫面上,从而完成了气溶胶粒子的干沉降过程。

气溶胶粒子的干沉降通量定义为单位时间单位表面积上沉积的气溶胶粒子的质量值,常用单位是 $g\ cm^{-2}s^{-1}$。气溶胶粒子的干沉降通量由重力沉降通量和向地面的湍流输送通量构成,前者取决于地表附近一定高度上气溶胶粒子的湍流扩散系数和气溶胶粒子的浓度梯度,后者取决于气溶胶粒子的降落速度和地表附近气溶胶粒子的浓度。气溶胶粒子的降落速度与粒子的大小、密度和形状有关。对于大粒子,重力沉降起主要作用,而对于小粒子,则是湍流输送起主要作用。重力沉降过程遵从斯托克斯方程,只要知道粒子的直径和密度,就能够很容易地计算出重力沉降速度。与微量气体类似,在实践中常用动量或热量的湍流扩散系数来近似地代替粒子的湍流扩散系数,通过测量确定了不同高度上的平均风速、风速脉动值和气溶胶粒子浓度,就可以计算气溶胶粒子的湍流沉降速度。因此,气溶胶粒子的干沉降速率取决于气溶胶本身的属性、大气的状态和地表特征。

3.2.2.2 气溶胶粒子的湿沉降过程

湿沉降是许多大气颗粒成分被快速有效地清除的过程。通常把湿清除过程分为雨冲刷和水冲刷两类。把最终形成降水的云的云中过程所造成的大气微量成分清除叫做雨冲刷,而把云底以下降落雨滴对大气微量成分的清除叫做水冲刷。没有形成降水的云对整体大气没有构成清除作用,但对局地大气化学成分的转化却起着重要作用,可能间接地对某些大气成分的清除有重要贡献。云一旦形成降水,其对大气成分的清除作用是雨冲刷和水冲刷共同起作用的结果。

湿沉降过程能有效地清除所有尺度的可溶性粒子以及极小的和极大的不可溶粒子,所以这部分粒子在大气中寿命较短。只有半径大约为 $0.1\ \mu m$ 的不可溶粒子最不容易被湿清除过程清除。前面讨论干沉降过程时已经知道,这种粒子的干沉降速度最慢。因此,这部分粒子是大气中寿命最长的粒子。

3.3 气溶胶浓度的时空分布

气溶胶粒子能吸收和散射太阳短波辐射和地球大气长波辐射,因而气溶胶粒子浓度的增加会对气候产生直接辐射强迫。气溶胶粒子浓度的增加也使云滴浓度和冰粒子浓度增加,进而改变暖云、冰云和混合相云的形成;同时降低暖云的降水效率,导致与云性质这些变化相关的间接辐射强迫。气溶胶粒子浓度的增加很可能对总的辐射强迫有一个很大的负贡献。一些模式研究表明,人类活动造成的气溶胶粒子浓度增加所致的气候变冷效应可以部分地抵消人类活动造成的温室气体增加所引起的气候变暖效应。但是大气气溶胶的气候效应比温室气体复杂得多,它对辐射的影响取决于其浓度时空分布、粒子尺度、谱分布、化学成分等物理化学性质以及下垫面的光学性质,而这些因子都有极大的时间和空间变化,这给气溶胶的气候效应模式研究带来很大困难。本节简单介绍气溶胶的时空分布特征。

3.3.1　气溶胶的水平分布和输送

气溶胶粒子水平分布的变化一般远低于垂直分布的变化,但不同种类和不同粒径的气溶胶的水平分布具有不同的特征。城市总悬浮颗粒物(TSP)的质量浓度的地面浓度中心,常与人口密集的市区和工业集中区相对应,主要受地面源和低高度排放源控制,受风向、风速和大气边界层稳定度的影响。城市气溶胶稳定粒子($0.3 \sim 10.0~\mu m$)数浓度的空间分布与上述不同,主要受高架排放源的影响,浓度中心向下风方移动,城市排放的大量 SO_x 和 NO_x 等污染气体,通过气—粒转化作用,对下风向的浓度分布有明显影响。

气溶胶的水平输送受不同尺度空气运动的影响,包括小尺度、中尺度、大尺度或天气尺度和全球尺度。其中小尺度空气运动主要是涡动扩散机制,在边界层中表现明显,受局地排放源的不均匀性和天气条件的影响,气溶胶粒径分布差别较大。中尺度输送主要表现为两种现象,即城市烟羽和中尺度大气环流,后者包括海陆风、山谷风和城市热岛环流,风场与温度场共同作用,同时存在扩散和输送两种作用。

许多观测事实都证明,污染气溶胶粒子可以通过大尺度或天气尺度甚至全球尺度过程输送到很远的地方。例如,美国西海岸太平洋中的气溶胶被证明有许多是来自亚洲大陆。1998 年 4 月 15—20 日在中国发生的沙尘暴灾害,影响面覆盖了几乎中国东部所有地区,给人民的日常生活、工矿企业和商业造成了极大破坏。在以后的几天时间内,大量浮尘通过大气上层的气流,先向东北越过阿留申半岛和阿拉斯加,后向南进入到太平洋彼岸的美国加利福尼亚和洛基山脉的北部(图 3.2)。沙尘在空中所形成的“沙云”使号称“阳光之州”的加利福尼亚州从 4 月 25 日到 28 日见不到阳光。2000—2002 年中国发生了多次沙尘天气,其频率之高、范围之广、强度之大,为 10 多年来所少见,引起了社会各界的广泛关注。

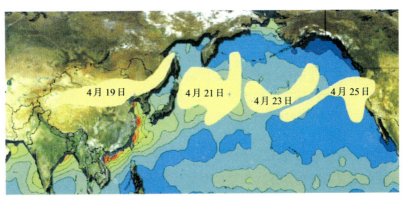

图 3.2　1998 年 4 月 17 日起源于中国新疆地区的特大沙尘暴

由于干旱和半干旱地区占地球陆地面积的 1/3,近年来人们更加关注沙漠区的扩大和沙尘气溶胶可能引起的生态和气候效应,并加强了对沙漠沙尘长距离输送的研究。气溶胶粒子的输送过程与高空大气环流形势密切相关。对于中国而言,在 5 500 m 高空环流形势图上,亚洲东部沿海地区是一稳定的深槽区,亚洲西部是一个稳定的高压脊,中国北方正处于脊前槽后的西北气流下,这股强劲的西北气流将俄罗斯新地岛附近的寒冷空气源源不断地向东南方向输送,这是中国北方出现沙尘天气时典型的高空环流形势。这种天气形势和流场分布在沙尘天气特别是沙尘暴期间经常出现,容易造成沙尘向华北平原以及广大下游地区的远距离输送。2000 年 4 月 6 日,观测到北京沙尘的 TSP 平均值达到 6 mg m^{-3} 的高浓度。此次沙尘天气过程非常强烈,输送量很大,平流扩散作用也很强。沙尘中的元素以地壳元素为主,来自自然源。2002 年 3 月 20 日,北京发生了十几年来强度最大的一次沙尘暴天气。11:00 时大气能见度仅为 200 m,采用日本 SIBATA 公司生产的 HV-1000F 型大流量采样仪,观测发现沙尘暴期间 TSP 值高达 12 mg m^{-3}(10:50—15:30),是 1996 年国家环保局颁布的TSP 二级污染标准的 40 倍!

3.3.2 气溶胶的垂直分布

对流层中包含了大气中的绝大部分水汽和起源于地表的自然的和人为的大部分气溶胶。对流层中的气溶胶是一个自然源和人为源的包括固体和液体粒子的复杂的动力混合体系。虽然再生气溶胶粒子常可远距离输送,但是,由于源区主要在地面,其中直接排放的大粒子常沉降在局地源区附近,故大多数气溶胶粒子集中于对流边界层 1~2 km 范围内,并表现出具有最宽的尺度和最大的变动性,即同一高度上水平分布的变化,且受源区大气稳定度和混合层厚度的强烈影响。4~5 km 以上,因受地面直接排放的影响较弱,其尺度分布类似于稳定的背景气溶胶。

平流层气溶胶来自对流层向上输送的含硫气体经过化学反应和核化凝结的产生物、强烈的火山喷发和宇宙空间粒子。平流层气溶胶浓度在 10~25 km 之间浓度最大。随着探测仪器和运载工具的发展与完善,对平流层气溶胶特征的研究有了巨大进展。早在 20 世纪 40 年代末期和 50 年代初期,德国科学家 Junge 在对平流层气溶胶的大量观测中发现,直径为十分之几微米到几微米的尺度范围内,气溶胶粒子数随半径的三次方指数下降,即

$$r^3 \cdot \frac{dN}{d(\ln r)} = 常数 \tag{3.1}$$

式中 r 为粒子半径;N 为气溶胶粒子数。

Junge 进一步总结了大量实验资料,创立了粒子数谱分布的负指数形式,后来被人们普遍称为气溶胶 Junge 谱分布,其数学表达式为:

$$n_d = Ar^{-\alpha} \tag{3.2}$$

式中 n_d 为粒子数谱分布函数,A 和 α 是经验参数,α 的值一般为 2~4,A 直接反映气溶胶的浓度。

Junge 谱分布是在对相对干净的对流层大气气溶胶和平流层气溶胶进行大量观测的基础上总结出来的,它适用于半径大约为 0.1~2 μm 范围的干净大气气溶胶。

激光雷达、高空探测气球和飞机是探测气溶胶垂直分布的一个有效手段。例如,石广玉等(1994)于 1993 年 9 月 12 日利用高空气球在河北香河地区探测了对流层和平流层大气气溶胶和臭氧的垂直分布。结果发现:0~30 km 大气气溶胶数浓度呈现出三个峰值:143,8 和 1.1 个 cm^{-3},分别位于近地面、5 km 和 21 km;气溶胶的数浓度谱在对流层呈现双模态;同 1984 年的观测相比,1993 年的观测得出的近地层和平流层气溶胶数浓度明显增加。周军(1998b)在 1993 年 9 月至 1994 年 9 月间利用激光雷达在合肥观测站研究了对流层和平流层气溶胶的光学特性及其与局地气象条件的关系。利用激光雷达观测还可以研究强烈火山爆发所形成的平流层火山云的演变规律,例如,周军等(1993)和孙金辉等(1993)分别在合肥和北京对 1991 年 6 月菲律宾皮纳图博火山爆发所形成的火山云演变规律进行了研究。

3.3.3 气溶胶浓度的时间变化

自从工业革命以来,人类活动不仅直接向大气排放大量气溶胶粒子,还向大气排放大量 SO_2,SO_2 在大气中逐渐转化成硫酸盐气溶胶粒子。同时,人为排放的其他污染气体也可经气-粒转化而形

成大气气溶胶粒子。工业化以来,这种气溶胶粒子也有较大幅度的增加。观测结果表明,北大西洋上空云凝结核的浓度一般比南半球高 2～3 倍,这主要是人为排放气溶胶的结果。在南极大陆,过去 20 多年的观测也证明,凝结核浓度每年约增加 10%。冰岩芯气泡的化学成分分析也证明了大气气溶胶浓度逐年增加的趋势。例如,格陵兰冰盖中硫酸盐浓度在过去 100 年里由 20 $\mu g\ kg^{-1}$ 增加到了 100 $\mu g\ kg^{-1}$,南极冰盖也有类似的记录。图 3.3 是过去 200 年中格陵兰冰盖中硫酸盐的浓度。大气气溶胶浓度的时间和空间变化非常巨大,而且其寿命相对较短,因此其长期变化趋势比温室气体更难监测。由于观测资料不够,至今还很难定量地确定全球尺度的大气气溶胶浓度增加的趋势。

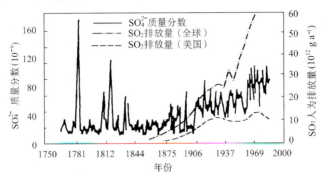

图 3.3　过去 200 年中格陵兰冰盖中硫酸盐的浓度和 SO_2 人为排放 (王明星 2000)

　　由于气溶胶长年探测的资料不足,气溶胶浓度的年变化特征可以通过间接反演方法得到,例如,可以根据长年气象能见度观测资料和气象资料的统计分析以及大气污染指数的年变化来计算(罗云峰等 2002)。

　　图 3.4 所示为中国大气气溶胶光学厚度(AOD)的多年年平均分布(罗云峰等 2002)。由图可见,AOD 分布具有明显的地理特征。100°E 以东,以四川盆地为高值中心向四周逐渐减小,重庆、成都、南充三站 AOD 均在 0.6 以上,重庆最大 0.69;100°E 以西,南疆盆地为 AOD 的另一个高值中心,其值小于四川盆地大值中心。除此之外,甘肃、青海东部、长江中游地区以及广东沿海等地,AOD 值相对较大。而东北大部、西北部分地区、云南和东南沿海等地,AOD 值较小。中国大气气溶胶光学厚度多年平均各月的分布和年均分布相似,除个别大城市外,大都呈现出较为清楚的盆地特征,但各季

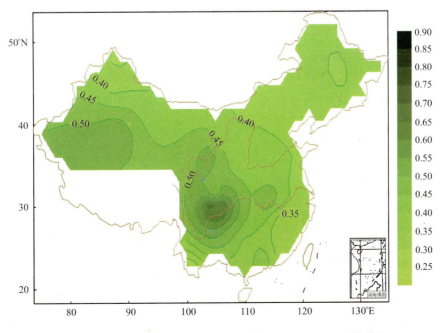

图 3.4　中国大气气溶胶光学厚度的多年(1961—1990)平均分布

（月）仍有各自明显的特征：11月—翌年1月，100°E以西中国西北大部分地区AOD值较小，气溶胶光学厚度的人值中心位于100°E以东四川盆地和兰州附近，长江中游江汉平原地区AOD值也相对较大；而东北大部、云南、华南沿海等地值较小。2—5月，AOD分别以四川盆地和南疆盆地为两个大值中心向四周减少，南疆盆地最大，整个西北地区增加明显，除两大盆地外，西北地区东部兰州附近为另一个高值中心，珠江三角洲和江汉平原地区值也相对较大。中国绝大部分地区AOD值也以春季3和4月份最大。6—10月，气溶胶光学厚度的分布具有比较典型的地理特征，即除个别站外，100°E以东以四川盆地为高值中心向四周减小，西部地区以南疆盆地相对较大而向四周减少。中国其余各地AOD值较小，其中东南沿海地区最小。

　　图3.5所示为1961—1990年来中国大气气溶胶光学厚度变化的线性倾向示意图（等值线所示为线性倾向值×10）。由图可见，四川东部、贵州北部、长江中下游地区以及青藏高原主体，线性倾向值最大，AOD值增加最明显；华北地区、山东半岛、青海东部和广东沿海地区，线性倾向值其次，AOD增加较为明显；西北地区和东北地区大部气溶胶增加较小；而新疆西部与云南部分地区AOD有所减小。

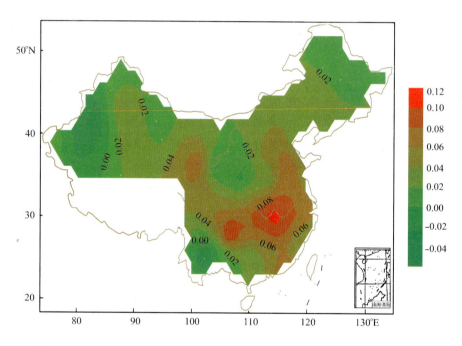

图3.5　1961—1990年来中国气溶胶光学厚度变化的线性倾向（×10）示意图

　　图3.6所示为北京等44站平均AOD值的年变化曲线。由图可见：1961—1990年，中国大气气溶胶光学厚度总体呈明显增加趋势。其变化大体可分为两个阶段：1961—1975年，此间AOD值较小，低于30年平均水平，AOD呈持续增长趋势，但增加速度相对平缓；1976—1990年可看做第二阶段，期间AOD值高于30年平均水平，其中1975—1982年，增加趋势很明显，1982年以后，有所减小。平均而言，中国大气气溶胶光学厚度春季较大，夏季较小，秋、冬季介于春、夏季值之间。AOD最大值（4月）与最小值（8月）之比为1.7。30年来，各月AOD也均呈明显增加趋势，线性倾向值3月份最大，为每百年0.49，12月份最小，为每百年0.29。

　　气溶胶浓度日变化规律的形成，取决于多种因素。就日变化规律复杂的城市气溶胶而言，其日变化主要受制于气溶胶污染源的日变化，大气边界层中湍流交换、稳定度的日变化，城市热岛效应以光化学反应等。尤其是城区在入夜后出现的由热岛混合层引起的，把高架源污染物输送至地面的"熏烟"现象，以及夜间辐射逆温加强造成的逆温层上部风速切变增大，湍流交换强烈（当里查森数$Ri<$0.25时），从而引发上层的动量和热量爆发性地向地面输送，使逆温层高度突然抬高，同时使高架源排放的气溶胶粒子及积累于原逆温层下的排放物迅速输送至地面。大气边界层中湍流交换过程和城市

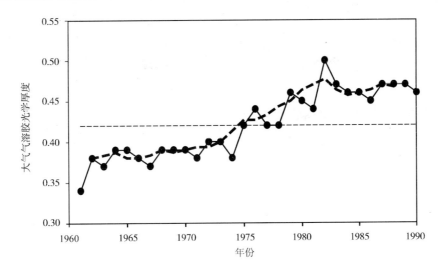

图 3.6　北京等 44 站平均大气气溶胶光学厚度的年变化

(虚线所示为三年滑动平均)

热岛效应对地面气溶胶浓度日变化起着重要作用。大、中尺度天气过程也通过影响大气边界层结构进而影响气溶胶浓度的变化。

由于气溶胶本身存在着很大的时空变率,目前对其了解得还远远不够,因而影响了对气溶胶浓度时空分布的认识。目前各种气溶胶采样方法和分析手段之间还缺乏可比性,如何获取全面有代表性的气溶胶时空分布资料仍是当前大气气溶胶研究中亟待解决的问题。

3.4　气溶胶的气候效应及其对中国气候的可能影响

气候变化关系着国计民生,作为一个全球性的问题已经得到各国政府和科学家的极大关注。气溶胶作为影响气候变化的一个重要因子,引起了大家的广泛关注。

3.4.1　气溶胶气候效应的机理

气溶胶使气候发生变化的机理,其主要是通过影响地气系统的辐射场来进行,一方面通过对太阳辐射的散射和吸收施加直接影响,另一方面通过对云的生命期和光学性质的影响(间接影响)来实现。

气溶胶的直接影响即对太阳辐射的散射和吸收,是气溶胶对地-气系统辐射场的直接影响。而散射和吸收的相对量及气溶胶层的反射率受气溶胶的单次散射反照率、非对称因子、气溶胶的消光光学厚度及下垫面或大气层的反照率的控制。作为一般情况,弱吸收气溶胶(单次散射反照率-1)的主要作用是散射,它增加了向后空间的后向散射,由于减少了进入地-气系统的能量,必然引起该系统的净冷却效应。具有吸收性的气溶胶(单散射反照率<0.85),通过吸收太阳辐射并减少地-气系统的能量损失,而增加该系统的能量输入,引起净加热效应。Hansen(1980)计算得到单次散射反照率的临界值为 0.85,若对流层中的单次散射反照率小于此值,将使系统加热,而大于此值,将使系统冷却。

气溶胶的间接影响主要是通过气溶胶对云的辐射性质的影响来实现的。气溶胶作为云凝结核(CCN),其浓度、尺度和可溶性将明显地改变云滴的浓度和尺度分布(章澄昌等 1995)。对于恒定的液态水路径,云滴数的增加可使云的反照率增加(云反照率或气溶胶第一间接效应)。而云滴愈小,其碰并形成降水尺度的大云滴的机会也愈少,因此由人为气溶胶排放所引起的云滴数增加和云滴尺度减小将可能引起降水减少和云寿命延长(云寿命或气溶胶第二间接效应)。就全球平均而言,云反照率的冷却效应估计是在 $0 \sim -2 \text{ W m}^{-2}$ 之间,但这个量值仍然非常不确定(Ramaswamy et al. 2001)。而云寿命的作用不是一种强迫,因为它涉及气溶胶和云滴之间的相互作用。据估计,它的作用可能和云反照率的作用具有相当的量级。

因此,大气气溶胶的气候效应很复杂,不同种类的气溶胶有着不同的气候效应(使地-气系统增温或冷却)。而且,气溶胶对辐射的影响与下垫面的光学性质关系极大,同样一层气溶胶,下垫面光学性质不同时它产生的辐射强迫会有很大差别,甚至引起符号相反的影响。

3.4.2 气溶胶对地气系统的能量收支影响

IPCC 第三次评估报告给出了数值模式模拟的最新结果(Ramaswamy $et\ al.$ 2001,IPCC 2001):模式估算 5 种人为气溶胶的直接辐射影响,对于全球年平均辐射,人为硫酸盐气溶胶使地面接收的太阳辐射损失约为 $0.2 \sim 0.8$ W m^{-2};生物燃烧生成的气溶胶使得地气系统能量损失为 $0.07 \sim 0.6$ W m^{-2};矿物燃料燃烧生成的有机碳气溶胶使得地气系统能量损失为 $0.03 \sim 0.30$ W m^{-2};矿物燃料燃烧生成的黑碳气溶胶使地气系统能量增加 $0.1 \sim 0.4$ W m^{-2};矿物尘埃气溶胶对地气系统能量收支的影响为 $-0.6 \sim +0.4$ W m^{-2}。

关于人为硫酸盐气溶胶和含碳气溶胶的第一间接效应,模拟结果表明对全球平均辐射强迫为 $-0.3 \sim -1.8$ W m^{-2}。因为在大气环流模式(GCM)中的气溶胶和云物理过程及其参数化很大程度上的不确定性,以及黑碳等气溶胶没有完全加入到模式中,因此估计所有气溶胶加入后的辐射强迫为 $0 \sim -2$ W m^{-2} 较为合理。对于第二类间接辐射效应,目前还没有模式给出的模拟结果。

3.4.3 气溶胶对水循环的影响

气溶胶通过直接和间接效应对地-气系统的能量收支产生影响并进而对降水等产生影响。最近有关方面的研究有以下几个方面:

3.4.3.1 北半球人为气溶胶排放对热带地区降水的影响

Rotstayn 等(2002)曾提出人为气溶胶影响萨赫勒(Sahel)地区降水的一种可能机制。他们用大气环流模式 CSIRO(Australia's Commonwealth Science and Industrial Research Organisation model)GCM 耦合混合层海洋模式,进行响应人为气溶胶增加的平衡试验。Rotstayn 等(2002)的摸拟只包括了硫酸盐气溶胶。在这组模拟中,温室气体浓度均保持在目前的值。在工业革命以前的模拟中,矿物燃料排放设为零,生物质燃烧排放减至当前值的 0% 或 10%。CSIRO 模式根据硫酸盐气溶胶质量和云滴数的经验关系,仅仅考虑了云反照率和云寿命效应。在该方案中,所有气溶胶的气候效应均通过硫酸盐气溶胶的效应来代表。

由此,模式对人为气溶胶加入的响应可通过当前和工业革命前模拟的差值得到。结果表明,由不同的人为气溶胶效应所引起的地表温度变化在任何地方都是减小的。但这种冷却在北半球最大,这改变了大西洋海表温度的经向(南北)梯度。在模式模拟中,加强了信风,减少了非洲季风的强度,导致了萨赫勒地区的干旱。

非洲季风的强度和观测到的萨赫勒地区降水量变化与二氧化硫(SO_2)排放的趋势基本一致。萨赫勒的降水量从 20 世纪 50 年代一直到 80 年代持续减少,但在 90 年代又开始增加。这与北美在 80 年代和欧洲在 90 年代提出空气清洁法案后所引起的 SO_2 减排趋势是一致的。

CSIRO 模拟结果表明,在 1901—1998 年间,人为气溶胶加入后的纬向(东西)平均降水变化和实测降水趋势都显示了降水区的显著南移,降水在 $20°N$ 和赤道之间减少,而在 $20°S$ 和赤道之间增加,这种南移在模式和观测中都能看到。而由于北半球中纬度地区降水的增加可能是由于温室气体增加所致,因此在该模拟中不能看到这种变化(温室气体浓度保持恒定)。

更详细的分析显示,和观测结果一致:由于对较弱的季风的响应,模式模拟了萨赫勒地区较少的降水。这说明,通过经向温度梯度的改变,二次大战后大量温室气体和人为气溶胶的同时增加对西非干旱产生了重要影响。而北大西洋硫酸盐气溶胶的增加主要是由于北美和欧洲矿物燃料的使用。同时,北半球工业国家硫酸盐的减排可能是引起 20 世纪 90 年代干旱缓解的一个重要因子。如果这一假设得到证实,这将为北半球中纬度工业地区人为扰动和副热带气候变化遥相关关系的存在提供一个显著的例证。

3.4.3.2　人为气溶胶对中纬度地区降水的影响

由于自然的冰核很少,大约在 100 万个气溶胶粒子中有一个,因此人为冰核可能是引起过冷却云冰化的一个重要因子。然而,目前气溶胶和冰云之间的联系仍然非常不确定,基本不知道它是正的还是负的辐射强迫(Ramaswamy et al. 2001)。

Lohmann(2002)提出了一种假设:人为烟尘气溶胶可能影响云的冰化作用并由此调制气溶胶的间接气候效应。如果没有冰核出现,更多的气溶胶粒子将导致更多的云凝结核、更高的云滴数浓度(CDNC)和更少的降水。对于给定的液态水含量,这将增加云的云反照率。此外,降水的减少延长了云的寿命并使云碎片增多,这也使得云的反照率增加。

另一方面,如果存在足够的接触冰核(IN),那么更多的冰粒子(IP)将形成。这将导致过冷却云随着冰晶的迅速成长更频繁地冰化,以至于更多的降水将形成。结果,云碎片减少,更多的短波辐射被地-气系统吸收。

用各种数量的烟尘作为冰核的敏感性试验显示,除了烟尘作为自然冰核外,如果用 $1\%\sim10\%$ 的亲水性黑碳作为冰核,通过上述机制,中纬度地区的降水增加,云覆盖面积和液态水路径减小。因此,更多的太阳辐射将到达地表面。这说明,如果不可忽视的烟尘气溶胶作为冰核,云体冰化的间接气溶胶效应可能反转或至少减少人为气溶胶对大气顶短波辐射的影响。

3.4.3.3　人为气溶胶对全球水循环的影响

不论气溶胶散射或吸收太阳辐射,气溶胶对地表辐射平衡的主要影响是减少短波辐射。地表温度的冷却导致更小的蒸发率,并在平衡方程中由更低的降水率所平衡。而由于地面温度变冷,季风将可能减弱,地面到大气的感热和潜热输送减少。为了研究这种效应在未来气候中的重要性,Roeckner 等(1999)做了一组从 1860—2100 年的瞬变试验,用 ECHAM4 GCM 耦合了一个包括相互作用的硫循环的海洋环流模式。第一个试验仅包括 CO_2 和其他充分混合的温室气体(GHG);第二个试验包括 GHG,考虑了硫酸盐气溶胶的直接气候效应;第三个试验包括 GHG 和对流层臭氧,考虑了气溶胶的直接效应和第一间接效应——气溶胶对反照率的影响(依靠经验公式从硫酸盐气溶胶质量估计得到)。他们得出结论,当包括硫酸盐气溶胶的直接和间接效应以及对流层臭氧时,和当前气候相比,未来 2030—2050 年的水循环将减弱。在这一方案中,温度每增加 1 K,降水减少 0.4%。而对应的,如果仅考虑温室气体,则温度增加 1 K 降水将增加 0.7%。在气溶胶实验中,气溶胶所引起的地表异常净辐射冷却导致了水循环减弱,而这种减弱被感热和潜热湍流输送的减少所平衡。有趣的是,硫酸盐气溶胶的直接效应本身并不能使温暖气候中的降水减少,而仅仅是使降水的增加减至 $0.3\%K^{-1}$。

3.4.4　气溶胶对中国气候的可能影响

气溶胶通过直接效应和间接效应对地-气系统的能量收支产生影响并进而对地表气温以及降水等产生影响,具有显著的区域性特征和时间变化特征。最近有关气溶胶对中国气候的可能影响的研究主要有以下几个方面:

3.4.4.1　硫酸盐气溶胶的影响

3.4.4.1.1　地区性差异和时间变化特征

中国的硫酸盐气溶胶所产生的辐射强迫地区性差异比较大,最大值在长江中下游地区,达 -3 W m^{-2}。另外,全球硫排放对中国地面温度影响较大(胡荣明等 1998)。王喜红(2000)利用区域气候模式详细分析了东亚地区对流层人为硫酸盐气溶胶直接辐射强迫,结果表明:人为硫酸盐气溶胶直接强迫具有明显的季节变化和地理分布特征;辐射强迫的这种变化特征,不仅强烈地依赖于硫酸盐含量的季节变化和地理分布,而且取决于云量的季节变化和地理分布。区域平均直接辐射强迫的逐月变化呈双峰结构,其中 9 月最大,为 -1.5 W m^{-2},5 月次之,为 -1 W m^{-2}。年平均强迫的高值区主要位于长江中下游、山东半岛及黄海和渤海海域,为$-2.0 \sim -3.4$ W m^{-2}。同时,四川盆地、珠江三角洲及中国台湾地区为范围较小的高值区,超过-2.0 W m^{-2}。由硫酸盐气溶胶的辐射强迫所引起的地面气温的响应是:模拟区域内大部分地区普遍降温,降温较明显的区域位于110°E以东、40°N以南的中国大陆地区,超过-0.1 ℃。其中,华北平原和长江中游的湖南、湖北形成两个降温大值中心,幅度超过-0.2 ℃。

3.4.4.1.2　降温效应

钱云等(1996)计算得到的东亚和中国东部地区硫酸盐气溶胶的强迫作用分别达到-1.7和-3.2 W m^{-2},温度变化幅度为$-0.1 \sim -0.4$ ℃;并推测在全球变暖的背景下,中国南方大部分地区20世纪80年代以来平均气温普遍下降,其中可能包含了人为硫酸盐气溶胶的降温效应的贡献。在2002年4月美国夏威夷召开的"大气污染物的气候强迫"国际研讨会上有专家强调了硫酸盐气溶胶因其对气候有冷却作用,可以在局部抵消温室气体的增暖效应,因此认为对这类气溶胶的减排虽然对环境有利,但对气候变暖不利。

3.4.4.1.3　直接和间接效应都很重要

吴涧等(2002)对硫酸盐气溶胶直接和间接辐射气候效应的模拟研究表明,中国地区1994年1,4,7和10月,硫酸盐气溶胶的直接和间接辐射效应都使大气顶产生负的辐射强迫,使地面气温下降;间接效应的引入加剧了负的辐射强迫和地面降温,是一个不可忽视的重要过程,在模拟中必须同时考虑直接和间接效应。

3.4.4.1.4　不确定性问题

吴涧等(2004)利用区域气候模式RegCM2与大气化学模式连接的模拟系统,比较了硫酸盐气溶胶辐射强迫的在线(耦合)和离线模拟方法的硫酸盐柱含量、大气顶直接辐射强迫及地表温度响应,发现:在线与离线模拟方法得到的硫酸盐柱含量、有无反馈、大气顶直接辐射强迫和地表温度响应在许多地区有很大差异,这种差异在较小区域平均的尺度上更显著,在全区域平均尺度上也较为明显,是不能忽略的;结果显示,从硫酸盐含量到辐射强迫和地表温度响应逐渐加大的差异,说明硫酸盐气溶胶的辐射强迫与模拟方法有关,显示出较大的不确定性。

3.4.4.2　黑碳气溶胶的影响

3.4.4.2.1　辐射强迫特点

黑碳气溶胶主要是含碳物质不完全燃烧产生的无定型碳,在可见光到红外波段内对太阳辐射均有强烈的吸收。中国大气中的黑碳气溶胶主要分布在华南、华北和长江中下游地区,四川地区光学厚度为最大。吴涧等(2003)对中国地区黑碳气溶胶辐射效应进行了模拟研究,他们将黑碳气溶胶的辐射过程引入RIEMS的辐射方案中,同时建立了黑碳气溶胶的输送模式,并以2000年为例,模拟分析了黑碳气溶胶的分布、对大气辐射输送的影响,结果表明:黑碳气溶胶在大气顶引起正辐射强迫,最大值为4 W m^{-2},出现在四川地区;在地面引起负强迫,最大达-4 W m^{-2}。北方最大强迫出现在夏季,南方出现在春季。

3.4.4.2.2　对降水和气温的影响

有一些专家从黑碳气溶胶对中国气候异常的影响来对其成因进行探讨性研究。Menon等(2002)提出黑碳气溶胶将可能对中国近年南涝北旱的降水变化趋势产生影响。他们用GISS SI2000的12层气候模式设计了一组试验,分别考虑了全部气溶胶、黑碳气溶胶和中国附近的异常海温加入后的模式响应特征,并试验了云量模拟不确定性的影响。他们得出结论:当仅考虑气溶胶的直接辐射效应时,大部分黑碳气溶胶的加入使模式产生了和实际较为相符的温度和降水的变化趋势。他们认为吸湿性黑碳气溶胶加热了大气,改变了区域的大气稳定度和垂直运动,影响了大尺度环流和水循环变化,具有显著的区域气候效应。为什么少部分的黑碳气溶胶在气溶胶的气候效应中扮演了如此重要的角色? 这不仅是由于地面太阳辐射的减少,而且还由于空气的加热和其对垂直温度廓线、蒸发、潜热通量、大气稳定度和对流强度的影响。而对流的变化又依次改变了大尺度环流。在90°~130°E

地区平均的垂直速度变化表明(图 3.7):在气溶胶增加的地区,上升运动增加;在其南侧,下沉运动增加;在其北侧,也有较弱的下沉运动增加。因此,黑碳气溶胶不仅可能是全球变暖的重要影响因子,也可能产生显著的区域气候效应,可能是近十几年中国南涝北旱降水分布的一个重要原因(丁一汇等 2002)。但这仍然是一个需要进一步研究的问题。另外,我们注意到在 Xu(2001)的研究中强调 SO₂ 排放对中国夏季南涝北旱型降水的重要性,而 Menon 等(2002)的数值模拟却表明了黑碳气溶胶对中国夏季旱涝异常的重要影响,并且仅考虑硫酸盐气溶胶的影响并不能像仅考虑黑碳气溶胶一样再现中国东部的南涝北旱型,也就是说,硫酸盐气溶胶可能并不是造成中国东部旱涝异常的重要因子。对于两者结论的差异,值得我们去做进一步的研究。

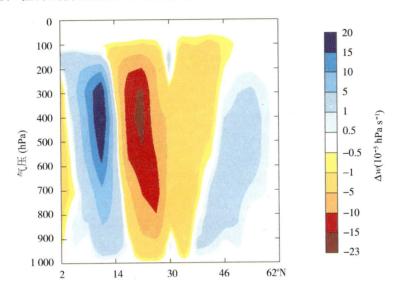

图 3.7　数值模拟的沿 90°～130°E 平均的夏季(JJA)垂直速度变化的垂直剖面图
(Menon *et al.* 2002)

3.4.4.3　沙尘气溶胶的影响

3.4.4.3.1　辐射特性

沙尘是对流层气溶胶的主要成分,据估计,全球每年进入大气的沙尘达 1 000～3 000 Mt,约占对流层气溶胶总量的一半。全球沙尘主要来自撒哈拉沙漠、美国西南部沙漠和亚洲地区。沙尘既能吸收又能反射短波和红外辐射,因而在不同条件下对气候产生加热或冷却作用(王明星等 2002)。目前,有关沙尘气溶胶气候效应的估计存在较大的不确定性,从 +0.5 W m⁻² 到 −0.7 W m⁻²,间接效应的不确定性更大(Houghton 1996)。由于沙尘粒子的单次散射反照率明显小于 1,而且由于太阳辐射和红外辐射强迫的部分抵消,以及不同地理区域的正负强迫的抵消,因此沙尘粒子的总的辐射强迫的数值较小。李曙光等(2003)根据 Mie 散射理论用数值方法研究了沙尘粒子对大气红外辐射的散射、消光和吸收效率,得出了沙尘暴天气对红外辐射具有显著的吸收和衰减。

3.4.4.3.2　观测资料缺乏

为了估计沙尘气溶胶的辐射效应,首先需要知道注入大气中的沙尘气溶胶含量,还需要知道沙尘粒子的粒径、复折射指数,以及沙尘中的矿物成分是外部混合的还是一些聚合体(石广玉等 2003)。而这些目前在中国还缺乏相应的观测资料,这就给研究沙尘气溶胶的气候变化带来极大的困难。

3.4.4.3.3　气候环境生态效应

沙尘暴所携带的沙尘粒子具有明显的环境生态效应,中国北方的 SO₂ 排放并不少于南方,但酸雨却少有发生,这可能与碱性沙尘粒子的中和作用有关。另外,沉降的沙尘粒子会改变土壤的酸碱度及养分供给,对农作物及其他植物产生影响。并且,沙尘粒子对海洋环境也带来影响,沙尘粒子主要通过干、湿沉降输入大洋,这些尘埃携带了来自工业活动和土壤风化的铁、铝等微量元素,直接影响海洋生物的营养供应,为浮游生物的生长提供养分,它不但影响渔业生产,而且增加海洋上空地区的二甲基硫和云量,影响海洋对人为 CO_2 的吸收,从而间接地对气候产生影响。

3.4.4.4 火山爆发

重大的火山喷发对气候的影响表现为地面温度降低,由于火山喷发存在着季节、纬度和强度的差异,因此喷发物的空间分布特征不同,对辐射的影响也不同,降温出现的时间和降温的幅度也不一致。中高纬度地区喷发的火山主要影响发生喷发的半球,而中低纬度地区的喷发可影响到全球,且影响时间较长;不同季节的火山喷发后,高纬度地区的温度响应较低纬明显,夏季的温度响应较冬季明显。有关火山活动对降水的影响目前已有了一些研究,但由于降水序列中火山信号较弱,同时还有 ENSO 等其他因子的影响,客观地分辨出火山对降水的影响较复杂,目前尚无一致结论(李靖等 2005)。

3.4.4.5 生物气溶胶

生物气溶胶是大气气溶胶的一个重要组成部分,在大气中的扩散、传播会引发人类的急、慢性疾病及动、植物疾病。生物气溶胶还可以间接影响全球气候变化,并对大气化学和物理过程有着潜在的重要影响。相关研究已成为国际研究的热点,也逐渐得到更广泛的关注。生物气溶胶中的几类生物体(如真菌、细菌和藻类)都被鉴别出是有效的云凝结核(CCN),并在以活性 CCN 的形式存在。当生物气溶胶与有机物(OC)碰撞接触时可以改变大气中 OC 的化学组成并改变其 CCN 特性,从而影响云量并间接影响全球气候变化。空气中的微生物也是影响空气质量的重要因素之一,相关研究主要集中于室内空气细菌、病毒、真菌等生物体的监测及来源调查。而对生物气溶胶的准确测定依赖于采样的有效性,为了减少采样中的误差和活性损失,近年来开发了一些具有应用前景的在线采集、分析技术,如自动拉曼光谱、时间飞行质谱等。分布在大气中的生物气溶胶同样可以遵从传输路线进行长距离传输,而且不同类型的生物气溶胶在大气中具有不同的浓度和时空分布模式(祁建华等 2006)。

从前面众多的国内外科学家的研究成果我们可以发现,大气气溶胶的确对气候产生了不可忽视的影响,但还存在很多不确定性,需要我们去做更多更深入的研究。硫酸盐气溶胶主要呈现出冷却效应,而黑碳气溶胶可能导致全球变暖并对区域降水带来影响,沙尘气溶胶具有明显的气候、环境、生态效应。

气溶胶的气候效应,不仅仅是一个单向的作用,它与人类、气候、环境是相互影响的,如气溶胶和水循环的相互作用。这样的影响可能导致一种正反馈,即降水的减少可能使沙尘暴和生物质燃烧增加,而反过来又可能由于云寿命的影响导致更多的降水减少(丁一汇等 2002)。同时,我们并没有意识到,经向海温梯度的改变可能产生进一步的遥相关作用,大量生物质燃烧可能引起的温度经向变化将对沃克环流产生影响。因此,我们在发展经济的同时要注意人与自然界的协调发展。

3.5 近年来有关气溶胶研究的国际计划

3.5.1 亚洲气溶胶特性实验

过去十年来,国际全球大气化学组织(IGAC)进行了一系列的气溶胶特性实验(Aerosol Characterization Experiment,简称 ACE),其目的是减小计算气溶胶对气候强迫影响的不确定性,增加对多相大气化学系统的理解,为未来辐射强迫和气候效应提供诊断性分析。为达到这些目标需要进行实验室实验、长期连续的和短期高强度的野外研究、卫星观测和模式分析。其中第一次试验(ACE-1),1995 年在澳大利亚南部海域;第二次试验(ACE-2)1998 年在大西洋北部地区。2000—2010 年之间,IGAC 优先执行的最重要的试验观测计划是"亚洲气溶胶特性试验(ACE-Asia)",其主要内容是"亚洲地区气溶胶的特性"。

ACE-Asia 的观测实验是依照以下三个目标设计的:①确定主要类型气溶胶的物理、化学、辐射、云凝结核特性,及这些特性的相互关系的研究;②定量化研究控制主要气溶胶的形成、发展、核清除的物理化学过程及这些过程怎样影响气溶胶的粒度分布、化学组成、辐射和凝结核特性;③进一步改进气溶胶过程、辐射效应及全球气候的模型。该项目一经提出,立即得到了美国、中国、日本和韩国科学家的积极响应和参与。

2001 年春季该项目利用地面(包括海、陆站点)定位观测、飞机取样观测、卫星遥感等观测手段,在中国大陆和西太平洋地区对亚洲气溶胶的特征(物理化学及光学)、来源、输送、气候和环境效应进行了综合观测研究,开始取得了一系列研究成果。

2001 年春季在西太平洋举行的大型国际外场观测计划还有"观测探测从亚洲大陆出流的大气微量组分及其对全球的贡献"(TRACE-P),其中也包括了气溶胶的观测内容。

3.5.2 大气棕色云

1995—1999 年间,大型国际合作科研计划印度海洋实验(Indian Ocean Experiment,INDOEX)在对印度洋上空进行监测时发现,一层 3 km 厚,相当于美国大陆面积的棕色云团笼罩在印度洋、南亚、东南亚和中国上空。棕色云团中含有大量硫酸盐、硝酸盐、有机物、黑碳及其他污染物颗粒,被专家们形象地称为亚洲棕色云,后改称为大气棕色云(Atmospheric Brown Clouds,ABC)。ABC 的影响甚至可以在印度以南 1 500 km 的印度洋中监测到,导致洋面上能见度经常小于 10 km,这是国际上首次在远离大陆的大洋上空发现污染物的大范围聚集。

ABC 的存在将对大气辐射通量产生显著影响,从而直接和间接地影响气候、水循环等,进而对农业、生态系统和经济产生重大影响。ABC 问题的发现表明亚洲地区的大气污染已成为全球迫切需要解决的问题,国际社会对此给予了极大关注。

为此,在联合国环境署(UNEP)的支持下,在美国加州大学圣迭戈分校云、化学和气候研究中心和德国马普化学研究所的科学家带领下,由中国、日本、印度等其他亚洲国家共同参与的国际 ABC 项目于 2002 年 8 月正式启动。UNEP 为研究计划的组织实施提供为期 5 年的经费支持。该项目已经在亚洲建立地面监测网,研究大气棕色云团的组成和季节变化。

3.6 小结

本章系统地叙述了大气气溶胶的基本特性、气溶胶的源和汇、气溶胶的时空分布和气溶胶的气候效应。从大气气溶胶的基本特性可以知道气溶胶气候环境效应的多面性,从气溶胶源汇的特点了解到气溶胶浓度时空分布的多变性。正是气溶胶的这些特性使得气溶胶在气候环境研究领域中既重要又复杂,成为当前非常活跃的一个研究领域。

气溶胶的气候效应,不仅仅是一个单向的作用,它与人类气候环境是相互影响的,如气溶胶和水循环的相互作用。关于大气气溶胶对降水的影响有两种完全不同的观点,Xu(2001)的研究中强调 SO_2 排放对中国夏季南涝北旱型降水有重要的影响,而 Menon 等(2002)的数值模拟却表明了黑碳气溶胶对中国夏季旱涝异常的重要影响。

中国气溶胶研究在近 20 年有很大的发展,但与国际气溶胶研究相比较还有差距,主要是缺乏系统性。国外学者一直关注中国气溶胶问题,最近黑碳气溶胶产生的增温和降水影响更是在国内外引起了极大的关注,使得中国在气候变化的国际大背景中受到很大的压力,针对目前气溶胶研究的日益发展,中国应该加强这方面的研究。

参 考 文 献

白宇波.2000.拉萨上空气溶胶激光雷达与臭氧高空气球探测.[硕士学位论文].北京大学环境科学中心.

丁一汇,孙颖,胡国权.2002.人为气溶胶与水循环的相互作用.气候变化通讯,中国 IPCC 办公室,No.2.

胡荣明,石广玉.1998.中国地区气溶胶的辐射强迫及其气候效应试验.大气科学,22(6);919-925.

高庆先,李令军,张运刚等.2000.我国春季沙尘暴研究.中国环境科学,20(6);495-500.

韩志刚.1999.草地上空对流层气溶胶特性的卫星偏振遥感.[博士学位论文].中国科学院大气物理研究所.

韩志伟,张美根,雷孝恩.2000.重庆市总悬浮颗粒物来源及分布特征.气候与环境研究,5(1);45-50.

胡欢陵,许军,黄正.1991.中国东部若干地区大气气溶胶虚折射指数特征.大气科学,15(3);18-23.

黄美元,王自发.1998.东亚地区黄沙长距离输送模式的设计.大气科学,22(4);625-637

纪飞,秦瑜.1996.东亚沙尘暴的数值模拟.北京大学学报(自然科学学报),32(30);384-392

黎洁,毛节泰.1989.光学遥感大气气溶胶特性.气象学报,47(4);450-456.

李放,吕达仁.1996.北京地区气溶胶厚度中长期变化特征.大气科学,20(4);385-394.

李靖,张德二.2005.火山活动对气候的影响.气象科技,33(3);193-198

李霓.2000.火山喷发的气体灾害.自然灾害学报,9(3);127-132

李曙光,刘晓东,侯蓝田.2003.沙尘暴对低层大气红外辐射的吸收和衰减.电波科学学报,18(1);43-47

李晓东.1995.火山活动对全球气候的影响[M].北京:中国科学出版社,1-43.

刘莉.1999.GMS5 卫星遥感气溶胶光学厚度的试验研究.[硕士学位论文].北京大学地球物理系.

刘帅仁,黄美元.1993.大气气溶胶在云下雨水酸化过程中的作用.环境科学学报,13;1-10.

刘小红,洪钟祥,王明康.1994.气溶胶核化清除的化学效应 I:云滴化学非均匀性的研究.大气科学,18(4);385-395

吕达仁.1999.我国大气物理研究进展.物理,28(11);654-661.

罗云峰,吕达仁,李维亮等.2000.近30年来中国地区大气气溶胶光学厚度的变化特征.科学通报,45(5);549-554

罗云峰,吕达仁,周秀骥等.2002.30年来我国大气气溶胶光学厚度的平均分布特征.大气科学,26(6);721-730.

毛节泰等.2001.中国地区气溶胶辐射特性的研究.国家自然科学基金重点项目结题报告.

毛节泰,张军华,王美华.2002.中国大气气溶胶研究综述.气象学报,60(5);625-634.

祁栋林,黄建青,赵玉成.1999.瓦里关山大气浑浊度的初步分析.青海环境,9(1);18-21.

祁建华,高会旺.2006.生物气溶胶研究进展:环境与气候效应.生态环境,15(4);854-861.

钱永甫.1993.气溶胶对沙漠气候变化的影响.南京大学学报:自然版,29(2);337-351.

钱云,符淙斌,王自发.1996.工业 SO_2 排放对东亚和我国温度变化的影响.环境和气候研究,9;143-149.

钱正安,胡隐樵,龚乃虎等.1997."93.5.5"特强沙尘暴的调查报告及其分析.中国沙尘暴研究.北京:气象出版社,
　　37-43.

邱金桓.1995.从全波段太阳直接辐射确定大气气溶胶光学厚度 I:理论.大气科学,19(4);385-394.

邱金桓,孙金辉,夏其林等.1988.北京大气气溶胶光学特性的综合遥感和分析.气象学报,46(1);49-59.

邱金桓,赵燕曾,汪宏七.1984.激光探测沙尘过程中的气溶胶消光系数分布.大气科学,8(2);205-210.

邱金桓,郑斯平,黄其荣等.2003.北京地区对流层上部云和气溶胶的激光雷达探测.大气科学,27(1);1-7.

全浩.1993.关于中国西北地区沙尘暴及其黄沙气溶胶高空传输路线的探讨.环境科学,14(5);60-64.

任阵海.1999.浅谈我国的生存环境问题.气候与环境研究,4(1);1-4.

邵敏,李金龙,唐孝炎.1996.AMS 方法在大气气溶胶来源研究中的应用.环境科学学报,16(2);129-14.

沈志来,黄美元,吴玉霞.1989.西太平洋热带海域海盐粒子的观测和结果.大气科学,13(1);87-91.

石广玉,许黎,陈继平.1992.北京地区 1991 年春夏之交的大气气溶胶光学特性测量.第四届全国气溶胶学术会议论
　　文集.33-38.

石广玉,许黎,郭建东等.1996.大气臭氧与气溶胶垂直分布的高空气球探测.大气科学,20(4);401-407.

石广玉,许黎,吕位秀.1986.0～33 km 大气臭氧与气溶胶垂直分布的气球观测.科学通报,31(5);1 165-1 167

石广玉,赵思雄.2003.沙尘暴研究中的若干科学问题.大气科学,27(5);591-606.

宋宇,唐孝炎,方晨等.2003.北京市能见度下降与颗粒物污染的关系.环境科学学报,23(4);468-471.

孙金辉,邱金桓,夏其林等.1993.激光探测平流层火山云.科学通报,38(7);631-633.

图梅 S.1984.大气气溶胶.王明星等译.北京:科学出版社.

汪安璞,杨淑兰,沙因.1996a.北京大气气溶胶单个颗粒的化学表征.环境化学,**15**(6):488-495.

汪安璞,杨淑兰,沙因等.1996b.电厂煤灰单个颗粒的化学表征.环境化学,**15**(6):496-504.

王庚辰,孔琴心,任丽新等.2002.北京地区大气中的黑碳气溶胶及其变化.过程工程学报,**2**(增刊):284-288.

王庚辰,许黎,吕位秀等.1979.高山地区太阳可见光辐射大气消光的观测研究.大气科学,**3**(4):343-351.

王红斌,陈杰,刘鹤等.2000.西安市夏季空气颗粒物污染特征及来源分析.气候与环境研究,**5**(1):51-57.

王珉,胡敏.2000.陆地与海洋气溶胶的相互输送及其对彼此环境的影响.海洋环境科学,**19**(2):69-73.

王明星.1999.大气化学(第二版).北京:气象出版社.

王明星.2000.气溶胶与气候.气候与环境研究,**5**(1):1-5.

王明星,任丽新,吕位秀等.1984.大气气溶胶的粒度谱分布函数及其随高度的变化.大气科学,**8**(4):435-442.

王明星,温彻斯特 J W,开希尔 T A.等.1982.北京一次尘暴的化学成分及其谱分布.科学通报,**27**:419-422.

王明星,杨昕.2002.人类活动对气候影响的研究 I.温室气体和气溶胶.气候与环境研究,**7**(2):247-254.

王明星,张仁健.2001.大气气溶胶研究的前沿问题.气候与环境研究,**6**(1):119-124.

王式功,杨德保,孟梅芝等.1997.甘肃河西"5.5"黑风天气系统结构特征及其成因分析.中国沙尘暴研究.北京:气象出版社,62-64.

王式功,张镭,陈长和等.1999.兰州地区大气环境研究的回顾和展望.兰州大学学报,**35**(3):189-201.

王体健,闵锦忠,孙照渤等.2000.中国地区硫酸盐气溶胶的分布特征.气候与环境研究,**5**(2):165-174.

王喜红.2000.东亚地区人为硫酸盐气溶胶气候效应的数值研究.[博士学位论文].北京:中国科学院大气物理研究所.

王喜红,石广玉.2000.东亚地区人为硫酸盐气溶胶柱含量变化的数值研究.气候与环境研究,**5**(1):58-66.

温玉璞,徐晓斌,汤洁等.2001.青海瓦里关大气气溶胶富集特征及其来源.应用气象学报,**12**(4):400-408.

吴兑.1995.南海北部大气气溶胶粒子的分布特征.大气科学,**19**(5):615-622.

吴涧,蒋维楣,刘红年等.2004.硫酸盐气溶胶直接辐射效应在线与离线模拟方法的比较.气象学报,**62**(4):486-492.

吴涧,蒋维楣,刘红年等.2002.硫酸盐气溶胶直接和间接辐射气候效应的模拟研究.环境科学学报,**22**(2):129-134.

吴涧,蒋维楣.2003.中国地区黑碳气溶胶辐射效应的模拟研究.见:中国气象学会大气环境学委员会编.新世纪气象科技创新与大气科学发展——大气气溶胶及其对气候环境的影响.北京:气象出版社,80-84.

肖辉,Carmichael G R,Zhang Yang.1998.东亚地区沙尘气溶胶影响硫酸盐形成的模式评估.大气科学,**22**(3):343-353.

徐新华,姚荣奎,李金龙.1997.青岛地区大气气溶胶海洋因子贡献研究.海洋环境科学,**16**(2):55-59.

许黎,樊小标,石广玉等.1998.对流层平流层气溶胶粒子的形态和化学组成.气象学报,**56**(5):551-559.

许黎,冈田菊夫,张鹏等.2002.北京地区春末秋初气溶胶理化特性的观测研究.大气科学,**26**(3):401-411.

许黎,柳中明,石广玉.1997.台湾地区大气气溶胶光学特性的测量与分析.应用气象学报,**8**(2):252-253.

许黎.1990.杳河地区日食期间的人气浑浊度.1987 年 9 月 23 日中国日环食观测研究文集.北京:科学出版社.466-471.

宣捷.1998.低层大气中固体粒子运动及其物理模拟.环境科学学报,**18**(4):350-355.

宣捷.2000.中国北方地面起尘总量分布.环境科学学报,**7**(4):426-430.

杨东贞,于晓岚,冯雪梅等.1996.中国背景地区气溶胶的观测研究.应用气象学报,**7**(4):369-405.

杨东贞,于晓岚,李兴生等.1995.临安大气污染本底站气溶胶特性分析.大气科学,**19**(2):219-227.

杨东贞,于晓岚,颜鹏等.1997."93.5.5"黑风沙尘气溶胶的分析.中国沙尘暴研究.北京:气象出版社.103-110.

杨军.2000.中国地区大气气溶胶的基本特征及其气候效应.博士学位论文.南京气象学院.

杨龙元,王明星,吕国涛等.1994.青藏高原北部大陆气溶胶本底值特性的初步观测研究.高原气象,**13**(2):135-143.

叶笃正,丑纪范,刘纪远等.2000.关于中国华北地区沙尘天气的成因与治理对策.地理学报,**55**(5):513-521.

游来光,马培民,陈君寒.1991.沙暴天气下大气中沙尘粒子空间分布特点及其微结构.应用气象学报,**2**(1):13-21.

游荣高.1981.大气气溶胶浓度和尺度谱分布变化特性及尺度谱分布模式的研究.科学探索,**1**(3):11-22.

张代洲.1997.北京市大气中单个硝酸盐粒子的特征.大气科学,**21**(4):408-421.

张代洲,赵春生,秦瑜.1998.沙尘粒子的成分和形态分析.环境科学学报,**18**(5):449-456.

张军华.2000.地面和卫星遥感中国地区气溶胶光学特性.[博士学位论文].北京大学地球物理系.

张美根,韩志伟,雷孝恩.2000.天津市总悬浮颗粒物浓度分布的模拟研究.气候与环境研究,**5**(1):45-50.

张仁健,韩志伟,王明星等.2002.中国沙尘暴天气的新特征及成因分析.第四纪研究,**22**(4):374-380.

张仁健.2002.沙尘暴研究进展.沙尘暴监测预警服务研究.北京:气象出版社,68-72.

张仁健,石广玉,金井豊等.2002.北京2002年春季沙尘暴天气的TSP质量浓度和数浓度谱分布.过程工程学报,2(增刊):289-292.

张仁健,王明星,戴淑玲等.2000.北京地区气溶胶度谱分布初步研究.气候与环境研究,5(1):85-89.

张仁健,王明星,胡非等.2002.采暖期前和采暖期北京大气颗粒物的化学成分研究.中国科学院研究生学报,19(1):75-81.

张仁健,王明星.2001.沙尘暴的气象分析.科学中国人,(5):12-13.

张仁健,王明星,张文等.2000.北京冬春季气溶胶化学成分及谱分布研究.气候与环境研究,5(1):6-12.

张仁健,徐永福,韩志伟.2003.ACE-Asia期间北京PM2.5的化学特征及其来源分析.科学通报,48(7):730-733.

张仁健,邹捍,王明星等.2001.珠穆朗玛峰地区大气气溶胶元素成分的监测及分析.高原气象,20(3):234-238.

张维,邵德民,沈爱华等.1990.上海夏季大气气溶胶观测和分析.大气科学,14(2):225-231.

张小曳,安芷生,陈拓等.1991.中国北部及西北部三次尘暴的研究——矿物气溶胶中微量元素源区特征及在大气搬运过程中的变化.科学通报,36:1 487-1 490.

张小曳.2001.亚洲粉尘的源区分布、释放、输送、沉降与黄土堆积.第四纪研究,21(1):29-40.

张瑛,高庆先.1997.硫酸盐和黑碳气溶胶辐射效应的研究.应用气象学报,8(增刊),87-91.

章澄昌,周文贤.1995.大气气溶胶教程.北京:气象出版社

赵柏林,王强,毛节泰等.1983.光学遥感大气气溶胶和水汽的研究.中国科学(B),10,951-962.

赵柏林,俞小鼎.1986.海上大气气溶胶的卫星遥感研究.科学通报,31,1 645-1 649.

赵春生,秦瑜.1997.远海大气边界层中气—粒转化过程研究.第六届全国气溶胶学术会议论文集.北京:52-56.

赵德山,洪钟祥.1983.北京地区气溶胶及其化学元素浓度和气象条件的关系.大气科学,7(2):153-161.

赵增亮,毛节泰.1999.联合反演大气气溶胶光学特性和地面反照率.大气科学,23(6):722-732.

周军等.1998b.大气气溶胶光学特性的激光雷达探测.量子电子学报,15(2):140-148.

周军,胡欢陵,龚知本.1993.Mt. Pinatubo火山云激光雷达探测.科学通报,38(9):811-813.

周军,岳古明,金传佳等.1998a.L300可移动式双波长激光雷达对流层气溶胶探测.中国科学院安徽光学精密机械研究所国家八六三计划大气光学重点实验室.L300型激光雷达验收报告.

周明煜,曲绍厚,宋锡铭等.1981.北京地区一次沙暴过程的气溶胶特征.环境科学学报,1(3):207-219.

周秀骥,李维亮,罗云峰.1998.中国地区大气气溶胶辐射强迫及区域气候效应的数值模拟.大气科学,22(4):418-519.

周自江,章国材.2003.中国北方的典型强沙尘暴事件(1954—2002年).科学通报,48(11):1 224-1 228.

朱光华,汪新福等.1990.南极长城站地区1987年夏季大气气溶胶研究.南极研究,2(2):44-50.

ACE-Asia. International Global Atmospheric Chemistry (IGAC) Project-Asia Pacific regional aerosol characterization experiment, http://saga. pmel. noaa. gov/aceasia/

Angstrom A. 1929. On the atmospheric transmission of sun radiation and on dust in the air. *Geograph Ann*, **11**: 156-166.

Carlson T N, Wending P. 1977. Reflected radiance measured by NOAA-3 AVHRR as a function of optical depth for Saharan dust. *J Appl Meteoro*, **16**: 1 368-1 371.

Chow J C, *et al*. 1994. A laboratory re-suspension chamber to measure fugitive dust size distributions and chemical compositions. *Atmospheric Environment*, **28**:3 463.

Deshler T, Hofmann D J, Johnson B J, *et al*. 1992. Balloon-borne measurements of the Pinatubo aerosol size distribution and volatility at Laramie, Wyoming during the summer of 1991. *Geophy Res Lett*, **19** (2): 199-202.

Duce R A. 1995. Sources, distributions and fluxes of mineral aerosols and their relationship to climate. In: Charlson R J (Ed.). Aerosol Forcing of Climate (pp. 43-72). New York: John Wiley.

Erickson D J, Duce R A. 1988. On global flux of atmospheric sea salt. *J Geophys Res*, **93**: 14 079-14 088.

Fan X, Okada K, Niimura N, *et al*. 1996. Mineral particles collected in China and Japan during the same Asian dust-storm event. *Atmospheric Environment*, **30** (2):347-351.

Goldman A, Murcray F J, Rinland C P, *et al*. 1992. Mt. Pinatubo column measurements from maunaloa. *Geophys Res Lett*, **19** (2): 183-186.

Gomez E D. 1998. Fragile coasts. *J Our Planet*, **9**(5): 22-25.

Hansen J E, Lacis A A, Lee P, et al. 1980. Climatic effects of atmospheric aerosols. *Ann New York Acad Sciences*, **338**:575-587.

Hara K, Kikuchi T, Furuya K, et al. 1996. Characterization of Antarctic aerosol particles using laser microprobe mass spectrometry. *Environmental Science and Technology*, **30** (2): 385-391.

Hofmann D J. 1993. Twenty years of balloon-borne tropospheric aerosol measurements at Laramie Wyoming. *J Geophy Res*, **98** (D7): 12 753-12 766.

Houghton J T. 1995. Climate Change 1994. Radiative forcing of climate change and an evaluation of the IPCC IS92 emission sciences. Intergovernmental Panel on Climate Change. Cambridge: Cambridge University Press.

Houghton J T. 1996. Climate Change 1995. The Science of Climate Change. Contribution of WGI to the Second Assessment Report of the Intergovernmental Panel on Climate Change. Cambridge: Cambridge University Press.

INDOEX. The Indian Ocean Experiment, http://www-indoex. ucsd. edu/.

IPCC. 1994. Climate Change 1994. Radiative Forcing of Climate Change and An Evaluation of the IPCC IS92 Emission Scenarios. Cambridge: Cambridge University Press.

IPCC. 1995. Climate Change 1995. Summary for policymakers and technical summary of the working group I Report. Cambridge: Cambridge University Press.

IPCC. 2001. Climate Change 2001. The Scientific Basis of the working group I Report. Cambridge: Cambridge University Press.

Iwasaka Y, Mori I, Nagatani M, et al. 1996. Size distributions of aerosol particles in the free troposphere: Aircraft measurements in the spring of 1991—1994 over Japan. TAO, **7** (1): 43.

Jacobson M Z. 2002. Control of fossil-fuel particulate black carbon and organic matter, possibly the most effective method of slowing global warming. *J Geophys Res*, **107**(D19): 4 410.

Jacobson M Z. 2001. Strong radiative heating due to the mixing state of black carbon in atmospheric aerosols. *Nature*, **409**: 695-697.

Linke F, Boda K. 1922. Vorschlage zur Berechnung des trubungsgrades der atmosphare aus den messungen der sonnenstrahlung. *Meteor Z*, **39**: 161.

Lohmann U. 2002. Aglaciation indirect aerosol effect caused by soot aerosols. *Geophys Res Lett*, **29**: 10. 1029/2001GL014357.

Menon S, Hansen J, Nazarenko L, et al. 2002. Climate effects of black carbon aerosols in China and India. *Science*, **297**: 2 250-2 253.

Okada K, Ikegami M, Uchino O, et al. 1992. Kuwaiti soot over Japan. *Nature*, **355**(9): 120.

Parungo F, Li X S, Zhou M Y, et al. 1995. Asian dust storms and their effects on radiation and climate. Part I. STC Technical Report. Virginia, USA, 1-55.

Prospero, Nees. 1986. In:刘昌岭. 1996. 痕量物质的海-气相互作用. 海洋地质动态, **10**:3-5.

Ramaswamy V, Boucher O, Haigh J, et al. Radiative Frocing of Climate Change. In: IPCC. 2001. Third Assessment Report-Climate Change 2001, the third assessment report of the intergovernmental panel on climate change. IPCC/WMO/UNEP, 353-358.

Ren L X, Lei W F, Lu W X, et al. 1995. The physical and chemical characteristics of desert aerosols in the HEIFE region. *J Meteo Soc of Japan*, **73**(6): 1 263-1 268.

Roeckner E, Bengtsson L, Feichter J, et al. 1999. Transient climate change simulations with a coupled atmosphere-ocean GCM including the tropospheric sulfur cycle. *J Climate*, **12**: 3 004-3 032.

Rotstayn L D, Lohmann U. 2002. Tropical rainfall trends and the indirect aerosol effect. *J Climate*, **15**:2 103-2 116. *Sciences*, **338**: 575-587.

Streets D G, Gupta S, Waldhoff S T, et al. 2001. Black carbon emission in China. *Atmospheric Environment*, **35**: 4 281-4 296.

Tegen I, Hollrig P, Chin M, et al. 1997. Contribution of different aerosol species to the global aerosol extinction optical thickness:Estimates from model results. *J Geophys Res*,**102**,D20,23 895-23 916.

TRACE-P, Transport and chemical evolution over the Pacific http://code916. gsfc. nasa. gov/Missions/TRACEP/.

Wang Z F, Ueda H, Huang M Y. 2000. A deflation module for use in modeling long-range transport of yellow sand over East Asia. *J Geophys Res*, **105**(D22): 26 947-26 959

Xu L, Okada K, Iwasaka Y, *et al*. 2001. The composition of individual aerosol particle in the troposphere and stratosphere over Xianghe (39.45°N, 117.0°E). *China Atmospheric Environment*, **35**: 3 145-3 153.

Xu L, Shi G Y, Zhang L, *et al*. 2003. Number-size distribution and fine particles proportion of aerosol in the troposphere and stratosphere atmosphere. *Particuology*, **1**(5):201.

Xu L, Shi G, Zhou J, *et al*. 2004. The characteristics of vertical distribution of atmospheric aerosol concentrations. *Particuology*, **2**(6):256-260.

Xu Q. 2001. Abrupt change of the mid-summer climate in central east China by the influence of atmospheric pollution. *Atmos Environ*, **35**: 5 029-5 040.

Yang S J. 1989. Characterization of Atmospheric Particulates in a Northern Urban Area in China. Proceeding of the International Conference On Global and Regional Atmospheric Chemistry, Beijing, China, 674, 3-10.

Zhang R J, Wang M X, Fu J Z. 2001. Preliminary research on the size distribution of aerosols in Beijing. *Adv Atmos Sci*, **18**(2): 225-230.

Zhou M Y, Chen Z, Huang R H, *et al*. 1994. Effects of two dust storms on solar radiation in the Beijing—Tianjin area. *Geophy Res Lett*, **21**(24): 2 697-2 700.

Zhou M Y, Qkada K, Qian F L, *et al*. 1996. Characteristics of dust-storm particles and their long-range transport from China to Japan—case studies in April 1993. *Atmospheric Research*, **40**:19-31.

第4章 近100年全球和中国地区观测的气候变化

主　　笔:任国玉　刘洪滨
主要作者:唐国利　郭　军　张　莉　徐铭志
贡献作者:刘小宁　李庆祥　王　颖　初子莹

　　气候变化观测是气候变化科学的重要组成部分,对观测数据的分析是进行气候变化研究的首要前提。自20世纪80年代初以来,国内外气候学家对全球和区域的气候变化(特别是气温变化)进行了大量分析,并得到近100年全球气候变暖及其相关要素变化事实的重要科学结论(Houghton *et al*. 1995,2001;李克让等1992;王绍武等1998,2002;陈隆勋等1998;秦大河等2002,2005;任国玉等2005,丁一汇等2006)。这些结论已成为人为引起的全球气候变化信号检测和未来气候趋势预估的基础。本章将简要回顾近年来全球气候变化基本事实分析结果,并着重介绍近100年和近50年中国气候变化的基本事实及规律。这些成果主要是在前人工作的基础上,结合国家"十五"科技攻关项目课题的研究所获得的,其中一些分析结果还是初步的,许多问题还需要进一步探讨。

4.1 近100年全球气候变化

　　近100年来的全球变暖受到了国际社会前所未有的关注。IPCC第三次评估报告(TAR,IPCC 2001)中指出,自1861年以来,全球地表平均气温不断上升,20世纪的上升幅度为(0.6 ± 0.2)℃。报告认为,随着全球平均气温的升高,全球气候系统也同时表现出明显的变化,如雪盖、冰川退缩,海平面升高、海水热容增大,大气和海洋的环流系统发生变化,气候变率增大,极端天气气候事件增多等。

4.1.1 近100年全球气温变化

　　据IPCC第二次评估报告(SAR,Houghton *et al*. 1995)结果,全球地表平均气温在20世纪上升了0.3～0.6 ℃,其依据的是Jones(1994)、Hansen等(1988)及Vinnikov等(1990)的结果,三种结果虽然在站点的选择上略有差异,但气温曲线的总体变化趋势非常相似。TAR选用了Jones等(2001)的分析结果,并将之与Peterson等、Hansen等(1999)及Vinnikov等(1990)的结果进行了对比,同样具有很高的一致性。

　　分析结果表明,20世纪地球表层的温度经历了明显的增暖,在北半球,1990—1999很可能是近100年中最暖的10年,而1998年是20世纪最暖的一年。由于1995—2000年地表气温资料的加入以及统计方法的进一步完善,上述结果比SAR所公布的(19世纪末至1994年)又高出了0.15 ℃。

　　最新的研究结果(Jones *et al*. 2003)表明,进入21世纪以来,全球地表平均气温还在不断升高。近150年最暖的10年中有8年出现在1996—2005年,20世纪以来,以1998年为最暖年,2005年为次暖年(图4.1)。

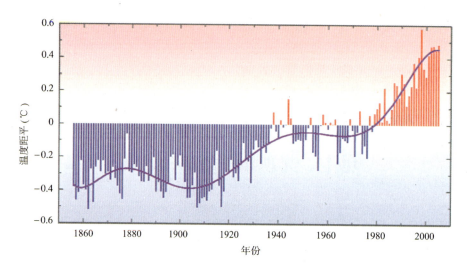

图 4.1　1856—2005 年全球地表平均气温变化(Jones *et al.* 2003)

　　近 100 年不同时期、不同季节全球地表气温的增加速率存在明显差异。通过对不同时段增温趋势进行分析发现,1910—1945 年和 1976—2000 年两个时期的增温速率相对较大,其中后一个时期的增温速率最大,特别是以北半球中高纬度地区最为明显,个别地区的增温速率高达 1 ℃(10a)$^{-1}$以上;而 1946—1975 年间,北半球大部分地区的年平均气温存在着下降的趋势(图 4.2)。

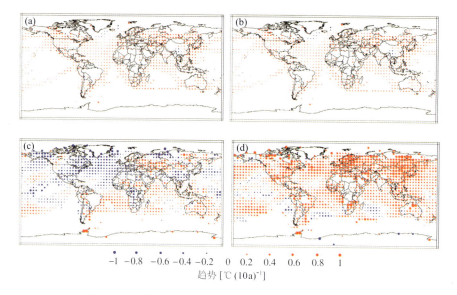

图 4.2　20 世纪不同时期全球地表平均气温变化趋势分布
a)1901—2000 年;(b)1910—1945 年;(c)1946—1975 年;(d)1976—2000 年(Houghton *et al.* 2001))

　　不同季节的全球地表增温速率也存在着一定的差别。1976—2000 年间,全球地表冬季平均气温升高最为显著,特别是以北半球中高纬度地区更为明显,春季的增温幅度次之,而秋季的增温幅度最弱,某些地区还表现为降温趋势。

　　总体上看,近 100 年来的地表年平均气温在全球绝大多数地区均表现为增高趋势。这种增暖在最近 30 年里北半球中高纬度陆地地区的冬季和春季尤其显著。

　　上述有关全球近 100 年变暖的事实均得自对全球地表观测数据的分析。通过在卫星上使用微波探测技术,可获取全球大气温度变化数据资料。由于卫星资料的覆盖面非常广,除极地和高山(如喜马拉雅山)外,几乎覆盖了全球所有地区,包括沙漠、海洋、热带雨林等难以实施常规观测的地区。但长期以来,卫星遥感资料分析给出对流层中下层平均温度没有显著趋势变化的结论(Angell 2000,

Hurrell et al. 2000)。目前,这种看法仍然比较流行。当然也有研究者发现,从具有完整卫星观测数据的 1978 年年底开始,卫星资料的分析同样表明对流层中低层大气温度也在明显升高,例如最近 Konstantin,等(2003)认为全球对流层中下层平均温度增暖速率达到每 10 年 0.22~0.26 ℃,这和同期地球表层温度变化速率就很接近了。

美国亚拉巴马大学地球系统科学中心的《全球温度报告(1978—2003)》(Christy et al. 2003)给出了中间估计值。这份报告指出,1978 年 12 月—2003 年 11 月的 25 年期间,对流层中低层大气平均温度上升了 0.19 ℃(图 4.3),其中北半球平均气温上升了 0.37 ℃,且以北半球中高纬地区的增暖最为明显,特别是在北美洲北部地区,气温上升幅度近 1℃。而南半球的升温还不到 0.02 ℃,特别是在南极洲大部分地区,对流层中低层气温表现为下降趋势,部分地区的下降幅度达到 1 ℃左右。赤道地区的气温变化很小,未发现明显的升温或降温趋势。根据这份资料,此前 25 年间全球对流层中下层平均温度增暖速率约为 0.08 ℃(10a)$^{-1}$,仍然明显弱于同期地球表层温度增暖速率。

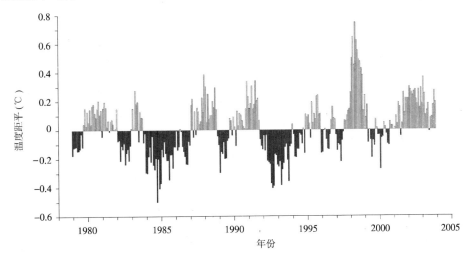

图 4.3　地球对流层中低层大气温度变化(1978 年 12 月—2003 年 11 月)(Christy et al. 2003)

4.1.2　近 100 年全球降水量变化

研究表明,全球地表平均气温的升高很可能导致全球降水总量及其空间分布的变化。总体上看,20 世纪全球陆地上的降水量增加了 2%左右(Jones et al. 1996,Hulme et al. 1998)。虽然全球降水量的增加是显著的,但在不同时段、不同地区的表现并不一致(Karl et al. 1998,Doherty et al. 1999)。中高纬度大陆地区的降水量明显增多(图 4.4),在北半球北纬 30°~85°地区降水量的平均增幅达 7%~12%,且以秋冬季节最为显著(图略)。北美洲大部分地区 20 世纪降水量增幅为 5%~10%;中国西部和长江中下游地区降水量在 20 世纪后半叶也显著增加,但中国北方地区降水量则有所下降;欧洲北部地区在 20 世纪后半叶降水量明显增多;1891 年以来,前苏联东经 90°以西降水量增加了 5%。而北半球副热带地区的降水量明显减少,特别是在 20 世纪 80—90 年代期间。20 世纪南半球南纬0°~55°大陆区域的降水量增加了 2%左右。

进入 21 世纪以来,除 2000 年全球年降水量继续增多外,2001—2003 年连续 3 年全球年降水量均低于历年平均值*。其中 2003 年,在北美洲中西部、南美洲东部、欧洲大部、东南亚、澳洲东部等地区均表现为降水量的明显减少;津巴布韦遭遇了近 50 年少有的干旱。但印度季风区的降水量为常年平均值的 2 倍,亚洲西部地区近年来的长期干旱状况也得到了暂时的缓解。

近 100 年来的全球降水量变化虽然存在着时空分布的不均匀性,但总体上讲,全球降水量还是存

---

* 见 http://lwf.ncdc.noaa.gov/oa/climate/research/monitoring.htm。

在一定的上升趋势,特别表现在 20 世纪 50 年代以后。

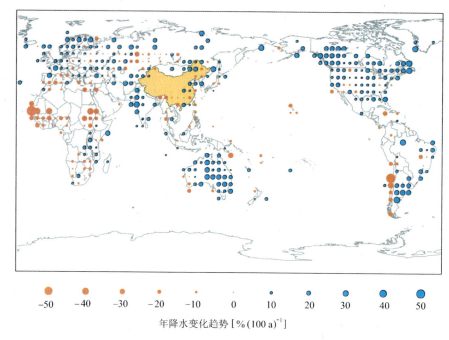

年降水变化趋势 [%·(100 a)⁻¹]

图 4.4 20 世纪全球陆地降水量变化趋势分布(1900—1999 年)(Houghton *et al*. 2001)

4.2 近 100 年中国气候变化

  中国科学家对中国大陆地区近 100 年来的气候变化进行了一些研究,对地表气温变化的研究更是给予了密切关注。屠其璞(1987)对中国过去 100 年的降水量变化进行了研究。王绍武(1990)给出了近 100 年中国及全球气温变化趋势。唐国利等(1992)使用全国总共 716 个站点的月平均气温资料,给出了 1921—1990 年中国气温序列及变化趋势。丁一汇等(1994)对中国近 100 年来气温变化的研究工作和结果作了总结,发现中国增温趋势与北半球的情况大致相似,但在具体的变化过程和幅度上又与全球变化存在明显差异。

  施能等(1995)对中国 20 世纪地表气温的年代际变化特征进行了分析。林学椿等(1995)利用中国 711 个站的气温记录,将全国分成 10 个区,分别计算 10 个区的年平均气温序列,进而得到 1873—1990 年全国年平均气温序列。分析结果表明,中国近 100 年气温变化与北半球的变化很相似,均显示出 20 世纪 40 年代和 20 世纪 80 年代两个增温期,北半球平均气温 20 世纪 80 年代高于 20 世纪 40 年代,而中国的情形与之相反。施能等(1995)利用 EOF 方法对中国 28 个测站近 100 年月平均气温进行插补,发现中国气候变化具有明显区域性特征。王绍武等(1998)将中国分为 10 个区,利用多种代用资料在缺少器测资料的地区进行插补,并在近年将器测资料延长至 2000 年,得到 1880—2000 年中国 10 个区的年平均气温序列,进而得到中国东部(6 个区平均)、西部(4 个区平均)及全国(10 个区平均)的年平均气温曲线。西部地区近 100 年来年平均气温与东部地区大体一致,但西部的变暖趋势更为明显。分析结果表明,近 100 年来中国地表年平均气温上升了 0.58 ℃。龚道溢等(1999)通过对近 100 年气温变化序列分析指出,1998 年是中国有气象记录以来最暖的一年。叶谨琳等(1998)分析了中国近 100 年四季降水量变化的空间特征。

  在区域性尺度上,任国玉等(1994,1998)对辽东半岛和科尔沁地区 20 世纪平均气温变化进行了研究,指出两个地区冬季平均气温存在明显的增暖趋势,但夏季平均气温具有不同程度的变凉趋势,年平均气温仅表现为微弱的增暖。谢庄等(2000)对北京地区近 100 年的温度变化状况进行了分析,获得北京地区明显变暖的结果。尤卫红等(1997)和郑祚芳等(2002)分别对云南地区和武汉市近 100

年的气温变化趋势进行了研究。

　　这里,采用更新到 2005 年的器测时期资料,充分考虑资料的非均一性影响等问题,利用国际上通用的方法,对中国地区近 100 年的气温和降水变化规律进行再分析。

4.2.1　资料与方法

　　资料由中国气象局国家气象信息中心气象资料室整理提供,包括 1841—2005 年逐年、逐月的气温和降水量。其中,1841—1950 年的资料主要来自原中央气象局和原中国科学院地球物理研究所联合资料室整编出版的《中国温度资料》和《中国降水资料》,1951—2001 年的资料由中国气象局国家气象信息中心气象资料室整编。

　　由于历史原因,气象观测台站及气象观测资料的情况非常复杂,不同时期、不同区域资料的质量也存在很大差别。首先,20 世纪上半叶中国台站数量较少且波动很大,特别是在早期台站数量更少,资料覆盖面很不完全,表现为台站分布稀疏,且主要集中在中国东部地区,西部地区资料极为匮乏,20世纪 20 年代后此类情况有一定程度的改观;而 1950 年以后,中国气象台站观测网的规模迅速扩大,并随时间逐渐增加,本研究所用资料中台站数量最多时达到 687 个。分别以 1925 和 1975 年为例的温度和降水测站分布情况见图 4.5。由于不同时期的气候资料在空间分布上不一致,导致了不同时期的全国平均气候序列在空间代表性上的不一致。观测事实表明,温度资料的空间代表性远大于降水资料,因此相比较而言,此类空间代表性问题对温度序列的影响远不如降水序列突出。其次,由于台站迁移、观测高度变化及观测时制与时次、日值统计方法等方面不统一,从而同样造成了气候序列特别是气温序列的非均一性,它不仅会使前期气温序列的可信度下降,同时也会影响到不同时期气温序列的衔接,尤其是 1950 年前后两段序列的衔接。

　　为最大限度地减小上述问题对研究工作造成的不便,同时尽可能利用已有的宝贵的观测资料,弄清 20 世纪上半叶的气候变化事实,因此这里给出的分析以 1905 年作为起始年。同时,采用与国际上长时间气温序列分析一致的方法,以最高和最低气温的平均值表示日和月平均气温,从而避免温度资料由于观测时制、时次及日值统计方法的不统一所造成的非均一性,以提高 1950 年以前气温序列的

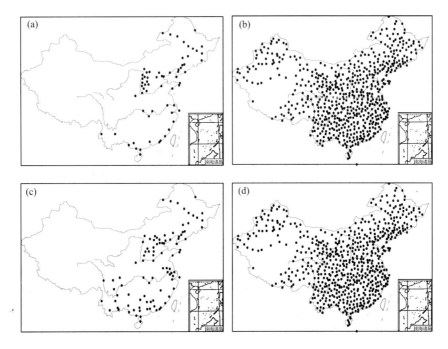

图 4.5　中国温度和降水测站分布

((a)、(b)分别为 1925 和 1975 年的温度测站分布;(c)、(d)分别为 1925 和 1975 年的降水测站分布)

均一性和 1950 年前后两段气温序列的可比性(唐国利等 2005)。

为便于与国际上主要的相关研究成果进行对比,在计算气候要素全国平均时间序列时,采用 Jones 等(1996)提出的计算区域平均气候时间序列的方法。即把中国整个区域按经纬度划分网格,形成多个网格区,对每个网格区内所有站点的相应数据进行算术平均,得到各网格区的气候要素值,然后采用面积加权平均法,得到全国各要素的时间序列。

就气温序列的建立过程来说,首先求得网格区内各站的气温距平值,然后按网格面积加权平均,得到全国平均气温距平序列。具体步骤如下:

(1)对各站序列做距平化处理,气候平均值为 1971—2000 年的要素平均值;

(2)按 $5°×5°$(近 100 年气温和降水序列)或 $2.5°×2.5°$(近 50 年各要素时间序列)网格,分别求出各网格内所有站点气候要素的平均值或平均距平值;

(3)按各网格的中心纬度进行面积加权求出全国平均值。计算公式为

$$\hat{Y}_k = \frac{\sum_{i=1}^{m} (\cos\theta_i) \times Y_{ik}}{\sum_{i=1}^{m} \cos\theta_i} \tag{4.1}$$

式中 $\hat{Y}_k$ 为第 k 年区域平均值; $i=1,2,\cdots,m$(m 为网格数); Y_{ik} 为第 i 个网格中第 k 年的平均值; θ_i 为第 i 个网格中心的纬度。

降水量(以及近 50 年蒸发量)采用标准化距平的方法,得到一无量纲的序列。计算标准化的公式为

$$\Delta P_{ik} = \frac{P_{ik} - \overline{P_i}}{\sigma_i} \tag{4.2}$$

式中 ΔP_{ik} 为第 i 个站第 k 年的标准化值; $\overline{P_i}$ 为第 i 个站的 1971—2000 年 30 年平均值; σ_i 为第 i 个站的标准差。

降水趋势系数,是以 n 个时刻的降水量与时间序列数 $1,2,3,\cdots,n$ 的相关系数来表示。降水(或其他要素)趋势系数为正,表明在分析的时期内降水量(或其他要素)呈增加趋势,反之亦然。

根据上述方法,分别建立了全年、春季(3—5 月)、夏季(6—8 月)、秋季(9—11 月)和冬季(12 月至翌年 2 月)的气温和降水序列。

4.2.2 气温变化

图 4.6 给出了 1905—2005 年中国年平均地表气温距平变化曲线(其中虚线表示线性趋势,下同)及台站数量变化曲线。表 4.1 是中国每 10 年平均的温度距平和降水距平标准化值及 1905—2005 年的线性趋势。图 4.6 清楚地表明温度测站的数量有很大的波动,特别是 20 世纪上半叶,由此引出了气候资料序列的代表性问题。对此,已有的研究工作(林学椿等 1995)表明:可以用 1950 年以前现有温度测站的气温资料所形成的序列代表全国年气温序列的变化,并且可以用它来延伸全国气温序列。分析近 100 年来的气温变化情况可以看到:中国地表年平均气温呈现明显的上升趋势,1905—2005 年间气温上升了 0.95 ℃,增温速率为 0.94 ℃(100a)$^{-1}$,略高于全球平均增温速率。20 世纪头 10 年 20—30 年代及 50—70 年代气温偏低,其中头 10 年、20 年代、50 年代和 60 年代偏低较多,而 40 年代和 80 年代中期以后是两段气温明显偏高的时期,尤其是 90 年代和 40 年代分别比多年平均值偏高 0.37 和 0.36 ℃。1998 和 1946 年分别出现了气温的最高值和次高值,其中 1998 年与全球同步——也是近 100 年中最暖的一年。气温最低和次低年分别出现于 1910 和 1912 年。与北半球相比,两者的线性增温趋势一致,但也各有不同的特点。如,中国和北半球在 20 世纪分别有两段气温偏高的时期,中国的气温偏高时期出现在 20 世纪 40 年代和 80 年代中期以后,而北半球出现在 20 世纪 40—50 年代和 80—90 年代,在出现时间上略有不同,此外,北半球 20 世纪 80—90 年代的平均气温远高于 40—50 年代,而中国 20 世纪 80 年代中期以后的平均气温与 40 年代基本持平。

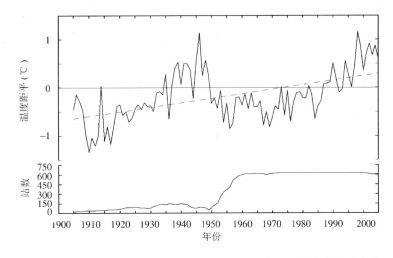

图 4.6　1905—2005 年中国年平均地面气温距平序列及台站点数量变化

表 4.1　中国每 10 年平均的气温距平和降水距平标准化值及 1905—2005 年的线性趋势

（温度单位为 ℃；降水趋势以趋势系数表示）

项目	时间	20 世纪									1905—2005 年线性趋势
		1905—1910 年	20 年代	30 年代	40 年代	50 年代	60 年代	70 年代	80 年代	90 年代	
气温	冬季	−1.50	−1.11	−0.62	0.04	−0.74	−0.91	−0.47	−0.11	0.57	0.182
	春季	−1.18	−0.59	−0.33	0.41	−0.57	−0.28	−0.25	−0.12	0.38	0.150
	夏季	−0.07	0.07	0.44	0.68	−0.06	−0.21	−0.22	−0.06	0.28	−0.004
	秋季	−0.53	−0.31	0.29	0.35	−0.23	−0.39	−0.21	−0.07	0.28	0.057
	年	−0.79	−0.47	−0.02	0.36	−0.41	−0.45	−0.29	−0.08	0.37	0.094
降水	冬季	0.04	0.10	0.18	0.32	0.44	−0.26	−0.06	−0.06	0.12	−0.013
	春季	−0.10	−0.25	0.07	0.30	0.27	−0.07	−0.07	0.08	−0.01	0.024
	夏季	0.00	0.01	0.22	0.50	0.06	−0.04	−0.09	−0.03	0.12	−0.004
	秋季	0.29	−0.21	0.12	0.28	0.07	−0.03	0.03	0.05	−0.08	−0.035
	年	0.06	−0.14	0.19	0.38	0.12	−0.11	−0.09	0.02	0.07	−0.001

　　与林学椿等（1995）和王绍武等（1998）得到的中国近 100 年气温变化序列进行比较，可以看到，三条序列反映出的中国近 100 年气温变化的趋势在总体上是一致的，特别是在 1950 年以后时段的气温变化上，三者非常相似。但三条序列在 1950 年以前时段中存在一定差别，主要表现为这里给出的序列所反映的气温较低，因此，这里所得到的近 100 年增温速率相对略高。造成这种差别的主要原因可能与所用资料的差异有关。

　　近 100 年来各季节的全国平均气温变化也存在较大差异（图 4.7），从增温情况来看：冬季、春季和秋季的气温上升，夏季为负增温即气温呈下降趋势，其中冬季的增温速率最大，春季次之，秋季再次之，冬、春、秋、夏四季的气温变化值依次为 1.84,1.51,0.57 和 −0.04 ℃。由于冬、夏两季的气温变化呈相反的趋势，因而气温的年内变化幅度呈减小趋势。从气温距平看，20 世纪早期和 50—80 年代各季节的气温距平为负值，而 40 和 90 年代均为正值，仅有 20 年代的夏季及 30 年代的夏季和秋季与其他季节不同，可见按年代平均计，近 100 年中各季节的冷暖变化基本上与年平均变化相一致。此外，由气温的季节特征分析结果可见，90 年代和 40 年代虽同为气温偏高期，但其特点并不完全一致，主要表现为，前者的温度距平最大值出现在冬季，而后者则出现在夏季，表明两段时期的增温特征存在差异。

　　关于气温变化的空间分布情况，王绍武等（1998）曾利用冰芯资料、树木年轮资料及历史文献资料来延长部分站点序列长度，进而得到了中国 10 个区域 1880—1996 年的气温变化趋势。结果表明，全

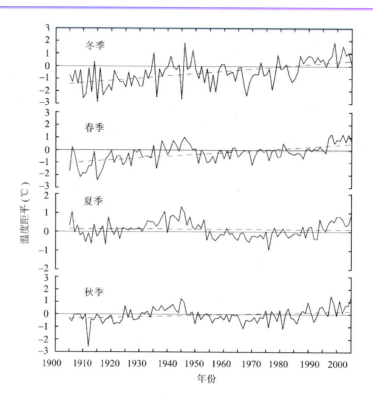

图 4.7 1905—2005 年中国四季平均气温距平

国除华中地区气温略降[−0.02 ℃(100a)⁻¹]以外,其余大部分地区的气温均呈上升趋势,其中,台湾、东北、新疆及华东地区的增温幅度相对较大,增温率分别为 1.01,0.85,0.84 和 0.54 ℃(100a)⁻¹;而西藏、西北、华北、西南及华南地区增温幅度相对较小,增温率为每 100 年 0.10～0.37 ℃。

4.2.3 降水变化

图 4.8 是 1905—2005 年中国年降水量标准化距平及台站数量变化曲线。可见,近 100 年来,中国年降水量变化的总体趋势并不明显,同时,年降水量呈现出明显的年际和年代际振荡。从降水的年代际变化上看,20 世纪初期,30—40 年代和 80—90 年代降水量偏多,其他时段降水量偏少。

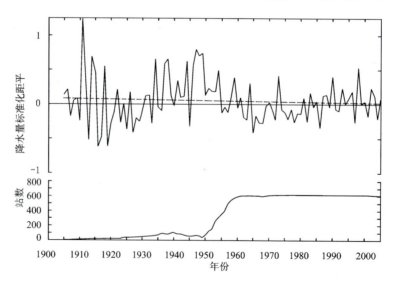

图 4.8 1905—2005 年中国年降水量标准化距平值及台站数量变化

从各季节的降水量变化情况上看(图略),除秋季降水量显著减少以外,其他各季的变化趋势不甚明显,其中夏季和冬季降水量略有减少,而春季降水量略有增多。

由于比较完整的长降水序列严重不足,以致难以充分反映各区域的降水变化趋势。因此,这里仅选取北京、哈尔滨、沈阳、济南、上海、武汉、西安、广州和昆明等部分序列,借以部分反映各地区降水变化的趋势以供读者参考。上述站点的降水序列长短不一,只能反映各自时段的变化趋势。从各站点所处的地区来看,近 100 年来,东北地区的哈尔滨站降水量略有减少,而沈阳的降水变化却未表现出明显的趋势;华北地区的北京降水量略有减少,而济南降水量略有增多;华东地区的上海降水量变化趋势不明显;华中地区的武汉降水量略有减少;华西地区的西安降水量略有减少;华南地区的广州降水量略有增加;西南地区的昆明降水量略有减少。从总体上看,近 100 年来各区域降水量变化的总体趋势并不显著,但具有明显的年际和年代际变化特征,与全国平均降水量变化状况相类似。

需要指出的是,由于历史原因导致的气候资料的非均一性问题,尤其是 20 世纪上半叶资料覆盖面不广,影响了该时段气候资料的空间代表性,特别是由于降水资料的空间代表性远小于气温资料,因此,这一时期的降水资料主要反映中国东部的降水变化状况。此外,由于未剔除城市热岛效应对气温变化的影响,因此这里给出的气温变化趋势即气温上升速率可能明显偏高。

4.3　近 50 年中国气温和降水变化

20 世纪 90 年代初以来,中国国内科学家对中国 1950 年以后的气候变化也进行了很多研究,取得了大量成果。张兰生等(1988)分析了中国气温变化的空间分布特征,指出气温变化存在明显的区域差异。李克让等(1990)分析了近 40 年来中国气温的长期变化趋势。宋连春(1994)根据全国 336 个站逐旬地面气温资料,分析了中国 40 多年气温时空变化特征。王绍武等(1995)对未来 50 年中国气候变化趋势进行了分析和讨论。翟盘茂等(1997)利用中国 1951—1990 年的实测资料,在剔除测站迁移和城市化热岛效应对气候变化趋势的可能影响之后,研究了中国最高气温、最低气温的时空变化趋势特点。陈隆勋等(1998)利用年和月平均气温、降水以及年平均最高和最低气温、相对湿度、总云量和低云量、日照时数、蒸发、风速、积雪日数和深度、土壤温度等资料,对 40 多年来中国气候变化特征作了较全面的分析研究。屠其璞等(2000)利用中国 160 个站的气温资料,将全国分为 8 个区,并分别建立各区 1951—1996 年的平均气温序列,进而得到中国年平均气温序列。沙万英等(2002)分析了中国 20 世纪 80 年代以来气候变暖的时空特征。李克让等(1992)、陈隆勋等(1998)及任国玉等(2000)对全国年、季节降水量变化特征进行了研究。最近,任国玉等(2005)、陈峪等(2005)、高歌等(2006)利用更新的资料和方法,对 20 世纪中期以来中国地面气候变化特征进行了系统分析。

此外,在区域尺度上,曲建和等(1991)对黄淮海地区近 40 年气温变化特征进行了研究;李栋梁等(1993)分析了兰州气温变化的气候特征;张顺利等(1997)采用拉萨年平均气温资料,分析了拉萨年平均气温的变化特征;杜军(2001)利用西藏 1961—2000 年月平均气温、最高气温、最低气温资料,分析了近 40 年高原地区气温的变化趋势;王绍武等(2002)对中国西部地区近 50 年气候变化特征作了系统评估,并和东部地区进行了比较分析。

4.3.1　资料和方法

资料来源于中国气象局国家气象信息中心气象资料室提供的中国 726 个气象站 1951—2004 年的逐月平均气温记录和 1951—2000 年的逐日平均气温记录。上述资料集中存在着一些影响序列均一性的因素:据统计,在全部站点中,仅有 28% 的台站站址未发生过迁移,而多数台站迁移次数均在 2 次以上;全国气象观测站观测时次在 1960 年也发生过改变,对气温序列的均一性产生了一定影响;观测仪器和观测高度也曾发生过变化,引起额外的非均一性问题。因此,结合国家"十五"科技攻关项目课题研究,国家气象中心气象资料室对 1951—2004 年的月平均气温资料进行了均一性检验和订正。

通过订正,使得包括台站迁移、仪器换型、观测方法改变、计算方法变化甚至台站周围环境的变化对资料均一性的影响尽可能减少到最小。这套经过订正的气温资料集构成了建立近 50 年来中国地表气温序列的基础(任国玉等 2005)。

这里分别建立了 1951—2004 年中国的年和四季的平均序列,计算了有连续 35 年以上资料的 647 个站点的年平均气温变化趋势系数和四季平均气温变化趋势系数,绘制了等值线分布图,并对近 50 年来中国的气候变化状况进行了系统分析。利用 1961—2000 年 40 年间 642 个站点的逐日观测资料,计算得到了 1961—2000 年中国的逐年气候生长期、1961—2000 年中国各个区域(青藏高原、北方、南方)的逐年气候生长期;计算了 642 个站点 40 年的气候生长期变化趋势系数,绘制了等值线图。采用 Jones 等(1996)的方法建立了区域平均时间序列。

4.3.2　气温变化

图 4.9 给出了 1951—2004 年中国年平均气温时间序列。由图可知:1951—2004 年间,中国的年平均气温整体的上升趋势非常明显,此间中国地表平均气温上升了约 1.3 ℃,增温速率达 0.25 ℃ $(10a)^{-1}$。而且增温主要是从 20 世纪 80 年代开始的。20 世纪 80 年代以前,中国地表平均气温在较小的范围内上下波动,而从 20 世纪 80 年代初开始,气温就一直呈现上升趋势,而且上升速率还在不断地加快。

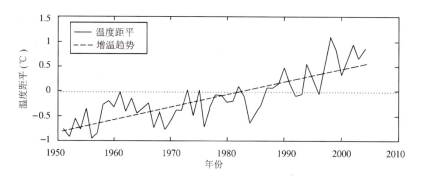

图 4.9　1951—2004 年中国年平均气温距平随时间的变化

从偏暖年份看,20 世纪 80 年代以后的增温也十分明显,尤其是在 20 世纪 80 年代中后期以后。20 世纪 80 年代前的 30 年中,只有 1973 年偏暖,而且仅比 1971—2000 年的平均值偏暖 0.03 ℃;而在此后的 24 年中,出现了 16 个偏暖年份,而且偏暖的幅度也越来越大,其中 1998 年相对 1971—2000 年的平均值高出 1.13 ℃。如果把界限放到 1987 年来看,增暖趋势更加明显。1987 年以前的 36 年中,中国只有 2 个偏暖年份(1973 和 1982 年),而在此后的 18 年中,却出现了 15 个偏暖年份。20 世纪 90 年代是中国 20 世纪后半叶最暖的 10 年,1998 年是 1951—2001 年中最暖的一年。

从 1951—2004 年中国四季平均气温时间序列(图 4.10)中可见,各季平均气温整体上都呈上升趋势,但增温速率有所不同。其中,以冬季气温的上升趋势最为明显,增温速率高达 0.39 ℃ $(10a)^{-1}$;春季次之,增温速率为 0.28 ℃ $(10a)^{-1}$;秋季气温上升幅度相对较小,增温速率为 0.20 ℃ $(10a)^{-1}$;夏季气温增幅最小,增温速率仅为 0.15 ℃ $(10a)^{-1}$。在 54 年中,冬季、春季、秋季和夏季的平均气温分别上升了 2.1,1.5,1.1 和 0.8 ℃。

中国四季平均气温的变化也各有特点。春季和夏季的气温变化比较相似,在 20 世纪后半叶相当长的时间里,两个季节的气温波动幅度都很小,但是从 1997 年开始,二者都有一个比较明显的跳跃,表现为气温的急剧上升。秋季和冬季的变化比较相似,从 20 世纪 80 年代初开始,两个季节的气温都呈现出明显的上升趋势,1987 年以后,二者的上升速率都有进一步加快的迹象。从波动幅度上看,春季、夏季、秋季的气温变化比较平稳,而冬季气温的波动幅度最大。

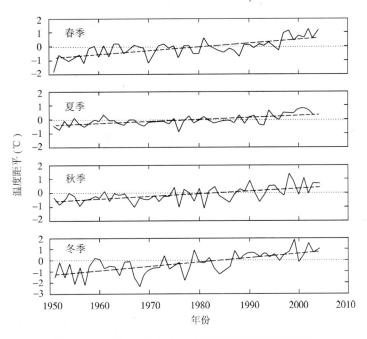

图 4.10 1951—2004 年中国季节平均气温距平变化

从偏暖年份上看,20 世纪 80 年代以前的 30 年中,春季有 7 个偏暖年份(最大距平为 1964 年的 0.20 ℃),夏季有 5 个偏暖年份(最大距平为 1961 年的 0.36 ℃),秋季有 6 个偏暖年份(最大距平为 1975 年的 0.41 ℃),冬季有 4 个偏暖年份(最大距平为 1979 年的 0.88 ℃);此后的 24 年中,春季有 14 个偏暖年份(最大距平为 1998 年的 1.19 ℃),夏季有 14 个偏暖年份(最大距平为 2001 年的 0.81℃),秋季有 15 个偏暖年份(最大距平为 1998 年的 1.42 ℃),冬季有 17 个偏暖年份(最大距平为 1999 年的 1.93℃)。由此可见,自 20 世纪 80 年代以后,中国的四个季节都出现了很明显的增暖。值得指出的是,冬季由 20 世纪 80 年代以前偏暖年份最少的季节一跃成为 20 世纪 80 年代后偏暖年份最多的季节,说明其增暖的速率最快。

从最暖年份上看,春、秋两季都出现在 1998 年,夏季出现在 2001 年,冬季出现在 1998—1999 年。四季的最暖年份都出现在近的 10 年内,可见,全国性的增暖有继续加剧的趋势。

中国幅员辽阔,在新疆和青藏高原的一些地区至今仍然没有气象台站,缺少资料。在已建立的气温时间序列中,1961 年以后,仍有 12 个网格没有资料,这些无观测资料的地区到底对整个中国气温变化的贡献有多大,尚需进一步的研究。

图 4.11 给出了 1951—2001 年中国年平均地表气温变化趋势系数的空间分布情况。1951—2004 年期间的趋势分布特点没有明显改变。可见,自 1951 年以来,除四川东北部和南部地区的气温略有下降外,全国其余大部分地区的气温均呈上升趋势。在中国北方(秦岭、淮河一线以北地区)和青藏高原的广大地区及海南、云南南部和经济发达、人口密集的长江中下游、珠江三角洲地区,年平均地表气温的趋势系数均超过了 0.4;新疆东南部、青海西北部、西藏中部、内蒙古大部、黑龙江大部、辽宁、河北北部、北京、海南以及云南南部,年平均气温趋势系数更是超过了 0.6,其中气温上升最大的地区为青海西北部,该地区的气温趋势系数高达 0.8 以上。

年平均气温趋势系数超过 0.4 的区域,其信度在 0.01 以上。由图 4.11 可见,在中国北方和青藏高原地区,除新疆塔里木盆地、西藏东部以外,基本都通过了 0.01 的信度检验。在南方,长江中下游和珠江三角洲地区及海南、云南南部的气温上升也十分显著。但是,中国西南地区北部(包括四川盆地东部和云贵高原北部)年平均气温呈下降趋势。这个区域的降温现象多年前已广受关注(陈隆勋等 1991),至少到 2001 年或 2004 年这个区域的降温趋势仍在持续(任国玉等 2005)。

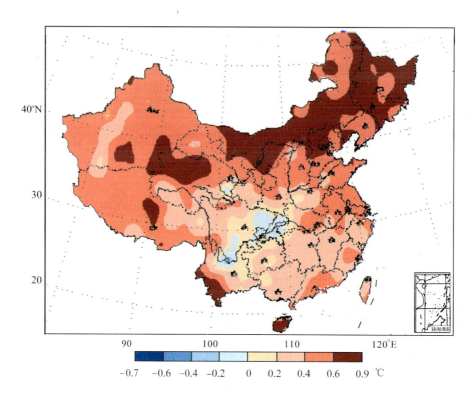

图 4.11　1951—2001 年中国年平均地表气温变化趋势系数空间分布

　　图 4.12 分别给出了 1951—2001 年中国四季平均气温的变化趋势系数的空间分布。总体上看，1951—2001 年间，除塔里木盆地外，中国北方和青藏高原大部分地区的气温全年上升；东北地区，除秋季外的其他季节增温都比较明显；内蒙古四季增温均较为明显；新疆冬季增温明显；塔里木盆地春、夏、秋三季的气温都有下降趋势，但冬季气温的上升十分明显；青藏高原秋、冬季节的增温更加显著，其中，青海西北部是全国增温最快的地区，四季增温均十分显著。

　　华东、华中地区夏季气温有一定下降趋势，其他季节增温趋势不明显；长江中下游地区春、冬季增温明显。华南地区，除了广西和福建部分地区在春季有一定降温趋势外，其他地区一年四季变化趋势不明显；但珠江三角洲地区，夏、秋季增温明显，海南一年四季的增温都比较明显。西南地区，四川盆地春、夏季气温都有一定下降，其中春季降温尤为明显，而秋、冬季气温变化不显著；云南南部四季增温都很明显；其他地区四季气温变化都不大。

　　应该指出，全国台站中的城市站均可能存在城市热岛效应增强的问题。已有的研究成果指出，城市化对气温变化的影响主要是对大城市，而且主要集中在冬季和春季，城市化使上海气温此前 29 年内升高了约 0.20 ℃，使北京气温此前 33 年内升高了约 0.21 ℃（葛向东等 1999，陈沈斌等 1997）。最近的研究表明，北京、天津、河北、山东、甘肃和湖北等地区城市化对国家基准、基本站地表气温记录的影响是很明显的，大约可以说明这些台站记录的全部增温的 20%～70%（任国玉等 2005，初子莹等 2005，刘学峰等 2005，张爱英等 2005，白虎志等 2006，陈正洪等 2005）。

　　在华北地区，1961—2000 年期间由城市热岛效应引起的国家基准站和基本站年平均气温增暖为 0.11 ℃(10a)$^{-1}$，对这个时期观测到的全部增温的贡献达到 38%（周雅清等 2005，任国玉等 2005）。可见，目前根据国家基准站和基本站资料建立的区域和全国平均气温序列在很大程度上仍保留了城市化的影响。如果消除城市化影响，1961—2000 年华北地区年平均地表气温线性增加趋势为 0.18 ℃(10a)$^{-1}$，而不是原来的 0.29 ℃(10a)$^{-1}$。如果其他地区的国家基准站和基本站也在不同程度上存在这个问题，那么从气候变化检测的角度来看，以上给出的全国平均地表气温变化趋势的估计显然是偏高的。关于这个问题，今后还需要进行更深入的研究。

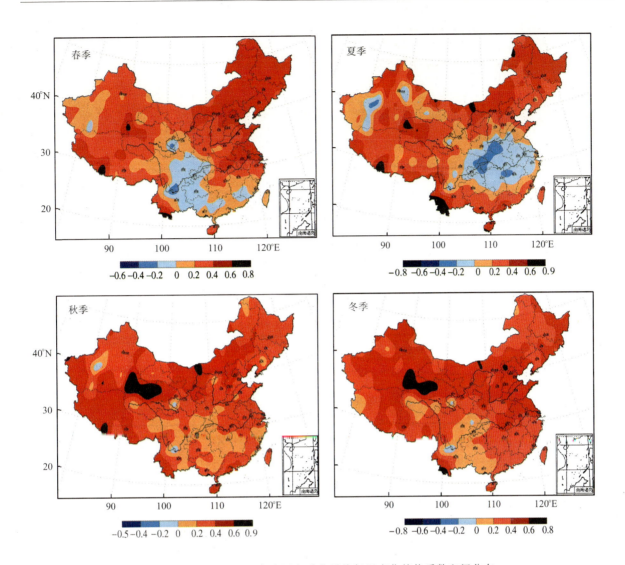

图 4.12   1951—2001 年中国各季节平均气温变化趋势系数空间分布

　　气候生长期是指日平均气温大于或等于 10 ℃的日数之和（徐铭志等 2004）。图 4.13 给出了 1961—2000 年中国全国及北方、南方和青藏高原气候生长期的逐年变化及其线性趋势。可见，从 1961 到 2000 年，无论是全国范围，还是区域范围，气候生长期同样有较为明显的增加趋势。全国气候生长期的增长速率为每年 0.16 天，北方、南方和青藏高原分别为每年 0.16,0.15 和 0.31 天。在这 40 年中，全国气候生长期平均增加了 6.6 天，北方地区增加了 6.5 天，南方地区增加了 6.1 天，在青藏高原则增加了 12.3 天。

　　全国、北方、南方、青藏高原气候生长期距平的最大值和最小值都分别出现在 1998 和 1976 年。由此表明，气候生长期在全国各地区的变化有着很好的一致性。

　　图 4.14 为 1961—2000 年中国气候生长期变化趋势系数空间分布。可见，1961—2000 年间，全国范围内，除了新疆塔里木盆地、四川盆地、湖北西部、河南外，其他地区的气候生长期的趋势系数均为正值，即气候生长期变长；变长明显的地区主要在青藏高原，那里大部分地区的趋势系数超过 0.4，通过了 0.01 信度水平检验；生长期的变化在全国范围内较为一致，而且与前面给出的 1951—2001 年气温变化趋势系数的空间分布也十分相似。

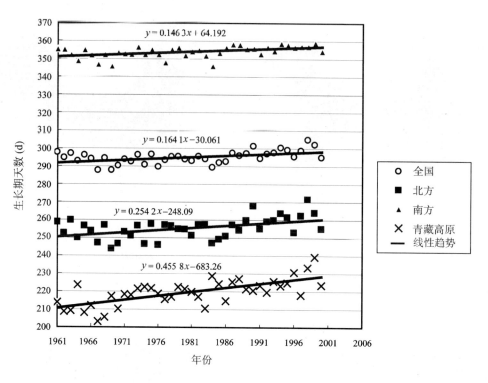

图 4.13　1961—2000 年中国气候生长期的逐年变化及其线性趋势

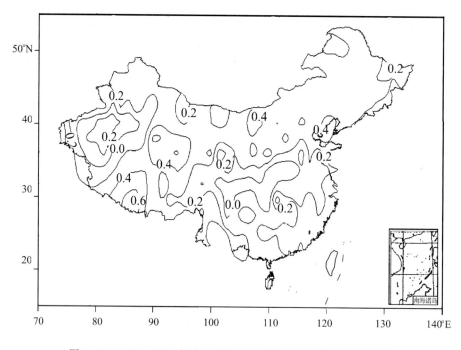

图 4.14　1961—2000 年中国气候生长期变化趋势系数空间分布

4.3.3　降水变化

利用中国气象观测网的基准站和基本站气候资料,计算了 1956—2002 年全国平均的逐年降水量标准化距平值(图 4.15)。近 47 年来,全国平均年降水量呈现小幅增加趋势。需要注意的是,降水量变化对计算所取的时间区段比较敏感,如果取 1951—2002 年或 1960—2002 年,则全国平均的降水量几乎没有趋势性变化。1956—2002 年期间,降水量最多的年份是 1998 年,最少的年份是 1986 年。

20 世纪 90 年代初以来,大部分年份的降水量均高于常年,而在 20 世纪 60 年代则一般低于常年值。

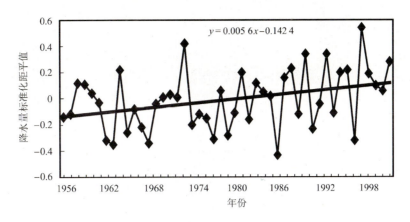

图 4.15　1956—2002 年中国平均的逐年降水量标准化距平值

　　降水量及其变化的空间一致性比较低,全国平均情况掩盖了很重要的地区差异。就年降水量变化来看,近 50 年来中国东北东部、华北中南部的黄淮平原和山东半岛、四川盆地及青藏高原部分地区年降水量出现不同程度的下降趋势,其中以山东半岛的下降趋势最为显著(图 4.16)。中国华北地区近 20 余年来降水量明显减少造成了严重的干旱,这个干旱地带以环渤海地区和黄海北部为核心,也波及朝鲜地区(任国玉等 2000,2005)。在中国的其他地区,包括西部大部分地区、东北北部、西南西部、长江下游和江南地区,年降水量均呈现不同程度的增加趋势,其中长江下游、华南沿海和西北地区的增加最为显著。可见,近十几年来黄河中下游地区和华北平原的干旱及长江中下游的洪水均有其直接的气候变化背景。

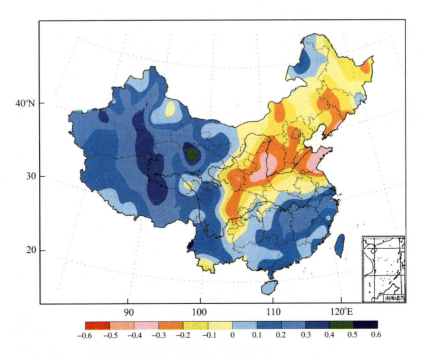

图 4.16　1956—2002 年中国年降水量变化趋势

4.4　近 50 年中国其他气候要素变化

4.4.1　资料和方法

这里所要讨论的日照时数、蒸发量、最大积雪深度、风速等气候资料由中国气象局国家气象信息中心气象资料室提供,包括全国总共 740 个测站 1951—2002 年的逐月气候资料。各气象要素的台站个数在表 4.2 中给出。

表 4.2　各气象要素台站数变化

要素	1951 年台站数	1956 年台站数	1956—2002 年无缺测台站数	1956—2002 年缺测 2 年台站数	1971—2002 年无缺测台站数
日照时数	77	428	291	368	574
蒸发量	77	428	222(1956—2000)	304(1956—2000)	466
最大积雪深度	77	428	378		613
风速	77	428	323	390	593

由表 4.2 可见,所用资料中,1951 年建站的站点较少,仅 77 个;到 1956 年,站点数量骤增到 428 个。这里使用的资料年代为 1956—2002 年。

计算全国各站 1956—2002 年气象要素变化趋势时,考虑到各要素 52 年无缺测的台站个数较少,于是引进不连续缺测 2 年的台站,把缺测年的数据用 30 年平均值代替,以增加用于分析的台站数量。

建立各气象要素全国平均时间序列的方法与近 100 年气温序列建立方法一致。但在计算年最大积雪深度时,将各网格中各站的最大积雪深度平均后,再根据公式(4.1),得到全国 1956—2002 年逐年平均最大积雪深度。蒸发量标准化距平序列按下式转换为以毫米(mm)为单位的时间序列。

$$\bar{\bar{P}}_k = \langle \Delta \hat{P}_k \rangle \bar{\bar{\delta}} + \bar{\bar{P}} \tag{4.3}$$

式中 $\bar{\bar{\delta}}$ 和 $\bar{\bar{P}}$ 分别指区域平均序列 30 年的标准差和均值。

从 2000 年开始,中国北方各站冬半年使用小型蒸发皿观测蒸发量,夏半年使用大型蒸发池观测,由于一年内使用不同的观测仪器,无法计算年蒸发量。因此,年平均蒸发量的记录时间为 1956—2000 年。

全国年最大积雪面积的计算,将中国大陆按经纬度划分为 1°×1° 的网格。如果在某一年某网格内的台站年最大积雪深度不为 0,那么就认为该网格有积雪。然后将全部有积雪的网格的面积相加,就得到该年全国年最大积雪面积。网格面积的计算公式为:

$$S = \frac{h}{2}(\rho\cos\theta_1 + \rho\cos\theta_2) \tag{4.4}$$

式中 S 为网格面积;ρ 为赤道上 1° 的长度,约为 111.18 km;h 为经度上 1° 的长度,约为 110.25 km;θ_1,θ_2 为网格的上下边的纬度。

网格内没有观测台站的区域,把该区域当做积雪面积常量,认为永久积雪不随时间变化。该方法虽然仍需改进,但可基本反映出全国最大积雪面积的年际和长期变化情况。

4.4.2　日照时数

如果没有云量和地形的影响,日照时数的大小取决于纬度的高低,并随季节的转变而有所不同。冬半年,纬度愈高,日照时数就愈少;夏半年,纬度愈高,日照时数就愈多。季节差异随纬度的增加而加大。年日照时数,随纬度的增高略有增加。但实际上一个地方的日照长短,不仅取决于地理纬度,而且很大程度上取决于云量和阴天日数。

中国年平均日照时数的分布特点是东南少而西北多,从东南向西北逐渐增加。秦岭、长江下游以南,云贵高原以东地区,年日照时数均在 2 000 小时以下,是中国的少日照地区,而四川盆地、贵州大部分地区为日照最少中心,年日照时数不超过 1 400 小时。日照时数由川黔低中心向各个方向增加,长江流域以北,一则是因为纬度增加,更重要的是因为云量减少,日照时数显著增加,其等值线基本上与纬圈平行。黄淮地区年日照时数为 2 200～2 600 小时。海河流域为 2 600～3 000 小时。东北地区的日照呈东西分布,为 2 200～2 800 小时。内蒙古除了其东北地区以外日照时数均在 2 800 小时以上。内蒙古的西部、甘肃的北部及新疆东部地区,年日照时数普遍在 3 200 小时以上,是中国日照时数最多的地区之一,特别是内蒙古的额济纳旗年日照时数高达 3 406 小时。青藏高原除藏东南部地区年日照时数小于 2 200 小时外,大部分地区都在 2 800 小时以上。

　　1956—2002 年中国年平均日照时数具有明显的下降趋势(图 4.17),其下降速率为 −37.6 h (10a)$^{-1}$。1981 年以前基本在 1971—2000 年 30 年平均值以上,从 20 世纪 80 年代起距平值转为负值。20 世纪 60 年代全国年平均日照时数距平为 93 小时,其前期有轻微的增加趋势;从 60 年代后期开始年日照时数迅速下降,70 年代平均距平下降到 59 小时,80 年代为 −14 小时,90 年代达 −45 小时。1993 年达到历史最低值,全国年平均日照时数仅为 2 331 小时(距平为 −96 小时)。1993 年以后日照时数略有增加趋势。

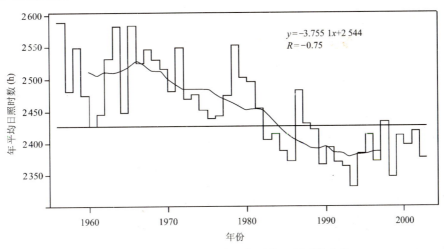

图 4.17　1956—2002 年中国年平均日照时数变化

　　从 1956—2002 年中国年平均日照时数气候变化趋势空间分布图(图 4.18)中可以看出,青藏高原东部、甘肃及内蒙古西部年平均日照时数增加,在东北北部的小兴安岭地区也有一定的增加趋势,但增加趋势并不明显,增加速率均在 20 h(10a)$^{-1}$ 以下。全国大部分地区年日照时数呈减少趋势,在 110°E 以东 40°N 以南的广大平原地区年日照时数下降速率在 80 h(10a)$^{-1}$ 以下。特别是河北北部、山东西部和河南北部下降速率达 100 h(10a)$^{-1}$ 以下,为全国日照时数减少趋势最大区。河南商丘的年日照时数从 20 世纪 60—70 年代的平均 2 450 小时以上,到 20 世纪 90 年代的 1 950 小时,减少了约 500 小时,下降速率为 172.6 h(10a)$^{-1}$。青藏高原北部、新疆大部的年日照时数也有较明显的减少趋势,其下降速率在 80 h(10a)$^{-1}$ 以下。

4.4.3　蒸发量

　　用于观测蒸发量的仪器是 20 cm 直径的小型蒸发皿,所得到的蒸发量数据在湿润小风气候条件下与实际蒸发量比较接近,但在干旱气候或干旱季节、干旱天气下,由于蒸发皿中水体小,日晒和风吹会使蒸发量观测值显著偏大。

　　中国年平均蒸发量的分布特点与日照时数的分布相似,也是东南少而西北多,从东南向西北逐渐增加。在东北、华北、西北、青藏高原大部及云南和两广等地区,年蒸发量都在 1 500 mm 以上。西北内陆干旱地区可达 2 400 mm 以上,特别是内蒙古西部、甘肃北部地区年蒸发量超过了 3 000 mm。由

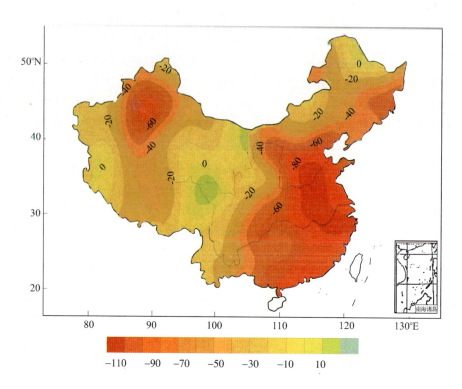

图 4.18　1956—2002 年中国年平均日照时数变化趋势[h(10a)⁻¹]空间分布

于蒸发量不仅与气温、日照有关,而且与风速密切相关,所以蒸发量最大值没有出现在气温最高、日照时数最大的吐鲁番地区,而是出现在干燥、风速较大的内蒙古和甘肃。与干旱地区相反,多云的湿润地区主要因为相对湿度高、气温偏低、风速也偏小,而导致蒸发量减少。长江中下游地区年平均蒸发量都在 1 500 mm 以下,而长江中游地区的四川东南部、鄂南和黔北的年蒸发量低于 1 200 mm。

近几年,针对蒸发皿观测的蒸发量和利用彭曼方法计算的蒸发量随时间的变化,已经开展一些分析(郭军等 2005;任国玉等 2005,2006;高歌等 2006)。这里主要根据近年的分析工作,对中国 20 世纪 50 年代以来蒸发皿观测的蒸发量或水面蒸发量变化情况进行简要介绍。

1956—2000 年全国年平均蒸发量减少迅速,其变化速率为 −34.5 mm(10a)⁻¹。从图 4.19 中可以看到,20 世纪 60—70 年代蒸发量均在 1971—2000 年 30 年平均值以上变化,20 世纪 80 年代下降到平均值以下。与日照时数相似,年蒸发量在 1993 年达到历史最小值,为 1 683 mm(距平为 −86 mm)。近年来,蒸发量略有上升,到 20 世纪 90 年代末,全国年蒸发量已接近 30 年的平均值。

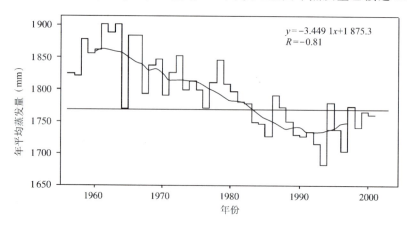

图 4.19　1956—2000 年中国年平均蒸发量变化
柱状图为年值,曲线为 9 年滑动平均值,直线为平均值

从全国的年蒸发量变化趋势分布图(图 4.20)上看,东北地区、甘肃南部和青藏高原东部为增加趋势,但增加速率较小。全国大部分地区呈减少趋势,中国东部、南部及西南部,都呈明显的减少趋势。黄淮、江西北部、云贵高原北部的变化速率都在 -40 mm$(10a)^{-1}$ 以下。新疆东部、青海和甘肃北部为减少趋势最大的区域,变化速率均在 -40 mm$(10a)^{-1}$ 以下,特别是在新疆东部和甘肃北部,变化速率更是达到 -120 mm$(10a)^{-1}$,如甘肃安西和新疆库车的年蒸发量变化速率更在 -280 mm$(10a)^{-1}$ 以下,由 20 世纪 50—60 年代的年蒸发量 3 300 mm 下降到 20 世纪 90 年代的 2 460 mm。

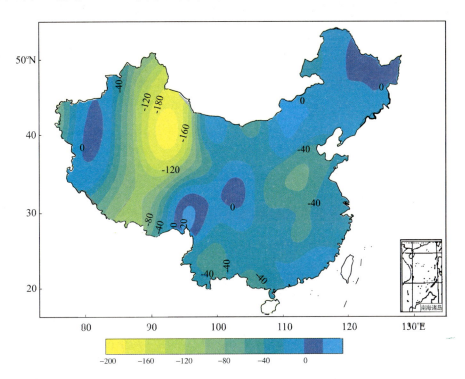

图 4.20　1956—2002 年全国年蒸发量变化趋势$[mm(10a)^{-1}]$空间分布

4.4.4　积雪深度和面积

中国降雪的南限纬度大致在 24°N 附近。中国年最大积雪深度的高值区分布在东北地区和新疆北部。天山北麓、伊犁河谷和阿尔金山南麓,最大积雪深度都在 40 cm 以上,而南疆的最大积雪深度在 20 cm 以下。塔里木盆地和柴达木盆地的最大积雪深度还不到 10 cm。在东北地区的大小兴安岭及长白山地区,最大积雪深度在 40 cm 以上。而东北平原的雪深均小于 20 cm。华北和黄土高原年最大积雪深度一般在 20 cm 以下。黄河以南、长江以北的广大地区,积雪深度可达 30 cm 以上。这主要是因为这里冬季恰好是寒潮南下与东南较暖气团交锋的地区,锋面上水汽充沛,常产生大面积降雪。而华北纬度虽高,但受蒙古高压影响,空气较干燥,所以积雪深度反而小。尤其是在江淮之间的地区最大积雪深度可达 40 cm 以上。四川盆地积雪深度在 10 cm 以下。

图 4.21 给出了 1956—2002 年全国年平均最大积雪深度变化情况。总体来看,变化趋势不很明显,其变化速率仅为 0.17 cm$(10a)^{-1}$。从 10 年滑动平均曲线来看,1965 年以前,平均最大积雪深度明显偏少,而后缓慢增加,1966—1976 年接近 1971—2000 年 30 年平均值。在 1976 年前后,存在较为明显的增加,1976—2002 年变化速率为 0.25 cm$(10a)^{-1}$。

全国最大积雪面积 1971—2000 年 30 年平均值为 414.2 万 km²,1961—2002 年期间有一个较小的增加趋势,大约为每 10 年增加 1.15 万 km²。全国最大积雪面积的年际变率较大,20 世纪 70 年代中期以前全国最大积雪面积基本上是在 1971—2000 年 30 年平均值以下,并有较小的增加趋势。1976—1991 年年际变率较大,10 年滑动平均值基本在 30 年平均值附近。1991 年达到历史最大值,

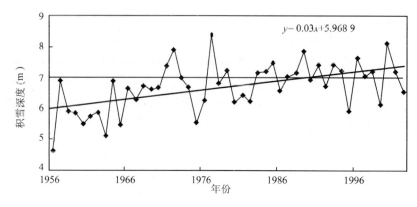

图 4.21 1956—2002 年中国年平均最大积雪深度变化

为 455.2 万 km^2，1991—2002 年存在很明显的下降趋势，其变化速率为 -36.48 万 $km^2(10a)^{-1}$。这主要是因为近年来全国降雪范围减小，特别是 1999 和 2001 年全国最大积雪面积分别为 362.9 万和 355.2 万 km^2，为近 50 年的最小值和次小值。

4.4.5 平均风速

中国年平均风速的分布特点是北方风大，南方风小；沿海风大，内陆风小；平原风大，山地风小；高原风大，盆地风小。

中国大多数地区年平均风速为 $1\sim4\ m\ s^{-1}$，从年平均分布图（略）上可以看出，我国有三个风速最大区。第一个地区是 40°N 以北，从北疆西部经天山进入河西走廊和内蒙古高原，直抵东北境内，风速普遍大于 $3\ m\ s^{-1}$。特别是中蒙边境地区，由于这里地形平坦，寒潮大风、气旋大风畅行无阻，所以年平均风速可达 $5\ m\ s^{-1}$ 以上。第二个地区是青藏高原，高原地区地势高，腹地地形开阔，尤其是冬半年位于高空西风急流下，年平均风速达 $4\ m\ s^{-1}$ 以上。第三个地区是东南沿海，年平均风速一般都在 $3\ m\ s^{-1}$ 以上，台湾海峡沿岸年平均风速可达 $5\ m\ s^{-1}$ 以上，是全国平均风速最大的地区。从 40°N 往南，风速逐渐变小。东部平原地区风速较大，华北北部和东部、黄淮地区、长江下游等地区风速在 $2.5\sim3\ m\ s^{-1}$。西南地区及东南丘陵等地风速不足 $2\ m\ s^{-1}$，四川盆地附近年平均风速则在 $1\ m\ s^{-1}$ 以下，为全国年平均风速最小的区域。

1971—2002 年全国年平均风速为 $2.52\ m\ s^{-1}$。1956—2002 年全国年平均风速具有很明显的减小趋势，变化速率为 $-0.12\ m\ s^{-1}(10a)^{-1}$（图 4.22）。1956—2002 年全国年平均风速年际变化可以分为两部分，在 1969 年附近有个突变。1969 年以前，全国年平均风速就有一个下降的趋势，从 1956 年的 $2.86\ m\ s^{-1}$，下降到 1967 年的 $2.55\ m\ s^{-1}$，1956—1968 年期间的变化速率为 $-0.21\ m\ s^{-1}(10a)^{-1}$；1969 年又回升到 $2.84\ m\ s^{-1}$，然后持续下降，在 1984 年降到（1971—2001 年）均值以下，一直下降到 2002 年的 $2.24\ m\ s^{-1}$。1969—2002 年期间的变化速率为 $-0.2\ m\ s^{-1}(10a)^{-1}$。

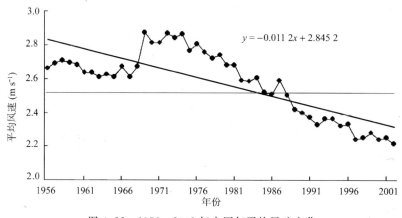

图 4.22 1956—2002 年中国年平均风速变化

从全国年平均风速变化趋势分布图(图 4.23)中可以看出,除在云南西部有一正值区外,全国年平均风速一般呈现减小趋势。黄土高原以北、秦岭、四川盆地及云贵高原为风速变化较小区,其变化速率均在 -0.1 m s^{-1}(10a)$^{-1}$ 以上。华北北部、东北中部、江西大部年平均风速减小趋势较大,变化速率在 -0.2 m s^{-1}(10a)$^{-1}$ 以下。青藏高原、甘肃北部及新疆地区年平均风速减小趋势较大,特别是塔里木盆地东部、吐鲁番及青海的柴达木盆地为减小趋势最大区,其变化速率在 -0.3 m s^{-1}(10a)$^{-1}$ 以下。

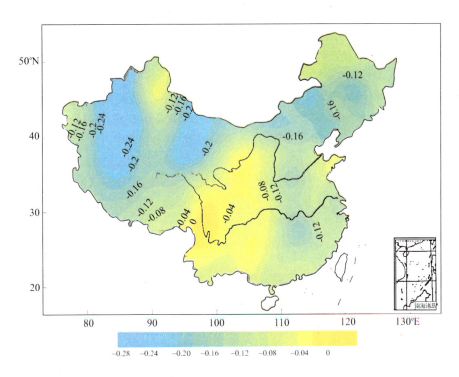

图 4.23　1956—2002 年中国年平均风速变化趋势[m s^{-1}(10a)$^{-1}$]空间分布

4.5　小结

近 100 年来,全球变暖日趋显著,20 世纪全球地表平均气温上升了(0.6±0.2)℃,20 世纪 90 年代是 20 世纪最暖的 10 年,1998 年是 20 世纪最暖的一年。进入 21 世纪后,气温依然存在上升趋势。此外,最新资料显示,近 20～30 年对流层中下层大气温度也呈现较明显的升高趋势,且以北半球中高纬度地区最为明显。20 世纪全球降水量也存在着一定的增加趋势,但体现出很强的区域性特征。其中北半球中高纬度地区的降水量明显增多,而北半球副热带地区的降水量明显减少,特别是在 20 世纪的 80—90 年代。20 世纪南半球 0°～55°S 大陆区域的降水量增加了 2%左右。

利用经过非均一性检验和订正的地面气候资料,采用国际上通用的方法,对中国不同时间尺度上的气候变化进行了系统分析。分析发现,近 100 年来中国年平均气温升高了 0.95 ℃,比同期全球平均略高,但近 20 年的增温不比 20 世纪 30—40 年代明显,而且 20 世纪 50—60 年代中国气候的变冷也比全球或北半球显著得多。近 100 年来全国的增温主要发生在冬季和春季,而夏季则有微弱变凉趋势。

1951—2004 年间,中国年平均地表气温变暖幅度为 1.3 ℃,增温速率为 0.25 ℃(10a)$^{-1}$,比全球或半球同期平均高得多。其中冬季和春季增温更为明显,北方和青藏高原增温比其他地区明显,春季和夏季西南地区的降温现象仍然存在,夏季长江中下游地区气温明显变凉。中国北方的气候生长期已明显增长,1961 年以来增长了 10 天左右,青藏高原和北方增长更多。

　　从全国平均来看,近50年的降水量变化趋势不明显,但1956年以来出现了微弱的增加趋势。各地区的降水量存在明显的年际或年代际时间尺度的变化,其中长江中下游地区和中国西部地区的降水量有明显增加趋势,东北北部和内蒙古大部的降水量也有一定程度的增加;而华北、西北东部、东北南部等地区降水量呈下降趋势。中国东部近100年来的降水量从整体上看变化趋势不明显。

　　在最近的50年时间里,中国大部分地区的日照时数、蒸发量和平均风速都呈现显著的下降趋势,这种下降主要发生在20世纪70年代中期以后。日照时数减少最明显的地区是中国东部,特别是华北和华东地区,华南和西北地区日照时数的减少也比较明显;记录的蒸发量下降最明显的地区也在华北、华东和西北地区,而黑龙江、青藏高原西北和塔里木盆地西南等局部地区蒸发量表现为增多或没有显著减少;风速减少最明显的地区出现在中国西北地区,内蒙古和华中部分地区风速下降也比较明显。

　　关于近100年气候变化的研究,还存在着相当大的不确定性。就温度分析来说,全球地表温度序列的不确定性主要来自海洋观测记录的非均一性,以及陆地记录中土地利用特别是城镇化的可能影响。尽管一些研究认为,这些问题不足以动摇现有的科学结论和认识(Houghton *et al.* 2001;Jones *et al.* 1990;Peterson *et al.* 1999),但也有不少研究强调必须对这类问题给予足够的重视。中国地表气温序列分析中的最大问题是20世纪前半叶西部地区的资料还不充分,由于台站迁移和观测方法变化而引起的资料非均一性问题也比较严重;而近50年的地表气温记录还不同程度上存在着城市化或土地利用变化产生的影响(赵宗慈1991,初子莹等2005,任国玉等2005,周雅清等2005)。这些问题有待今后进一步研究解决。

参 考 文 献

白虎志,任国玉,张爱英等. 2006. 城市热岛效应对甘肃省温度序列的影响.高原气象,**25**(1):90-94.

陈隆勋,朱文琴. 1998. 中国近45年来气候变化的研究.气象学报,**56**(3):257-271.

陈隆勋,邵永宁,张清芬等. 1991. 近40年我国气候变化的初步分析.应用气象学报,**2**(2):164-173.

陈沈斌,潘莉卿. 1997. 城市化对北京平均气温的影响. 地理学报,**52**(1):27-36.

陈峪,高歌,任国玉等. 2005. 中国十大流域近40多年降水量的时空变化特征,自然资源学报,**20**(5):637-643.

陈正洪,王海军,任国玉等. 2005. 湖北省城市热岛强度变化对区域气温序列的影响.气候与环境研究,**10**(4):771-779.

初子莹,任国玉. 2005. 北京地区城市热岛强度变化对区域温度序列的影响,气象学报,**63**(4):534-540.

丁一汇,戴晓苏. 1994. 中国近百年来的温度变化.气象,**20**(12):19-26.

丁一汇,任国玉,石广玉等. 2006.气候变化国家评估报告(Ⅰ):中国气候变化的历史和未来趋势.气候变化研究进展,**2**(1):3-8.

杜军. 2001. 西藏高原近40年的气温变化. 地理学报,**56**(6):682-690.

高歌,陈德亮,任国玉等. 2006. 1956—2000年中国潜在蒸散量变化趋势,地理研究,**25**(3):378-387.

葛向东,赵咏梅. 1999. 城市化对上海的增温效应.云南地理环境研究,**11**(1):44-50.

龚道溢,王绍武. 1999. 1998年:中国近一个世纪以来最暖的一年. 气象.**25**(8):3-5.

郭军,任国玉. 2005. 黄、淮、海河流域蒸发量变化特征及其可能原因,水科学进展,**16**(5):666-672.

李栋梁,彭素琴. 1993. 兰州温度变化的气候特征.高原气象,**12**(1):18-26.

李克让,王维强. 1990. 近四十年来我国气温的长期变化趋势. 地理研究,**9**(4):26-37.

李克让,张丕远. 1992. 中国气候变化及其影响. 北京:海洋出版社.

林学椿,于淑秋,唐国利. 1995. 中国近百年温度序列. 大气科学,**19**(5):525-534.

刘学锋,于长文,任国玉. 2005. 河北省城市热岛强度变化对区域地表平均气温序列的影响.气候与环境研究,**10**(4):763-770.

秦大河(总主编). 2002. 中国西部环境演变评估. 北京:科学出版社.

秦大河,丁一汇,苏纪兰主编. 2005. 中国气候与环境演变(上卷).北京:科学出版社.

曲建和,孙安健. 1991. 黄淮海地区近 40 年来温度变化特征的研究. 应用气象学报,**2**(4)：423-428.

任国玉. 1998. 科尔沁地区本世纪温度变化. 气象科学,**18**(4)：373-380

任国玉,周薇. 1994. 辽东半岛本世纪气温变化的初步研究. 气象学报,**52**(4)：493-498.

任国玉,吴虹,陈正洪. 2000. 中国降水变化趋势的空间特征. 应用气象学报,**11**(3)：322-330.

任国玉,郭军. 2006. 中国水面蒸发量的变化,自然资源学报,**21**(1)：31-44.

任国玉,郭军,徐铭志等. 2005. 50 年来中国大陆近地面气候变化的基本特征. 气象学报,**63**(6)：942-956.

任国玉,徐铭志,初子莹等. 2005. 中国气温变化研究的最新进展. 气候与环境研究,**10**(4)：701-716.

沙万英,邵雪梅,黄玫. 2002. 20 世纪 80 年代以来中国的气候变暖及其对自然区域界线的影响. 中国科学(D),**32**(4)：317-326.

施能,陈家其,屠其璞. 1995. 中国近百年来 4 个年代际的气候变化特征. 气象学报,**53**(4)：431-439.

宋连春. 1994. 近 40 年我国气温时空变化特征. 应用气象学报,**5**(1)：119-124.

唐国利,林学椿. 1992. 1921—1990 年我国气温序列及变化趋势. 气象,**18**(7)：3-6.

唐国利,任国玉. 2005. 近百年中国地表气温变化趋势的再分析. 气候与环境研究,**10**(4)：791-798.

屠其璞,邓自旺,周晓兰. 2000. 中国气温异常的区域特征研究. 气象学报,**58**(3)：288-296.

屠其璞. 1987. 近百年来我国降水量的变化,南京气象学院学报,**10**(2)：117-189.

王绍武,董光荣. 2002. 中国西部环境特征及其演变. 见:秦大河主编. 中国西部环境演变评估(第一卷). 北京:科学出版社,29-70.

王绍武,姚檀栋. 1998. 近百年中国年气温序列的建立. 应用气象学报,**9**(4)：392-401.

王绍武,龚道溢,叶瑾琳等. 2000. 1880 年以来中国东部四季降水量序列及其变率. 地理学报,**55**(3)：281-293.

王绍武,赵宗慈. 1995. 未来 50 年中国气候变化趋势的初步研究. 应用气象学报,**6**(3)：333-342.

王绍武. 1990. 近百年我国及全球气温变化趋势. 气象,**16**(2)：11-15.

谢庄,曹鸿兴,李慧等. 2000. 近百余年北京气候变化的小波特征. 气象学报,**58**(3)：362-369.

徐国昌,姚辉,李珊. 1992. 我国干旱半干旱地区现代降水量和历史干旱频率的变化. 气象学报,**50**(3)：378-382.

徐铭志,任国玉. 2004. 近 40 年中国气候生长期的变化. 应用气象学报,**15**(3)：306-312.

叶瑾琳,陈振华,龚道溢等. 1998. 近百年中国四季降水量异常的空间分布特征. 应用气象学报.**9**(增刊)：57-64.

尤卫红,傅抱璞,林振山. 1997. 云南近百年气温变化与 8 月低温冷害天气. 高原气象,**16**(1)：63-72.

翟盘茂,任福民. 1997. 中国近 40 年最高最低温度变化. 气象学报,**55**(4)：418-429.

张爱英,任国玉. 2005. 山东省城市化对区域平均温度序列的影响. 气候与环境研究,**10**(4)：754-762.

张兰生,方修琦. 1988. 中国气温变化的区域分异规律. 北京师范大学学报(自然科学版),**3**：78-85.

张顺利,黄晓清. 1997. 拉萨 40 余年温度变化的气候特征. 高原气象,**16**(3)：312-318.

赵宗慈. 1991. 近 39 年中国的气温变化与城市化影响. 气象,**17**(4)：14-17.

郑祚芳,祁文,张秀丽. 2002. 武汉市近百年气温变化特征. 气象,**28**(7)：18-37.

周雅清,任国玉. 2005. 华北地区地表气温观测中城镇化影响的检测和订正. 气候与环境研究,**10**(4)：743-753.

Angell J K. 2000. Tropospheric temperature variations adjusted for El Nino, 1958—1998. *Journal of Geophysical Research*, **105**：11 841-11 849.

Christy J, Spencer R. 2003. Global Temperature Report：1978—2003. Earth System Science Center, The University of Alabama in Huntsville, U. S. A., December 8, 2003.

Doherty R M, Hulme M, Jones C G. 1999. A gridded reconstruction of land and ocean precipitation for the extended tropics from 1974—1994. *Int J Climatol*, **19**：119-142.

Hansen J, Lebedeff S. 1988. Global surface temperatures：update through 1987. *Geophys Res Lett*, **15**：323-326.

Hausen J, Ruedy R, Glascoe J, *et al*. 1999. GISS analysis of surface temperature change. *J Geophys Res*, **104**(D24)：30 997-31 022.

Houguton J T, Ding Y, Griggs D J, *et al*. 2001. Climate Change 2001. the Scientific Basis. Cambridge University Press, 881.

Houghton J T, Jenkins D J, Epsraums J J, *et al*. 1995. Climate Change：The IPCC Scientific Assessment. Cambridge: The Press Syndicate of Cambridge University.

Hulme M, Osborn T J, Johns T C. 1998. Precipitation sensitivity to global warming: comparison of observations with HadCM2 simulations. *Geophys Res Lett*, **25**: 3 379-3 382.

Hurrell J W, Brown S J, Trenberth K E, *et al*. 2000. Comparison of tropospheric temperatures from radiosondes and satellites: 1979—1998. *Bull Ame Met Soc*, **81** (9): 2 165-2 177.

Jones P D, Hulme M. 1996. Calculating regional climatic time series for temperature and precipitation: methods and illustrations. *Int J Climatol*, **16**: 361-377.

Jones P D, Moberg A. 2003. Hemispheric and large-scale surface air temperature variations: an extensive revision and an update to 2001. *J Climate*, **16**: 206-223.

Jones P D. 1994. Hemispheric surface air temperature variations: A reanalysis and an update to 1993. *J Climate*, **7**: 1 794-1 802.

Jones P D, Groisman Ya P, *et al*. 1990. Assessment of urbanization effects in time series of surface air temperature over land. *Nature*, **347**: 169-172.

Jones P D, Osborn T J, Briffa K R, *et al*. 2001. Adjusting for sampling density in grid box land and ocean surface temperature time series. *J Geophys Res*, **106**: 3 371-3 380.

Karl T R, Knight R W. 1998. Secular trends of precipitation amount, frequency, and intensity in the USA. *Bull Am Met Soc*, **79**: 231-241.

Konstantin Y, Vinnikov I, Norman Grody C. 2003. Global warming trend of mean tropospheric temperature observed by satellites. *Sciences*, **302**:269-272.

Peterson T C, Vose R S. 1997. An overview of the global historical climatology network temperature data base. *Bull Am Met Soc*, **78**: 2 837-2 849.

Peterson T C, Gallo K P, Livermore J, *et al*. 1999. Global rural temperature trends. *Geophys Res Lett*, **26**: 329-332.

Vinnikov K Y, Grody N C. 2003. Global warming trend of mean tropospheric temperature observed by satellites, *Science*, **302**, 269-272.

Vinnikov K Ya, Groisman P Ya, Lugina K M. 1990. Empirical data on contemporary global climate changes (temperature and precipitation). *J Climate*, **3**: 662-677.

Zeng Z, Yan Z, Ye D. 2001. Regions of most significant temperature trend during the last century. *Advance in Atmospheric Sciences*, **18** (4): 481-496.

第5章 中国地区极端气候事件的变化

主　　笔:翟盘茂　张德二
主要作者:任福民　王小玲　唐红玉　邹旭恺

5.1 引言

气候的定义从其本质上看与某种天气事件的概率分布有关。当某地天气的状态严重偏离其平均态时,就可以认为是不易发生的事件。在统计意义上,不容易发生的事件就可以称为极端事件。极端天气事件是指在特定地区,在其统计参考分布之内的罕见事件。"罕见"的定义各不相同,但一般来讲,极端天气事件的出现概率都要等于或少于10%。按照定义,对于不同地区,极端天气也将会有不同的特征。极端气候事件是某一特定时期内许多天气事件的平均,而平均本身是极端的(如某个季节的降水)。干旱、洪涝、高温热浪和低温冷害等事件都可以看成极端气候事件。某一地区的极端气候事件(如热浪)在另一地区可能是正常的。平均气候的微小变化可能会对极端事件的时间和空间分布以及强度的概率分布产生巨大影响。许多重要的气候影响不是取决于平均值的变化,而是取决于一些超出正常变化范围的罕见的极端天气、气候事件。极端气候事件是小概率事件,但对人类环境和社会、经济影响很大。由于极端天气、气候事件带来的影响制约着社会和经济的发展,直接威胁到人类赖以生存的生态环境,因而引起了各国政府和国际机构的高度重视,如何减少极端天气气候事件脆弱性的问题,不仅受到社会公众的普遍关注,而且也是气候变化科学研究的前沿问题。深入开展极端气候事件变化的研究,可以使我们弄清楚极端气候事件的气候变化规律,弄清楚这种变化是气候系统外部因子还是内部因子的作用,是自然变率的一部分还是人类活动带来的恶果,进而实现把握未来极端气候事件的变化规律,提高灾害性天气气候事件的预测水平,为国家防御自然灾害提供参考和规划的科学依据,同时也对制定可持续发展战略具有十分重要的现实意义。

20世纪80年代以来,极端天气气候事件频繁发生,给社会、经济和人民生活造成了严重的影响和损失。据估计,1991—2000年的10年间,全球每年遭受气象水文灾害的平均人数为2.11亿,是因战争冲突受到影响人数的7倍。亚洲是遭受自然灾害袭击最频繁的大陆,在1991—2000年间,此地区自然灾害占全球自然灾害的43%。根据最近的统计,全球气候变化及相关的极端气候事件所造成的经济损失在过去40年内平均上升了10倍。世界保险业界的统计数字也表明,近几十年内,与天气有关的损失显著增加,而且单个气候事件所导致的损失也与日俱增。

中国地处东亚季风区,是世界上脆弱的地区之一,季风雨带的位置变化直接影响着中国东部的干旱与雨涝。最近几十年,长江流域暴雨洪涝事件频繁发生,继1991年特大洪涝以后,1998年发生了全流域的特大洪涝(国家气候中心 1998),1999年6月在长江下游再次发生严重洪涝。与此同时,华北却日趋干旱,1972年黄河第一次断流,1985年以后更是年年断流,1997年断流日数超过226天。1994,1997,1999和2000年中国北方大旱,2001年又一次遭遇了罕见的大旱。中国每年因各种气象灾害致使农田受灾面积达3 000多万hm²,受干旱、暴雨、洪涝和热带风暴等极端气候事件影响的人口达6亿多人次,平均每年因气象灾害造成的经济损失占国民经济总产值的3%~6%。

认识到极端天气和气候变化对人类社会和经济构成的严重影响(Karl *et al*. 1997),近年来对这一问题的研究成为全球关注的热点(IPCC 1995,2001)。IPCC 第二次评估报告(1995)就开始十分重视极端气候事件的变化,提出了"气候是否变得更加极端了?"的问题。1997 年 6 月在美国的 Asheville,由 CLIVAR,GCOS 和 WMO 联合召开了关于"气候极端值指数和指标"的国际会议,会议还出版了《天气和气候极值》专集,该书汇集了近几年国际上在该领域的研究成果,为推动极端气候事件研究奠定了基础。2002 年世界气象日的主题确立为"降低对天气和气候极端事件的脆弱性"。选择这一主题一方面表达了对与越来越频繁的天气、气候极端事件有关的自然灾害及其给人类社会造成的危害的强烈关注;另一方面也是认识到通过加强对天气、气候的监测和预报,可以最大限度地降低天气、气候极端事件带来的不利影响。2002 年 6 月,IPCC 专门在北京召开了极端天气和气候事件的变化研讨会以促进对极端气候事件变化的认识,为 IPCC 第四次评估报告作准备。

　　从全球的研究结果来看,利用近 50 年全世界比较丰富的逐日地面观测资料,Frich 等 (2002) 和 Alexander 等(2006)对与温度和降水有关的极端事件监测指标的变化进行了研究。结果指出,与温度有关的指标在近 50 年中都显示出了显著的变化,如夏季暖夜显著增加,霜冻日数显著减少(图 5.1),年内温度极差显著减少等;与降水有关的指标却显示出了显著的局地性,但连续 5 天最大降水量和大雨降水事件的频率显著增加。需要指出的是,现有研究中许多地区如南美洲、非洲、西亚和东南亚地区资料仍然严重不足。

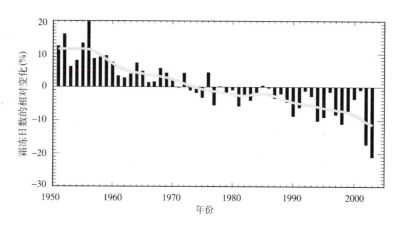

图 5.1　1951—2003 年全球逐年霜冻日数的相对变化

(标准值:1961—1990 年,线性趋势在 95％的信度水平下显著,Alexander et al. 2006)

　　对于区域性研究,Karl 等(1991)的研究揭示了在美国和前苏联极端最低温度在过去几十年有明显上升的趋势,而极端最高温度的变化则表现出较强的区域性,从大范围来看无显著的变化趋势;Plummer(1996)对澳大利亚的研究表明,极端最低温度具有与平均温度类似的上升趋势,而极端最高温度的变化趋势则很弱;Gruza 等(1999)发现俄罗斯的极端高温日数在过去几十年里显著增加;Heino(1999)揭示了欧洲中部和北部霜冻日数逐步减少;翟盘茂等(1997)的研究表明过去 40 年里中国的极端温度明显上升;另外,其他一些研究也都进一步证实了在全球范围内热日增多而冷日减少。

　　在降水研究方面,尽管在资料的完整性和研究工作上还很有限,但研究成果还是揭示了极端降水变化的一些基本特点。Karl 等(1995)的研究揭示了美国、前苏联和中国在过去几十年里强降水占季节和年总降水量的比率有明显增加的趋势;Easterling 等(2000)和 Alexander 等(2006)的研究显示出在过去 50 年中,雨季的极端降水和总降水量变化的线性趋势在全球不同地区存在着明显的差异,但共同的特点是极端降水的线性趋势比总降水量在幅度上要大(图 5.2)。这表明在对气候变化的响应上,极端降水事件表现得更加明显。另外一些研究(IPCC 2001)共同表明,在过去几十年中北半球中高纬度地区极端降水事件的频率平均上升了 2％～4％。

　　澳大利亚海域、东北太平洋、印度洋在过去几十年内无论是热带气旋总频数还是强热带气旋频数都没有明显的变化趋势(IPCC 2001);Chan(1996)等人发现西北太平洋的热带气旋则表现出显著的

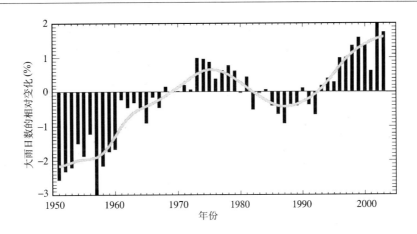

图 5.2　1951—2003 年全球逐年大雨日数的相对变化

(标准值:1961—1990 年，Alexander *et al.* 2006)

年代际变化特征,1960—1980 年表现为下降,而 1981—1994 年又明显上升;对北大西洋 1899 年以来的飓风资料分析表明,飓风频率除了表现出明显的年代际变化外,也不存在显著的长期变化趋势(IPCC 2001)。

1900—1995 年严重的干旱、雨涝没有表现出明显的全球性长期变化趋势,但在最近的二三十年中萨赫勒、亚洲东部和南非干旱更趋严重,而美国和欧洲等地雨涝增多(IPCC 2001)。

对龙卷风、冰雹等小尺度极端天气现象的研究,目前还面临严重的资料困难。由于这些现象的尺度太小,加上局地性又太强,因此现有的观测资料很难全面反映出它们的真实情况。尽管如此,一些试探性研究(IPCC 2001)表明,冰雹和闪电与平均最低温度和湿球温度之间存在着显著的关系;自1920 年以来美国的龙卷风在强度上表现出增强的趋势。

对温带气旋的研究目前仅有一些区域性的结果(IPCC 2001)。多数研究结果表明,在 20 世纪的后半叶,北半球温带气旋活动趋于增多,而南半球则趋于减少。

尽管热带气旋、温带气旋、旱涝、龙卷风、冰雹等极端天气事件的研究越来越受到关注,但由于缺乏足够的大范围、长时间的观测资料,进展还很有限。

5.2　中国气候极端值的变化

5.2.1　温度极端值

极端温度的变化是气候变化研究的重要内容之一。任福民等(1998)研究表明,1951—1990 年中国季极端最低温度的变率在春、秋两季表现最大,并主要以北方大部分地区最为突出,标准差大于3 ℃;在冬季,变率大的地区主要在江淮流域和北方的部分地区,而云南的变率最小;夏季是极端最低温度变率最小的季节。极端最高温度在冬季的变率明显高于其他季节;在其他季节,极端最高温度变率的季节性变化不大,并且都以华南沿海地区为最小。

中国季极端温度的变化存在着较大的季节性差异。极端最低温度在冬、秋和春三个季节增温趋势较强,其中,冬、秋季分别具有显著水平为 99% 和 97% 的显著增温趋势,并以冬季增温最强,1951—1990 年这 40 年内全国平均上升了 2.5 ℃;秋、春两季分别升高 1.8 和 1.1 ℃。极端最高温度有显著的变化趋势出现在秋季,显著水平超过 90%,40 年内全国平均下降了 0.6 ℃;而其余三季的变化趋势并不明显。

图 5.3 为中国月极端温度的线性变化趋势。可以看出:中国月极端最低温度的变化除在 7 月份表现出微弱的降温趋势外,其他月份均为增温趋势;而且冬半年月份的增温趋势明显高于夏半年月

份,并以 1 月份的增温趋势为最大,达到 0.69 ℃(10a)$^{-1}$。中国月极端最高温度的变化在 2,3,4,6,7 和 9 月份表现出明显的降温趋势,在 1 和 12 月有明显的增温趋势,而在其他月份则无明显的变化趋势。一个显著的特点是:各月极端最低温度的变化趋势均大于极端最高温度的变化趋势,这表明近 40 年各月气温变化范围正在逐步减小,极端温度正趋于缓和。

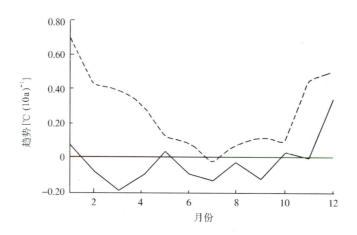

图 5.3　1951—1990 年中国月极端温度的线性变化趋势
（虚线代表最低温度,实线代表最高温度）

中国极端温度的变化在趋势上不仅表现出较大的季节性差异,而且也反映出明显的地域性差异。

对于极端最低温度,春季东北、内蒙古中东部和华北大部增温趋势最强,一般都大于 1 ℃(10a)$^{-1}$;江淮流域和川藏交界地区亦有明显的增温趋势,而四川盆地、新疆大部和东南沿海大部则出现降温趋势。夏季极端最低温度有明显增温趋势的区域是东北、内蒙古东部和黄河下游;西北大部亦表现为增温趋势,而长江流域及其以南部分地区有弱的降温趋势。秋季极端最低温度在全国大部地区表现出增温趋势;较强的增温趋势出现在东北、内蒙古中东部及新疆北部的部分地区。冬季极端最低温度出现明显的全国性的增温趋势;中心在东北南部、内蒙古中部、华北、江淮流域、华南沿海和新疆北部,增温超过 1 ℃(10a)$^{-1}$。

极端最高温度在春季增温的范围主要集中在东北北部、内蒙古东部、长江中下游地区及新疆部分地区;而黄河下游则出现低于—0.5 ℃(10a)$^{-1}$的较强降温趋势。夏季,华北、黄淮流域和四川盆地为降温区,而增温主要发生在川藏交界地区。秋季,全国大部分地区极端最高温度表现为降低趋势;明显的降温区集中在东北南部、内蒙古中部、长江流域及其以南地区。冬季,极端最高温度降低区出现在东北中部、华中、湖南、广西西北部和新疆中部;增温主要发生在东北南部和西北东部。

潘晓华(2002)对近 50 年中国极端温度的研究进一步证实了上述结论,同时还指出,最高温度极端高值的变化趋势表现出较大的区域差异,夏季黄河下游、江淮流域和四川盆地出现显著的降温趋势,西北西部和青藏高原南部出现显著的增温趋势,其余地区变化不显著;冬、春、秋季北方地区均为明显的增温趋势;而各季南方地区变化趋势不明显或表现出弱的降温趋势。

翟盘茂等(1997)的研究指出,全国的平均最高温度(可以代表白天温度)在过去 40 年中虽略有升高,但在统计上不具有显著性意义,平均最低温度(可以代表晚上温度)则具有显著升高趋势,因而表现出显著的温度日较差变小趋势。

从地域分布上看,平均最高温度在黄河以北、95°E 以西以升高为主,其他地区以降低为主。平均最低温度则在全国表现出一致的升高,但在不同地区不同季节变化趋势有较大差异。春季,华北、东北、内蒙古东部及新疆北部最低温度呈 0.3~0.7 ℃(10a)$^{-1}$明显升高趋势,东北高纬度一些地区高达 1.0 ℃(10a)$^{-1}$;在中国西部及黄河至长江之间地区主要呈较弱的增温趋势;在长江以南地区春季最低温度变化趋势不明显。夏季,东北、华北及中国东南部地区呈较弱的增温趋势;四川东部、黄河下游及长江下游一些地区表现为较弱的降温趋势。秋季与冬季,全国表现出一致的增温趋势,但冬季的增温明显高于秋季。冬季,在西北、华北、东北、新疆及内蒙古等纬度较高的地区最低温度以 $0.5\sim$ $0.9\ ℃(10a)^{-1}$ 的趋势明显升高;在黄河以南最低温度升高趋势随纬度降低有所减缓。

在过去 40 年中虽然中国最高、最低温度变化的线性趋势表现出非常明显的不对称性,但两者所显示的多年变化周期仍然是一致的。中国近 40 年的增暖主要是由于夜间温度升高引起的,这反映了温室效应的持续加强作用,但温室效应并不一定完全是人类活动引起的,大气水分产生的温室效应也同样具有一部分作用。

研究还表明,最高温度的变化与日照条件的变化具有较好的一致性,而最低温度的变化与大气水汽含量具有较好的关系。大气水汽含量与日照百分率之间具有较好的反相关关系。因此,中国明显的温度日较差变小趋势可能与大气水汽的增加有关。

唐红玉等(1999)的研究表明,青海高原最高和最低温度的变化具有较大的季节差异。最高温度在秋、冬季为弱的升高趋势,夏季无明显趋势,而春季则为明显的降低趋势。最低温度在各季都呈现出升高趋势,秋、冬季最为明显,春、夏季稍弱。各月最高温度的升高趋势都低于最低温度的变化,表明 1959—1996 年青海高原的温度日较差在逐步减小。对海拔高度的分析发现,无论是最高温度还是最低温度,海拔在 3 000 m 以上地区的升高趋势都弱于 3 000 m 以下地区。

5.2.2 降水极端值

翟盘茂等(1999)给出,全国的年降水量、1 日和 3 日最大降水量及日降水量≥10 mm、≥50 mm、≥100 mm 的年降水总量极端偏多的区域范围都没有表现出明显的扩展或缩小的趋势,但是,年降水日数及日降水量≥10 mm、≥50 mm、≥100 mm 的年降水日数极端偏多的范围却表现出显著的下降趋势,同时,中国的年平均降水强度极端偏强的覆盖区域呈现出显著的上升趋势。

中国东部和西部降水极值的变化趋势是不一致的。西北西部是年降水量上升最显著的地区,而且年降水量趋于极端偏多的范围越来越大,这种变化可能与当地强降水量(日降水量≥10 mm)的增加有关,而且很可能是对气候变暖的响应。

从东部来看,平均降水强度极端偏强的趋势较为显著。如华北地区年降水量极值的面积覆盖率表现出明显的下降趋势,与此同时,年降水日数极端偏多的范围表现出更为明显的下降趋势,这就造成了平均降水强度极端偏强范围的明显增加。

中国最长持续降水日数极端偏多的范围显著缩小的趋势表明,出现持续降水极值可能性的区域在减少。年降水日数极端偏多的范围趋于变小、平均降水强度极端偏强的范围趋于增加,这可能会导致中国越来越多的地区降水趋于集中,引起干旱与洪涝事件趋于增多。

潘晓华(2002)的研究表明,近 50 年中国极端降水量值和极端降水平均强度都有增强趋势,极端降水量占总降水量的比率趋于增大。华北地区年降水量趋于减少,虽然极端降水量值和极端降水平均强度趋于减弱,但极端降水量占总降水量的比率仍有所增加。西北西部总降水量趋于增多,极端降水量值和极端降水平均强度没有显著变化趋势。长江及其以南地区年降水量和极端降水量都趋于增加,极端降水量值和极端降水事件强度都有所加强。对区域年降水量和各强度等级降水量变化之间关系的研究发现,华北地区由于小雨的降水量减少,使得年降水量趋于减少,长江中下游地区则由于大雨和暴雨降水量增加,年降水量趋于增加。

杨莲梅(2003)对新疆极端降水的研究指出,天山北麓和阿克苏地区极端降水量和频次在 1961—2000 年显著增多,20 世纪 80 年代以来尤其明显,年极端降水量于 1980 年发生突变;但这期间新疆极端降水的强度无显著变化,是极端降水频次的显著增多导致了极端降水量的显著增多。

5.3　中国极端事件的变化

5.3.1　高温和低温事件

在全球变暖背景下,中国的与温度有关的许多极端事件都发生了显著的变化。研究结果指出,1951～1990年中国平均最高温度略有上升,最低温度显著升高,温度日较差显著变小,最低、最高温度的线性变化趋势表现出较为一致的年代际变化特点,但却反映出非常明显的不对称性趋势(翟盘茂等1997)。最近40～50年中,极端最低温度和平均最低温度都趋于升高,尤以北方冬季更为突出(任福民等1998),同时自20世纪50年代开始,全国范围的寒潮活动逐渐减弱,尤其是在20世纪80和90年代初;低温日数也趋于减少(Zhai et al. 1999),这种变化可能与冬季风的明显减弱有关。

中国冬季极端最低温度升高趋势比平均最低温度升高趋势(Karl et al. 1991,叶笃正等1992)更为显著,平均温度的升高趋势小于极端最低和平均最低温度的升高趋势。Sun等(1998)研究结果表明,中国东部的高温日数也趋于减少。最近,Zhai等(2003)指出,就中国全国平均而言,在过去50年中日最高温度大于35 ℃的高温日数略呈下降趋势,但霜冻日数显著下降,下降趋势大约为2.4 d(10a)$^{-1}$。与此同时,中国的热日和暖夜频率显著增加,而冷日频率减少、冷夜减少趋势更为明显。

5.3.2　强降水和暴雨频率

降水量的变化会直接影响到强降水事件。但是,由于降水量和降水频率之间复杂的相互作用,使得由降水量和降水频率变化引起的强降水事件的变化变得复杂化。在降水频率不变的情况下,如果年平均降水量出现某一确定比率的上升(下降),则强降水将会发生更大比率的上升(下降)。当降水频率下降时,即使年平均降水量不变甚至下降,强降水事件也可能会增多(Zhai et al. 1999)。研究表明,在过去几十年中,中国降水呈增长趋势的测站与呈下降趋势的测站大致相当。大范围明显的降水增长趋势主要发生在中国西部地区,其中以西北地区尤为显著。但是,中国东部季风区降水变化趋势的区域性差异较大,长江流域降水趋于增多,华北地区降水趋于减少。从全国平均来看,中国总的降水量变化趋势不明显,但雨日显著趋于减少(Zhai et al. 2004)。降水总量不变或增加但频率减少意味着降水过程可能存在强化的趋势,干旱与洪涝可能会趋于增多(翟盘茂等1999)。最近的研究(潘小华2002,Zhai et al. 2005)指出,中国的极端降水事件趋多、趋强。极端降水平均强度和极端降水量值都有增强的趋势,极端降水事件趋多,尤其在20世纪90年代,极端降水量比例趋于增大(图5.4)。华北地区年降水量趋于减少,虽然极端降水量值和极端降水平均强度趋于减弱,极端降水事件频数显著趋于减少,但相比之下极端降水量占总降水量的比例仍有所增加。西北西部总降水量趋于增多,极端降水量值和极端降水平均强度无显著变化,但极端降水量事件趋于频繁。长江及长江以南地区年降水量和极端降水量都趋于增加,极端降水量值和降水事件强度都有所加强,极端降水事件增多,即极端降水事件趋强、趋多。由此看来,中国降水极端事件的变化问题是值得进一步深入探讨的。Zhai等(2005)的研究指出,在中国过去50年中,夏半年极端降水事件增加的趋势虽然在西北、长江流域等地都有出现,但只有在长江中下游地区真正出现了显著的增加趋势。显然,这种趋势与长江流域20世纪80年代以来洪涝增加的趋势是相一致的。

20世纪80年代以后,中国学者在热带气旋气候学方面开展了一系列富有成果的研究工作。就热带气旋的变化研究而言,主要反映在两个方面。

第一个方面是关于西北太平洋热带气旋活动气候特征及变化规律的分析。西北太平洋热带气旋活动诸如生成频数、移向和移速、平均强度、消亡频数等具有显著的纬度差异(雷小途等2002);南海、菲律宾群岛及马里亚纳群岛附近是西北太平洋热带气旋生成最主要的三个源地(陈世荣1990);近40多年西北太平洋热带气旋活动没有明显的增多和减少趋势,但却表现出显著的年代际和年际的气候振动,20世纪60年代中期到70年代初期为热带气旋活动频繁期,20世纪50年代和80年代初期为热带气旋活动较少时期,但20世纪80年代中期开始热带气旋活动又逐渐增多(Chan *et al.* 1996,张光智等1995,薛桁1977),而且热带气旋的年频数和登陆中国的热带气旋数在这期间出现了3次气候突变(陈兴芳等1997)。进入20世纪90年代中后期,西北太平洋和南海生成的热带风暴和台风个数显著减少,在中国登陆的台风个数也有所减少(图5.5)。

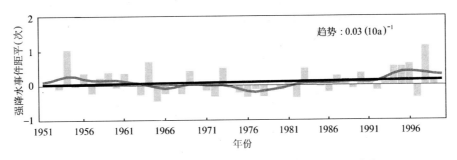

图 5.4　1951—2000 年中国极端强降水事件距平变化曲线

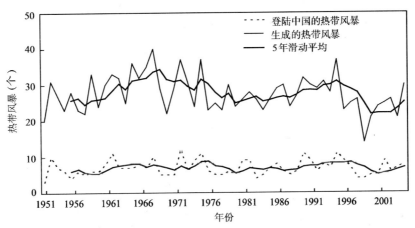

图 5.5　1951—2004 年西北太平洋和南海生成的热带风暴及登陆中国的热带风暴
频数变化及 5 年滑动平均(粗实线)

第二个方面是关于热带气旋对中国气候的影响研究。1470—1931年登陆广东省的热带气旋数存在明显的上升趋势,并且存在百年和年代尺度的气候振动(Chan *et al.* 2000)。Ren等(2002)从全国范围定量地研究了1957—1996年热带气旋对中国降水的气候影响。结果表明:①热带气旋影响中国的主要季节为5—11月,尤其以7—9月频繁,在过去40年中影响中国的热带气旋频率没有明显的变化趋势;②1957—1996年,热带气旋给中国陆地带来的降水总量表现出显著的减少趋势。

5.3.3　干旱

叶笃正等(1996)从近100年降水的仪器实测资料分析发现,长江、黄河两流域旱涝变化具有明显的阶段性和跃变。20世纪中国气候有明显的变干趋势,并且在20年代和60年代中期发生了两次气候由湿变干的跃变,这种气候跃变的发生是全球性的。分析还表明,长江、淮河流域从20世纪70年代起降水明显增多,洪涝加剧;而黄河流域从1965年起连续干旱,而且不断加剧。20世纪90年代后期以来,中国极端干旱事件频繁发生。中国北方地区自1997年发生大范围严重干旱后,1999—2002年又连续发生异常干旱。2006年盛夏,四川、重庆由于持续少雨,同期遭受罕见的高温热浪袭击,发生了1951年以来最严重的伏旱。

王志伟等(2003)根据1950—2000年中国629个站逐月降水资料,采用Z指数作为旱涝等级划分标准计算了干旱发生的范围。图5.6是近50年来中国北方(30°N以北,100°E以东)干旱范围的变化,从图上可以看出,近50年来中国北方主要农业区干旱范围最广的年份是1999年,受旱范围超过60%,其次还有1965和1997年,其他较为严重的年份还有1972,1982,1986和2000年。趋势分析表明,近51年来中国北方地区干旱面积的变化呈扩大趋势,同时还反映出其变化存在着较为明显的阶段性:第一阶段为1950—1964年(共15年);第二阶段为1965—1982年(共18年);第三阶段为1983—1990年(共8年);第四阶段为1991—2000年(共10年)。从对上述4个阶段的分析可以看出,近50年来,中国北方地区的干旱发展趋势在逐步加重,干旱范围在逐步扩大,各阶段间距在缩小,在两个干旱面积较小的阶段(第一和第三阶段)中,不论是平均水平还是极端年份,第三阶段都比第一阶段突出;在两个干旱面积较大的阶段(第二和第四阶段)中,存在着相似特征,平均干旱面积逐步提高,极端年份干旱面积显著扩大。对资料进行进一步处理后还发现,近50年来中国北方主要农业区干旱面积在春、夏、秋、冬四季都处于上升发展的趋势中,但冬、春季发展速度较快,夏、秋季发展速度较慢,从干旱范围平均状况看,夏、秋季干旱较重,冬、春季干旱较轻;在中国的华北、华东北部的干旱面积扩大迅速,形势严峻,东北、华中北部干旱面积扩大速度相对较小,西北东部的干旱面积扩大趋势不明显,这显然与中国降水变化的总体趋势分布是一致的;同时还可以看出凡平均旱情较严重的地区或季节,其干旱的发展速度都较慢,凡平均旱情较轻的地区或季节,其干旱的发展速度都较快(王志伟等2003)。

事实上,中国北方地区一方面降水量和雨日趋于减少,使得干旱问题日趋严重,另一方面,气温也趋于显著增高,使得干旱形势更趋严重。

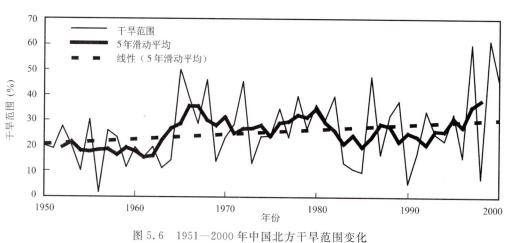

图5.6　1951—2000年中国北方干旱范围变化

5.3.4　沙尘暴

沙尘天气通常发生在中国北方地区,尤其是在西北地区,其频繁发生给当地造成严重危害。近年来沙尘天气频繁发生,并严重影响京、津等地,且波及全国,使得下游地区大气环境受到严重污染。沙尘暴作为一种严重的自然灾害,成为破坏生态环境的突出问题,受到广泛关注。因此,研究气候变化条件下沙尘暴的变化规律,提高沙尘暴的监测和预报水平显得十分紧迫。

南疆和内蒙古的中西部是中国沙尘天气的高发区,塔克拉玛干沙漠、巴丹吉林沙漠、腾格里沙漠等为沙尘天气的发生提供了丰富的沙源。

1957—2000年中国春季沙尘暴发生频数呈明显下降趋势(图5.7)。20世纪70年代最多,90年代最少。同时,年际变化非常明显,峰值和谷值交替出现,沙尘暴频发年份之后常常就是其频数锐减的年份。从年代际角度分析,1980年是正负距平值转换的临界点。需要指出的是,虽然沙尘暴频数距平总体呈下降趋势,但是1997年之后又再次开始趋于增多,尤其是2001和2002年增长的幅度很大,其中2001年更是达到了20世纪80年代中期以后沙尘暴发生频数的最大值时期(Li *et al*. 2003)。

中国北方的典型强沙尘暴事件近半个世纪也呈波动减少趋势,20世纪50年代强沙尘暴较为频繁,90 年代相对较少,但是近期又有相对增多趋势(周自江等 2003)。

在全球变暖气候背景下,无论是沙尘暴还是强沙尘暴事件均呈显著的减少趋势。沙尘天气发生频次与前期冬季气温呈显著负相关。春季影响中国北方的气旋的频次近半个世纪呈减小趋势。气旋活动的减少和冬季气温的升高直接影响了中国沙尘天气的发生频次(Qian et al. 2002)。

近半个世纪亚洲春季中高纬地区海平面气压的变化直接导致了中国春季沙尘频次的减少,海平面气压在中高纬和中低纬地区的反向变化使得近地面风速减小,而近地面风速大小对沙尘天气发生频次有显著影响,平均风速越大,沙尘天气发生频次越高,随着风速的减小,沙尘天气发生频次也减少。值得注意的是,1997 年以后沙尘天气频次有所上升,地面风速也有所增大(王小玲等 2004)。最近的研究还表明,1997 年以后沙尘暴频次的上升与中国北方植被覆盖的减少关系密切 (Zou et al. 2004)。

图 5.7　1961—2006 年中国北方年平均春季沙尘天气发生次数距平的序列
(气候标准差为 1961—1990 年年平均沙尘天气发生次数)

5.4　历史时期代用资料中反映出来的极端气候事件

历史时期(仪器观测记录以前)的极端天气气候事件,可以依据各类古气候代用记录来识别。不过,现有的关于极端事件的划分标准多是针对仪器观测的气象测值资料来制定的,比如按观测值的方差或者按出现几率来确定,这些标准尚不能简单地直接用于气候代用资料序列的计算。至今,历史时期的极端事件的划分标准及如何由代用资料来确定的问题,尚亟待研究。

本节论及的极端事件,实为历史时期出现过的重大气候异常事件。这些历史极端事件主要依据由历史文献记录所建立的代用气候序列来认定,参照历史气候的实况复原结果和用历史文献记录作出的定量推断值,有些事件还可用其他代用资料如树木年轮和冰芯的记录予以佐证。值得注意的是,这些事件的严重程度超过现代(最近 100 年或 50 年)的极端个例。

5.4.1　极端寒冷事件和高温事件

中国历史上的严冬极端低温寒害事件屡见于历史文献的记载。严寒的标志是冬季强寒潮活动频繁,广大地区出现异常寒冷的记录,如井水结冰,大范围的竹木冻死,中纬度江、河、湖泊封冻或过早封冻,冰层坚厚,35°N 以南的海面结冰,冻雨多发生,果树种植业遭受毁灭性的冻害,罕见冰雪的南岭以南地区出现大范围的冰雪霜冻危害等。这些寒冷情景是 20 世纪未曾出现过的。虽然严冬通常集中地出现在气候寒冷时期,值得注意的是它们在不同的冷暖气候背景下或不同的冷暖气候阶段均有发生。

对于出现于隆冬和早春的典型事例,张德二等(1997a,1997b)已做了研究,绘制了个例的寒害实况图,复原了重大寒潮过程,并对相应的极端最低温度值试作推算。这些寒冬个例中,有出现于小冰期最盛期的,如 1620—1621,1654—1655,1670—1671 和 1690—1691 年等,也有出现于气候相对温和的

18 世纪的,如 1745—1746 年等,更有出现在欧洲、日本许多地区寒冷气候期结束以后的,如 1861—1862,1864—1865 和 1877—1878 年,以及全球大范围迅速增暖背景之下,如 1892—1893 年,还有若干严重的江河湖泊结冰的寒冬实例,如 1493—1494,1513—1514,1577—1578 年等。

另外,早春的极端低温事件,如 1454 年(明景泰五年)2 月 5 日—3 月 15 日,中国东部地区广遭寒害,降雪天气持续 42 天,苏北沿海和太湖水域结冰;1656 年(清顺治十三年)2 月 9—14 日发生强寒潮,江西、浙江、福建、广东出现大雪、冰冻天气,作物遭受严重冻害;1796 年(清嘉庆元年)2 月 15—19日自河北延布至广西,山东等地严寒,井水冻结,江苏、浙江、江西、福建等省大雪奇寒;1856 年(清咸丰六年)2 月 27 日—3 月 1 日的中路强寒潮经由四川、湖南、江西、江苏、浙江直达广东和海南岛,引起南方严重寒害;1860 年(清咸丰十年)2—5 月寒潮活动频繁,其中 2—3 月华北地区遭受大雪严寒 40多天,江淮、江南终雪日期甚至迟至立夏日(5 月 4 日)。据推算,这些事件的最低气温值低于近百年的记录(张德二 1997c)。

关于夏季高温事件的研究,Zhang 等(2004)根据中国历史气候记载和新近在欧洲发现的北京早期器测气象资料,研究了 1743 年华北炎夏高温事件,指出 1743 年 7 月北京的日最高气温高达44.4 ℃,超过了 20 世纪的极端气候记录,1743 年夏季是近 700 年来最炎热的夏季。该事件出现在气候相对温暖的背景下,是工业革命之前(CO_2 较低排放水平时)出现的极端高温实例。

与历史高温事件对比,张德二(2004)普查中国历史文献中的炎夏气候事件,得到最近 1 000 年间中国典型炎夏事件 19 例。1400 年以后酷热记载数量最多的首推 1743 年,与其他大范围的炎夏事件如 1671,1678 和 1870 年等的记载相比较,1743 年所记述的酷热景况、炎热程度和危害之深重,确为其他事件所不及,认为 1743 年华北的炎夏是 15—19 世纪的最极端的高温事件。

与 20 世纪气象记录对比,20 世纪华北地区夏季第一位高温极值出现在 1942 年。北京的气象记录显示,当年出现了 6 月中旬和 7 月上旬 2 个高温时段,各段内日最高气温超过 40 ℃的日数各有 3天。6 月 15 日的日最高气温达 42.6 ℃。排列第二位的高温记录出现在 1999 年。当年 7 月下旬(23—30 日)华北广大地区日最高气温一般有 35～39 ℃。河北中部、内蒙古中西部等地达40～42 ℃,北京 7 月 24 日最高气温为 42.2 ℃。

表 5.1 为北京 1743 年气温记录与现代 3 例高温时段的气温特征值的对比,这 3 个时段分别是1942 年 6 月中旬、1942 年 7 月上旬和 1999 年 7 月下旬。

表 5.1   北京 1743 年观测记录与现代炎夏高温时段气候统计值的对比

	1743 年 7 月下旬	1942 年 6 月中旬	1942 年 7 月上旬	1999 年 7 月下旬
日最高气温极值(℃)	44.4	42.6	40.5	42.2
日最高气温＞40 ℃的总日数(天)	6	3	3	1
日最高气温连续＞38 ℃日数(天)	6	3	3	2

由表 5.1 可见,无论从日最高气温的极端值,或是日最高气温＞40 ℃的高温日数和日最高气温连续＞38 ℃的日数来看,1743 年盛夏的高温炎热程度均超过 20 世纪的记录。因此可以认为,1743年华北的夏季温度是自 1400 年以来近 700 年的最高记录。

5.4.2 历史干旱、雨涝事件

中国地处东亚季风区,降水量变率大,干旱和雨涝灾害发生频繁,大旱、大涝时有出现。利用历史文献记录重建的各地点的各区域的各种代表降水变化的代用资料序列的分析,已指出各地降水变化的时空特征,如变化的准周期性和突变特征、区域间的关联和空间分布型的变化等(Zhang 1988,张德二 1997d)。关于重大异常事件张德二等(1997b,1997c,1997d,2000)已进行个例研究,所选的重大干旱事件,是指持续时间在 3 年以上,干旱区域覆盖 4 个省份以上;重大雨涝事件指长时间的流域范围的或跨流域的持续降水,雨期长度也为近 50 年所未见。这样的事件姑且称之为重大气候异常事件。

　　近年完成的中国东部的区域千年干湿指数序列(张德二等 1997a,Zhang ,1999)有助于辨识这样的异常事件,图 5.8 显示了这样的大范围的持续干旱事件和跨流域的重大雨涝事件。

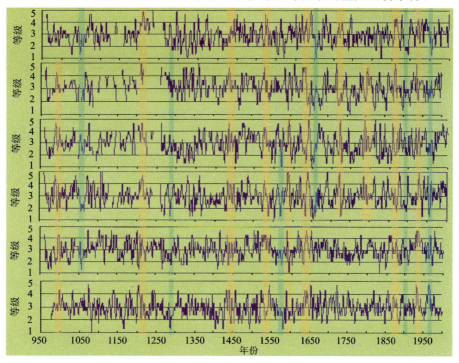

图 5.8　中国东部 6 个区域(I—VI)的逐年干湿等级序列(960—2000)的 3 年
滑动平均曲线、重大的持续干旱事件(橘黄色竖条) 和重大雨涝事件(绿色竖条)

　　研究指出,中国历史上多次出现过大范围的持续时间在 3 年以上的严重干旱事件,它们分别出现于宋、元、明、清等不同的朝代和不同的冷暖气候背景下, 如 989—991 年(北宋);1328—1330 年(元);1483—1485 年(明);1527—1529 年(明);1585—1590 年(明);1637—1643 年(明);1689—1692年(清);1784—1786 年(清)和 1876—1878 年(清)等(张德二 1997b,Zhang 2000)。

　　对上述个例,依据史实复原干旱事件发生、发展的动态过程,绘图表示逐年的旱灾区域变动——扩展、移动或消失。根据史载的持续干旱无雨时段的长短和严重的旱象诸如井干、河涸、湖底生尘等,推断降水量距平百分率或降水量的减小程度,指出这些事件的严重程度也是最近 50 年所未见。上述各干旱事例中,以 1637—1643 年的干旱事件(又称崇祯大旱)持续时间最长;以 1585—1590 年干旱地域最广,且地域分布变化最大,前期的北旱南涝转变为后期的北涝南旱;以 1876—1878 年为北方大旱的典型,旱区中心的山西南部 200 余日无透雨;以 1785 年为长江中下游干旱之典型——"太湖水涸百余里,湖底掘得独木舟";而以 989—991 年为中原地区干旱之典型,989 年开封地区的年降水量仅 190mm,比常年减少 7 成以上(张德二 2003)。

　　值得注意的是,这些极端干旱个例发生在不同的冷暖气候背景下。其中,1585—1590 年(明万历十三至十八年)持续 6 年大范围干旱,出现在小冰期最寒冷阶段到来之前的相对温和时段;1637—1643 年(明崇祯十至十六年)南北方连续 7 年大范围干旱,出现在小冰期寒冷气候背景下;而 1784—1887 年的大范围持续干旱事件则出现在小冰期中的相对温暖的气候阶段;1876—1878 年(清光绪二至四年)持续 3 年大范围干旱,出现于全球大范围气候转暖的背景下。

　　历史时期有过严重的雨涝灾害事件,或为流域性的,或为跨流域的,甚至为多流域齐发生的;或雨期长且强度大,或雨期虽不长而强度却特大,成灾严重的。张德二(2004)曾普查历史雨灾事件,选择出现在海河流域、黄河流域、长江流域和东北、华南地区的,或者多流域同时发生的,甚至连年多雨、久雨的个例进行复原研究。其中,有同一地域连年多雨的,如 1569—1670 年,华北地区持续大雨造成历史上范围最广的大水灾,黄、淮流域5省受灾;也有连年多雨,但多雨地带变化的,如1755—1757年,先是江淮流域久雨成灾,继而黄、淮地区连年多雨;又如1870—1872年,先是1870年长江流域多雨成灾,创长江中上游历史最大洪水记录,继而1871—1872年海河流域连年久雨成灾;更有全国大范围多雨,同一年内先后有华南、华北、东北和长江流域久雨成灾,如1794年的情形。一些个例的天气气候特点与现代实例相类似,如1823年以长江流域为主的大范围多雨类似现代1954年的情形。此外,历史时期还有一些雨势强度超乎寻常的暴雨事件,其强度与现代发生的如1963年8月河北暴雨和1975年8月河南暴雨事件相当,甚至更有超过现代极端暴雨事件的个例。

5.4.3　沙尘暴

历史时期的沙尘暴现象有着相对频发时期。据史料记载绘出公元300年以来的"雨土年"频数曲线(图5.9),可见近千年间其频发时期大约有5个,即1060—1090,1160—1270,1470—1560,1610—1700和1820—1890年(Zhang 1983)。

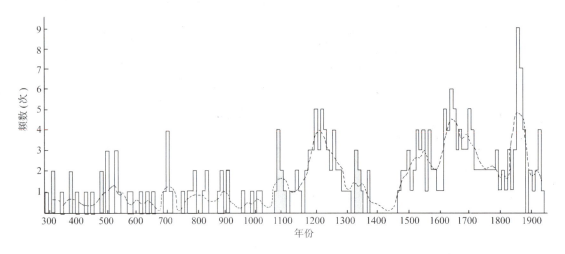

图5.9　公元300—1900年中国沙尘暴年出现频数
(柱状:频数;曲线:50年滑动平均)

依据历史记述对若干严重的沙尘暴事件的实况和天气过程作了复原推断,如1550年4月5—7日大风尘暴过程自大同、怀安、保安至晋县,经安庆至上海一带,持续3天大风降尘过程。据气象观测规范推算上述记载的平均风速可达6~9级,阵风最大风速可达$17~20 \text{ m s}^{-1}$,能见度应小于1 km,推算其大风尘暴区前沿移动速度约为550 km d^{-1}。又如1693年3月24日和1723年5月12日长江下游的降尘事件,其大风区、尘暴区移动速度约为500 km d^{-1}。

历史时期的沙尘暴事件的实况复原结果可与现代的记录作些对比,如1980年4月17—20日的一次强沙尘暴过程,与历史重大事件相比,仍属较轻的一种(Zhang 1984)。再如1999年1月24—27日中国大范围沙尘暴天气过程,是最近20多年来冬季沙尘暴的典型案例,其粉尘东传到日本,南扩到24°N(张德二 1999b,Zhang et al. 2000),但历史上比这更为严重、沙尘传播范围更为广远的事件却有许多。

5.5　小结

与全球气候变化背景相一致,中国近几十年的气候也趋于变暖,在最近40~50年中,极端最低温度和平均最低温度趋于增高,尤以北方冬季更为突出,同时寒潮频率趋于降低,低温日数趋于减少,霜冻日数显著下降。

虽然在过去50年中,全国总的降水量变化趋势不明显,但在长江流域降水趋于增多,华北地区降水趋于减少,同时伴随着雨日的显著减少,这意味着降水过程可能呈强化的趋势,干旱与洪涝趋于增多。事实上,在过去 50 年中长江流域极端降水事件显著增多,同时中国北方的干旱范围趋于增加。

从沙尘暴频率变化来看,气候变暖似乎有利于沙尘暴减少,中国北方风速变小、气旋活动减少可能对沙尘暴的变化影响很重要。

中国近 50 年极端事件的变化尤其是与温度有关的极端事件的变化与全球气候变暖关系十分密切。中国极端最低温度趋于增高,低温日数和霜冻日数显著减少,热日和暖夜显著增加,而冷日减少、冷夜减少趋势更为明显。与降水有关的极端事件变化虽然也可能与全球气候变暖有关,但可能还与自然气候变率具有十分紧密的关系。

中国历史文献记录了许多重大的气候异常事件,这些可以作为气候极端事件的例证,其中许多为近 50 年或近 100 年的现代气象记录所未见,别具特殊价值。对这些事件的研究,将为气候变化的成因和规律、气候灾害的预警和防范提供翔实可信的科学依据。

参 考 文 献

陈世荣,1990.西北太平洋的热带风暴源地.气象,**16**(1):23-26.

陈兴芳,晁淑懿.1997.热带气旋活动的气候突变.热带气象学报,**13**(2):97-104.

国家气候中心.1998.'98 中国大洪水与气候异常.北京:气象出版社.

雷小途,陈联寿.2002.西北太平洋热带气旋活动的纬度分布特征.应用气象学报,**13**(2):218-227.

潘晓华.2002.近 50 年中国极端温度和降水事件变化规律的研究.[硕士学位论文].北京:中国气象科学研究院.

任福民,翟盘茂.1998.1951—1990 年中国极端气温变化分析.大气科学,**22**(2):217-227.

山崎信雄,何金海,周兵.1999.中国和日本气候极端降水研究.南京气象学院学报,**22**(1):32-38.

唐红玉,李锡福.1999.青海高原近 40 年来最高和最低温度变化趋势的初步分析.高原气象,**18**(2):230-236.

王小玲,翟盘茂.2004.中国春季沙尘天气频数的时空变化及其与地面风压场的关系.气象学报,**62**(1):96-103.

王遵娅,翟盘茂.2006.中国北方近 50 年干旱变化特征.地理学报,**61**(增刊):61-68.

薛桁.1977.西太平洋热带气旋活动的气候振动和未来趋势分析.见:中央气象局研究所编.气候变迁和超长期预报文集.北京:科学出版社.171-175.

杨莲梅.2003.新疆极端降水的气候变化.地理学报,**58**(4):577-583.

叶笃正,黄荣辉.1996.长江黄河流域旱涝规律和成因研究.山东科学技术出版社,387pp.

叶笃正,陈泮勤.1992.中国的全球变化预研究.北京:地震出版社.

翟盘茂,任福民.1999.中国降水极端值变化趋势检测.气象学报,**57**(2):208-216.

翟盘茂,任福民.1997.中国近四十年最高最低温度变化.气象学报,**55**(4):418-429.

张德二,刘传志,江剑民.1997a.中国东部 6 区域近 1 000 年干湿序列的重建和气候跃变分析.第四纪研究,(1):1 11.

张德二.1997b.我国历史重大持续干旱事件的绘图复原.中国学术期刊文摘,**3**(4):488,科技快报.

张德二.1997c.我国 15—19 世纪后冬严寒个例复原研究.中国学术期刊文摘,**3**(2):240-241,科技快报.

张德二.1997d.我国历史上严冬和冷夏个例的实况复原研究.中国学术期刊文摘,**3**(4):487-488,科技快报.

张德二,陆风.1999.我国北方的冬季沙尘暴.第四纪研究,**5**:441-447.

张德二.2000.相对温暖气候背景下的历史旱灾——1784—1787 年典型灾例.地理学报,**55**(增刊):106-112.

张德二.2005.中国历史气候文献记录的整理及其最新的应用.科技导报,**23**(8):17-19.

张德二.2003.中国历史重大气象灾例实况研究.北京:商务印书馆.

张德二主编.2004.中国三千年气象记录总集.南京:江苏教育出版社,江苏凤凰出版社.

张光智,张先恭,魏凤英.1995.近百年西北热带太平洋热带气旋年频数的变化特征.热带气象学报,**11**(4):315-323.

周自江,章国材等.2003.中国北方的典型强沙尘暴事件(1954—2002 年).科学通报,**48**:1 224-1 228.

Alexander L V, *et al*. 2006. Global observed changes in daily climate extremes of temperature and precipitation. *J Geophys Res*, **111**, D05109, doi:10.1029/2005JD006290.

Chan J C L, Shi J E. 2000. Frequency of Typhoon landfall over Guangdong province of China during the period 1470—1931. *Int J Climatology*, **20**:183-190.

Chan J C L, Shi J E. 1996. Long-term trends and interannual variability in tropical cyclone activity over the western North Pacific. *Geophys Res Lett*, **23**:2 765-2 767.

Easterling D R,Evans J L, Groisman P Y, *et al*. 2000. Observed variability and trends in extreme climate events, a brief review. *Bulletin of the American Meteorological Society*,**81**(3): 417-425.

Frich P, Alexander L V, Della-Marta P M, *et al*. 2002. Observed coherent changes in climatic extremes during the second half of the 20th Century. *Clim Res*, **19**: 193-212.

Gruza G, *et al*. 1999. Indicators of climate change for the Russian Federation. *Clim. Change*, **42**: 219-242.

Heino R,Coauthors. 1999. Progress in the study of climate extremes in northern and central Europe. *Climatic Change*, **42**:151-181.

IPCC. 1995. Climate change 1995:The Science of Climate Change. Contribution of Working Group I to the Second Assessment Report of the Intergovernmental Panel on Climate Change [Houghton, J. T., L. G. Meira Filho, B. A. Callander, N. Harris, A. Kattenberg, and K. Maskell (eds.)]. Cambridge University Press, Cambridge, UK.

IPCC. 2001. Climate Change 2001: The Scientific Bases. eds. Houghton J T, *et al*, Cambridge Univ. Press, Cambridge, UK.

Karl T R, *et al*. 1997. A new perspective on recent global warming: asymmetric trend of daily maximum and minimum temperature. *Bull Amer Meteor Soc*, **74**(6):1 007-1 023.

Karl T R, *et al*. 1991. Global warming:evidence for asymmetric diurnal temperature change. *Geophys Res Lett*, **18**: 2 253-2 256.

Li W,Zhai P. 2003. Variability in occurrence of China's Spring dust storm and its relationship with atmospheric general circulation. *Acta Meteorologica Sinica*,**17**(4): 396-405.

Plummer N. 1996. Temperature variability and extremes over Australia:part 1—recent observed changes. *Australian Meteorological Magazine*, **45**:233-250.

Qian W H, Quan L S, Shi S Y. 2002. Variations of the dust storm in China and its climatic control. *J Climat*, **15**: 1 216-1 229.

Ren Fumin,Byron Gleason, David Easterling. 2002. Typhoon impacts on China's precipitation during 1957—1996. *Advances in Atmospheric Sciences*, **19**(5): 943-952.

Sun A J, *et al*.1998. Change trends of extreme climate events in China. *Acta Meteorologica Sinica*, **12**(2): 129-141.

Trenberth K E. 1999. Conceptual framework for changes of extremes of the hydrological cycle with climate change. *Climatic Change*, **42**(1): 203-218.

Zhai P M, Pan X H. 2003. Trends in temperature extremes during 1951—1999 in China. *Geophs Res Lett*, **30**(17): CLM 9(1-4).

Zhai P M, Sun A, *et al*. 1999. Changes of climatic extremes in China. Climatic Change, 42(1): 203-219.

Zhai P M, Zhang X B, Wan H, *et al*. 2005. Trends in total precipitation and frequency of daily precipitation extremes over China. *J Climate*, **18**(7):1 096-1 108.

Zhai P M, Zhang X B, Wan H, *et al*. 2005. Trends in total precipitation and frequency of daily precipitation extremes over China. *J Climate*, **18**(4): 1 096-1 108.

Zhang D E. 1983. Analysis of dust rain for the historical times in China. *Ke Xue Tong Bao*, **28**(3): 361-366.

Zhang D E. 1999. Climate variation of wetness in East China (960-1992AD). *Bulletin of National Museum of Japanese*, **81**: 31-39.

Zhang D E, Demaree G. 2004. Northern China maximum temperature in the summer of 1743: a historical event of burning summer in a relatively warm climate background. *Chinese Science Bulltein*, **49**(23): 2 505-2 516.

Zhang D E, Lu Feng. 2000. Winter sandstorm in extensive Northern China. *The Korean Journal of Quaternary Research*, **2**: 109-115.

Zhang D E. 2004. Severe drought events as revealed in the climate records of China and their temperature situations over the last 1000 years. *Acta Meteorologica Sinica*, **19**(4): 485-491.

Zhang D E. 1984. Synoptic-climate Analysis of Dustfall in China since the Historical times. *Scientia Sinica Series B*, **27**(8): 825-836.

Zhang J C, *et al*. 1988. The Reconstruction of Climate in China for Historical Times, Sciences Press: Beijing 18-31, 32-39.

Zou X K, Zhai P M. 2004. Relationship between vegetation coverage and spring dust storms over northern China. *J Geophys Res*, **109**: D03104, doi: 10.1029/2003JD003913.

第6章 全球及中国气候变化的检测和原因分析

主　　笔:赵宗慈　翟盘茂　任国玉

主要作者:王绍武　邵雪梅　高学杰　徐　影

利用各种方法分析气候是否已经发生变化,以及研究引起这种变化的可能原因,是气候变化检测和原因分析的任务。近10余年来,对全球气候变化的检测和原因判别与分析成为全球气候研究的热门话题之一。

自20世纪以来,全球和中国才有了较为完整的气象仪器观测记录,大量研究表明,20世纪全球明显变暖,尤以近50年变暖更明显(IPCC 1990,1992,1996,2001,2007)。中国科学家对古气候和近100年尤其是近50年中国的气候变化也有较多的研究(张家诚等1976;王绍武等1979,1987;张德二1980,1993;屠其璞1987;Zhao et al.1990;陈隆勋等1991,1998;张先恭等1992;章基嘉等1992;李克让等1992;王绍武等1994,1998,2001,2002;Hulme et al.1992,1994;丁一汇等1994;Zhao 1994;宋连春1994;林学椿等1995;施能等1995;赵振国1996;翟盘茂等,1997;徐建军等1997,1999;朱乾根等1997;任国玉等1996,2000,2005;Yu et al.2001;葛全胜等2000;Kaiser et al.2002;王馥棠等2003;Zhai et al.2003;唐国利等2003,2005;刘晓宏等2004;邵雪梅等2003,2004;郭其蕴等2004;初子莹等2005,Zou et al.2005)。一些研究发现,中国气温变化的主要特征类似全球变暖的特点。围绕着近百年的全球变暖,科学家们需要回答的问题很多,一些关键性的焦点问题,如近百年全球和中国是否变暖? 近百年全球和中国的变暖是否在近千年中属于最暖? 近百年变暖的原因是什么? 能不能给出在百年时间尺度的气候变化中,自然影响和人类影响各占多大比例? 中国近30年的南涝北旱(夏季南凉北热)的原因是什么?

面对上述多种问题,需要对全球和中国气候变化进行异常原因判别和分析。本章将着重讨论这个问题。首先介绍检测和原因判别的主要方法,然后给出近现代气候变暖的历史透视,再以较多的篇幅评述关于20世纪全球和中国气候变暖主要原因的研究,最后简单讨论检测与原因判别的可靠性。

6.1　检测和原因分析的基本理论及主要方法

检测和原因分析集中在:从研究中如何给出检测和原因判别的主要气候变量指标、主要参照物、具体的检测和原因判别的主要方法及分析影响20世纪气候变化的可能因子(IPCC 1990,1992,1996,2001;Jones et al.2001; Nozawa 2003; Stott 2003)。中国的科学家早年就开始注意气候变化的原因(张家诚等1976;王绍武等1987,1994,2001;么枕生等1993),近些年也注意到对20世纪气候变化的检测和原因分析这个问题(Zhao 1994;王绍武等1995;李晓东1995;高学杰2000;Luo et al.2001;Qian et al.2001;王绍武2001;Gao et al.2001;Guo et al.2001;赵宗慈等2001,2002;魏凤英等2003;Zhao et al.2002;马晓燕2002;徐影2002;石广玉等2002;符淙斌等2002;Zhao et al.2003,2004;丁一汇等2003;郭其蕴等2004;赵宗慈等2005,徐影等2005;Zhao et al.2005;周天军等2006;Zhou et al.2006)。

6.1.1　检测和原因分析的主要气候变量指标

在检测和原因判别中经常选用全球年平均表面气温,一方面,因为这个气候变量最直接地反映全球气候变化的最基本因子——气温的冷暖变化状况和程度，而气温与其他气候变量有着密切的联系，同时又因为这个变量在全球大部分地区有较长的和较为精确和统一的气象仪器观测资料，因此，多年来成为科学家们首选的气候变量指标之一；另一方面又因为这个变量是研究气候对农业等经济部门影响所需要考虑的最重要的因子之一，同时又由于它的直观性和与百姓生活息息相关，因此也容易被公众所接受和理解。因此，长期以来的检测和原因判别的主要气候变量指标是全球年平均表面气温（IPCC 1990，1992，1996，2001）。

但是，由于全球年平均表面气温只是反映了气候变化的一个领域，实际上气候变化包括的范围很广，除了热量循环以外，还有非常重要的水循环、极端气候变化及不同高度层次的气候变量和气候系统圈层（如海洋、冰雪、陆地生物圈）等。因此，近些年来有向选用多气候变量作指标的方向发展的趋势，如大气高层气温、辐射、降水量、对流层顶高度、海洋表面和中深层温度、陆面温度、冰雪，以及一些极端气候事件和特殊气候现象，如极端高温、极端低温、温带与热带气旋、台风、季风、ENSO 等（IPCC 2001）。

另外，由于长期以来大多数检测都是考虑全球范围的平均，但是这只能给出全球平均的可能原因，而对于不同区域，很难说明也是这些原因造成的，而且人们更感兴趣的也是本地区气候变化的检测和原因分析。因此，近些年来，对区域气候变化的检测和原因分析逐渐开展起来，当然存在的困难更多些（IPCC 2001）。

6.1.2　检测和原因分析的主要参照物

一般来说，检测和原因判别分析的主要参照物应该是通过仪器观测积累多年的观测记录，例如上一节提到的气象仪器观测的气温。但是由于全球不同国家和地区采用仪器观测开始的时间不同，近百余年的观测仪器不断地更新换代，观测台站位置不断变更，战争等意外因素的影响，以及城市化的影响等，造成全球有些地区或资料空缺，或资料不连续，或资料有错误。因此，在采用这些观测资料计算全球平均值例如气温时，首先必须对观测的台站资料进行校对与核查，严格扣除城市化的影响，然后采用适当的数学方法，将台站资料转换成网格点资料，以使其分布更加均匀，最后按照球面积加权平均的方法计算全球平均值，对于较大面积的地区如中国也应该采取上述地球面积加权平均的计算方法，这样所得到的全球（或半球或较大区域）平均才更加合理和可靠（IPCC 1992）。

作为一个例子，图 6.1 给出四套观测的近百余年中国年平均气温资料，第一套是根据 IPCC（2001）报告经常采用的 Jones 的全球网格点资料取出中国区域计算的序列（简称 PJOBSCN）（Jones，个人通信）；第二套是王绍武等（1998a）根据中国仪器观测资料和代用资料计算的序列（简称 GWOB-SCN）（王绍武，龚道溢，个人通信）；第三套是根据器测最高最低温度得到的序列（简称 OBS105CN）（唐国利等 2005）；第四套是林学椿等（1995）根据中国的器测资料建立的序列（简称 OBSLYT）（林学椿，个人通信）。从四套资料计算得到的近百余年中国气温观测资料之间的距平相关系数为 0.76～0.90，明显超过 95% 的信度水平；1900—1999 年气温线性变化趋势分别为 0.35，0.39，0.80 和 0.19 ℃（100a）$^{-1}$；1950—1999 年气温线性变化趋势分别为 0.73，0.77，0.92 和 0.64 ℃（50a）$^{-1}$。四套观测资料的主要差异是在前 50 年，由于那一段时期中国的观测台站资料太少，不同的科学家采用不同的方法来替代、插补和重建，因此带来较大的差异。类似地，还对比了两套中国降水资料，一套是从 IPCC 报告经常采用的 Hulme 的全球网格点资料取出中国区域计算的序列（简称 H），另一套是王绍武等（2001）根据中国仪器观测资料和代用资料计算的序列（简称 W 等）。两套降水资料的相关系数为 0.80（H 与 W 等），线性趋势分别为 5 mm（98a）$^{-1}$（W 等）和 16 mm（98a）$^{-1}$（H）。由此表明，四套观测的近百年中国气温资料和两套中国降水资料可以用于气候变化检测和原因分析，并且证实中国近百年确实已经变暖，变暖趋势为 0.19～0.80 ℃（100a）$^{-1}$，尤其近 50 年变暖明显，变暖趋势为 0.64～1.10 ℃（50a）$^{-1}$（赵宗慈等 2005，任国玉等 2005）。

由于仪器观测资料包括的气象变量太少，又由于受仪器发展的限制，许多观测资料没有较长的序

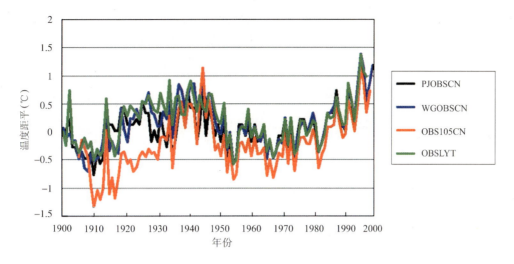

图 6.1　观测的近百余年中国年平均气温变化（赵宗慈等 2005）

（黑实线:Jones;蓝实线:王绍武,龚道溢;红实线:唐国利;绿实线:林学椿）

列,因此,远远满足不了气候变化研究的需要。为了改变这种供需矛盾,一些研究单位利用具有较高分辨率并且包含较多物理过程的全球大气海洋环流模式,对现存的观测资料进行再处理,从而可以给出包含大量不同高度层次,包含不同圈层、全球各个网格点,包含多种时间尺度(如小时、日、旬、月、季和年)的气象变量。为了与真正的观测资料加以区别,又区别于真正模式计算的结果,统称这种资料为"分析资料",将不断提高的分析资料称为"再分析资料"。表 6.1 给出了目前世界各国科学家经常使用的几套分析资料。在使用时,首先需要研究与对比这些"分析资料"的质量,一些科学家通过对全球、半球和区域尺度多种气候变量的对比表明,似乎欧洲中期数值预报中心的再分析资料较好。有些研究表明,"分析资料"和观测资料在有些区域差异很大,特别是与湿度有关的气候变量。

很多时候,只用 100 多年的仪器观测资料往往满足不了研究的需要,特别是在考虑一个较长的历史气候时期,如几百年、近千年、几千年或更长的时间尺度时。对于这种较长的时间尺度,由于没有仪器观测记录,因此,只能通过多种手段,采用不同的代用资料,进行复原和重建气候变量。经常采用的代用资料有:树木年轮、冰芯、史料、地质证据、花粉、珊瑚、黄土、海底与湖底沉积物等。利用测得的这些代用资料序列,进一步建立与气候变量如温度和降水等之间的关系,由此恢复和重建气候变量序列。由于代用资料自身受多种因素制约,不只是与气候变量有关,因此,利用代用资料恢复和重建的气候变量序列同样需要对其质量进行评估。

表 6.1　几组分析资料

名称	模式分辨率		性质
欧洲中期数值预报中心（ECMWF）	T63	L20	分析资料
欧洲中期数值预报中心（ECMWF）	T106	L30	再分析资料（ERA15）
欧洲中期数值预报中心（ECMWF）	T212	L40	再一再分析资料（2003 年 10 月开始公开使用）（ERA40）
美国国家海洋大气局国家环境预测中心（NCEP）	T63	L28	分析资料（NCEP/NCAR）
美国国家海洋大气局国家环境预测中心（NCEP）	T63	L20	再分析资料（NCEP/NCAR/DOE）
美国宇航局戈达德实验室	144X99	L20	分析资料（GEOS1）

资料来源:主要取自 Hoskins 在 IUGG2003 分会上的报告。

    综上所述,检测和原因判别中的主要参照物是观测资料,及其为弥补观测资料不足而建立的分析与再分析资料和代用资料。重要的工作是,需要对观测资料、分析资料及代用资料的质量进行可靠性评估。

6.1.3 　检测和原因分析的主要方法

    截至目前,对 20 世纪全球和区域气候变化检测和原因分析的主要工具是气候模式和气候系统模式及相关的数理统计方法(IPCC 2001)。表 6.2 的上部和下部分别给出国外和国内作这方面研究的主要气候(系统)模式。从表中注意到,大部分模式考虑自然强迫(如太阳活动,火山活动)以及人类活动(如排放温室气体,硫化物气溶胶的直接效应,等)。有些气候模式则还考虑了硫化物气溶胶的间接效应,有些试验还考虑了全球气候系统中的圈层之间的相互作用,如考虑海温或 ENSO 的作用。大多数气候模式模拟 20 世纪的全球气候变化,也有些模式模拟 1 000 年的气候变化。利用气候模式作气候变化的检测和原因分析的优点是,可以利用模式逐个或联合考察每个可能因子或多个因子对气候变化的作用和影响,从而定量的并研究气候变化的可能原因。值得提出的是,近几年中国的两个全球气候系统模式(中国科学院大气物理研究所模式 FGOALS_g1.0 和中国气象局国家气候中心模式 BCC_CM1.0)也作了 20 世纪全球和中国气候变暖的检测和原因分析,并且参加了 IPCC 第四次科学评估报告的 20 世纪模式对比计划(20C3M)以及 WCRP/CLIVAR 的 20 世纪气候模式对比计划(C20C)(见表 6.2 下部)(徐影等 2005;Zhou,Yu 2006;周天军,赵宗慈 2006)。

表 6.2　国外(上部)和国内(下部)作 20 世纪气候变化检测和原因分析的主要气候(系统)模式和试验设计

国外作者(年)	模式名	模式简单特征	全球试验设计(运行时间)(主要变量)
Boer et al.（2000）	CCC	全球大气耦合海洋环流海冰陆地模式	温室气体,温室气体+硫化物气溶胶(20 世纪)(温度,降水,极端温度)
Emori et al.（1999）	CCSR/NIES	全球大气耦合海洋环流海冰陆地模式	温室气体,温室气体+硫化物气溶胶(20 世纪)(温度,降水,极端温度)
Gordon,O'Farrell(1997)	CSIRO	全球大气耦合海洋环流海冰陆地模式	温室气体,温室气体+硫化物气溶胶(20 世纪)(温度,降水,极端温度)
Roeckner et al.（1998）	DKRZ	全球大气耦合海洋环流海冰陆地模式	温室气体,温室气体+硫化物气溶胶(20 世纪)(温度,降水,极端温度)
Haywood et al.（1997）	GFDL	全球大气耦合海洋环流海冰陆地模式	温室气体,温室气体+硫化物气溶胶(20 世纪)(温度,降水,纬向平均大气温度)
Mitchell,Jones(1997)	HADL	全球大气耦合海洋环流海冰陆地模式	温室气体,温室气体+硫化物气溶胶(20 世纪)(温度,降水,极端温度)
Meehl et al.（2000）	NCAR	全球大气耦合海洋环流海冰陆地模式	温室气体,温室气体+硫化物气溶胶(20 世纪)(温度,降水)
Hansen et al.（1997）	GISS	全球大气耦合混合层海洋模式	太阳辐射,温室气体,平流层气溶胶,臭氧(20 世纪)(温度,辐射)
Hegerl et al.（2000）Stott et al.（2000）Tett et al.（2000）	HADL	全球大气耦合海洋环流海冰陆地模式	自然(太阳活动,火山活动),人为(温室气体,硫化物气溶胶)(20 世纪)(全球温度)
Cubasch et al.（1997）Bengtsson et al.（1999）	ECHAM3/LSG	全球大气耦合海洋环流海冰陆地模式	(低层大气温度)
Stouffer et al.（2000）	HadCM2,GFDL-R15,ECHAM3/LSG	全球大气耦合海洋环流海冰陆地模式	模式正常运行 1 000 年
Nozawa et al.（2003）	CCSR/NIES	全球大气环流模式	太阳活动,火山活动,温室气体,硫化物气溶胶(直接,间接),海温距平(20 世纪)(温度,降水)
综合评估结果	几十个模式和试验设计	各种动力气候模式	20 世纪全球变暖,尤以近 50 年明显,很可能是人类排放增加所致

续表

国内作者(年)	模式名	模式简单特征	全球试验设计(运行时间)(主要变量)
王绍武等(1995,2001)	EBM	一维能量平衡模式	太阳活动,火山活动,CO_2,ENSO(100 年,1 000 年)(全球温度)
Zhao,Luo(1999)	RegCM2/EA	东亚区域气候模式	沙漠化,三峡大坝(几个月)(东亚分区气温和降水)
Zhao,Xu(2002)	CCC, CCSR, CSIRO, DKRZ, GFDL, HADL, NCAR, IAP, YONU	全球大气耦合海洋环流海冰陆地模式,全球大气海洋环流模式	温室气体,温室气体+硫化物气溶胶(20 世纪)(全球和东亚温度)
马晓燕(2002)	GOALS/LASG	全球大气耦合海洋环流海冰陆地模式	太阳活动,火山活动,温室气体,硫化物气溶胶(20 世纪)(全球和中国温度和降水)
徐影(2002)	NCC/IAP T63	全球大气耦合海洋环流模式	温室气体,温室气体+硫化物气溶胶(20 世纪)(全球、东亚和中国温度和降水)
石广玉等(2002)	RCM, CCC, CCSR, CSIRO, DKRZ, GFDL, HADL, NCAR,	辐射-对流模式,区域气候模式,全球大气耦合海洋环流海冰陆地模式	温室气体,自然和人为气溶胶(20 世纪)(东亚和中国温度、降水、辐射)
赵宗慈等(2002)	CCC, CCSR, CSIRO, DKRZ, GFDL, HADL, NCAR	全球大气耦合海洋环流海冰陆地模式	温室气体,温室气体+硫化物气溶胶(20 世纪)(全球和中国极端温度)
赵宗慈等(2003)	CCSR/NIES2	全球大气耦合海洋环流海冰陆地模式	SRES 方案(20 世纪)(全球、东亚和中国极端气候事件和现象变化)
丁一汇,徐影(2003)	CCC, CCSR, CSIRO, ECHAM, GFDL, HADL, NCAR	全球大气耦合海洋环流海冰陆地模式	SRES 方案(20 世纪)(全球、东亚和中国气候变化)
Zhao et al.(2004)	多个气候模式	全球和区域动力气候模式	古气候,历史气候和目前气候检测(东亚和中国)
赵宗慈等(2005)	大约 40 余个动力气候模式	全球和区域动力气候模式	各种人类排放情景(东亚和中国)
徐影等(2005)	BCC_AGCM1	全球大气耦合海洋环流海冰陆地模式	SRES 方案(20 世纪)(全球、东亚和中国气候变化)
Zhao et al.(2005)	多个气候模式	全球和区域动力气候模式	硫酸盐气溶胶,黑碳气溶胶(近 25 年中国南涝北旱)
周天军,赵宗慈(2006)	IPCC AR4 19 个模式	地球气候系统模式	自然和人类强迫(中国)
段安民等(2006)	MIROC_3.2, GFDL_CM2.1	地球气候系统模式	温室气体排放(青藏高原变暖)
Zhou,Yu(2006)	IPCC AR4 19 个模式	地球气候系统模式	自然和人类强迫(中国)
综合评估结果	大约 60 余个模式和试验设计	各种动力气候模式	20 世纪东亚和中国变暖,尤以近 50 年明显,人类活动起了一定作用

注:该表国外研究在 IPCC 2001 报告基础上发展,国内研究见参考文献。

　　气候变化的检测和原因分析的核心思想是,考虑有 n 个可能影响 20 世纪气候变化的因子,利用气候模式逐个或联合两个或多个影响气候变化的可能因子,计算可能造成的气候变量指标如全球年平均气温的变化,这样可以得到 n 个组合的全球年平均气温变化曲线,相当于在一个多维空间中,各个曲线(包括观测的和模式考虑不同因子组合得到的)都看成是空间中的一个向量,看哪条曲线与观测的全球年平均气温曲线的距离最小,则认为由这些因子构成了 20 世纪的气候变化。而从数学上来实现这个思想的主要技术方法有指纹法(类似核对指纹的相似)、多元回归、计算线性相关系数和线性趋势、考虑自然与人类信噪比等。由于这些都属于数理统计方法,这里不多叙述。当然,还需要指出的是,目前这种检测的核心思想是利用气候模式考虑各种可能因子的各种组合,若所得到的模拟的气候变化与观测的变化最接近,则认为就是这些因子造成的气候变化,但是,这并不一定就等于最终证明是这些因子造成的气候变化。

在对比中,主要是用气候模式计算的结果与相应的观测作对比,由于缺少观测变量,因此,还经常采用模式之间作对比,和与理论分析作对比,从而达到理论上的合理性。

需要指出的是,在应用气候模式作检测与原因分析之前,应该首先对气候模式进行评估,在证实了气候模式能力之后,再作检测和原因分析。有关评估模式在本书其他章节有详细论述。

6.1.4　近百年影响气候变化的可能因子

在百年时间尺度的全球气候变化研究中,一般公认的主要外部因子有太阳活动和火山活动(两者属于自然因子),以及人类活动(人类作用)。人类活动包括的内容很广,如人类排放温室气体(包括二氧化碳(CO_2),甲烷(CH_4),氧化亚氮(N_2O)等),硫酸盐气溶胶、黑碳气溶胶、土地利用的改变,以及城市化效应等。另外,还需要考虑全球气候系统内部各圈层之间的相互作用和相互反馈,例如海面温度变化的影响、冰雪变化的影响等。20世纪影响气候变化的因子,也大体上是这样一些方面的物理量。

如何把性质不同的各种影响表征成同一种衡量的量,目前一般采用辐射强迫这个物理量来表征。IPCC(2001)报告给出了2000年相对于1750年的自然的和人为的气候的辐射强迫量及可靠程度,IPCC报告认为,温室气体的正影响是明显的并且是最可信的,其他各种物理量如气溶胶、黑碳等的影响则存在较大的不确定性。

在检测和原因分析中,一个重要的问题是,如何表征和给出20世纪每年在全球每个地区的人类活动排放的温室气体和硫化物气溶胶等的量值。目前气候模式一般从1890年(或更早如1871年)到1990年(或2000年)积分,采用的是人为排放的温室气体和气溶胶的观测资料,认为温室气体(主要考虑CO_2,CH_4,N_2O,氯氟烃化合物(CFCs))在全球是均一分布的,一般用全球年平均值,取工业化前为280 ppmv,1958年以来有了观测记录,如1998年为363 ppmv,2005年为379 ppmv;臭氧一般取2维分布(纬度/气压),有季节变化;硫化物气溶胶多数模式设计只考虑直接效应,由于其局地性影响更明显,因此是按照经纬度网格点分布来取值。

6.2　近现代气候变暖的历史透视

6.2.1　过去气候变化的记录

6.2.1.1　古气候期的气候变化

极地冰芯记录表明,在最近的42万年内,大气中CO_2浓度约变化于180~280 ppmv之间,而且与极地平均温度呈明显的正相关关系。全新世以前,大气中CH_4浓度也与极地平均温度呈显著正相关。全新世大气中CO_2浓度变化较小,最高不超过290 ppmv,远远低于当前的大约380 ppmv;但全新世大气中CH_4浓度的变化则比较显著,早期一般呈下降趋势,到距今约5 000年前达最低,仅为600 ppbv,此后开始逐步回升;但即使到工业革命前,其浓度也仅为740 ppbv,远小于当前值(约为1 700 ppbv)。由此可见,大气中CO_2和CH_4浓度的快速上升趋势均发生在工业革命以后,这使得人类活动对大气环境的影响得到了进一步的证实。

距今约12万~13万年前,地球步入末次间冰期。研究表明,该时期的全球平均温度至少和全新世一样高,很多研究者甚至认为可能比现在高2~3 ℃。此后地球迎来了第四纪的最后一次冰期,约2万年前,末次冰期达到最冷阶段,当时全球平均温度可能比目前低5~6 ℃。这次冰期中,至少在北大西洋地区,发生了一系列世纪到千年时间尺度的剧烈气候振荡,直至末次冰期晚期(距今约2万年前到全新世初),全球温度开始逐步上升,在大约11 000年前,地表温度已基本接近全新世平均水平(An et al. 1993,Bond et al. 1997)。

全新世,即最近的1万多年中,北半球或全球年平均温度与末次冰期比较更为稳定,变化幅度可能约为 1～3 ℃,甚至更小。格陵兰冰芯资料表明,当地全新世年平均温度波动很小,不超过 1 ℃。但是,陆地花粉资料和气候模式模拟结果则认为,在距今 9 000～6 000 年前,北半球大陆内部夏季平均温度比现在高 2～3 ℃,距今 6 000 年前以后,夏季平均温度经历了长期变凉趋势;而冬季平均温度的长期变化则与夏季相反。一些研究指出,全新世期间相对寒冷的气候每隔 1 000～3 000 年重现一次,然而目前还没有可靠的资料证明,在过去的 1 万年中,全球或北半球的年平均温度可以在几十年到一二百年内变化 1 ℃以上(Broecker 2001,方修琦等 2004)。

　　过去的 1 万年里,北半球季风区的降水变化引人注目。一般认为,在距今 9 000～6 000 年前,北非、南亚和东亚地区的夏季降水量均有明显增加,而北美中部平原地区与欧亚大陆内部则可能比现在更为干燥。在中国,一般认为,华北、西北东部和东北等地区在该时期的降水量和湿润程度都要比今天偏高,而东北地区在全新世早中期比当前干燥。

6.2.1.2　近 1 000 年的气候变化

　　关于过去的 1 000～2 000 年,研究的焦点主要集中在"中世纪温暖期"(公元 9—13 世纪)与"小冰期"(公元 15—19 世纪)。其中,"中世纪温暖期"的具体变化还不清楚,但最暖阶段可能处于 10—13 世纪之间;而"小冰期"可能由 16—17 世纪和 19 世纪两个相对冷期及其间的相对暖期构成。但来自各个地点的工作表明了明显不同的变化。

　　目前尽管已经有学者建立了几条全球或半球平均温度序列,但其可靠性还需进一步检验。IPCC 第三次评估报告认为,20 世纪是近 1 000 年最暖的 100 年;20 世纪 90 年代是近 1 000 年最暖的 10 年。但关于该结论仍存在较多争议,尚需更多的研究和探讨(IPCC 2001;王绍武等 2003,2004)。表 6.3 为近 1 000 年全球(或北半球)气温变化的主要研究成果,图 6.2 则为相应的温度变化曲线。其中 Mann 等(1999)的曲线曾为 IPCC 第三次评估报告所引用(IPCC 2001),但也因其并不显著的中世纪暖期及整个 1 000 年中相对较小的温度波动而受到置疑。

表 6.3　近 1 000 年全球(或北半球)平均气温变化研究

作者(年)	方法来源	站数	暖期(公元年)
Mann *et al.* (1998,1999,2003)	树木年轮,冰芯	12	1000—1400,20 世纪是近 1 000 年中最暖的 100 年,20 世纪 90 年代是最暖的 10 年,1998 年是最暖的一年
Jones *et al.* (1998)	树木年轮,冰芯,史料,珊瑚	17	1000—1100,1300—1400,其他同 Mann *et al.*
Crowley,Lowery(2000)	树木年轮,冰芯,史料,孢粉,海冰	15	同 Mann *et al.*
Briffa(2000)	树木年轮	7	1000—1100,1400—1500,其他同 Mann *et al.*
Esper(2002)	代用资料		1000—1100,1500—1600,20 世纪增暖没有中世纪温暖期强
Overpeck(1997,2003)	湖泊沉积,树木年轮等		同 Mann *et al.*
王绍武等(1995,2002)	树木年轮,冰芯,史料,孢粉,洞穴,冰川	30	1000—1200,1400 年前后,近 1 000 年来 20 世纪最暖的 100 年
Singer(1999,2003)	代用资料		20 世纪的增温没有中世纪温暖期明显
Soon *et al.* (2003)	代用资料		中世纪暖期可能暖于 20 世纪
Wang *et al.* 2006	综述与评论	多组研究	20 世纪可能是近 1 000 年最暖的 100 年,但是有争议
综合评估	上述研究		20 世纪在近 1 000 年中可能是最暖的,但尚需更多证据来证实

注:国外文献见 IPCC(2001)

中国的气候学家对中国近 1 000 年的气候变化也作了较为深入的研究,表 6.4 为近 1 000 年中国气温变化的主要研究成果,图 6.3 则为相关温度曲线。这些研究表明,近 1 000 年中国气温变化与全球(或北半球)基本相似。20 世纪中国的变暖在近 1 000 年是最暖的 100 年,但中世纪暖期可能也较为温暖(王绍武等 2001,2003,2004),祁连山中部反映温度变化的祁连圆柏的轮宽变化支持这一论点(刘晓宏等 2004),但是,最近初子莹等(2005)重建的全国平均地面气温序列表明了比较明显的中世纪温暖阶段,个别时期的年平均气温可能与 20 世纪不相上下。还有些研究认为,中国的中世纪暖期可能比 20 世纪还要温暖(满志敏等 1993,张兰生等 2000,葛全胜等 2003)。

以上工作不仅对我们认识气候变化的历史有很大帮助,也对气候变化检测研究起到了一定的推动作用。气候变化检测和原因判别研究非常需要有对古代气候变化的估计,因为这样才能检验过去 100 年或更短时期的观测记录相对长期自然变化是否异常。但是,现有的古温度和降水资料还不很完备,这给气候变化的检测研究带来了巨大的困难。根据现有研究,还不能有信心地确定 20 世纪或 20 世纪 90 年代是否为近 1 000 年中最暖的阶段。因此,关于历史气温序列问题还需要作进一步的研究。

表 6.4 近 1 000 年中国地表气温变化的研究

作者(年)	资料来源	地区	暖期(公元年)
吴祥定,林振耀(1981)	树木年轮	青藏高原	800—1000,1400—1500,1600—1650,20 世纪是近 1 000 年最暖的 100 年
刘光远等(1984)	树木年轮	祁连山(降水)	
姚檀栋等(1990,1997)	冰芯	敦德	1521—1570,1680—1770,1890—1980,20 世纪是近 1 000 年最暖的 100 年
满志敏等(1990,1993)	历史文献	中国东部	中世纪温暖期比 20 世纪暖
张德二(1993)	历史文献	中国东部	中世纪温暖期比 20 世纪暖
张兰生等(2000)	综合代用资料	中国东部	1000—1200,1300—1400,20 世纪是暖期,但不是最暖期
葛全胜等(2003)	2 000 年史料,物候等	中国东部(冬半年气温)	1000—1110,1200—1300,1910—2000,20 世纪是暖期,但不是最暖的
谭明等(2002)	石笋	北京	1200—1400
Yang et al.(2002,2003)	综合代用资料	中国东部,青藏高原	800—1000,1200—1400
刘晓宏等,2004	树木年轮	祁连山	1050—1150,1350—1440,1890—2000,20 世纪可能是最暖的
王绍武等(1994,1998,2004,2006)	综合代用资料	中国	950—1000,1050—1100,1200—1300,1900—2000,20 世纪可能是近 1 000 年最暖的 100 年,尚需更多证据
初子莹等(2005)	综合代用资料	中国	1000—1310 年温暖,但在西部反应并不明显,14—19 世纪的小冰期表现显著,19 世纪中—20 世纪 80 年代升温显著,但尚未超过中世纪暖期
综合评估	上述全部研究		中国 20 世纪在近 1 000 年中是很暖的 100 年,但是否为最暖的 100 年,尚需更多的证据

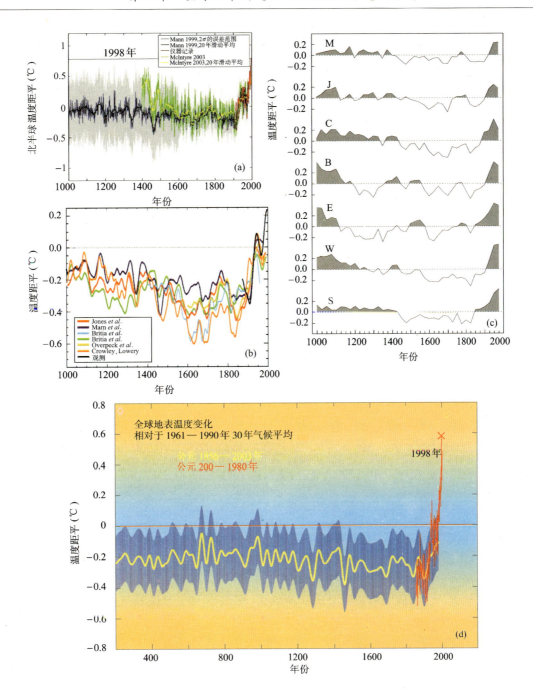

图 6.2　近 1 000 年全球或北半球气温变化曲线

(a)引自 IPCC,2001;McIntyre *et al.*,2003;(b)引自 UEA/CRU,2000;(c)引自王绍武等,2001;(d)引自 Mann *et al.*,2003。(a)、(b)和(d)是相对于 1961—1990 年气候平均值的距平值,(c)是相对于 100 年气候平均值的距平值

6.2.2　过去气候变化的原因

6.2.2.1　冰期-间冰期

不同时间尺度上气候变化的原因或驱动机制是不同的。就自然变化而言,在千年至万年时间尺度上,气候变化的外部强迫因子主要是地球轨道参数的周期变化。这种周期变化引起了太阳辐射在季节上和空间上的重新分布。地球轨道参数的变化周期包括偏心率(约 9.6 万年)、黄赤交角(约 4.1 万年)和春分点进动(约 2.5 万年)。此外,大气温室气体浓度、气溶胶含量、冰雪反射率和海平面与海

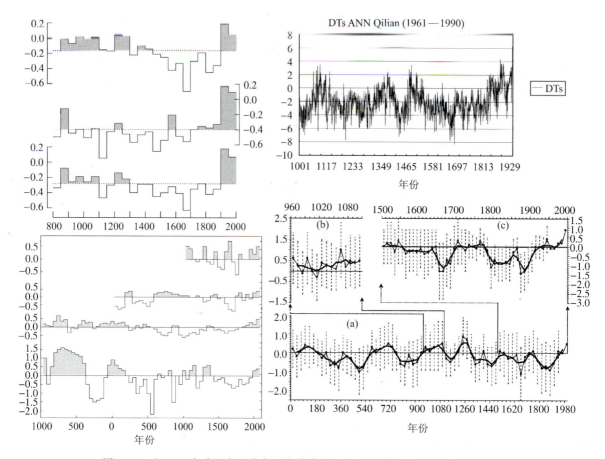

图 6.3　近 1 000 年中国年平均气温变化曲线(相对于百年气候平均值的距平值)

(左图引自王绍武等 2001;右上图祁连山,刘晓宏等,2004;右下图中国东部冬半年温度,葛全胜等,2003)(所有图中横坐标是年,纵坐标是温度距平,单位为℃)

洋环流等气候系统内部的反馈作用,对于千年到万年时间尺度上的气候变化也非常重要。

一般认为,地球轨道参数的周期变化影响着第四纪冰期—间冰期气候的长期波动。例如,自 2 万年前的末次冰期最盛期以来,由于春分点进动和黄赤交角的改变,北半球各季节接受到的太阳辐射已经发生了明显的变化。北半球太阳辐射量的这种季节变化是地球末次冰期结束及全新世开始的初始原因。同时,气候和冰盖变化导致的大气 CO_2 和 CH_4 浓度的上升及气溶胶含量的降低对晚冰期阶段的全球增暖有相当大的增幅作用。全新世中,在百年—千年时间尺度上,控制北半球季节气候变化的强迫因子主要是轨道参数,而温室气体浓度和气溶胶含量已不重要,但陆地植被的反馈作用可能是不容忽视的。自距今 6 000 年前或更早的时间以来,轨道参数变化使得北半球夏季温度不断降低,冬季温度则趋向温和,温度年较差不断减小。由此可见,过去 100 年北半球陆地温度年较差的缩小与更长时间尺度的背景变化也是一致的。

6.2.2.2　历史时期

在最近的 1 000~2 000 年间,影响 10 年到世纪时间尺度气候变化的自然强迫因子主要有太阳活动和火山喷发。近 1 000 年来,表征太阳活动强弱的大气 [14]C 含量变化与温度变化有良好的对应关系,说明太阳活动可能对地球温度具有明显的影响。Lean 等(2001)提供了近 400 年的太阳辐射变化序列。这条序列是根据卫星观测资料与太阳亮度和黑子暗度关系重建的,其变化与根据大气 [14]C 和 [10]Be确定的太阳活动指数非常相似。他们计算了太阳辐射同 Bradley 和 Jones 北半球夏季温度之间的相关系数,该值在 1610—1800 年间达到 0.86。Lean 等(2001)认为,1860—1970 年,北半球的增暖有 50% 是由太阳辐射变化引起的,但 20 世纪 70 年代以后太阳辐射变化所起的作用只有不到 1/3。Overpack 等(1997)用环北极地带温度序列和 Lean 等(2001)的太阳辐射序列进行了类似分析,但却认为 20 世纪 20 年代以后温室气体的辐射强迫作用最重要,太阳活动和火山活动也起一定作用。

Crowley 等(1996)认为,在近 400 多年里,太阳活动对温度变化的贡献约为 32%~55%。利用一个能量平衡模式,采用中等的敏感度,这两条太阳辐射序列可以产生 0.2~0.3 ℃ 的温度变化,相当于自然气候变化的 1/3~1/2。

因此,就最近的 400 年而言,有一种意见认为,在 19 世纪以前,太阳辐射对温度变化起决定性作用;19 世纪以后,太阳强迫也可以解释约 50% 的全球增温,但对 1970 年以来的增暖,太阳辐射变化的影响只占 1/3。

连续的强火山喷发可能对年代际以上的气候变化产生影响。一些研究指出,火山活动可能也对公元 10 世纪以来的温度变化产生一定影响。"中世纪温暖期"火山活动比较弱,而"小冰期"阶段火山活动则相对较强。格陵兰顶部 GISP2 冰芯的 SO_4^{2-} 测量较好地记录了 19 世纪初的 3 次强烈的火山喷发,也展示了 20 世纪 30—50 年代的火山沉寂期,其中 30 年代 SO_4^{2-} 含量至少是近 400 年来最低的。北极地带的温度变化反映出:19 世纪初期是个明显的降温期,其中 1816—1818 年由 Tambora 火山喷发造成的降温是近 200 年来幅度最大的,而 20 世纪 30—50 年代的火山沉寂期同北极地区近 400 年里最暖时期一致。可见,在气候变化的检测和原因判别研究中,火山喷发的影响同样不容忽视。

在气候系统内部,洋流和海温也存在着长期变化,这对 10 年到世纪时间尺度的气候变化的影响可能是非常重要的。20 世纪的观测记录表明,在北大西洋和北太平洋都存在年代际以上时间尺度的温度或盐度变化,如 NAO 和 PDO 现象;ENSO 现象也具有低频变化的特征。但是,目前还没有足够证据证实海洋的长期变化对过去 1 000 年的全球或半球平均气温产生了影响。另外,格陵兰冰芯资料显示,"小冰期"阶段大气中海盐微粒和陆地粉尘含量曾显著上升,在对中国历史时期降尘的研究中也曾得到类似结果,这表明对流层中气溶胶对"小冰期"温度变化可能也具有一定的反馈作用。

6.2.3　古气候史上的突变及其意义

在地球气候的变化历史中,突变与渐变作为两种不同的气候状态交替出现。尽管渐变的气候始终是气候演变过程的主宰,气候突变却以其对地表物质及生命体的强大的破坏力而备受科学界瞩目。

末次冰期期间,北大西洋地区出现了一系列突然气候变化事件。这些突然气候变化事件的最后一幕就是所谓的"新仙女木事件"。在距今 1.29 万~1.16 万年前,当温度升至接近全新世平均水平时,北大西洋及其周边地区经历了一次突然降温事件,古气候学上称之为"新仙女木事件"。当时地表温度在不到半个世纪内降低到了接近冰期最冷时的程度,然后又在同样短的时间内上升到接近全新世的水平。但是,对于"新仙女木事件"是否具有全球性的问题,还需要进一步研究。最近的 1 万年里,特别是在近 8 000 年内,北大西洋地区的气候相对稳定少变(Bond et al. 1997)。

末次冰期内北大西洋地区出现的温度突然变化现象用传统的地球轨道参数理论无法解释。目前,一般把它们与北大西洋温盐环流的突然改变联系起来。温盐环流的减弱或消失导致北大西洋地区降温,而温盐环流的建立或恢复则引发快速增暖。研究表明,温盐环流的变化可能与冰期和冰消期北美和欧洲的冰盖动态有关。当有过量冰体崩裂漂入海洋或冰融水流进海洋时,或者当冰前巨型湖泊堤岸突然溃决时,由于有大量淡水注入海洋,北大西洋表层水的盐度降低,温盐环流也随之减弱和消失,造成整个地区变冷;反之亦然。

因此,北大西洋地区过去的确发生过快速的气候波动,而且其形成原因可能与大洋温盐环流系统的状态转换有关。这些来自古气候的证据为人们担心全球变暖可能引起北大西洋温盐环流变化,进而导致西欧和北欧气候突然变冷提供了一定理由。但是,现有资料表明,过去的突变均发生在冰期或冰消期这样的特定条件下,在全球暖期或增暖期没有充分证据表明曾发生过类似的突变。因此,在未来变暖的地球上,仅仅由于降水量变化引起温盐环流崩溃的可能性是非常小的。

总之,目前的气候变化检测和原因判别研究尽管取得了重要进展,但仍然存在着不少缺陷。其中,最大的问题当属对过去自然气候变化或气候变化背景"噪声"的估计。现有的估计绝大多数是难以令人满意的,因而,人们仍然怀疑过去100年观测到的气候变化在更长时期的气候史中是不是独特的。

古气候学界多数意见认为,过去的气候在年代—世纪时间尺度上存在着显著的变化。近1 000年来北半球出现过"小冰期"和"中世纪温暖期"这样世纪时间尺度的变化。过去温度的这种变化同重建的太阳活动强度基本一致,说明太阳辐射等外部强迫的长期变化可能已经对过去的气候产生了影响。过去气候系统内部的显著变化可能也发生在10年—世纪甚至更长时间尺度上,这在部分模式和诊断研究及古气候记录中得到了证实。但是,近些年有关北半球或区域平均温度序列的重建仍然存在很多矛盾。因此,20世纪的温暖程度可能是,也可能不是史无前例。根据古气候资料分析,20世纪的增暖可能主要由自然因子变化引起,也可能主要由人为因素引起。

近1万年即全新世是过去11万年中最稳定的一个温暖阶段。全新世北半球年平均温度的变化可能不大,但季节温度可能发生了显著变化。最近的6 000年北半球温度年较差一直在持续减小,这也构成了过去100年温度年较差变小的历史背景。在全新世以前的冰期和冰消期,至少在北大西洋及其周围地区,气候是很不稳定的。

在冰期和间冰期的尺度上,气候演变的主要影响因子包括地球轨道参数、大气CO_2浓度和气溶胶含量、海洋洋流及冰盖本身的反射率等;就全新世气候变化而言,只有地球轨道参数的影响得到了证实,陆地植被的变化可能也是重要的;在近1 000年内,气候的自然变化可能主要与太阳活动、火山活动、洋流与海温变化有关,区域土地利用的变化可能也是重要的因子。

6.3　20世纪全球气候变暖的主要原因

6.3.1　20世纪全球自然变率的检测

气候变化的检测和原因分析属于统计学上的"信噪"问题,它要求对"噪声"的特性有准确的认识。理想情况下,年代际变率可以从仪器观测中获得,但是无数的问题使得这项工作实施起来困难重重。可用于作检测和原因分析的仪器记录资料时间一般只有短短的30~50年,对于自由大气中的变量来说尤其如此;可用的最长记录时间资料主要限于地球表面气温和海表温度。降水和表面气压的记录时间也相对较长,但其覆盖面不完整而且其值随时间而改变。仪器记录中同时包含了外在人为强迫和自然强迫的影响。自然内在变率可以通过剔除外强迫的响应后来得到(Jones et al. 2001,IPCC 2001)。然而,这种记录的准确性受到关于对强迫认识得不全面和用于估计响应的模式的准确性的制约。古气候重建资料成为另一类关于气候变率的信息来源。但是,包括有限的覆盖、时间非均一性、历史气候重建过程可能带来的误差、气候与代用资料之间关系程度的不确定性、对外强迫影响认识上的不确定性等难题都直接制约了对年代际气候变率的估计。尽管目前对年代际气候变率的估计仍然存在相当的不确定性,但我们仍然相信气候重建工作将会继续得到提高,而且古气候资料将在评估气候系统的自然变率上起到越来越重要的作用。

Parker等(1994)(IPCC 2001)比较了1954—1973年和1974—1993年期间全球大部分地区季温度距平的年际变率,发现除北美洲中部变率有特别大的增加外,全球总体来看变率表现为小的增长。由于该研究仅限于20世纪后半叶,这期间不断增加的观测使得偏差达到了最小。Jones等(1999)(IPCC 2001)也分析了全球的情况并发现变率没有发生变化,但自1951年以来全球平均气温上升可以归因于明显高于(低于)平均气温的范围的扩大(缩小)。他们还分析了明显高于或明显低于平均气温的累积温度的变化,结果表明总体上几乎没有发生变化。Michaels等(1998)(IPCC 2001)检查了全球一些地区5°×5°月温度距平,并发现在过去50~100年中总体上在年内变率表现为下降。他们对美国、中国和前苏联的逐日最高和最低温度的研究表明,温度的月内变率一般表现为下降。Karl

等(1995)的研究也给出了相似的结论,即在 20 世纪北半球特别是美国和中国地区的日际变率是下降的。Collins 等(2000)(IPCC 2001)的研究表明,澳大利亚也存在相似的变化趋势。通过对欧洲 4 个均一的长序列温度指数的分析,结果发现:1880—1998 年在所有季节温度的日际变率表现为逐步下降。Balling(1998)(IPCC 2001)的研究给出,无论对于 1979—1996 年期间的低层对流层观测还是 1897—1996 年期间的近地气温,其空间变率总体上均表现出下降趋势。

因此,目前几乎没有证据表明全球温度的年际变率在过去几十年内已经上升,但是有一些证据显示年内温度变率确实很广泛地表现出下降趋势。一些研究发现,在这些相对短的时间尺度上温度的时空变率是减小的。

对近 120 年 ENSO 循环的分析表明,2~6 年时间尺度的振荡很明显,自 1871 年以来 ENSO 的活跃性和周期性发生了相当的变化(IPCC 2001)。热带太平洋海表温度在 1976 年前后出现了一次明显增暖的"漂移",这一增暖至少一直持续到 1998 年。这期间,ENSO 暖事件活动更加频繁、强度更强而且持续时间也更长。ENSO 已被证实与热带、副热带乃至全球其余地区的降水和气温的变化有关。近期的研究还表明:20 世纪 ENSO 的年际变率也发生了改变,部分地与观测到的 1920—1960 年 ENSO 变率的减少有关。许多研究(IPCC 2001)发现,20 世纪的前后 40~50 年中准 2 年振荡和 3~4 年 ENSO 振荡更显稳定少变。

图 6.4 给出全球陆地表面年平均气温距平变化。图中很好地反映出年代际和更长的变化。20 世纪全球气候有两个明显的增暖期,分别为 1910—1945 和 1976—2000 年,而 1946—1975 年全球气温没有明显的变化。尽管 Peterson(1997),Hansen(1999)及 Vinnikov(1990)(IPCC 2001)等分别加以不同的权重处理后得到的全球曲线与 Jones 等(2001)的曲线有一定差别,但总体上与上述结论是一致的。前一时期增暖的主要区域是北大西洋及附近地区。而从 20 世纪 40 年代后期到 70 年代中期,北半球大部分地区的温度则有所下降。1976 年以来,北半球中高纬度的大陆地区冬季和春季有强烈的增暖趋势,因此年平均温度也表现出显著的上升,而北太平洋中部,北美大陆东北部及格陵兰、南大西洋中纬度地区等则略微变冷。研究还表明,无论对于全球还是半球而言,1976—2000 年期间的增暖幅度大概都相当于 1910—1945 年期间的两倍;譬如全球、北半球和南半球在 1910—1945 年期间的增温幅度分别为 0.11,0.14 和 0.08 ℃(10a)$^{-1}$,而在 1976—2000 年期间的增温幅度分别为 0.22,0.31 和 0.13 ℃(10a)$^{-1}$。

图 6.4 还给出了由多种资料得出的地表、对流层和平流层温度的变化情况(IPCC 2001),结果显示出火山活动(如 Agung,1963;El Chichon,1982;Mt. Pinatubo,1991)的影响是明显的。与地球表面温度在 20 世纪 70 年代后期的表变相比,对流层下层温度出现的增暖似乎更强,随后由于 ENSO 的影响使得两者的变率趋于加大,在 1997—1998 年 ENSO 期间,全球温度出现了连续 16 个月创下历史新高的记录(Karl et al.2000)。Wigley(2000)(IPCC 2001)的研究指出,如果不是 Pinatubo 火山爆发,1990—1991 年 ENSO 期间全球温度也很可能出现相当数量的创纪录值。但是,20 世纪 70 年代后对流层温度总的变化趋势几乎为零,而地表温度则保持上升。火山爆发事件对平流层下层的增暖作用非常清楚,1958—2000 年期间,几乎所有资料都显示平流层温度是显著下降的。

对大气环流的研究表明(Hurrell,van Loon 1997;Thompson,Wallace 2000)(IPCC 2001),约从 1970 年起,北大西洋涛动(NAO)和北极涛动(AO)迅速增强并进入冬半年的正位相。由于 NAO 和 AO 在正位相时会使暖空气平流到欧亚大陆的中高纬度约 45°N 地区,同时使西北大西洋的冷空气平流加强,因此,它们可能是亚洲 40°N 以北地区和北欧近 30 年气候变暖及西北大西洋气候变冷的主要原因。

6.3.2　20 世纪太阳活动、火山活动与人类活动作用的对比模拟分析

20 世纪的全球变暖已经被大多数科学家的研究所证实,科学家们更感兴趣的是,20 世纪全球变暖的原因的分析方面,并采用一些简单和复杂的气候模式作了检测和因果分析。

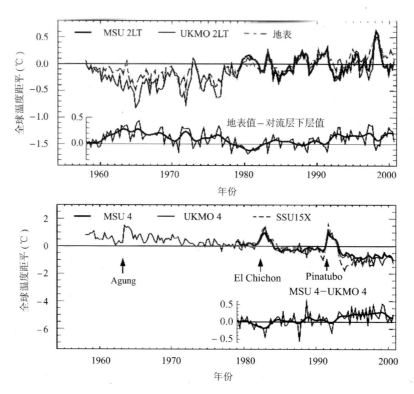

图 6.4　地表和对流层下层(上图)及平流层下层(下图)温度的变化情况(相对于 1979—1990 年)(取自 IPCC 2001)

　　北京大学大气科学系的能量平衡模式(PKU/EBM)分别作了控制试验和考虑太阳活动、火山活动、人类活动(温室气体)及 ENSO 变化的敏感试验,模式分别运行 100 年和 1 000 年资料。计算结果表明,模式在考虑上述 4 个影响因子后,模拟出的 20 世纪年平均表面气温变化与观测的变化较为一致,由此考虑这 4 个因子是影响 20 世纪变暖的主要因素(毕鸣等 1996)。在模拟近 1 000 年的全球气温变化时,加入这 4 个因子,模式较好地模拟出了中世纪的温暖期和 18 世纪的小冰期(图 6.2)(王绍武等 1995,2001)。

　　英国气象局哈得来中心(HADL)利用他们的全球大气耦合海洋环流模式(大气模式 2.5°×3.75°,L19;海洋模式 2.5°×3.75°,L20),分别计算了 20 世纪的控制试验和多种组合的敏感试验,第一组敏感试验只考虑自然强迫,包括太阳活动和火山活动;第二组敏感试验只考虑人为强迫,包括完全混合的温室气体、平流层和对流层的臭氧及硫化物气溶胶的直接效应和第一间接效应;第三组敏感试验考虑所有的强迫(即第一组与第二组试验的联合试验)。对于每个试验,都作 4 个集合(IPCC 2001)。图 6.5 给出几组试验模拟的 20 世纪全球年平均气温。计算表明,当只考虑自然强迫时,模拟不出来 20 世纪的全球变暖。当只考虑人类活动时,可以基本上模拟出 20 世纪全球变暖的趋势,但是在 20 世纪 20—50 年代模拟值与观测值差异较大。当考虑所有强迫时,模拟值与观测值在 100 年的变化上最为吻合,由此表明,影响 20 世纪的主要因子是太阳活动、火山活动和人类活动,而注意到人类活动(包括温室气体和硫化物气溶胶)在 20 世纪全球变暖中起了明显的作用,尤其在后 50 年(图6.5)。

　　中国科学院大气物理研究所的全球大气耦合海洋环流模式(GOALS/LASG/IAP)(大气模式 T42L9;海洋模式 2.8°×2.8°,L20)也作了 20 世纪全球变暖的检测。研究分别考虑自然强迫(太阳活动和火山活动),及人为强迫(人工排放温室气体和硫酸盐气溶胶),其中硫酸盐气溶胶的排放采用的是他们自己建立的简化模式计算的直接效应。作为一个例子,图 6.5(e)是中国科学院大气物理研究所模式(LASG/IAP,AOGCM)计算的温室气体(GHG),温室气体＋硫酸盐气溶胶(GSD),以及温室气体＋硫酸盐气溶胶＋太阳活动(GSS)3 个试验模拟的全球年平均气温距平变化(马晓燕 2002)。三个试验加入不同的因子,都模拟出了 20 世纪的全球变暖,但是当只考虑温室气体时,模拟值高于观测值;考虑温室气体+硫酸盐气溶胶时,模拟值略低于观测值;当考虑所有强迫时,模拟值最接近观测值。因此,在 20 世纪后 50 年的全球变暖中,人类活动起了明显的作用。

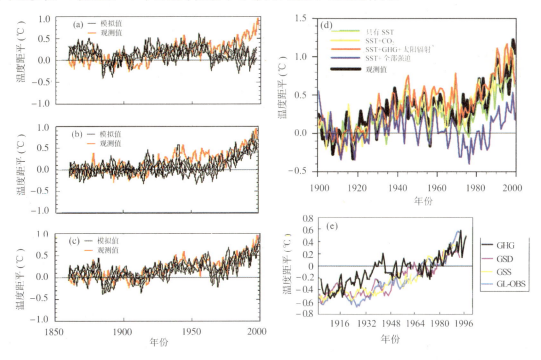

图 6.5　(左图)英国气象局 HADL 模式模拟 20 世纪全球年平均气温距平(相对于 1880—1920 年)
(a)第一组敏感试验,只考虑自然强迫,包括太阳活动相火山活动。(b)第二组敏感试验,只考虑人为强迫,包括完全混合的温室气体、平流层和对流层的臭氧及硫化物气溶胶的直接效应和第一级间接效应。(c)第三组敏感试验,考虑所有的强迫。图中红线表示观测值(取自 IPCC 2001)。(d)日本 CCSR/NIES 全球大气环流模式检测:①只考虑海温作用;②考虑海温和 CO_2;③考虑海温、温室气体和太阳活动;④考虑海温和所有的强迫;20 世纪全球年平均气温和降水距平的变化(黑线表示观测值)(Nozawa 2003)。(e)中国科学院大气物理研究所(GOALS/LASG)全球大气耦合海洋环流模式检测温室气体,温室气体+硫酸盐气溶胶,温室气体+硫酸盐气溶胶+太阳活动模拟的全球年平均气温距平变化(相对于 1961—1990 年)(黑线表示观测值,取自 Jones)(马晓燕 2002)

　　近年日本东京大学气候系统研究中心和日本环境研究所利用他们的全球大气环流模式 CCSR/NIES AGCM (T42L20)作了各种强迫因子较为全面的检测试验,在检测 20 世纪全球变暖的因子贡献试验中,他们分别考虑自然的和人为的强迫,其中,自然的强迫考虑了太阳活动、火山活动及海盐、土壤沙尘气溶胶;人类强迫考虑完全混合的温室气体(包括 CO_2,CH_4, N_2O, CFCs 等多种)的全球年平均变化,O_3 两维(纬度—高度)季节变化,硫化物和含碳气溶胶三维年变化。在考虑气溶胶直接效应时用吸湿增长的散射和吸收的显式表示(假设沙尘是不易变湿的),间接效应包括考虑第一级云反照率效应和第二级云的生存效应;此外,还考虑人为利用煤、树木等燃料,农业废物,生物质燃烧等所造成的黑碳强迫。最后,作为气候系统内部的因子,他们还考虑了观测的海面温度变化的影响。每个检测试验都是从 1900 年运行到 2000 年(Nozawa 2003)。作为一个例子,图 6.5(d)分别给出了 4 个模拟检测强迫试验:(1)只考虑海温作用(SST);(2)考虑海温和 CO_2(SST+CO_2);(3)考虑海温、温室气体和太阳活动(SST+GHG+Solar);(4)考虑海温和所有的强迫(SST+Full forcing)。分析表明,20 世纪前 50 年的气温变化主要是海温、太阳辐射、火山活动和排放的温室气体的作用所致;后 25 年的明显变暖似乎是所有强迫的共同作用。

　　有些模式还考虑了初始时刻不同对全球变暖检测数值试验的影响,例如加拿大气候中心的模式(CCC1)(大气模式 T32L10;海洋模式 1.8°×1.8°,L29),考虑温室气体和硫化物气溶胶的共同作用(GGS),同时还考虑不同初始时刻的影响。对于 20 世纪的检测模拟试验,考虑模式的控制试验,以及

3个不同初始时刻的考虑温室气体和硫化物气溶胶的共同作用的试验(GIIG｜AS1,2,3),模式从1900年积分到2000年,以1901—1930年作为参考气候计算的距平值。与观测值对比检测表明,20世纪模式的控制试验没有变暖趋势,而考虑温室气体和硫化物气溶胶的联合作用,尽管初始时刻取的不同,但是3个试验一致表明全球增暖的趋势,与观测的趋势一致,尤其是20世纪后50年更一致,由此表明,20世纪后50年人类活动在全球变暖中可能起了明显的作用,虽然初始时刻不同,但是同样加入GGS,变暖趋势是一致的(IPCC 2001)。

此外,还有一些检测研究专门分析近20年(1980—2000年)观测的全球气温变化与一些内外部自然因子的可能联系。Pinatubo火山对全球气温在2～3年时间尺度上的变冷幅度可达0.2～0.5 ℃;而El Nino与La Nina事件对全球气温在年际尺度上可能造成0.1～0.3 ℃的影响,从而考虑在一个长期变暖趋势上附加的可能的瞬时影响(图6.6,UEA 2002)。对应东亚气温的变化中也注意到类似的作用(Zhao et al. 2003)。

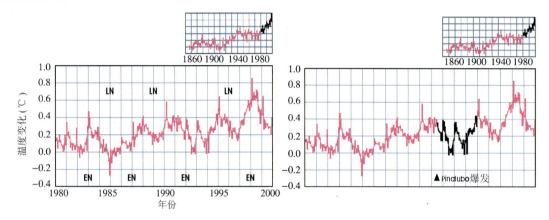

图 6.6　1980—2000 年全球气温变化与 El Nino 和 La Nina 事件及 Pinatubo 火山对全球气温变化的作用
(取自 UEA,2002)(右上角图是近百年变化,大图是放大最后一段黑色曲线部分)

综上所述,综合考虑所有的辐射强迫因子,即包括了自然的和人为的共同影响的模拟结果更接近观测的实际值。

6.3.3　20 世纪人类活动对全球气候影响多模式模拟集成检测

由于 20 世纪有了较为翔实的气象仪器观测记录,因此,比较多的气候模式检测,集中在对 20 世纪人类活动的检测方面。人类活动的考虑一般采用观测的 20 世纪的温室气体排放和硫化物气溶胶的直接效应。图 6.7 总结了 CCC-GG, CCSR/NIES-GG, CSIRO-GG, DKRZ-GG, GFDL-GG, HADL-GG, NCAR-GG, GCM7-GG, CCC-GS, CCSR/NIES-GS, CSIRO-GS, DKRZ-GS, GFDL-GS, HADL-GS, NCAR-GS, GCM7-GS, LASG/IAP-GG, LASG-IAP-GS, LASG-IAP-GSS, NCC/IAP T63-GG, NCC/IAP T63-GS, CCSR/NIES2 A1, CCSR/NIES2 A2, CCSR/NIES2 B1, CCSR/NIES2 B2, CCC-A2, CSIRO-A2, ECHAM4-A2, GFDL30-A2, HADL3-A2, CCC-B2, CSIRO-B2, ECHAM4-B2, GFDL-B2, HADL3-B2, GCM14-SRES, NCC/IAPT63-A2, NCC/IAPT63-B2 等 38 个气候模式和试验设计模拟的 20 世纪全球年平均表面气温距平的变化及相应的观测变化(相对于 1961—1990 年)。从图中注意到,尽管气候模式的物理过程的构成不同,分辨率不同,考虑的排放方案也不完全相同,但是所有气候模式在考虑人类排放时,模拟的 20 世纪气温变暖,其变暖程度大体接近观测的气温。为了进一步表明人类活动的作用,表 6.5 和表 6.6 分别给出计算值与观测值的相关系数和线性趋势。表中数据表明:观测资料计算的 20 世纪全球变暖的线性趋势为 0.65 ℃(100a)⁻¹,38 个气候模式计算的变暖的线性趋势为 0.21～2.99 ℃(100a)⁻¹,平均变暖 0.98 ℃(100a)⁻¹。只考虑温室气体排放时,过高模拟了变暖(1.2 ℃(100a)⁻¹),同时考虑温室气体和硫化物气溶胶,则模拟的变暖趋势(0.80 ℃(100a)$^{-1}$)较为接近观测实际(表6.5)。还注意到模式的控制试验没有表现出全球变暖的趋势来。计算的模式的各种排放方案与观测值的相关系数平均为 0.72,范围为0.41~0.83,达到 99% 的信度水平。而控制试验的相关系数则很低(表6.6)。由此提示我们,人类排放对于 20 世纪的全球变暖可能起了明显的作用,尤其是 20 世纪后 50 年。

表 6.5　观测和模式模拟的近百年(1900—1999)全球年平均气温距平(相对于 1961—1990)的线性趋势

单位:℃(100a)$^{-1}$

AOGCM	CT	GG 或 A2	GS 或 B2
CCC	0.30	1.12	0.84
CCSR	−0.31	0.42	0.30
CSIRO	−0.06	1.11	0.74
DKRZ	0.50	1.08	0.94
GFDL	0.10	1.15	0.76
HADL	0.19	1.11	0.60
NCAR	1.47	2.99	1.17
7 个模式平均	0.31	1.28	0.76
7 个模式集成		1.31	0.76
LASG		0.97	0.77(0.87)
NCC/IAP T63		0.87	1.62
CCSR/NIES2-SRES		0.21	0.21
CCC-SRES		0.92	0.92
CSIRO-SRES		0.90	0.83
ECHAM4-SRES		0.57	0.52
GFDL-SRES		0.58	0.62
HADL-SRES		0.82	0.79
GCM-SRES 平均		0.67	0.65
GCM-SRES 集成		0.44	0.44
NCC/IAP T63-SRES		0.87	0.72
所有模拟平均	0.31	0.97	0.76
观测资料计算值	0.65		

注:在 Zhao *et al.* 2002,马晓燕 2002;Zhao *et al.* 2003,丁一汇等 2003 的研究基础上发展。

表 6.6　观测和模式模拟的近百年(1900—1999)全球年平均气温距平相关系数

AOGCM	CT	GG 或 A2	GS 或 B2
CCC	0.50	0.79	0.78
CCSR	−0.56	0.59	0.44
CSIRO	0.01	0.63	0.72
DKRZ	0.65	0.80	0.80
GFDL	0.09	0.69	0.70
HADL	0.32	0.69	0.61
NCAR	0.73	0.81	0.67
上述 7 个模式平均	0.25	0.74	0.67
上述 7 个模式集成		0.82	0.79
LASG		0.74	0.72(0.71)
NCC/IAP T63		0.74	0.79
CCSR/NIES2-SRES		0.41	0.41
CCC-SRES		0.86	0.76
CSIRO-SRES		0.79	0.82
GFDL-SRES		0.56	0.57
HADL-SRES		0.71	0.71
GCM-SRES 平均		0.67	0.65
GCM-SRES 集成		0.68	0.68
NCC/IAP T63-SRES		0.74	0.72
所有模拟平均	0.25	0.72	0.68

注:AOGCM:全球大气耦合海洋环流模式;CT 模式控制试验;GG 模式考虑温室气体试验;GS 模式考虑温室气体和硫化物气溶胶试验;在 Zhao *et al.* 2002,马晓燕 2002,Zhao *et al.* 2003,丁一汇等 2003 的研究基础上发展。

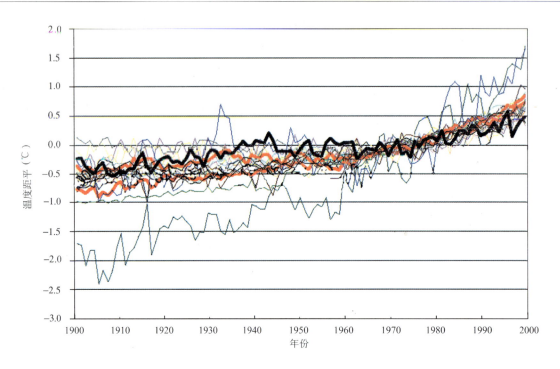

图 6.7 38 个气候模式和试验设计模拟的 20 世纪全球年平均表面气温距平的变化及相应的观测变化(相对于 1961—1990 年)(图中粗红线为 GCM7-GG,粗杏黄线为 GCM7-GS,粗深紫色线为 GCM14-SRES,粗浅紫色实线是 NCC/IAP T63-SRES,粗黑实线是观测值)(在 Zhao,Xu 2002;马晓燕 2002;Zhao 等 2003;丁一汇,徐影 2003 等的研究基础上发展)

综上所述,对全球气候变暖的检测和原因判别研究指出:

· 观测资料计算证实了 20 世纪的全球变暖,还注意到对流层低层和热带太平洋海洋表面也变暖。

· 模拟研究表明,人类排放温室气体和硫化物气溶胶的增加在 20 世纪全球气候变暖中起了较为明显的作用,在后 50 年特别是后 20 年影响尤为明显,而前 50 年的全球气温变化可能自然的作用,如太阳活动、火山活动及气候系统内部各圈层间的相互作用起了较为主导的作用。

· 需要进一步研究 20 世纪全球气候变暖的更适合的检测和原因判别的数学工具,以缩小不确定性。

6.4 20 世纪中国气候变暖的主要原因

6.4.1 20 世纪中国气候变暖的自然贡献检测

6.4.1.1 20 世纪中国气温变化的概况

在全球变暖的背景下,中国的平均温度也在升高。如图 6.1 和图 6.8 所示,近 100 年来中国的年平均温度上升了约 0.2~0.8 ℃,其变化趋势总体上与全球温度变化趋势一致。20 世纪 20—40 年代中国气温持续升高,50—80 年代初气温有所下降,80 年代中期开始又持续增温。从 1950 年开始,中国拥有了完整的气象资料,最新资料反映出近 50 年来中国北方地区气温呈显著上升趋势,华北和东北地区的增温幅度最大,一些地区增暖幅度高达 0.3 ℃(10a)$^{-1}$以上,长江流域和西南地区气温略降,南方大部分地区没有明显的冷暖变化趋势。

从季节分布上看,中国冬季增暖最明显,1998 年最暖,2001 年次之。近 40~50 年中国夜间气温和平均气温都出现了升高的趋势,尤以北方冬季最为突出。中国北方气温日较差的降低归因于最低

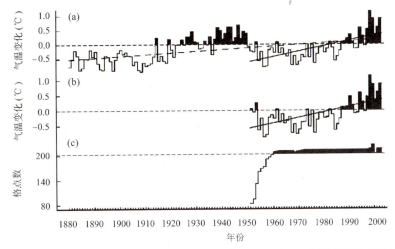

图 6.8　(a) 1880—2002 年气温变化(10 个区)，(b) 1951—2002 年气温变化(2°×2°格点)，

(c) 1951—2002 年格点数逐年变化(在王绍武 2001 基础上发展)

气温比最高气温更强的升高，但是在中国南方，日较差的降低是由于最高气温的降低，并伴随最低气温的轻微上升(翟盘茂等 1997)。

　　半个多世纪以来，中国地面温度升高趋势与全球地面温度的变化有许多相似之处：增暖幅度基本一致，1998 年同时又是可靠观测以来最暖的一年，高纬度增暖大于低纬度，冷季增暖大于暖季，夜间温度升高趋势大于白天。

　　陈隆勋等(1991)分析 1990 年以前地面气温资料时发现：在中国相当大范围地区逐渐变暖的同时，四川盆地存在一个明显的变冷中心。最近根据均一性订正的资料序列分析发现，1951—2001 年期间西南地区的变冷趋势现象仍然存在，而且变冷主要发生在春季和夏季，长江中下游夏季平均气温也趋于变凉(任国玉等 2005)。Xu(2001)在分析 1990 年以前的资料时同样发现四川盆地存在的明显变冷中心，而且指出太阳辐射总量、日照时间和能见度的急剧下降是导致四川盆地变冷的主要原因。烟、可溶性气溶胶等污染颗粒在对流层低层的明显增加，导致到达地面的太阳辐射量减少，是四川盆地降温的一个根本原因。另外，日照时间的缩短也是其中的一个原因。

6.4.1.2　20 世纪中国气候变暖可能的自然原因

　　引起气候系统变化的原因可概括为自然的气候波动，其中包括太阳辐射的变化、火山爆发等外界强迫(江志红等 1997)。

　　王绍武等(1999，2001)在分析影响全球气候变化的自然因子时，谈到有内部因子，如 ENSO 循环、温盐环流、海气相互作用、大气涛动等自然原因，还有外部因子，如太阳活动和火山爆发等。中国位于欧亚大陆中纬度地区，既深受大气环流的影响，如北极涛动(AO)、太平洋年代际尺度振荡(PDO)、东亚季风，同时又受海洋(尤其是太平洋和印度洋)和自身复杂地形(如青藏高原)与陆面状况(如沙漠区)的影响。这些自然因子中，易变化的因子就是海洋和大气环流两方面，因此下面主要从海洋和大气环流两方面来论述影响中国气候变暖的自然原因。

6.4.1.2.1　大气环流异常与气候变暖

　　气候变化是一定范围内大气环流运动的必然结果，而大气环流异常是气候变化最直接、最根本的因子。

　　北极涛动　北极涛动(Arctic Oscillation，AO)是北半球热带外行星尺度大气环流最重要的一个模态，是北半球大气环流的主要组成部分。AO 的强弱直接导致北半球中纬度与北极地区之间气压和大气质量反向性质的波动，对北半球及区域性冬季气候有重要影响，也是影响中国气候变化的主要因素。

　　龚道溢等(2003)将北半球热带外地区海平面气压经验正交函数(EOF)第一模态的时间系数定义

为北极涛动指数(AOI),并分析了近几十年冬季的 AOI 和中国 160 个站平均气温时间序列的关系,指出 AO 与中国气温变化有较好的一致性,相关系数达 0.49,超过 95% 的显著性水平。同时还指出:当 AO 处于正异常时,气压在中纬度地区上升而在极地下降,中国气温偏高,反之也成立。因此行星尺度的 AO 异常,对中国气温变化有显著的影响。AO 对中国气候的影响主要是通过西伯利亚高压、东亚大槽等区域性环流来实现的。

东亚季风　季风是北半球大气环流的主要组成部分,中国属于典型的季风气候区。中国的气温、降水量、降水带移动在很大程度上受季风活动控制(郭其蕴 1983,施能等 1996)。

最近,郭其蕴等(2004)利用建立的近 100 余年东亚冬季风和夏季风指数计算与中国气候变化的关系时发现,强冬季风年对应中国大范围偏冷,而弱冬季风年对应中国大范围偏暖;另外注意到,强夏季风年对应中国东部气温偏暖,弱夏季风年对应中国东部气温偏低。

图 6.9 是根据最新海平面气压资料计算的近 100 余年东亚冬夏季风强度指数变化曲线(郭其蕴等 2004,蔡静宁 2004),对比分析东亚冬季风强度和中国冬季气温变化曲线发现,在 1985 年以后中国平均气温持续高于历史平均值,而同时冬季风强度也是持续偏弱为主。而且计算还表明,近 30 年东亚夏季风强度减弱的趋势也非常显著,对应中国东部长江流域和西南部分地区夏季气温偏低,雨带位置经常出现在长江流域。冬、夏季风的变化与中国近年来的气温变化证实了两者之间的关系。因此,可以看出,中国近年来气候异常变化与东亚季风的异常变化有一定关系。

6.4.1.2.2　海温异常与中国气候变暖

El Nino 对中国温度的分布有明显的影响,是造成中国凉夏暖冬异常气候的重要条件。而在 La Nina 年中国的气候变化常常相反,容易出现热夏冷冬的温度分布(赵振国 1996)。产生这种作用的主要原因是在 El Nino 发生年的冬季,东亚极锋锋区比常年偏北,冷空气随之偏北偏弱,而南方暖气团势力偏强,中国往往出现暖冬。

通常情况下,El Nino 事件每 2～7 年发生一次,但是 20 世纪 80 年代以后,El Nino 事件发生的频率和强度呈增加趋势。由于 El Nino 事件发生的频率和强度的增加,导致中国雨带偏南,西北、华北和东北大部分地区的冬季气温升高显著,南方地区气温下降。

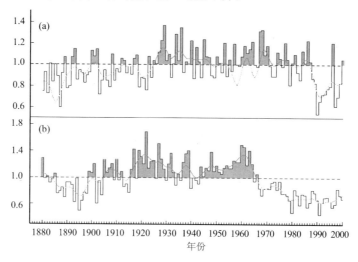

图 6.9　1880—2000 年东亚冬(a)、夏(b)季风强度指数变化曲线(郭其蕴等 2004)

王绍武等(1999)定义的 ENSO 指数,较好地反映了海-气系统的变化特征。在此基础上根据近 100 年来的 ENSO 事件及其强度,直接将 ENSO 事件与地球的冷暖联系起来,确定了 1880 年以来 32 个暖事件和 32 个冷事件。指出近几十年来,冷事件的发生频率明显下降,而暖事件的发生更为频繁,正是由于暖事件的频繁发生,导致全球和中国气温上升。这也有力地证明了海温异常是中国气候变暖的一个主要自然因子,而由于海温异常导致的 El Nino 事件是中国近年来气候变暖的主要原因。

除 ENSO 研究外,近 10 年来太平洋年代际振荡(PDO)对全球及中国气候系统的影响受到广泛关注。PDO 指在太平洋的气候变率中具有类似 ENSO 空间结构,但周期为 10~30 年的一种振荡,当北太平洋中部海面温度异常增暖(冷却)时,热带太平洋中部和东部及北美沿岸常伴随有同等幅度的异常冷却(增暖)。总体而言,有两类观点分别认为 PDO 起源于确定的海气耦合过程或起源于大气的随机强迫。尽管有关 PDO 的起源问题还没有确定的答案,但是 PDO 通过海温异常对全球和中国气候变化的影响是不能忽视的(王绍武 2001)。

6.4.1.2.3　火山爆发对中国气候变化的影响

火山活动是影响气候系统变化的主要外部因子,火山活动的强弱对近 100 年来中国气温呈现的波动升温和降温趋势起重要作用,如 1982 和 1991 年的两次强烈火山活动对气候增暖起到了一定的削弱作用,从中国的气温变化上也能看到这种波动。

6.4.1.3　中国近 100 年来的降水变化

研究表明,在过去几十年中,中国降水呈增长趋势的测站与呈下降趋势的测站大致相当。大范围明显的降水增长趋势主要发生在中国西部地区,其中以西北地区尤为显著。但是,中国东部季风区降水变化趋势的区域性差异较大,长江中下游流域降水一般趋于增多,东北东部和南部、华北地区、黄土高原、秦岭和四川盆地东部降水趋于减少,山东半岛减少最明显(图 6.10),(翟盘茂等 1999,任国玉等 2000,2005)。

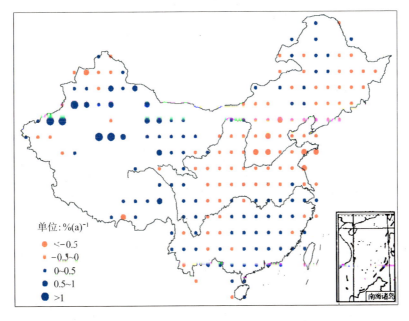

图 6.10　1951—2002 年期间中国年降水量变化率(翟盘茂提供)

1998 年以前的分析结果显示,1980 年以后中国东部年降水量的长期变化呈现正趋势(Qian et al. 1999)。龚道溢等(2002)根据最新资料研究表明,在 1979 年前后,中国东部地区及长江流域的夏季降水发生了明显的转折,从少雨时段转为多雨时段。不同时段资料的分析结果大致相同,均反映了中国东部地区夏季雨带的南移趋势,有北部降水偏少、长江中下游及南部地区偏多的倾向。

需要指出的是:海洋对中国降水的影响是不可低估的(Yu et al. 2001),例如:龚道溢等(2002)指出,长江中下游及中国东部地区的夏季降水量 1979 年前后所经历的转折不仅同北太平洋 500 hPa 位势高度的跳跃式变化有密切关系,而且与西北太平洋高压及赤道东太平洋和热带印度洋的海洋温度有非常密切的关系,这两个地区的海表温度异常通过副热带西北太平洋高压使长江流域夏季降水带发生移动。赵振国(1996)的研究表明:当赤道东太平洋和印度洋海温偏高、西风漂流区和黑潮区及暖池区海温偏低,表现为 El Nino 位相时,中国夏季主要雨带偏南;反之,当赤道东太平洋和印度洋海温偏低、西风漂流区和黑潮区及暖池区海温偏高,表现为 La Nina 位相时,中国夏季主要雨带偏北。20世纪80年代以来,El Nino 事件频繁发生,强度增强,La Nina 事件少少,强度变弱,可能对中国东部夏季雨带偏南具有重要影响。

有关中国降水同东亚季风强弱的关系的研究在 20 世纪 90 年代末期就指出:强东亚夏季风将导致黄河中下游及华北地区汛期多雨和长江中下游少雨;弱东亚夏季风则相反(张庆云等 1998)。20世纪初的研究进一步指出:强夏季风年,中国夏季雨带偏北,弱夏季风年雨带偏南(施能等 1995)。这样的结果与 20 世纪 90 年代的分析结果基本一致,从而进一步证实了季风强弱变化对中国降水的重要作用。

6.4.2　太阳活动和火山活动的影响

类似于全球的研究,中国科学院大气物理研究所开放试验室模式(LASG/IAP)考虑温室气体(GHG),温室气体+硫酸盐气溶胶(GSD),温室气体+硫酸盐气溶胶+太阳活动(GSS),模拟了 20世纪中国年平均气温变化,并与观测资料的计算结果(WGOBSCN)进行对比。由图 6.11 可知:3 个数值试验中以考虑温室气体+硫酸盐气溶胶+太阳活动模拟的中国年平均气温的变化与观测的相关系数为最高,为 0.41(1900—1997 年)。模拟的气温变化的线性趋势虽然都高于观测的线性趋势,但也是考虑温室气体+硫酸盐气溶胶+太阳活动模拟的中国年平均气温的变化与观测变化的线性趋势较为接近。因此,也提出 20 世纪中国气温的变暖可能与温室气体、硫酸盐气溶胶及太阳活动的影响有密切联系。尚需指出的是,20 世纪中国的降水变化较为复杂,影响因子较多,并没有表现出与这些因子有较强的联系。

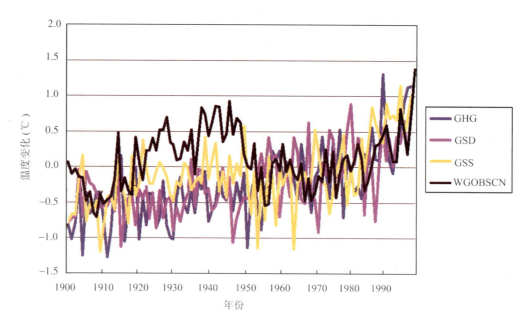

图 6.11　20 世纪中国年平均气温变化

(马晓燕 2002)(图中粗黑线是观测值,由龚道溢、王绍武提供)

利用英国气象局模式考虑自然强迫、温室气体强迫、温室气体和硫化物气溶胶直接强迫及所有强迫都考虑共 4 个检测试验,模拟 20 世纪中国气温的变化。在所有强迫都考虑时,模拟的气温更接近观测实际,但是 20 世纪 30—40 年代的暖期,4 个试验都没有模拟出来(图 6.12)。由此表明,自然强迫和人类排放造成的温室气体和硫化物气溶胶直接强迫共同对中国 20 世纪的地面气温变化产生了影响,近 50 年人类排放温室气体在变暖中的作用似乎更明显。

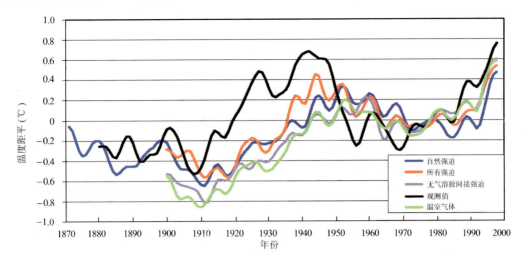

图 6.12　用英国模式 HADL 考虑太阳活动、火山活动和人类活动模拟的
近 100 余年中国年平均气温距平变化(翟盘茂提供)

6.4.3　人类活动对中国气候变化的影响

人类活动对中国气候变化贡献的检测包括人类排放温室气体和硫化物气溶胶,人类排放黑碳,土地利用的变化如砍伐森林或植树造林,荒漠化和沙漠化,以及三峡大坝的可能影响等。

6.4.3.1　人类排放温室气体、硫化物气溶胶的联合贡献

人类活动考虑的最多的是人类排放温室气体和硫化物气溶胶增加对气候变化可能影响的检测。表 6.7、表 6.8 和图 6.13 分别给出根据 CCC-GG,CCSR/NIES-GG,CSIRO-GG,DKRZ-GG,GFDL-GG,HADL-GG,NCAR-GG,GCM7-GG,CCC-GS,CCSR/NIES GS,CSIRO GS,DKRZ-GS,GFDL-GS,HADL-GS,NCAR-GS,GCM7-GS,LASG/IAP-GG,LASG-IAP-GS,LASG-IAP-GSS,NCC/IAP T63-GG,NCC/IAP T63-GS,CCSR/NIES2 A1,CCSR/NIES2 A2,CCSR/NIES2 B1,CCSR/NIES2 B2,CCC-A2,CSIRO-A2,ECHAM4-A2,GFDL30-A2,HADL3-A2,CCC-B2,CSIRO-B2,ECHAM4-B2,GFDL-B2,HADL3-B2,GCM14-SRES,NCC/IAP T63-A2,NCC/IAP T63-B2 等 38 个全球模式和排放情景计算的 20 世纪东亚和中国温度变化及其线性趋势和与观测值的相关系数。根据观测资料计算的近 100 年(1900—1999)和近 50 年(1950 1999)东亚和中国的温度变化线性趋势分别为 0.39~0.80 ℃(100a)$^{-1}$和 0.78~0.10 ℃(50a)$^{-1}$。注意到气候模式在考虑温室气体和硫化物气溶胶作用时,模拟出 20 世纪中国的变暖幅度为 0.03~3.14 ℃(100a)$^{-1}$,其中后 50 年的变暖幅度为 0.02~2.91 ℃(50a)$^{-1}$,而控制试验没有模拟出这种变暖的趋势。从相关系数看,也是考虑温室气体和硫化物气溶胶时与观测值有明显的正相关,而控制试验与观测值的相关接近为 0。由此提示我们,人类排放可能是造成 20 世纪中国气候变暖的原因之一,尤其是后 50 年。

表 6.7　观测和模式模拟的 20 世纪东亚和中国温度变化的相关系数

AOGCM	CT		GG 或 A2		GS 或 B2	
	1900—1999	1950—1999	1900—1999	1950—1999	1900—1999	1950—1999
CCC	0.05	−0.18	0.21	0.49	0.61	0.50
CCSR/NIES	−0.07	−0.04	0.32	0.55	0.51	0.47
CSIRO	−0.09	0.13	0.30	0.51	0.42	0.44
DKRZ	−0.21	−0.02	0.32	0.57	0.27	0.26
GFDL	−0.20	−0.21	0.40	0.40	0.43	0.43
HADL	0.04	−0.26	0.11	0.28	0.31	0.36

续表

AOGCM	CT		GG 或 A2		GS 或 B2	
	1900—1999	1950—1999	1900—1999	1950—1999	1900—1999	1950—1999
NCAR	0.29	0.17	0.36	0.58	0.52	0.43
上述 7 个模式平均	0.02	−0.06	0.29	0.48	0.44	0.41
上述 7 个模式集成	0.11	0.02	0.37	0.65	0.74	0.69
NCC/IAP T63	−0.05	−0.13	0.23	0.51	0.18	0.43
LASG/IAP2			0.19	0.47	0.07	0.33
CCSR/NIES2-SRES			0.20	0.52	0.20	0.52
CCC-SRES			0.56	0.41	0.51	0.34
CSIRO-SRES			0.50	0.50	0.43	0.43
ECHAM-SRES			0.20	0.20	0.15	0.15
GFDL-SRES			0.47	0.47	0.26	0.26
HADL-SRES			0.26	0.26	0.19	0.19
6 个 SRES 平均			0.37	0.39	0.29	0.32
NCC/IAP T63 SRES			0.23	0.51	0.23	0.51
总平均	0.03	−0.06	0.31	0.46	0.35	0.40

注：在 Zhao *et al*. 2002，徐影 2002，马晓燕 2002，Zhao *et al*. 2003，丁一汇等 2003 等研究基础上发展。

表 6.8　观测和模式模拟的 20 世纪东亚和中国温度变化的线性趋势

单位：$\mathrm{℃(100a)^{-1}}$，$\mathrm{℃(50a)^{-1}}$

AOGCM	CT		GG 或 A2		GS 或 B2	
	1900—1999	1950—1999	1900—1999	1950—1999	1900—1999	1950—1999
CCC	0.26	−0.04	1.93	1.67	0.61	1.09
CCSR/NIES	−0.16	0.09	0.85	1.51	0.59	1.29
CSIRO	−0.21	0.07	1.33	0.81	0.87	1.08
DKRZ	−0.10	0.03	0.85	1.28	−0.02	0.02
GFDL	−0.14	−0.16	1.71	2.03	0.78	0.93
HADL	0.22	−0.12	1.09	0.69	0.38	0.32
NCAR	0.69	0.23	3.14	2.91	−0.03	0.60
上述 7 个模式平均	0.08	0.02	1.56	1.56	0.45	0.76
上述 7 个模式集成	0.11	0.03	1.53	1.50	0.38	0.71
NCC/IAP T63	0.04	0.07	0.91	0.82	1.73	1.24
LASG/IAP2			1.15	1.24	0.93	0.64
CCSR/NIES2-SRES			—	0.42	—	0.42
CCC-SRES			0.56	1.05	0.51	0.95
CSIRO-SRES			1.25	1.25	1.04	1.04
ECHAM-SRES			0.38	0.38	0.22	0.22
GFDL-SRES			0.66	0.66	0.29	0.29
HADL-SRES			0.58	0.58	0.39	0.39
6 个 SRES 平均			0.40	0.72	0.33	0.55
NCC/IAP T63 SRES			0.91	0.82	0.91	0.82
总平均	0.08	0.04	1.07	1.15	0.52	0.71
OBS			0.39~0.80	0.78~1.10	0.39~0.80	0.78~1.10

注：同表 6.7。

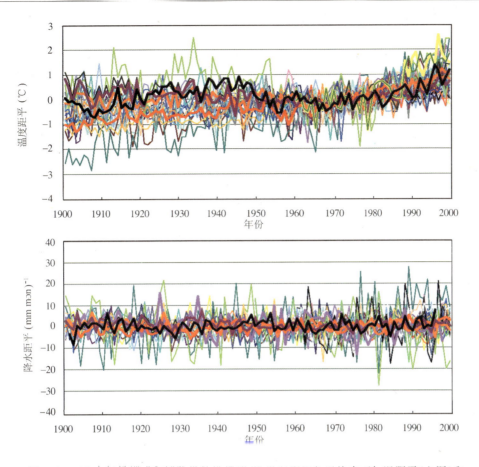

图 6.13 38 个气候模式和试验设计模拟的 20 世纪中国年平均表面气温距平(上图)和
降水量距平(下图)的变化及相应的观测变化(相对于 1961—1990 年)

(图中粗红线为 GCM7-GG,粗杏黄线为 GCM7-GS,粗深紫色线为 GCM14-SRES,粗浅紫色实线是 NCC/IAP T63-SRES,粗黑实线
是观测值,龚道溢,王绍武,Hulme,Jones,唐国利等)(在 Zhao,Xu 2002;马晓燕 2002;Zhao 等 2003;丁一汇,徐影 2003 等的研
究基础上发展)

　　根据观测资料计算的近 50 年(1951—2000)中国最高、最低温度的变化也反映了气候变暖的趋
势,尤其是最低温度的变暖更加明显,其线性趋势分别为 0.45 和 1.41 ℃(50a)$^{-1}$(Yu *et al.* 2001,
Zhao *et al.* 2002,Guo *et al.* 2002,Zhai *et al.* 2003,Zhao *et al.* 2003)。16 个模式(CCC-GG,CCSR-
GG,CSIRO-GG,HADL-GG,DKRZ-GG,CCC-GS,CCSR-GS,CSIRO-GS,HADL-GS,DKRZ-GS,
CCSR/NIES2 A1,CCSR/NIES2 A2,CCSR/NIES2 B1,CCSR/NIES2 B2)考虑不同的人类排放方案
的计算表明,近 50 年中国最高和最低温度的升高可能与人类排放有密切联系,图 6.14 和表 6.9、
表 6.10 分别给出观测和模拟的演变曲线、距平相关系数和线性趋势。

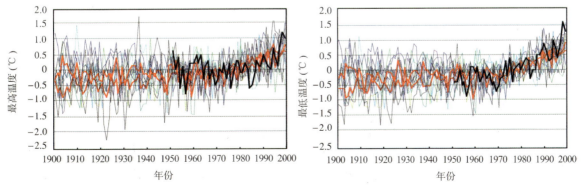

图 6.14 16 个模式和排放方案模拟 20 世纪中国最高(左图)和最低(右图)温度距平变化(相对于 1961—1990 年平均)
(图中粗红线是 GCM-GG,粗杏黄线是 GCM-GS,粗黑线是观测值)(Zhao 等 2003)

表 6.9　中国最高、最低温度观测与模拟的距平相关系数

AOGCMs	最高温度		最低温度	
	GG	GS	GG	GS
CCC	0.34	0.34	0.58	0.58
CCSR	0.22	0.22	0.66	0.56
CSIRO	0.20	0.20	0.56	0.53
HADL	0.39	0.39	0.35	0.41
DKRZ	0.13	0.13	0.68	0.10
上述模式平均	0.26	0.26	0.57	0.44
上述模式集成	0.46	0.46	0.72	0.74
CCSR/NIES2 SRES	0.32	0.32	0.58	0.58

观测值资料来源：Zhai et al. 2003；Zhao et al. 2002，2003。

表 6.10　中国最高和最低温度线性变化趋势　　　　　　单位：℃(50a)$^{-1}$

AOGCMs	最高温度		最低温度	
	GG	GS	GG	GS
CCC	1.13	0.92	1.66	1.16
CCSR	1.24	1.05	1.33	1.24
CSIRO	0.90	0.99	0.80	1.09
HADL	0.67	0.36	0.94	0.47
DKRZ	1.11	−0.27	1.39	−0.04
上述模式平均	1.01	0.61	1.22	0.78
上述模式集成	1.01	0.61	1.22	0.78
CCSR/NIES2 SRES	0.44	0.44	0.58	0.58
平均	0.83	0.52	1.02	0.67
观测	0.45	0.45	1.41	1.41

资料来源：同表 6.9。

6.4.3.2　土地利用改变的影响

随着中国社会、经济的快速发展，特别是近 50 年来，由于工业化进程的加快，人口急剧增加，城市化面积迅速扩展，中国的土地利用结构发生了显著的变化，据统计，20 世纪 90 年代中国的土地利用变化主要表现为耕地面积增加、城乡建设用地增加、林业用地面积减少、草地面积减少、未利用土地面积减少等。由于土地利用变化改变了下垫面植被的分布，通过改变地表反照率、土壤湿度、地表粗糙度等地表属性，从而影响地-气系统的能量和水分平衡，对局地、区域气候产生一定的影响。另外，中国近年来开展的大范围植树造林及三峡建坝、南水北调等工程也可能会对区域气候造成一定的影响。近年来，中国科学家利用气候模式开展了一些数值模拟研究工作，模拟结果普遍认为，土地利用变化对中国区域降水、温度有明显的影响。表 6.11 综合给出中国科学家的数值模拟结果。中国西北荒漠化和草原退化，造成中国大部分地区降水减少，华北和西北干旱加剧，气温则明显升高。

表 6.11　土地利用变化对中国气候变化影响的数值模拟试验

作者	土地利用变化	气候影响模拟的主要结果
周锁铨等(1995)	青藏植被变化	影响大气环流
符淙斌等(1996)	内蒙古草原破坏	中国大部分地区降水减少，尤以华北、西北干旱加剧
Zhao et al.（1999）	西北土地荒漠化	中国大部分地区降水减少，气温增加
范广洲等(1990)	西北绿化	影响当地气候变化
吕世华等(1999)	西北植被变化	影响大气环流和当地气候变化
符淙斌等(2001)	土地利用和植被变化	大气环流与东亚季风变化
郑益群等(2002)	内蒙古草原破坏	中国大部分地区降水减少，尤以华北、西北干旱加剧
Wang et al.（2003）	土地利用变化	造成中国气候变化
Gao et al.（2003）	中国植被状况恶化	西北降水减少，中国大部分地区气温升高
李巧萍等(2004)	(1)内蒙古草原破坏；(2)内蒙古植树	(1)中国大部分地区降水减少，尤以华北、西北干旱加剧；(2)黄河流域降水增加，冬暖夏凉
综合评估	上述研究	荒漠化和砍伐森林使得气候变暖、变干

Gao 等(2003)利用中国区域气候模式在全球大气海洋环流模式的驱动下,分别用理想植被及中国目前真实植被作为模式下垫面作了两个数值模拟试验,试验中中国现在的土地利用与理想状况(早期)相比,发生了很大的变化,尤其是在东部地区。主要变化特征为:森林和草地向农业用地转变(前者如东北部分地区、华北和黄淮平原、四川盆地、长江中下游和沿海地带等,后者如黄河中上游地区),乔木林区向灌木林区转变(东北部分地区和南方广大山地),以及西北地区土地进一步沙漠化等。模拟结果比较发现:土地利用变化引起的中国降水变化比较集中和明显的区域位于中国西北,减少的数值较大,一般在 20%以上(图 6.15(a))。相应区域的植被变化为草地向农业区的转化及沙漠化过程,表明在中国西北干旱和半干旱的生态环境脆弱地区,不合理的土地利用将导致降水进一步地减少,从而使得生态环境进一步地恶化。此外,由于长江中下游流域从林区转为农业区,致使有些地区降水减少。由图 6.15(b)可见,中国现在的土地利用变化导致了中国东北南部、四川盆地和西北部分地区地面气温明显升高。

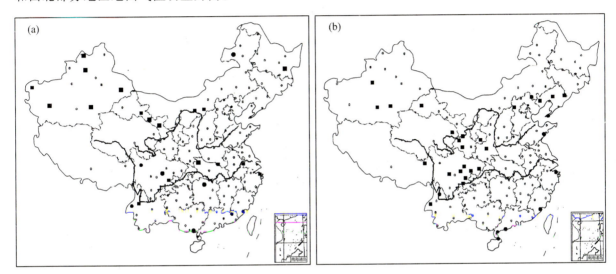

图 6.15　土地利用状况变化对中国年平均降水量(a)和年平均地面气温(b)的影响

((a)中各符号表示:■:降水变化<−20%;■:降水变化 0～−20%;●:降水变化 0～20%;●:降水变化≥20%);(b)中各符号表示:■:温度增加的地区;●:温度减少的地区,幅度一般在±1.5℃以内。○:变化没有通过显著性检验的地方,下同。)
(Gao et al. 2003)

李巧萍等(2004)考虑目前植被资料对历史时期土地利用变化的气候影响数值试验发现,植被严重退化导致中国大部分地区降水减少,尤其加剧了华北和西北地区的干旱,而北方大范围植树造林则有利于黄河流域降水增加,特别有助于缓解陕西、山西等地的旱情,并可在一定程度上减少夏季长江流域及整个江南地区洪涝灾害的发生。而植被覆盖变化对当地气温的影响比对降水的影响更为显著,植被退化可使当地气温除冬季外表现出明显升高,相反,北方地区大面积植树造林则有利于当地及周围地区冬季偏暖、夏季偏凉,使温度变化趋于缓和(图 6.16)。单纯考虑土地利用变化的影响,1990 年中国大部分地区的平均气温比 1950 年普遍偏高,说明 20 世纪 50 年代以后中国平均气温明显升高的观测事实中,以森林砍伐和草地退化为主要特征的近代土地利用变化所起的作用可能与温室气体排放浓度增加对温度的影响是相互加强的。

此外,高密度人口居住区域特别是城市化进程的加快,形成了城市复杂多样的地表覆盖布局,这种特殊的土地利用格局对局地气候也可产生显著影响。随着城市的不断发展,城市面积的扩大,城市气候效应(城市热岛等)不断增强。根据近年来对北京及沿海大中城市进行的城市气候研究发现,城区不透水面积大,植被覆盖少,地面干燥,城区平均风速减小,并可对下风方向的降水产生一定的影响。所考察的几个城市在近几十年来的温度,无论是冬季,还是全年平均,均比周围站点显著偏高(周淑贞 1983,张景哲等 1988,Zhao et al. 1990,余辉等 1995,葛向东等 1999)。因此,在区域性气候增暖过程中,城市化的影响也是不可忽略的。

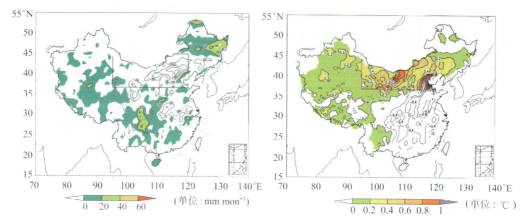

图 6.16　北方地区植被退化对中国降水(a)和温度(b)的影响(敏感性试验与控制试验之差)
(图中方框为植被退化的试验区)(李巧萍 2004)

　　如前所述,人类活动造成的温室气体增加可能是近 50 年(1950—1999)来温度升高的主要原因,目前还无法用观测资料证实中国范围内温度的升高有多大比例是土地利用变化造成的,多大比例与温室气体引发的全球变暖有关。但土地利用变化确实是影响中国部分地区气温变化的原因之一,而其变化又与大规模的人类活动密切相关,说明人类活动对区域性气候的影响已不仅仅是温室气体排放,人类对土地资源的过度开发利用也是引起区域性气候变化的原因之一。但是,中国在相关方面的数值模拟研究还存在一定的不足,如模式中陆面过程方案还不够完善,模式分辨率不够精细,模拟时间也普遍较短(李巧萍等 2004),因此,关于土地利用的时空变化对气候影响的研究结果还存在一定的不确定性。

6.4.3.3　人类排放黑碳气溶胶的可能影响

　　近些年人类排放黑碳气溶胶对气候变化的影响引起了中国科学家的注意,特别是近几十年中国长江流域和西南夏季变凉多雨及华北的干旱炎热的原因分析。如前所述,多数科学家的研究表明,气候的自然变化占主导作用,人类活动也可能有一定影响(赵振国 1996,施能等 1996,王绍武 2001,Ding et al. 2003,Zhai et al. 2003,Ho et al. 2003,Zhao et al. 2003,郭其蕴等 2004)。但是也有些研究提出黑碳气溶胶及硫化物气溶胶的影响起了决定性作用(Luo et al. 2001,Qian et al. 2001,Kaiser et al. 2002,Menon et al. 2002)。他们的研究表明,近 20 年中国黑碳气溶胶排放有两个明显的大中心,一个是在四川盆地,气溶胶光学厚度在 0.6 以上;另一个是在西北沙漠地区,气溶胶光学厚度一般在 0.5 以上。第一个大的地区认为是工业排放在盆地中不易扩散掉,造成明显的影响。第二个大区认为是沙尘影响所致(Luo et al. 2001)。利用中国黑碳气溶胶光学厚度资料,输入 NASA 的全球大气环流模式计算得到,近 20 余年由于中国排放黑碳气溶胶增加,其具有吸光性,能够参与大气化学反应,而黑碳气溶胶能够显著地吸收短波辐射,加热了大气,改变了区域大气稳定度,影响了大尺度环流和水物质循环变化,具有显著的区域气候效应,造成南方多洪涝偏冷,华北多干旱偏热(Menon et al. 2002)。Xu(2001)在分析长江中下游地区降水增多时指出:华北、黄河中下游地区自 20 世纪 70 年代末以来夏季(7—8 月)降水呈现不断减少趋势,而长江中下游到华南地区雨量呈增加趋势,但认为中国东部的“北旱南涝”趋势主要起因于东部大城市及周边地区工业化发展释放大量的 SO_2,导致大气气溶胶污染增加,从而太阳直接辐射量减少,造成盛夏西太平洋副热带高压及北侧的夏季风雨带不断南撤。这方面的研究在其他章节有详细论述,这里不再繁叙。

　　综上所述,对中国气候变化的检测和原因判别表明:
　　·20 世纪中国气候变暖,近 50 年特别是近 20 多年的变暖更明显,尤以北方和冬季变暖明显。

不仅年平均表面气温、最高与最低温度升高,而且在许多地区连续的暖冬和热夏也是引人注意的。

　　·较多的证据表明,20世纪中国气候的明显变暖可能与人类排放温室气体和硫化物气溶胶有联系,尤以近50年人类排放温室气体对变暖的影响更明显。近100年中国的气候变暖与气候系统内部各圈层的相互作用,如东亚季风变化、海气相互作用、北极涛动、冰雪变化等有关外部自然因子的影响等也是不容忽视的。

　　·研究表明,近20余年中国南涝北旱的特点可能与自然原因,如海温变化、东亚季风变化等有密切联系。同时,还可能与人类活动,如部分地区荒漠化及人类排放黑碳气溶胶等有联系。

　　·20世纪中国的气候变化原因是复杂的,需要做更深入的研究。

6.5　检测与原因分析的可靠性评估

　　检测与原因分析中的重要问题是:评估结果的可靠性有多高?不确定性有多大?自然因子引起的气候变化和人类活动引起的气候变化分别占有多大比例?

　　对于检测和原因分析的可靠性评估大致考虑以下几个方面:第一,利用各种统计方法计算;第二,如何区别气候的自然变化与人类造成的气候变化;第三,对比各种模拟结果的合理性与可信度;第四,与古气候期及历史气候期作对比,进一步判断产生变化的原因。但是,应该强调指出的是,限于科学水平,目前尚未有一种公认的可靠性评估方法。

6.5.1　从历史透视分析 20 世纪气候变暖的可靠性

　　与近1 000年时间尺度对比表明,20世纪全球和中国的变暖(分别为0.6和0.2～0.8 ℃(100a⁻¹)是明显的,这一点似乎在科学家当中得到共识,可靠程度较高。有些研究表明,20世纪中国的变暖可能是近1 000年中最暖的100年,作为一个例子,表6.12给出了几个关键时期东亚和中国的气候变化与20世纪的对比(王绍武1994,Zhao et al. 2003)。研究表明:20世纪变暖趋势的上限似乎比中世纪暖期变暖幅度要大,因此是值得科学家们重视的。

表 6.12　几个关键气候时期东亚和中国的气候变化与 20 世纪对比

时间尺度	温度变化（℃）	降水变化（mm）	气候变化的可能原因（王绍武 1994）
青藏高原上升期	振幅 > 10	振幅 > 200	高山隆起,地球轨道参数变化,大陆漂移,太阳活动等
最后冰期最大期	−5 ～ −10	−50 ～ −100	地球轨道参数变化
全新世最暖期	+1 ～ +4	+20 ～ +100	地球轨道参数变化
小冰期	−0.4 ～ −0.9	±50 ～ 100	太阳活动,火山活动,全球气候系统内部相互作用和反馈
中世纪暖期	+0.3 ～ +0.5	±50 ～ 100	太阳活动,火山活动,全球气候系统内部相互作用和反馈
20 世纪（观测与模拟）（1900—1999）	+0.2～+0.8 ℃(100a)⁻¹ 1991—2000: 0.1～1.3 El Nino / La Nina / 火山活动 ±0.1～0.5	+5～+10 mm(100a)⁻¹ 1991～2000: −40～+50	太阳活动,火山活动,人类活动,全球气候系统内部相互作用和反馈

6.5.2　20 世纪 100 年时间尺度气候变暖中的自然与人类影响

　　综合上述的多种研究,观测分析与模式考虑人类排放的模拟结果是基本一致的。由此启示我们,20世纪中国的气候变化可能人类活动已经起了一定的作用。研究还表明,20世纪这100年全球和中国的变暖有自然的和人类的共同影响,其中,前50年自然影响更明显,后50年则是人类排放的影响更明显。表6.13试图给出20世纪中国变暖中自然与人类可能贡献的粗略分析。从表中气候模式考虑不同排放方案与观测的变暖趋势对比注意到,不论100年或50年,高排放方案模拟中国变暖的平均值过暖,中等排放方案(考虑温室气体排放和硫化物气溶胶)的平均值较为接近观测结果。火山活动和 El Nino/La Nina 影响大约引起正或负 $0.1 \sim 0.5$ ℃的变化。

表 6.13　20世纪中国气候变暖中自然与人类可能贡献分析

时期	观测(四套资料)	高排放(GG,A2)	中等排放(GS,B2)	模式和方案数
1900—1999	$0.2 \sim 0.8$ ℃$(100a)^{-1}$	平均:1.1 范围:0.4～3.1	平均:0.5 范围:0.0～1.0	大约 40 个
1950—1999	$0.6 \sim 1.10$ ℃$(50a)^{-1}$	平均:1.2 范围:0.4～2.9	平均:0.7 范围:0.0～1.3	大约 40 个

部分自然因子贡献分析(单位:℃)

自然因子	El Nino 期	La Nina 期	火山爆发后 1～4 年
气温变化	0.1～0.5	0.1～0.5	-0.2～-0.5

　　最近中国科学家利用 IPCC 第一工作组第四次科学评估报告给出的 19 个地球气候系统模式(其中包括中国科学院大气物理研究所的模式 FGOALS_g1.0 和中国气象局国家气候中心的模式 BCC_CM1)考虑完全的辐射强迫(包括自然(如太阳活动与火山活动)和人类(如温室气体、硫酸盐气溶胶、黑碳气溶胶等)共同影响),计算模拟的 20 世纪中国气温变化与观测值的对比原因分析再次表明,自然因子和人类活动共同影响了 20 世纪的温度变化,20 世纪后 50 年人类排放可能是造成中国气候变暖的主要原因(图 6.17)。但是模拟结果尚不能解释 20 世纪 20—40 年代中国的暖期(Zhou et al. 2006,周天军等 2006)。

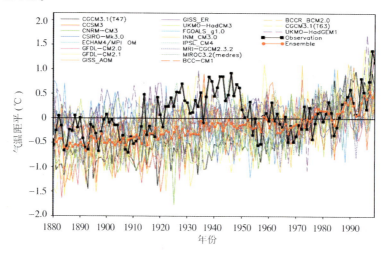

图 6.17　观测值(带实心方框的黑线)和 19 个模式考虑所有强迫试验模拟的
20 世纪中国年平均气温距平变化(相对于 1961—1990 年)
(Zhou et al. 2006,周天军等 2006)

　　为进一步评估人类活动和自然变化的作用,表 6.14 给出了中国 20 世纪后 20～30 年夏季多南涝北旱(南凉北热)分布的可能原因分析(Zhao et al. 2005)。一些研究认为是气候的自然变化,如年代际与多年代际变率,温度和降水的周期性振动,大气环流及其指数和海温与积雪等的影响,20 世纪 70 年代中期气候的快变,东亚夏季风的周期性振动等所致;另一些研究则认为是人类排放如黑碳气溶胶等影响所致。关于这个问题尚需作更深入的研究。

　　从检测与原因判别的可靠性分析中发现:

　　·有些研究表明,20 世纪中国气候的变暖程度可能大于中世纪温暖期,低于全新世最暖期。

　　·20 世纪观测资料和大量模式考虑人类排放的多种情景模拟的中国气候变暖程度大体相当,因此,造成变暖的原因中,除了气候的自然变化,还应该考虑人类活动的影响。

· 区域气候变化的检测和原因分析具有更大的挑战,未来应该加强这方面的研究。

表 6.14　中国 20 世纪后 20～30 年夏季多南涝北旱(南凉北热)分布的原因分析

(Zhao 等 2005)

作者	方法	原因分析
施能等(1996)	观测资料诊断分析	夏季风变化
张庆云等(1998)	观测资料诊断分析	夏季季风变化
王绍武(2001)	观测资料诊断分析	中国降水年代际变率
龚道溢等(2002)	观测资料诊断分析	长江流域气候转折
Ho et al.(2003)	观测资料诊断分析	东亚气候突变
杨海军(2003)	观测资料诊断分析	海气相互作用
Ding et al.(2003)	观测资料诊断分析	年代际变率
翟盘茂(2003,个人通信)	观测资料诊断分析	目前已有征兆表明,南方转干和夏凉结束;北方开始转湿
施雅风等(2003)	多种资料分析	西北开始从暖干向暖湿转型
郭其蕴等(2004)	观测资料诊断分析	东亚夏季风与副高的周期性变化
Xu(2001)	观测资料诊断分析	人类排放污染物和气溶胶影响
Qian et al.(2001)	数值模拟分析	人类排放硫化物气溶胶影响
Luo et al.(2001)	数值模拟分析	人类排放黑碳气溶胶影响
Kaiser et al.(2002)	观测资料诊断分析	人类排放黑碳气溶胶影响
Menon et al.(2002)	数值模拟分析	人类排放黑碳气溶胶影响
石广玉等(2002)	数值模拟分析	人类排放硫酸盐气溶胶影响
Zhao et al.(2003)	数值模拟分析	气候自然变化与人类活动联合影响
Zhao et al.(2005)	观测资料诊断分析与数值模拟综合	气候自然变化与人类活动联合影响
综合评估	以上研究综合分析	气候的自然变化和人类活动影响

6.6　小结

经过对全球和中国观测资料与气候模式模拟结果的分析,得到如下结论:

(1)观测事实一致表明,类似于 20 世纪全球变暖,中国近 100 年也明显变暖(0.2～0.8 ℃(100a)$^{-1}$),近 50 年变暖更明显(0.6～1.1 ℃(50a)$^{-1}$)。目前对变暖的程度有不同的估计,最近以中国(主要是东部)最高、最低温度为基础的序列给出中国的变暖趋势大于全球平均趋势。

(2)有研究表明,20 世纪在全球(或北半球)和中国都可能是近 1 000 年中最暖的 100 年,其增暖趋势可能高于中世纪温暖期,低于全新世最暖期。但也有研究指出,中国 20 世纪的温暖程度没有明显高出中世纪温暖期;还有研究表明中世纪温暖期年平均气温可能仍比 20 世纪高,因此在近 1 000 年中 20 世纪不一定是最暖的 100 年。

(3)综合大约 60 个模式考虑自然和人类的各种因子的研究表明,20 世纪前 50 年全球与中国的气温变化与太阳活动和火山活动及全球气候系统内部的相互作用有较为明显的联系,20 世纪后 50 年特别是近 20 年的气候变暖可能与人类活动有关。但是,模拟结果尚不能解释 20 世纪 20—40 年代中国的暖期。因此,影响中国气候变化的主要因子有待更多的研究检测。

(4)近 20～30 年中国的南涝北旱(南凉北热)的分布形式可能与各地区降水的自然变化周期和年代际变率、东亚季风和副热带高压的变化及海温变化等有密切联系;另一方面,土地利用的变化和人类排放温室气体和黑碳气溶胶等的影响也应引起注意。

(5)全球与中国的气候变化受到自然因子和人类活动的复杂影响。关于全球气候系统各圈层的相互作用和反馈及与内外部因子的复杂关系,目前还没有完全认清。对于区域尺度的研究还需要考虑局地特点。因此,今后还需要进一步开展研究,以减小不确定性。

参 考 文 献

蔡静宁. 2004. 20 世纪中国气候变化与东亚大气环流的诊断模拟研究. 北京大学博士后研究报告, pp65.

陈隆勋, 朱文琴. 1998. 中国近 45 年来气候变化的研究. 气象学报, **56**(3)：257-271.

陈隆勋, 邵永宁, 张喜凤. 1991. 中国近 40 年气候变化初步分析. 应用气象学报, **2**(2)：164-173.

初子莹, 任国玉, 邵雪梅等. 2005. 我国过去近 1000 年地表温度序列的初步重建. 气候与环境研究, **10**(4)：826-836.

丁一汇, 戴晓苏. 1994. 中国近 100 年来的温度变化. 气象, **20**(12)：19-26.

丁一汇, 孙颖. 2002. 黑碳气溶胶影响中国降水了吗？气候变化通讯, **1**(2)：28-29.

丁一汇, 徐影. 2003. 21 世纪气候变化评估, "十五课题报告".

段安民, 吴国雄, 张琼等. 2006. 青藏高原气候变暖是温室气体排放加剧结果的新证据. 科学通报, **51**(8)：989-992.

范广洲, 吕世华, 罗四维. 1998. 西北地区绿化对该区及东亚、南亚区域气候影响的数值模拟. 高原气象. **17**(3)：300-309.

方修琦, 葛全胜, 郑景云. 2004. 全新世寒冷事件与气候变化的千年周期. 自然科学进展, **14**(4)：456-461.

符淙斌, 魏和林, 郑维忠等. 1996. 中尺度模式对中国大陆地表覆盖类型的敏感性试验. 全球变化与我国未来的生存环境. 北京：气象出版社, 286.

符淙斌, 温刚. 2002. 中国北方干旱化的几个问题. 气候与环境研究学报, **7**(1)：22-29.

符淙斌, 袁慧玲. 2001. 恢复自然植被对东亚夏季气候和环境影响的一个虚拟试验. 科学通报, **46**(8)：691-695.

高学杰. 2000. 人类活动对中国气候变化影响检测研究. [博士学位论文]. 中国科学院大气物理研究所.

高学杰, 林一骅, 赵宗慈. 2003. 用区域气候模式模拟人为硫酸盐气溶胶在气候变化中的作用. 热带气象学报, **19**(2)：134-141.

葛全胜, 郑景云, 满志敏等. 2003. 过去 2 000 年中国东部冬半年温度变化序列重建及初步分析. 地学前缘, **9**(1)：169-181.

葛全胜, 陈泮勤, 张雪芹. 2002. 全球变化的集成研究. 地球科学进展, **15**(4)：461-466.

葛向东, 赵咏梅. 1999. 城市化对上海的增温效应. 云南地理环境研究, **11**(1)：44-50.

龚道溢, 王绍武. 2003. 北极涛动对东亚气候的影响. 气候变化通讯, **4**：13-14.

龚道溢, 朱锦红, 王绍武. 2002. 长江流域夏季降水与前期 AO 的显著相关. 科学通报, **47**(7)：546-549.

郭其蕴, 蔡静宁, 邵雪梅等. 2004. 1873—2000 年东亚夏季风变化的研究. 大气科学, **28**(2)：206-215.

江志红, 丁裕国, 金莲姬. 1997. 中国近百年来气温场变化成因的统计诊断分析. 应用气象学报, **8**(2)：175.

李克让, 张丕远主编. 1992. 中国气候变化及其影响. 北京：海洋出版社：450.

李巧萍. 2004. 陆面植被变化诊断分析与模拟研究. [博士学位论文]. 中国气象科学研究院, 120.

李巧萍, 丁一汇. 2004. 植被覆盖变化对区域气候影响的研究进展. 南京气象学院学报, **27**(1)：131-140.

李晓东. 1995. 火山活动对全球气候的影响. 北京：中国科学技术出版社, 143.

林学椿, 于淑秋, 唐国利. 1995. 中国近百年温度序列. 大气科学, **15**(5)：525-534.

刘光远, 王玉尔, 张先恭等. 1984. 祁连山近千年的年轮气候及其在冰川上的反映. 中国科学院兰州冰川冻土所集刊, **5**：97-108.

刘晓宏, 秦大河, 邵雪梅等. 2004. 祁连山中部过去千年温度变化的树轮记录. 中国科学(D), **34**(1)：89-95.

吕世华, 陈玉春. 1999. 西北植被覆盖对我国区域气候变化影响的数值模拟. 高原气象, **18**(3)：416-424.

马晓燕. 2002. 外部强迫因子对气候变化影响的数值试验研究. [博士学位论文]. 中国科学院大气物理研究所.

满志敏, 张修桂. 1990. 中国东部 13 世纪温暖期自然带的推移. 见：施雅风等主编. 中国气候与海平面变化研究进展(一). 北京：海洋出版社. pp17-19.

满志敏, 张修桂. 1993. 中国东部中世纪温暖期的历史证据和基本特征的初步研究. 见：张兰生主编. 中国生存环境历史演变规律研究(一). 北京：海洋出版社. pp95-104.

任国玉. 1996. 与当前全球增暖有关的古气候学问题. 应用气象学报, **7**(3)：361-370.

任国玉, 吴红, 陈宗海. 2000. 中国降水趋势变化的空间分布. 应用气象学报, **11**(3)：322-330.

任国玉, 郭军, 徐铭志等. 2005. 50 年来中国大陆近地面气候变化的基本特征. 气象学报, **63**(6)：942-956.

任国玉, 张兰生. 1996. 科尔沁沙地中世纪温暖期夏季雨量增加的花粉证据. 气候与环境研究, **1**(1)：80-85.

邵雪梅, 方修琦, 刘洪滨等. 2003. 柴达木盆地东缘山地千年祁连圆柏年轮定年分析. 地理学报, **58**(1)：90-100.

邵雪梅,黄磊,刘洪滨等. 2004. 树轮纪录的青海德令哈地区千年降水量变化.中国科学(D),**34**(2)：145-153.

施能,陈建其,屠其璞. 1995. 在过去百年中近 40 年气候变化特征.气象学报,**53**(4)：431-439.

施能,鲁建军,朱乾根. 1996. 东亚冬夏季风强度指数及其气候变化.南京气象学院学报,**19**(2)：168-177.

施雅风,沈永平,李栋梁等. 2003. 中国西北气候由暖干向暖湿转型问题评估.北京:气象出版社,124.

石广玉,王喜红,张立盛等. 2002. 人类活动对气候影响的研究 Ⅱ:对东亚和中国气候变化的影响.气候与环境,**10**：325-335.

宋连春. 1994. 近 40 年我国气温时空变化特征.应用气象学报,**5**(1)：119-124.

谭明,侯居峙,程海. 2002. 定量重建气候历史的石笋年层方法.第四纪研究,**22**(3)：209-219.

唐国利,任国玉. 2005. 近百年中国地表气温变化趋势的再分析.气候与环境研究,**10**(4)：791-798.

屠其璞. 1987. 近百年中国降水变化.南京气象学院学报,**10**(2)：177-189.

王馥棠,赵宗慈,王石立等. 2003. 气候变化对农业生态的影响.北京:气象出版社,180.

王绍武. 1994. 气候系统引论.北京:气象出版社,250.

王绍武,龚道溢,翟盘茂. 2002.气候变化.见:王绍武,董光荣主编.中国西部环境特征及其演变.北京:科学出版社,29-70.

王绍武,龚道溢. 1999. 近百年来的 ENSO 事件及其强度. 气象,**25**(1)：9-13.

王绍武,谢志辉,蔡静宁等. 2002. 近千年全球平均气温变化的研究.自然科学进展,**12**：1 145-1 149.

王绍武,叶锦琳,龚道溢等. 1998a. 近百年中国年气温序列的建立.应用气象学报,**9**:392-401.

王绍武,赵宗慈. 1979. 近 500 年我国旱涝史料的分析.地理学报,**34**(4)：329-341.

王绍武,赵宗慈. 1987. 长期天气预报基础.上海:上海科学技术出版社.pp201.

王绍武,赵宗慈. 1995. 未来 50 年中国气候变化趋势的初步研究.应用气象学报,**6**(3)：333-342.

王绍武,赵宗慈,杨保. 2003. 近年来关于气候变暖的争议.气候变化通讯,**2**(6)：12-14.

王绍武,赵宗慈,杨保. 2004. "曲棍球杆"之争.中国气象报,1 月 10 日,3 版名家专论.

王绍武,龚道溢. 2000. 全新世几个特征时期的中国气温.自然科学进展,**10**(4)：325-332.

王绍武,叶锦琳,龚道溢. 1998b. 中国小冰期的气候.第四纪研究,(1)：54-64.

王绍武. 1994. 近百年气候变化与变率的诊断研究. 气象学报,**52**(3)：261-273.

王绍武主编. 2001. 现代气候学研究进展.北京:气象出版社.pp458.

魏凤英,曹鸿兴. 2003. 20 世纪我国气候增暖进程的统计事实.应用气象学报,**14**(1)：79-86.

吴祥定,林振耀. 1981. 青藏高原近二千年来气候变迁的初步探讨.见:中央气象局气象科学研究院,天气气候研究所编. 全国气候变化讨论会论文集. 北京:科学出版社.pp18-25.

徐建军,朱乾根,施能. 1997. 近百年东亚季风长期变化中主周期振荡的奇异谱分析.气象学报,**51**(4)：620-628.

徐建军,朱乾根. 1999. 近百年东亚季风的突变性和周期性.应用气象学报,**10**(1)：15-25.

徐影. 2002. 人类活动对气候变化影响的数值模拟研究.[博士学位论文].南京气象学院.

徐影,罗勇,赵宗慈等. 2005. BCC-AGCM1.0 模式对 20 世纪气候变化的检测.气候变化特别评估报告,**6**：1-6(中英文).

么枕生主编.1993. 气候学研究——气候与中国气候问题. 北京:气象出版社.pp220.

姚檀栋. 1997. 古里雅冰芯近 2000 年来气候环境变化记录.第四纪研究,(1)：52-61.

姚檀栋,谢自楚,武休岭等. 1990. 敦德冰帽中的小冰期气候纪录.中国科学(B 辑),(11)：1 197-1 201.

余辉,罗哲贤. 1995. 气温长期演变趋势中城市化的可能影响.南京气象学院学报,**18**(3)：450-454.

翟盘茂,任福民. 1997. 中国近 40 年来最高最低温度变化.气象学报,**55**:418-429.

翟盘茂等. 1999. 中国降水极值变化趋势检测.气象学报,**57**(2)：208-216.

张德二. 1980. 中国南部近 500 年冬季温度变化的若干特征.科学通报,**6**：270-272.

张德二. 1993. 我国"中世纪温暖期"气候的初步推断.第四纪研究,**1**：7-14.

张家诚,朱明道,张先恭等. 1976. 气候变迁及其原因.北京:科学出版社.pp288.

张景哲,张启明. 1988. 北京城市气温与下垫面结构关系的时相变化.地理学报,**43**(2)：159-168.

张兰生,方修琦,任国玉编. 2000. 全球变化.北京:高等教育出版社.pp1-341.

张庆云,陶诗言. 1998. 夏季东亚热带和副热带季风与中国东部汛期降水.应用气象学报(增刊),**9**：17-23.

张先恭,魏凤英. 1992. 到公元 2050 年中国气候变化趋势.见:章基嘉,黄荣辉主编.长期天气预报和日地关系研究.北京,海洋出版社. pp117 124.

章基嘉,黄荣辉主编. 1992. 长期天气预报和日地关系研究.北京:海洋出版社. pp189.

赵振国. 1996. El Nino 现象对北半球大气环流和中国降水的影响.大气科学,**20**:422-428.

赵宗慈,丁一汇,高学杰等. 2001. 中国西北地区现代气候变化及未来趋势展望.见:丁一汇,王守荣主编.西北地区气候变化、影响与对策研究.北京:气象出版社. pp10-40.

赵宗慈,高学杰,汤懋苍等. 2002. 气候变化预测.见:丁一汇主编.中国西部环境变化的预测.北京:科学出版社, pp16-46.

赵宗慈,高学杰,徐影等. 2000. 未来 10~15 年人类活动对中国气候变化影响展望.气候通讯,**2**,53-56.

赵宗慈,罗勇,高学杰等. 2003. 20 世纪中国气候变化检测的启示.气候变化通讯,**3**:10-12.

赵宗慈,王绍武,徐影等. 2005. 近百年我国地表气温趋势变化的可能原因.气候与环境研究,**10**:808-817.

郑益群,钱永甫,苗曼倩. 2002. 植被变化对中国区域气候的影响Ⅰ:初步模拟结果.气象学报,**60**(1):1-16.

周淑贞. 1983. 上海城市发展对气温的影响.地理学报,**38**(4):397-405.

周锁铨,陈万隆. 1995. 青藏高原植被下垫面对东亚大气环流影响的数值试验.南京气象学院学报,**18**(4):536-542.

周天军,赵宗慈. 2006. 20 世纪中国气候变暖的归因分析.气候变化研究进展,**2**:28-31.

朱乾根,施能,吴朝晖等. 1997. 近百年北半球冬季大气活动中心的长期变化及其与中国气候变化的关系.气象学报, **55**(6):750-758.

An Z, *et al*. 1993. Episode of strengthened summer monsoon climate of Younger Dryas age on the Loess Plateau of Central China. *Quaternary Research*,**39**:45-54.

Bond G, *et al*. 1997. A pervasive millennial-scale cycle in North Atlantic Holocene and glacial climates. *Science*,**278**: 1 257.

Broecker W S. 2001. Was the medieval warm period global? *Science*,**291**: 1 497-1 499.

Crowley T J, Kim K Y. 1996. Comparison of proxy records of climate change and solar forcing. *Geophysical Research Letters*,**23**:359-362.

Ding Y H, Sun Y. 2003. Interdecadal variation of the temperature and precipitation patterns in the East-Asian monsoon region. Proceedings of the International Symposium on Climate Change. Beijing, China, pp66-71.

Gao X J, Zhao Z C, Ding Y H, *et al*. 2001. Climate change due to greenhouse effect in China as simulated by a regional climate model. *Advances in Atmospheric Sciences*,**18**: 1 224-1 230.

Gao X J, Zhao Z C, Filippo Giorgi. 2002. Changes of extreme events in regional climate simulations over East Asia. *Advances in Atmospheric Sciences*,**19**: 927-942.

Gao X J, Luo Y, Lin W T, *et al*. 2003. Simulation of effects of landuse change on climate in China by a regional climate model. *Advances in Atmospheric Sciences*,**20**(4):583-592.

Guo Y F, Yu Y Q, Liu X Y,*et al*. 2001. Simulation of climate change induced by CO_2 increasing for East Asia with IAP/LASG GOALS model. *Advances in Atmospheric Sciences*,**18**:53-66.

Ho Chang Hoi, June Yi Lee, Myoung Hwan Ahn, *et al*. 2003. A sudden change in summer rainfall characteristics in Korea during the late 1970s. *International Journal of Climatology*,**23**:117-128.

Hulme M, Wigley T, Jiang T, *et al*. 1992. "Climate Change due to the Greenhouse Effects and its Implications for China", A Banson Production (UK), pp53; another booklet in Chinese published in Hong Kong, pp55.

Hulme M, Zhao Z C, Jiang T. 1994. Recent and future climate change in East Asia. *International J Climatology* (UK),**14**:637-658.

IPCC WG1. 1990. Climate Change: The IPCC Scientific Assessment. eds. by Houghton J T, *et al*. Cambridge University Press, Cambridge, UK, pp365.

IPCC WG1. 1992, Climate Change 1992, The Supplementary Report. eds. by Houghton J T, *et al*. Cambridge University Press, Cambridge, UK, pp198.

IPCC WG1. 1996. Climate Change 1995: The Science of Climate Change. eds. by Houghton J T, *et al*. Cambridge University Press, Cambridge, UK, pp570.

The IPCC Special report on Emissions Scenarios (SRES). eds. by Nebojsa Nakicenovic, *et al*. Cambridge University Press, Cambridge, UK, 2000, pp595.

IPCC WG1. 2001. Climate Change 2001: The Scientific Basis. eds. by Houghton J T, Ding Y H, *et al*. Cambridge University Press. Cambridge, UK, pp896.

IPCC WGl. 2007. Climate Change 2007: The Physical Science Basis. eds. by Solomon S, Qin D, *et al*. Cambridge University Press. UK, pp1030.

Jones P D, Osborn T J, Briffa K R, *et al*. 2001. Adjusting for sampling density in grid box land and ocean surface temperature time series. *J Geophys Res*, **106**: 3 371-3 380.

Karl T R, Knight R W, Plummer N. 1995. Trends in high-frequency climate variability in the twentieth century. *Nature*, **377**: 217-220.

Karl T R, Knight R W, Baker B. 2000. The record breaking global temperatures of 1997 and 1998: Evidence for an increase in the rate of global warming? *Geophys Res Lett*, **27**: 719-722.

Kaiser D P, Qian Y. 2002. Decreasing trends in sunshine duration over China for 1954—1998: Indication of increased haze pollution? *Geophys Res Lett*, **29**: 2 042.

Lean J, Rind D. 2001. Earth's response to a variable sun. *Science*, **292**: 234.

Luo Y F, Lu D R, Zhou X J, *et al*. 2001. Characteristics of the spatial distribution and yearly variation of aerosol optical over China in the last 30 years. *J Geophys Res*, **106**: 14 051-14 513.

Mann M E. 2002. The Value of Multiple Proxies. *Science*, **297**: 1 481-1 482.

Mann M E, Jones P D. 2003. Global surface temperature over the past two millennia. *Geophys Res Letts*, **30** (15): 5-1-4.

Menon S, Hansen J, Nazarenko L, *et al*. 2002. Climate effects of black carbon aerosols in China and India. *Science*, **297**: 2 250-2 253.

Nozawa T. 2003. Detection and Attribution of Climate Change by the CCSR/NIES with Several Factors. IUGG 2003, Sapporo, Japan.

Overpeck J, Hughen K, Hardy D, *et al*. 1997. Arctic environmental change of the last four centuries. *Science*, **278**: 1 251-1 256.

Qian, W H, Zhu Y F, Ye Q. 1999. Interannual and interdecadal variability in SST anomaly over the eastern equatorial Pacific. *Chinese Science Bulletin*, **44**: 568-571.

Qian Y, Giorgi F, Huang Y, *et al*. 2001. Regional simulation of anthropogenic sulfur over East Asia and its sensitivity to model parameters. *Tellus*, **53**B: 171-191.

Stott A. 2003. Detection of Climate Change, IPCC conference in Marrackech, Morroco.

UEA. 2002. Impacts of the volcanoes and El Nino/La Nina on climate change. http://ipcc—ddc. cru. uea. ac. uk/.

Wang H J, Pitman A J, Zhao M, *et al*. 2003. The impact of land-cover modification on the june meteorology of China since 1700. Simulated using a regional climate model. *International Journal of Climatology*, **23**. 511 527.

Wang Shaowu. 1994. Cold periods during the last millennium. TAO, **5** (3): 383-392.

Wang Shaowu, Luo Yong, Zhao Zongci, *et al*. 2006. Debating about the climate warming. *Progress in Natural Science*, **16** (1): 1-6.

Xu Qun. 2001. Abrupt change of the mid-summer climate in central east China by the influence of atmospheric pollution. *Atmos Envir*, **35**: 5 029-5 040.

Yang Bao, Braenning A, Johnson K R, *et al*. 2002. General characteristics of temperature variation in China during the last two millennia. *Geophys Res Lett*, **29** (9): 38-1-4.

Yang Bao, Brauning A, Shi Y F. 2003. Late Holocene temperature fluctuations on the Tibetan Plateau. *Quarter Sci Rev*, **22**: 2 335-2 344

Yu R C, Zhang M H, Yu Y Q, *et al*. 2001. Summer monsoon rainfalls over mid-Eastern China lagged correlated with global SST. *Advances in Atmospheric Sciences*, **18** (2): 179-196.

Yu S, Saxena V K, Zhao Z. 2001. A comparison of signals of regional aerosol-induced forcing in eastern China and the southeastern United States. *Geophys Res Lett*, **28**: 713-716.

Zhai P M, Pan X H. 2003. Trends in temperature extreme during 1951—1999 in China. *Geophysical Research Letter*, **30** (17): 1913, doi:10. 1 029.

Zhao Z C, Ding Y H. 1990. Sensitivity experiments and assessment of climatic changes in China induced by greenhouse effect. *J Environ Sci* (China), **2**: 74-84.

Zhao Z C. 1994. Climate change in China. *World Resources Review* (USA), **6**: 125-130.

Zhao Z C, Luo Y. 1999. Impacts of Land use Change on Summer Monsoon Rainfall over East Asia. Proceeding of Third International Scientific Conference on the Global Energy and Water Cycle, Beijing, June 16-19, 1999.

Zhao Z C, Xu Y. 2002. Detection and scenarios of temperature change in East Asia. *World Resource Review* (USA), **15**: 321-333.

Zhao Z C, Sumi A, Harada C, et al. 2003. Detection of Climate Change over East Asia for the 20th century. IUGG 2003, Sapporo, Japan.

Zhao Z C, Sumi A, Kim J W. 2004. Characteristics of extreme climate change over East Asia and China for the several key periods. *World Resource Review* (USA), **15** (3):289-304.

Zhao Z C, Ding Y H, Luo Y, et al. 2005. Recent studies on attributions of climate change in China. *Acta Meteorologica Sinica*, **19**: 389-400.

Zhou T J, Yu R C. 2006. 20th century surface air temperature over China and the globe simulated by coupled climate models. *J Climate*, **19**: 5 843-5 858.

Zou X, Zhai P, Zhang Q. 2005. Variations in droughts over China: 1951—2003. *Geophys Res Lett*, **32**: L04707, doi: 10.1029/2004GL021853.

第 7 章　气候变化预估模式的检验与气候敏感性

主　　笔:王会军　丁一汇
主要作者:姜大膀　郎咸梅　孙　颖　周天军

7.1　气候模式

7.1.1　气候模式简介

自工业化革命以来,关于气候变化的事实、成因及其未来变化趋势的研究日益引起科学工作者的广泛关注,气候系统在人类活动和自然因素共同作用下将如何变化这一重大科研课题已经成为现代气候学研究的一个热点。20 世纪 20 年代以来,在数学、物理学、化学、统计学及计算语言基础上建立起来的气候模式,可以用来研究复杂的气候系统、系统内的各个组成部分及各个部分之间、各个部分内部子系统之间复杂的相互作用,已经成为认知气候系统和预测气候未来变化的唯一定量化研究工具。

最早提出利用数学物理方法模拟大气环流运动,进而进行天气预报想法并付诸实施的是 Richardson(1922),他首次尝试利用数值模式开展短期天气预报。虽然初次尝试以失败告终,但是他的开创性工作,他当时提出的离散数学方法及他的经验,对于此后气候模式的发展起到了巨大的促进作用。此后 20 多年中,短期天气预报获得了长足发展,尤其是伴随计算机科学的飞速发展,使得积分时间较长的气候模式的出现成为可能。

Phillips(1956)用准地转方程组构造了一个大气环流模式,首次成功地进行了数值天气预报,这一成功范例极大地推动了此后数值模式的蓬勃发展,为数值模式发展史上的一个里程碑。随着计算机能力的不断提高,20 世纪中后期,很多学者又开始发展基于原始方程的大气环流模式,如 Smagorinsky 等(1965)、Manabe 等(1965)和 Manabe(1967)完成了一个垂直九层的半球原始方程大气坏流模式,此后他们又开始了全球大气环流模式的研制。

至 20 世纪 70 年代,全球大气环流模式已基本成熟(GARP 1974),并开始进行了气候数值模拟试验(GARP 1979)。也就在此时,气象科学家开始注意大气 CO_2 浓度累积对气候所产生的长期影响,由此揭开了利用气候模式研究人类活动在气候变化中作用的序幕。

在大气环流模式发展的同时,海洋环流模式也由于海洋在海气相互作用中的重要作用而得到快速发展。在 20 世纪 60 年代初,科学家们就已经认识到将海洋模式耦合到大气环流模式中的必要性。Manabe 等(1969)首次给出了基于理想化的大陆-海洋而构造的海气耦合模式结果。此后不久,第一个基于实况海陆分布的海气耦合模式结果产生了(Manabe *et al*. 1975)。

借助于计算机能力的快速提高,气候模式模拟的时间跨度可以进一步扩大、空间尺度进一步缩小。同时,海洋环流模式、海冰模式等描述各气候子系统行为的模式也先后获得了巨大的发展。近 10 年来,各类耦合模式,如海气耦合模式,也获得了飞速发展。气候模式正向着积分时间更长、空间分辨率更小和对各子系统描述更精细的方向不断发展。

也应该意识到,气候模式也存在着不足。首先,环流模式的基本出发点就是要比较完善地描述气候系统的各种过程,所以模式必然很复杂,需要耗费大量的计算时间和计算设备;第二,环流模式中各因子间的相互关系和相互作用繁多,这就很不利于对某些物理或化学过程作用进行单独研究。故此,在环流模式发展的同时,为了深入研究和解决一个相对具体的过程或问题而产生了气候模式的分支——简化气候模式。所谓简化气候模式就是针对复杂气候系统中的某些或者某个基本关系或过程,用较简单的方程组来描述,也就是通常所讲的抓住事物的主要矛盾。

在诸多简化气候模式中,能量平衡模式是在地球大气系统处于全球能量平衡状态前提下,来研究地表面热量收支状况和大气辐射过程对于地气系统获得能量并以此来驱动气候系统的作用(Budyko 1969,Sellers 1969);辐射-对流模式的主要用途是研究火山喷发、大气 CO_2 浓度增加对于大气系统所产生的影响(Hansen *et al*. 1981)及地球系统的长期演化(Rossow *et al*. 1982);二维统计动力模式则主要用来研究稳定长波与移动天气系统之间的相互作用(Green *et al*. 1970)。

7.1.2　气候模式的研究现状

气候模式经过 40 多年的持续研究,已经发展得较为完善。目前,较为复杂的气候模式通常针对三维气候系统进行综合模拟研究,简化气候模式则主要针对特定过程进行具体分析,两者相辅相成,均为现在气候变化研究中的重要定量化研究工具,尤其是在全球变暖的焦点问题上,气候模式更是发挥了无可替代的作用。

但是,目前气候模式对当前日益复杂的真实气候系统的描述还存有较大距离,许多研究者正致力于从下列几个方面改进气候模式:

(1)参数化方案的改进。受限于观测资料,对气候系统中的很多物理、化学、生物、水文等过程仍旧知之甚少,有的过程即使清楚了但在模式中也还没有找到最优的表征方式,现阶段还只能用半经验的方法进行参数化。故此,气候模式中各类过程参数化方案研究具有重要意义。

(2)发展耦合气候系统中各子系统模式。现在较为普遍的耦合模式是海气耦合模式,虽然这比单独使用大气环流模式对气候进行的模拟要更为合理,但是生物圈、冰雪圈、岩石圈等系统模式还没有被完全耦合进气候系统模式中来,这无疑极大地限制了气候模式对气候系统的客观描述。

(3)模式技术性方案的改进。诸如:海气耦合模式中的"气候漂移"问题,开始主要通过"通量调整"的方法加以解决,近年来开始去掉通量调整的限制而采用自由耦合,但使用该方法的耦合模式的结果也远没有达到令人满意的程度。

(4)模式评价体系的发展。这一点非常重要,对模式进行系统性客观评估,找到问题,然后尽可能解决问题,只有这样气候模式才会获得更大发展。如大气环流模式比较计划、耦合模式比较计划、古气候模拟比较计划等大规模国际间模式互比计划的开展,近 20 年来极大地推动了数值模式的改进步伐。

伴随着计算机技术的巨大发展,制约气候模式发展的计算能力问题也因此而大大缓解,这为气候模式的进一步发展提供了广阔的平台。为了更加深入地了解人类赖以生存的地球气候系统的行为,科学工作者正从各个方面不断改进数值模式对该系统的刻画、模拟能力,并最终建立地球系统模式以期能够利用它对未来的气候和环境变化提供更可靠的预估,为人类社会开展有序活动,特别是政策制定者提供重要的参考依据。

7.2　气候模式发展的主要计划

7.2.1　大气环流模式比较计划

7.2.1.1　大气环流模式比较计划概况

大气环流模式比较计划(AMIP)由美国能源部资助,属世界气候研究计划(WCRP)数值试验工作组下的一个国际科学计划(Gates 1992),起始于 1989 年,第一阶段已经于 1996 年基本结束。

AMIP 的科学意义是巨大的,因为气候变化的模拟和预测的唯一定量化研究工具就是气候模式,而就其目前的水平,模式尚有不确定性,模拟误差较大,模式间差异也很大,因此,检验模式并完善模式是一项极重要而艰巨的科学任务,而多模式间的相互比较是最好的也可能是唯一可行的科学途径。通过将模式结果与观测资料及模式结果之间的相互比较,发现模式模拟的系统性误差并改进模式是 AMIP 计划的科学意义所在(王会军 1997)。

在 AMIP1 阶段,比较计划首先规定了模式的标准参数和标准输出,大气 CO_2 含量、太阳常数取成了统一值,输出结果也都要求标准化。模式积分时间为 1979—1988 年,下边界条件中的海洋表面温度和海冰均采用统一的观测月平均资料。计算完成后,所有模式积分结果都要统一交到 AMIP 计划的执行总部——美国劳伦斯国家实验室气候模式诊断和比较研究组,并可向任何参加该计划的单位提供,同时还提供给专门设立的分析子计划分析之用。此外,为了能有效地检验模式结果,AMIP 计划还发展了一套气候观测分析资料集,提供给 AMIP 成员使用。该阶段,共有来自美国、英国、德国、法国、加拿大、澳大利亚、俄罗斯、中国、韩国、日本的 31 家研究组织或单位的模式参加了该项计划,各模式的基本信息和主要特征描述请参阅 Phillips(1996)。在 AMIP1 阶段,中国科学院大气物理研究所的 2 层大气环流模式(Zeng et al. 1989)参加了该项比较计划。

7.2.1.2 AMIP 分析子计划

随着 AMIP1 全部模式于 1994 年完成积分试验,为了对模式进行系统分析和评价,AMIP1 发起了 26 个研究子计划(Gates et al. 1999),它们依次是:天气至季节内热带大气变率;低频变率;气旋频率和热带外季节内变率;晴空温室气体敏感性和水汽分布;海表通量;季风;水文过程;极区现象和海冰;南半球高纬环流;阻塞;大气湿度和土壤水分;陆表过程;云变化;云辐射强迫;大气角动量变动;平流层环流;多时间尺度上水及能量平衡;极端事件;基于微波探测资料的模拟温度验证;南部非洲环流特征;日全月平均表面气候态及区域气候异常;人气能量分析;活动中心变化,里海区域气候,东亚气候;季风降水。这些分析计划几乎覆盖了大气环流和气候研究的各个方面,非常全面而精细,可以说,AMIP1 是在空前的规模和空前的细节上对几乎所有模式进行最为系统的检验。其中,中国科学院大气物理研究所参加了 9 个分析子计划,并提供模式结果给所有子计划以参与一系列的模式比较研究。期间,最为中国学者关注的科学问题主要是东亚季风与全球环流异常的关系、亚洲季风的模拟及一些相关的科学问题,如:陆表过程、水文过程、低频变化、云等。

7.2.1.3 AMIP1 主要研究结果

1995 年 5 月 15—19 日在美国蒙特里召开了有 150 余人参加的 AMIP 第一次科学大会(Gates 1995),参加者通过 79 篇大会报告,20 篇张贴报告,分以下 10 个方面报告了 AMIP 的科学进展,即:AMIP 回顾;通量、云及辐射;水文及陆表过程;热带变率;热带外变率;模式系统误差消减;模式敏感性;观测数据分析整编;AMIP 未来发展;其他模式比较计划。上述报告全面阐述了迄今为止 AMIP 所取得的各方面研究成果,其中,中国科学院大气物理研究所报告了东亚季风的研究成果。

AMIP1 的研究结果主要包括:大气环流模式模拟结果的集合平均与观测到的大尺度季节平均海平面气压、表面气温和大气环流分布相一致;集合平均的大尺度降水和海表通量与观测资料相吻合,但在低纬度模式间差别较大;与此相反,模式对于总云量的模拟能力相当差,特别是在南半球。此外,大气的季节循环能被大气环流模式很好地捕捉到;集合平均的热带太平洋上海平面气压的年际变率与观测相一致,但中纬度地区的年际变率模拟结果不理想;总体上,AMIP1 模式的集合结果要好于单个模式的结果,没有一个模式的结果在各个方面都表现为最好。更为详细的具体信息,请参阅 Gates 等(1999)的回顾性总结。

7.2.1.4 AMIP2 阶段

随着 AMIP1 各项工作于 1996 年接近尾声,AMIP 对于全球大气环流模式系统性误差评价、改进和气候诊断分析工作所发挥的巨大推动作用给予参加者以极大的鼓舞。正是在这种情况下,AMIP2

应运而生,并仍将通过模拟结果间对比分析、模式评述、模式-观测资料比较及诊断分析工作来不断改进全球大气环流模式的完备性(http://www-pcmdi.llnl.gov/amip/NEWS/amipnl8.pdf)。

与 AMIP1 类似,AMIP2 首先设计了一个标准的数值试验,试验要求模式模拟时间段为 1979 年 1 月 1 日至 1996 年 3 月 1 日;海表边界条件中要求使用统一的月平均海洋表面温度和海冰资料;用统一的方法消除初始场的影响;太阳常数,地球轨道参数和大气 CO_2 浓度取为统一值。其次,要求所有的模式参加组必须至少执行标准数值试验,并在计算完成后将模式输出结果提交 AMIP 总部,以便统一整理并向所有参加者和未来的 AMIP 诊断分析子计划组开放。此外,AMIP2 还在一定程度上鼓励有条件的研究组开展额外的数值试验研究。

全球至今有 35 个模式组参加了 AMIP2(http://www-pcmdi.llnl.gov/amip/NEWS/amipnl9.pdf)阶段的比较计划,其中,除了中国科学院大气物理研究所和全球大气环流模式参加了该计划以外,中国气象局和中国科学院大气物理研究所联合发展的 T63L16 模式也首次参加了该项模式比较计划,这对于推动中国大气环流模式的研制发展及相关诊断分析工作的开展意义重大。同时,AMIP2 在 AMIP1 的经验基础上,也同样设置了一些诊断性研究科学子计划,至目前已经立项 25 项,同时一些诊断子计划项目书正处在评审阶段,这些子计划内容几乎涵盖了气候诊断研究的各个领域。

AMIP 的研究成果是令人振奋的,因为 Taylor(2001)基于 AMIP 模拟结果而针对几十个大气变量的初步分析结果初步表明,全球大气环流模式在过去的 10 年已经总体上得到改善,一些单独的大气环流模式亦是如此。相信随着 AMIP 工作的不断推进,全球大气环流模式性能评价、模拟能力评估及进一步的改善工作将日渐深入,气候诊断领域的各项研究工作也将获得巨大的推动。

7.2.2　耦合模式比较计划

耦合模式比较计划(CMIP)是由作为世界气候研究计划的组成部分的 JSC/CLIVAR 耦合模式工作组于 1995 年设立的(Meehl *et al*. 2000)。设立 CMIP 的目的,是为开展气候研究的科学家提供一个标准的边界条件强迫下的诸多全球海气耦合模式积分结果的数据库。CMIP 研究人员利用这些耦合模式的积分结果,来研究为什么在同样的输入参数下,不同模式的响应结果彼此不同,或者说,来发现哪些方面是耦合模式都能模拟出的共性,哪些方面是诸多耦合模式共同存在的问题。CMIP 可视为 AMIP 的姊妹计划。在 AMIP 中,海洋表面温度和海冰被设定为观测资料的再分析值,重点研究大气对这些外强迫的共同响应和差异状况;在 CMIP 中,则重点研究包括海洋和海冰在内的整个物理气候系统对给定的大气 CO_2 浓度的响应。

已执行的 CMIP 计划分为两个阶段。第一阶段(CMIP1)主要是比较 CMIP 模式的控制试验结果,其中的大气 CO_2 浓度、太阳辐射及其他的气候外强迫都为常数,不过,不同的 CMIP 模式采用的太阳常数和大气 CO_2 浓度彼此可能不同,前者从 1 354 W m^{-2} 到 1 370 W m^{-2},后者从 290 ppmv 到 345 ppmv。CMIP1 的主要目标是检验全球海气耦合模式所模拟的大气、海洋、冰雪圈平均气候态的系统偏差,定量评估"通量调整"技术的采用对模式平均气候态和气候变率的影响,给出模式模拟的不同空间和时间尺度上的气候系统变率的特征。CMIP 模式的平均气候态误差,反映在全球年平均表面气温和降水上,分别见图 7.1 和图 7.2。第二阶段(CMIP2)将大气 CO_2 浓度逐年递增 1%,不考虑其他人类活动产生的气候强迫因子的影响,例如工业革命以来日益增加的人为气溶胶排放等。CMIP 的控制试验和大气 CO_2 浓度增加的试验中都不考虑气候强迫的自然变化,如火山喷发和太阳常数的变化等。CMIP2 的主要目标是考察耦合模式对大气 CO_2 浓度瞬时增加、达到加倍水平时的平均响应,定量分析"通量调整"技术对耦合模拟的气候敏感性的影响,描述不同时间段上模式气候系统对大气 CO_2 浓度逐渐增加的共同响应及不同情况。CMIP 模式模拟的大气 CO_2 浓度增加情况下的全球平均表面气温和降水的响应见图 7.3。

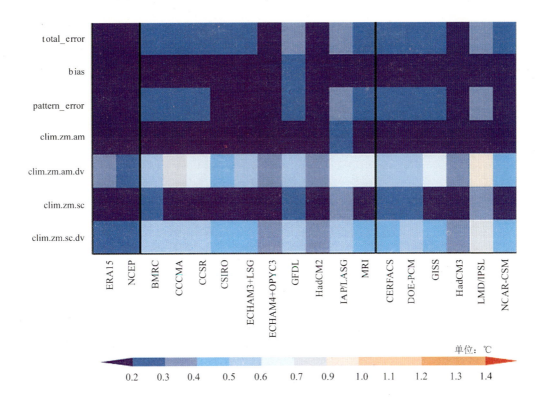

图 7.1　CMIP2 模式模拟的表面气温气候值的误差分布(相对于 Jone/Parker 观测值)

(包括总误差(total_error)、全球年平均值误差(bias),总均方根误差(pattern_error),以及如下变量的气候均方根误差:年纬向平均值(clim. zm. am)、相对于纬向平均值偏差量的年平均值(clim. zm. am. dv)、纬向平均值的季节循环(clim. zm. sc)、相对于纬向平均值的偏差量的季节循环(clim. zm. sc. dv)。"IAP/LASG"标识为中国科学院大气物理研究所 LASG 发展的全球海气耦合模式 GOALS(IPCC 2001))

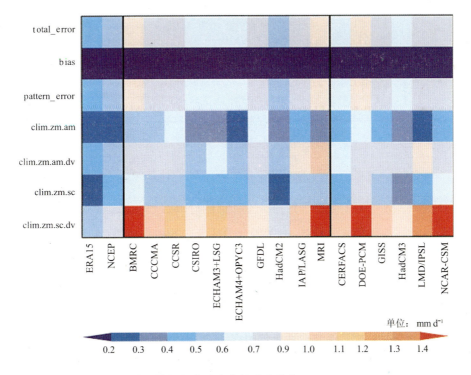

图 7.2　CMIP2 模式模拟的全球降水的误差分布(相对于 Xie-Arkin 降水观测值)

(注释同图 7.1)

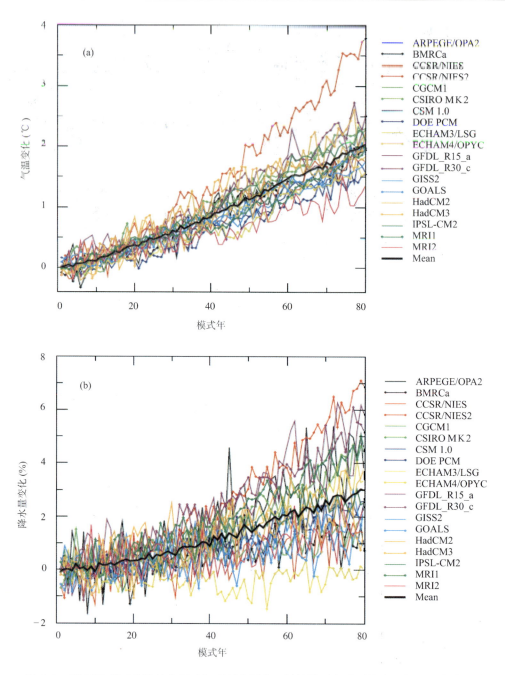

图 7.3 CMIP2 模式模拟的大气 CO_2 浓度年增加 1% 情况下全球平均表面气温和降水的变化

GOALS"标识为中国科学院大气物理研究所 LASG 发展的全球海气耦合模式 GOALS 的模拟结果(IPCC 2001))

CMIP 通过给定相同的理想强迫情景,诸多耦合模式开展相同的模拟,大大方便了对模式固有系统性误差的研究。不过,即使把除 CO_2 以外的其他温室气体的影响折算为"相当 CO_2 强迫"考虑在内,并忽略人为排放的气溶胶的影响,大气 CO_2 浓度年递增 1% 所反映的辐射强迫的增加率也远大于近几十年来实际观测到的水平。因此,CMIP2 的大气 CO_2 浓度增加的"情景试验"不能被视为是对过去气候变化的模拟,其结果与实际的气候变化自然也不完全具备可比性。同样,其结果也不能视作是对未来气候变化的预估。CMIP 试验的真正价值在于,它提供了一个标准试验方案,使得所有的耦合模式能够在同样的强迫方案下,开展同样的模拟,并得到了相似的、可以为我们所分辨的响应信号。这使得我们有可能利用这些模拟结果来比较、甚至揭示导致不同模式产生不同响应的内在原因。

除了 CMIP1 和 CMIP2 之外,耦合模式工作组还组织了 CMIP2+,其分析内容和 CMIP2 相似,但要求参加的模式提供所有模式输出场,同时,还增加了分析逐日资料的内容。此外,CMIP 还协调、组织了一些敏感性试验,例如大洋温盐环流对淡水通量强迫的响应、耦合模式对 20 世纪气候的模拟(20C3M)等。由于这些试验对模式性能的要求和对计算条件的要求都比较高,因此,不是所有参加 CMIP 计划的耦合模式都参加了这方面的模拟比较。

参加 CMIP 计划的耦合模式的数量逐年递增,在 CMIP1 阶段,全世界只有 22 个耦合模式参加;CMIP2 对耦合模式的要求有所提高,必须是完全的海气耦合(即考虑水循环过程),因此总模式数一度减少到 15 个;目前参加 CMIP 计划的模式总数已经达到 31 个之多,具体信息见 http://www-pcmdi.llnl.gov/cmip/Table.htm。需要强调的是,中国科学院大气物理研究所大气科学与地球流体力学数值模拟国家重点实验室发展的全球海-陆-气-冰耦合的气候系统模式,自始至终参加了 CMIP 活动,其中 IAP/LASG GOALS 模式的第二版本参加了 CMIP1 阶段,IAP/LASG GOALS 模式的第四版本参加了 CMIP2 阶段,它是唯一来自发展中国家的全球耦合模式。从图 7.1 至图 7.3 中,我们不难发现,IAP/LASG GOALS 模式的综合性能和世界上一些较具影响力的知名气候模式相近。

对耦合模式模拟结果的有效化分析表明,与 20 世纪 90 年代中期相比,耦合模式的整体性能得到了很大的提高,其中非常突出的一点是,耦合积分过程中逐渐不再需要进行人为的"通量调整"。目前大致有一半的模式不采用"通量调整"而依然能够得到较为理想的模拟结果,其存在的气候漂移的误差可以接受,可以满足百年尺度模拟的需要。采用"通量调整"的模式,其气候漂移问题要少一些。不过,无论模式采用"通量调整"与否,不同模式间模拟的全球平均表面气温差别很大,低的小于 12 ℃,高的大于 16 ℃。

就平均气候态的模拟而言,和观测相比,模式结果有鼓舞人心的地方,也有不尽如人意之处。因此,目前尚难断言耦合模式是否"足够好",以用于研究过去特定时期的气候,或预测未来的气候。不过,令人振奋的是,模拟结果和观测结果之间的差异,要小于观测结果中的不确定性范围。如果不同的观测资料(包括基于数值模式的再分析资料)的可信度均等的话,这一结果意味着耦合模式的控制试验结果在准确度上已经达到观测资料不确定性所允许的范围,至少从全球统计数据上看是如此。

在采用同样的大气 CO_2 浓度年递增 1% 的情景下,CMIP2 模式所产生的气候变化响应不尽相同。不过,模式模拟的大气 CO_2 浓度加倍时的全球变暖,彼此间相差不到 3 倍(1.5～4.5 ℃)。原因之一可能是因为随着气候敏感性的提高,气候系统的响应时间随之增加,由此产生抵消效应;和敏感性较低的模式相比,敏感性高的模式,对大气 CO_2 浓度加倍的响应大,模式模拟的气候变暖的幅度大,偏离平衡态也较远。同样,CMIP2 中敏感性高的模式,与敏感性较低的模式相比,在大气 CO_2 浓度增加时,海洋吸收、存储热量的效率也更高些(Raper et al. 2001)。海洋吸收热量的效率高,就减缓了全球的增暖。另外,参加 CMIP2 的模式所模拟的降水变化,彼此间差别很大,并且看来和模拟的地球表面气温变化的关系不大。

以上是 CMIP 围绕着全球气候模拟结果所开展的比较研究的总体情况。CMIP 鼓励世界各国学者充分利用其积分结果,开展特定领域的模式比较研究。目前已经正式确立的 CMIP 比较子计划已经有 51 个,其中围绕着 CMIP1 的有 22 个,围绕着 CMIP2 的有 29 个,具体信息见 http://www-pcmdi.llnl.gov/cmip/CMIP_Subprojects/project_list.html。

关于 CMIP 的未来发展,2003 年 9 月在德国汉堡召开的 CMIP 工作组会议上确立 CMIP 的第三阶段(CMIP3)将于 2003 年 10 月启动,初步拟定将主要开展以下几个方面的模拟工作:

(1) 大气 CO_2 浓度年递增 1%,当达到加倍水平后,将大气 CO_2 浓度固定在 $2×CO_2$ 水平上,继续积分至少 130 年(总计 200 年耦合积分);

(2) 大气 CO_2 浓度年递增 1%,当达到四倍水平后,将大气 CO_2 浓度固定在 $4×CO_2$ 水平上,继续积分至少 160 年(总计 300 年耦合积分);

(3) 重复前面两项内容的模式积分,但是海洋模式采用混合层海洋模式,而不是全球大洋环流模式。

CMIP3 对模式的要求明显提高,除了必须是三维海气耦合模式外,还要求模式必须进行数百年的控制积分以检验其稳定性,曾参加过 CMIP2(提供 CMIP2 模拟结果),其大气模式部分应参加过 AMIP 计划,且其分辨率不低于 T40,R30 或 3°×3°,耦合模式必须有详尽的说明。可见 CMIP 计划对模式的要求门槛逐步提高,同时其发展方向也逐步转向更为真实地模拟 20 世纪,预估 21 世纪气候。中国科学院大气物理研究所大气科学与地球流体力学数值模拟国家重点实验室作为中国发展全球耦合气候系统模式的一个重要基地,其新近完成的具有较高分辨率的、基于耦合器框架的模块化的全球气候系统模式的两个版本(分别包含 IAP/LASG 谱大气模式和格点大气模式),已经着手开展 CMIP3 相关试验。

7.2.3　古气候模拟比较计划

古气候模拟研究能够用来验证当前的气候模式在多大程度上能够再现过去气候的能力,它直接关系着气候模式对未来气候变化的预测可信度;同时,模拟结果与重建古气候资料的相互比较可以使得大气科学与地质和古生物等学科相互交叉,彼此裨益。

正是基于这样的事实,国际上对探索气候变化成因已从单纯的气候学领域向与地理学和地质学结合的多学科方向发展;而地理学和地质学也从传统的气候重建向气候变化机制的模拟研究转型(于革等 2001)。近 20 多年来,全球规模的围绕近 2 万年以来气候变化的研究计划从未间断。从 20 世纪 70 年代末进行地质资料集成研究的"Climate, Long-range Investigation, Mapping and Prediction Project"(CLIMAP Project members 1981)到 80 年代末的"Cooperative Holocene Mapping Project"(COHMAP members 1988);90 年代初又从单一气候模式研究转为大气环流、海洋环流和下垫面不同圈层的耦合模式研究,同时也从模式研究转为结合地质资料与模式相互对比验证的综合性研究,如"Testing Earth System Models with Paleoenvironmental- Observations"(TEMPO members 1996)等重大国际性合作研究计划。

由于各个模式设计相互独立,对同一时期古气候进行数值模拟时所设置的边界条件常千差万别,因而各模拟结果差异很大,这为评估和应用各个模式成果造成了极大困难。经国际地圈生物圈计划的过去全球变化及世界气候研究计划的数值试验工作组的共同批准,1991 年国际古气候模拟比较计划(PMIP)(Joussaume et al. 1995)正式启动。PMIP 的研究目标,首先在于确定众多大气环流模式(AGCM)对相同古气候边界条件响应的共同点和差异之处,系统地评价 AGCM 模拟古气候,尤其是千万年长时间尺度气候巨变的能力,从而促进 AGCM 的系统研究;其次,将模拟结果与重建古气候资料进行对比研究,确定二者的一致性及不同,帮助分析和理解重建古气候资料,进而探讨古气候变化的成因机制。

大量的重建古气候资料已经表明,全新世中期和末次盛冰期(LGM)是与现代气候有着极大差别的两个典型时期;同时,大量的气候成因假说对这两个关键时段主要驱动因子的认识也较为集中。LGM 是全球大陆和海洋显示的最寒冷时期之一(COHMAP members 1988),尽管当时地球轨道参数所引起的太阳辐射量及其空间分布变化不大,但北半球第四纪冰盖发育规模最大,大气 CO_2 浓度也比现在低得多,为典型的冰期气候,因此,PMIP 把 LGM 设计为距今 2 万年来最近的冰期气候进行模拟。尽管地球轨道参数变动引起的太阳辐射在 9 ka BP 变化最大,但此时北半球第四纪冰盖仍存有一定的规模,该时期气候还留有冰期的影响,不适合选为间冰期典型。而全新世中期(6 ka BP)时北半球第四纪冰盖完全消融,且太阳辐射量仍然比现在有所增加,是距今最近的大温暖期(施雅风等 1992;Wang 1999, 2002),因此,PMIP 最终选定全新世中期为距现代最近的间冰期或冰后期的典型气候进行模拟研究。为便于模拟结果间的最终比较,PMIP 设置了全新世中期和 LGM 数值试验的统一边界条件,具体情况见 Joussaume 等(2000)。迄今为止,全世界范围内已有 18 个气候模拟机构或组织在上述条件下利用各自的大气环流模式(http://www-pcmdi.llnl.gov/pmip/)进行了相关气候模拟试验。

7.2.3.1 LGM 气候模拟

对 LGM 时期气候的已有数值模拟研究揭示了与现代有着极大反差的 LGM 时期气候主要受大气中的低 CO_2 浓度、更大范围及厚度的北半球高纬度陆地冰盖、更冷的海洋表面温度和更大范围海冰面积的协同影响,并在一定程度上再现了该时期全球气候分布的一些主要特征(如:Broccoli *et al.* 1987;COHMAP Members 1988;Dong *et al.* 1996,1998;Kutzbach *et al.* 1998;Pinot *et al.* 1999)。

PMIP 模拟结果表明,该时期全球年平均表面气温较现在低 4 ℃,北半球的冷却幅度超过南半球,由于热容量相对较小和大陆冰原的扩张,陆地的冷却幅度通常超过海洋。相对于使用单纯的 AGCM,大气环流-混合层海洋耦合模式模拟到的平均降温幅度要更大,但模式结果间的不一致也相对较大。此外,PMIP 模拟结果显示,LGM 时期在北半球大部分陆地及热带地区较现在干燥。

尽管中国没有模式组参加 PMIP,中国国内学者在 LGM 时期古气候模拟研究领域起步也相对较晚,但已就东亚区域古气候进行了一些模拟研究工作(如:王会军等 1992;刘晓东等 1995;钱云等 1998a,1998b;张青 2001;郑益群等 2002;赵平等 2003)。于革等(2000,2001)、陈星等(2000)和 Liu 等(2002)利用 Wu 等(1996)在 McAvaney 等(1978)工作基础上改进的大气环流模式,也相继开展了 LGM 时期古气候模拟研究工作。中国科学院大气物理研究所王会军研究员的课题组开展了一系列模拟研究工作。自王会军(1991)和王会军等(1992)在利用 AGCM 模拟 LGM 时期气候分布格局以来,姜大膀等(2002)和 Jiang 等(2003)使用大气物理研究所的九层大气环流模式(Zeng *et al.* 1987,Zhang 1990,Liang 1996,毕讯强 1993)模拟了 LGM 时期气候特征,得到了与国际同类模拟较为一致的结果(图 7.4),并探讨了中国大陆古植被和青藏高原可能冰盖的反馈作用,指出了二者在 LGM 时期东亚地区古气候模拟过程中的重要性;此外,姜大膀等(2004a)在刘东生等(1999)工作基础上利用 BIOME3(Haxeltine *et al.* 1996)生态模式开展的研究初步表明,青藏高原在末次盛冰期有存在大范围冰盖的可能性。

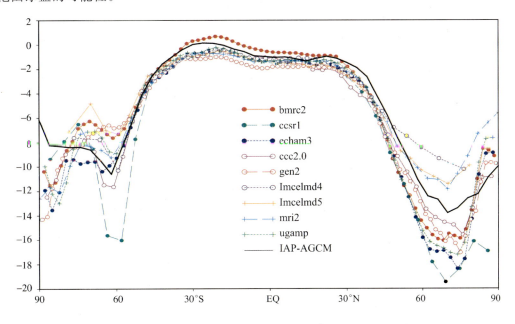

图 7.4　全球大气环流模式模拟到的 LGM 时期与当今地球表面气温差的纬向分布(℃)
(IAP-AGCM 为中国科学院大气物理研究所九层大气环流模式的模拟结果,Jiang *et al.* 2003)

尽管 PMIP 已经取得了诸多重要研究成果,但直至目前利用单纯的 AGCM 或大气-混合层海洋耦合模式所模拟到的 LGM 时期气候与重建古气候资料间的不一致性仍旧存在,在全球一些区域差别很大,这其中就包括中国大陆。模式结果与代用资料间的不一致逻辑上应该可以归结为气候模式本身物理过程和参数化过程等方面的不足,模式边界条件描述的欠缺,或者是重建古气候资料自身的不确定性(Kutzbach et al. 1998)。PMIP 第一阶段研究工作的一个最重要结论就是对 LGM 时期古气候进行模拟过程中必须考虑海洋和植被的反馈作用。当前,国际上多个古气候模拟研究小组正主要针对上述研究方向开展工作。

7.2.3.2　全新世中期气候模拟

全新世中期气候模拟的外强迫源分别为地球轨道参数和大气 CO_2 浓度。其中,入射太阳辐射的变化主要由近日点经度的变化所引起(Berger 1978),它导致北(南)半球入射太阳辐射的季节性增强(减弱)了约 5%;大气 CO_2 浓度则与工业革命前期保持一致,为 280 ppmv(Raynaud et al. 1993)。顺便提及,由于 PMIP 模式组多为单纯的 AGCM 或耦合了混合层海洋的 AGCM,因此,大气 CO_2 浓度所引发的气候变化相对较弱。

基于上述两个强迫条件,所有的 PMIP 模式都模拟到了北半球陆地表面气温季节性地放大,夏季(冬季)平均增(降)温 1 ℃左右;夏季欧亚大陆的增温、热低压加强、亚非季风雨带的增强及其向北扩张都得到了很好的再现。尽管 PMIP 总体上模拟到了全新世中期的气候变化特征,与重建资料在趋势上存在一致性(如:Yu et al. 1996;Joussaume et al. 1999;Masson et al. 1999),但模拟结果较重建资料通常要偏弱(如:Harrison et al. 1998)。

逻辑上,模拟结果幅度的偏弱应该与数值试验设计的方案有关,因为 PMIP 没有考虑海洋、植被、及二者变化的反馈作用。有研究表明,考虑植被和陆地表面状况变化能够显著地增强夏季亚非季风强度及其向北扩张(Kutzbach et al. 1996,Claussen et al. 1997,Brostrom et al. 1998,Wang 1999)、夏季北半球高纬度增暖(Ganopolski et al. 1998,Texier et al. 1997);海洋对季风的增强有显著的正反馈作用(Hewitt et al. 1998,Kutzbach et al. 1997);而同时考虑植被和海洋的反馈作用则会获得与重建资料更为一致的模拟结果(Braconnot et al. 1999)。利用完全耦合的大气-海洋-植被-海冰模式进行全新世中期古气候模拟研究已经被 PMIP 确定为未来一段时间的主要科学问题。

在该时段东亚区域气候模拟研究上,王会军提出了植被对东亚季风区全新世中期气候的反馈作用机制,并通过数值模拟研究证实了这个机制(Wang 1999);他还完成了 BIOME1 生态模式(Prentice et al. 1992)同中国科学院大气物理研究所九层大气环流模式的耦合,并以此再次研究了全新世中期气候,发现植被-气候耦合作用模式可以显著改进全新世中期气候的模拟效果,特别是非洲北部气候的模拟(Wang 2002)。

7.3　气候模式对中国气候模拟能力的检验

气候系统主要是地球-大气系统吸收进入其中的太阳短波辐射,同时放射长波辐射,在辐射平衡的条件下形成的。而辐射能量的吸收和放射都同大气组成成分及其含量密切相关,因此,大气中物质成分及其含量的变化必将改变地气系统的辐射平衡,从而最终影响气候。工业革命以来,人类活动向大气中排放了大量的温室气体,产生了"温室效应",加强了全球变暖。

1988 年,世界气象组织和联合国环境规划署联合成立了政府间气候变化专门委员会(IPCC),主要研究人类活动造成的温室气体的增加与近 100 年全球变暖之间的关系。该机构第三次评估报告 TAR(IPCC 2001)指出,现在已有新的和比较强的证据表明,20 世纪的全球变暖主要是由人类活动和自然变化的共同作用造成的,但 20 世纪后半段观测到的全球变暖大部分可以归因于人类活动的结果;与此同时,基于温室气体和气溶胶的可能排放情景(Nakicenovic et al. 2000),TAR 也对 21 世纪全球气候的走势进行了数值模拟,预估到 2100 年全球平均表面气温的升高幅度为 1.4～5.8 ℃,这比第二次评估报告 SAR(IPCC 1996)中使用 IS92a 排放情景得到的 1～3.5 ℃明显要高。

针对 20 世纪观测与模拟气候间的对比分析表明,目前气候模式数值模拟的不确定性已经大大降低,有能力给出比较科学可靠的关于未来气候变化的模拟结果(IPCC 2001),因此,气候模式已成为研究人类活动对气候系统影响问题的最重要手段。由于不同气候模式采用不同的物理过程及参数化方案,相同的试验设计不能够避免模式间预估结果的差别,多个耦合模式的集合结果就显得尤为重要,并被证明更加可信(Lambert et al. 2001)。

中国科研工作者近年来已就中国大陆气候变化事实、人类活动对气候变化的影响及未来的气候变化趋势开展了一系列工作,如:王会军等(1992)、王绍武等(1995)、Gao 等(2001)、王明星等(2002)、石广玉等(2002)。姜大膀等(2004b)利用 IPCC 资料中心的开放数据,初步分析了 7 个全球海气耦合模式针对 21 世纪气候变化趋势的模拟结果,现就 SRES A2 温室气体和气溶胶排放情景下中国地区表面气温和降水的未来变化趋势加以简要介绍。

由图 7.5 所示的年均表面气温和降水的多模式合成结果与 NCEP/NCAR 表面气温(Kalnay et al. 1996)和降水(Xie et al. 1997)再分析资料的对比可见,多模式集合结果模拟到了东亚区域年均表面气温由热带向北逐渐递减、青藏高原为一低温中心,降水呈西南至东北走向及从南到北逐渐减小的基本分布特征。但同时也应该看到,模式结果在量值上还存在一定程度的偏差,如:除在青藏高原中南部模拟结果有 0～2.5 ℃的偏暖外,在大陆其余地区模式结果偏冷 0～4.5 ℃,进一步的研究揭示,年均表面气温模拟偏差主要来自于冬季(图略);与此同时,在青藏高原东部地区模式模拟到的年均降水偏多 1～2 mm d^{-1},而这主要来自于夏季模拟偏差(图略)。

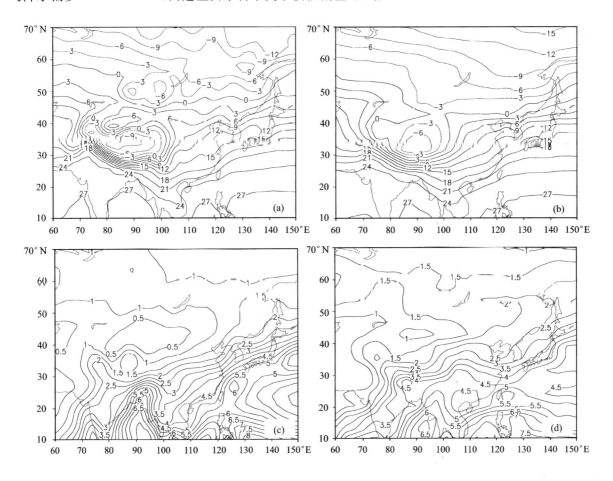

图 7.5　1961—1990 年中国年平均表面气温

(单位:℃):(a)NCEP/NCAR 再分析资料,(b)除 EH4OPYC3 和 NCARPCM 外,另 5 个模式合成结果;1979—1990 年平均降水(单位:mm d^{-1}):(c)Xie-Arkin 再分析资料,(d)同(b),但为降水(摘自姜大膀等,2004b)

　　结合 Jiang 等(2005)的评估结果,同时对比赵宗慈等(1998)的早期工作可知,随着近几年的不断完善,全球海气耦合模式对东亚区域气候的模拟能力有所提高,对该区域基本气候态有较为合理的模拟能力,但仍存在着不确定性。

　　图 7.6 显示了中国东北(117.5°～130°E,42°～54°N)、西部(80°～100°E,30°～46°N)、华中(100°～120°E,30°～42°N)和华南(100°～120°E,22°～30°N)年均表面气温在 21 世纪的模拟预估结果。由图可见,随着大气中温室气体和气溶胶含量的不断增加,中国大陆表面气温将逐渐升高。其中,东北、西部和华中的升温趋势及幅度较为一致,且显示出较明显的年际变化特征,而华南地区升温幅度则相对较小,至 2100 年平均为 4 ℃左右,变化范围也相对稳定。通过与全球年均表面气温变化情况比较发现,中国大陆的升温过程与全球平均变化状况基本保持一致,但升温幅度在东北、西部和华中地区更强,年际变化加强的特征也很明显。此外,B2 排放情景下的升温幅度在 21 世纪末期较 A2 的通常为弱(图略),这与全球年均表面气温的变化状况相一致,均是由于该时间段内 B2 情景产生的正辐射强迫异常较 A2 的弱(IPCC 2001)。此外,相对于年均表面气温变化状况,表面气温在夏季和冬季的变化幅度基本持平,但很重要的一点是,季节平均表面气温的年际变化特征较年平均状况的显著加强。

　　进一步的分析表明,中国大陆表面气温变暖幅度基本上呈带状分布,从南至北逐渐增加;就全球而言,北半球高纬度区升温幅度最大,增温幅度总体上从两极地区向赤道逐渐递减,同纬度带上大陆的增暖幅度通常强于海洋上的增暖幅度。

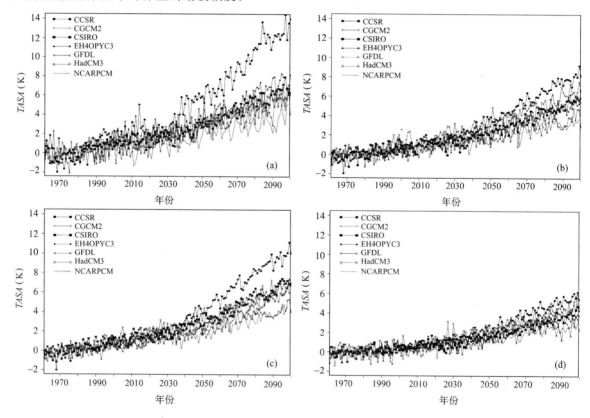

图 7.6　SRES A2 排放情景下,模拟到的年平均表面气温相对于 1961—1990 年平均态的距平序列
(纵坐标为表面温度,单位:℃;横坐标为模式年)(a)为东北;(b)为华中;(c)为西部;(d)为华南(限于资料长度,EH4OPYC3 相对于 1990—1995 年平均态,而 NCARPCM 相对于 1980—1990 年平均态)(摘自姜大膀等,2004b)

　　与此同时,伴随着大气中温室气体浓度的不断增加,对流层年平均气温逐渐增加,导致气候系统中水循环加强,全球年均降水量呈微弱增加的趋势,至 2100 年增幅达 40 mm 左右。在此大背景下,中国东北、华中和华南地区的年均降水量也有小幅增加,但趋势不是很明显;与此相对,中国西部降水

量将显著增加,至 2100 年区域年均降水量增幅达 110 mm 左右。此处还需要指出的是,中国大陆全境范围内降水量的年际变化幅度将普遍加大。

在大气中温室气体和气溶胶浓度增加的情况下,2011—2040 年印度大陆至青藏高原的大部分地区降水量将增加,最大增加量在 370 mm 左右,华南局部地区的降水量有微弱的增加(平均约为70 mm),而大陆其余地区降水量变化则相对不大,这就提示我们,在一段时期内,除青藏高原局部外,全球温室气体含量的变化不会对中国的夏季平均降水分布型产生明显的影响。但这并不意味着温室气体增加在短期内不会对中国大陆降水产生作用,因为,大气中温室气体增加很可能将导致降水的次数减少,但区域降水的强度将大大增加。换句话说,未来极端降水事件的次数可能会增加。

随着温室效应的不断加剧,21 世纪后半段中国大陆降水量几乎是全域性的增加,其中,最大增量中心仍位于青藏高原及其周边地区。而华南、东北地区的降水增加量也非常明显。尽管现有模式对青藏高原降水型的模拟仍存有一定的问题,但如此大的增加量似乎表明这种变化具有一定的可信性。

应该看到,尽管气候模式还需要不断发展、完善,但上述全球海气耦合模式的现有版本已经广泛应用,并对其结果进行了深入分析。因此,基于它们的输出结果而获得的中国未来的季节、年平均表面气温和降水的变化趋势结果是值得关注的。

7.4　气候敏感性问题

7.4.1　气候敏感性的重要性

对气候模式而言,无论是简单模式(如能量平衡模式),还是复杂模式(如完善的海气耦合模式),在考虑大气中 CO_2 浓度加倍对气候的影响时,不同模式模拟出的气候变化并不相同。这种气候响应的差异被认为主要是由于模式间不同气候敏感性的结果。如何更好地理解各模式间气候敏感性的差异及如何更好地定义这一参数将不断地对气候模式及气候预测提出挑战。

一般地,气候敏感性是指在给定全球平均辐射强迫条件下,通常取大气中 CO_2 浓度达到 2 倍时的辐射强迫所产生的全球平均表面气温变化。

目前主要有三种估算方式:

(1)平衡气候敏感性(Equilibrium climate sensitivity):当气候系统或气候模式达到平衡态时,由于大气 CO_2 浓度加倍引起的辐射强迫所产生的全球平均表面气温变化(使用大气模式耦合完善的海洋模式或大气模式耦合混合层上层海洋模式)。在简单的热力收支方程中($dH/dt = F - \alpha T$,dH/dt 代表系统的热储存率,F 是辐射强迫变化,αT 代表了所有抵消表面气温变化过程的净效应),对达到的新的平衡态,$dH/dt = 0$,同时,$F_{2x} = \alpha T_{2x}$ 说明了能量输入和输出之间的平衡。平衡气候敏感性

$$T_{2x} = F_{2x}/\alpha \tag{7.1}$$

反比于 α,α 是对系统响应强迫变化的反馈过程强度的测量。平衡气候敏感性提供了一种直接测量系统对特定强迫变化响应的方式,可以用来比较不同模式的响应,校准气候模式,以及定量化其他情形下的表面气温变化。在 IPCC 较早的评估中,气候敏感性主要是从 AGCM 耦合混合层上层海洋模式的计算中得到的。在这种情形下,由于没有和深层海洋之间的热交换,模式积分几十年后便能达到平衡态。然而,对于完善的海气耦合模式,和深层海洋的热交换延迟了平衡,模式往往需要积分几千年,而不是几十年才能达到平衡。这将使得所需的计算时间大大延长。

(2)有效气候敏感性(Effective climate sensitivity):在特定时间对反馈强度的测量。它可能随着强迫和气候态的变化而改变。随着耦合模式积分到达新的平衡态,有效气候敏感性增加并逼近平衡气候敏感性。

虽然平衡气候敏感性的定义是很直接的,它适用于大气 CO_2 浓度加倍后的平衡气候变化的特定情形,但对耦合模式而言,所需的积分时间很长。而有效气候敏感性正是针对这种需要的一种测量方

式,对正在变化的非平衡态,反馈项的倒数可以从模式输出中评估

$$1/\alpha_e - T / (F - dH_o/dt) - T / (F - F_o) \qquad (7.2)$$

式中下标 e 表示有效气候敏感性参数,H_o 是海洋热含量,F_o 是进入海洋的热通量。

而有效气候敏感性通过下式计算

$$T_e = F_{2x}/\alpha_e \qquad (7.3)$$

其单位和量级与平衡气候敏感性相当。当在平衡状态时,有效气候敏感性成为平衡气候敏感性。

(3)瞬时气候响应(Transient climate response,TCR):在气候变化积分中,任何时间的表面气温变化都依赖于所有对能量的输入、输出和海洋热存储产生影响的过程之间的相互作用。特别是对大气 CO_2 浓度每年增加 1% 的特殊情形,当大气 CO_2 浓度达到 2 倍时的全球平均表面气温变化被称做系统的瞬时气候响应。这一响应的值可以用来说明和校准不同模式对同一标准强迫响应的差异。类似于 TCR 的其他强迫情景也可以用来比较不同模式间的差异。

根据 SAR 的结果,对当前使用的气候模式,估计的平衡气候敏感性可能在 1.5~4.5 ℃之间,这一估计范围到 TAR 依然未变(IPCC 2001)。虽然目前一般认为,模式间气候敏感性值的较大差异主要是由于不同的模式在反馈过程的处理上存在较大的差异,特别是云反馈。但对前一代气候模式而言,尚没有通过系统的实施模式内部比较研究来证明上述观点。而一些最近的研究则指出了气候系统中强迫与响应关系的应用所存在的局限性,如关于气候的可预测性及其与气候敏感性估计值的关系,气候系统对太阳、温室气体或气溶胶等强迫响应的程度可能会产生不同的响应等。

7.4.2　主要敏感性因子的分析

7.4.2.1　各种反馈机制

气候敏感性的差异被认为主要是由于气候模式及其内部反馈的不确定性所造成的。主要的反馈机制包括:云反馈、水汽反馈、温度垂直递减率反馈、表面反照率反馈(冰、雪等)、陆面反馈(植被、土壤等)和海洋环流反馈。而由于云反馈机制的复杂性,它被认为是有关气候敏感性的最大不确定源。

(1)云反馈:云反馈机制被认为是大气中最复杂,也是了解得最不完善的一种反馈机制,云的变化将可能对气候产生正反馈或负反馈作用。云能吸收和反射太阳辐射(冷却地面),同时也能吸收和放出长波辐射(增暖地面)。其最终作用取决于云的高度、厚度和云的辐射属性。而云的辐射属性又依赖于大气中水汽、水滴、冰粒和气溶胶的分布和演变。虽然这些云过程对辐射和温度的变化是最重要的,但由于云反馈机制的复杂性,它被认为是有关气候敏感性的最大不确定源。对云观测和模拟的困难使得目前很难确定云反馈的符号究竟是正还是负。虽然 SAR 已指出,在两次连续的模式内部比较中,不同模式模拟的云辐射反馈显示有一些收敛,但这种收敛并没有通过分别考虑长波和短波分量得到证实。最近的结果显示了各模式间云反馈的符号在分别考虑长波和短波辐射后差别很大。

(2)水汽反馈:水汽强烈地吸收红外辐射,是重要的温室气体,因此对气候异常有显著反馈。目前一般认为水汽有强的正反馈作用,在不考虑其他反馈过程的时候,其作用大致是使气候敏感性加倍。这一结论的前提是假设大气相对湿度基本不随着气候变化而改变。

(3)温度垂直递减率反馈:与水汽反馈相联系。由于对流层大气中温度和水汽含量的变化而产生温度垂直递减率(温度随高度升高下降的速率)的变化,这种变化导致进一步的反馈,一般这种反馈的量级比水汽反馈要小,但其符号相反,即是负号而不是正号。通常意义下,当提到水汽反馈时也包括了垂直温度递减率的反馈在内。虽然不同气候模式中水汽和温度直减率各自的反馈作用可能各不相同,但由于这两种反馈机制间存在着相互补偿作用,从而使得对于不同的气候模式,其水汽和温度直减率反馈作用的总体效果却是基本相同的。

(4)表面反照率反馈:气候变化将可能导致地球表面光学属性的改变。例如,气候变暖将导致冰雪的减少,而由于冰雪强烈地反射太阳辐射,冰雪的减少将进一步导致更多的变暖。这是又一种正反馈作用。由于冰雪主要出现在高纬度地区,表面反照率的反馈将使高纬度地区的敏感性显著强于热

带地区。

　　(5)陆面反馈:由于人为气候变化将影响陆面状况(如土壤湿度、反照率、粗糙度、热交换和植被),使地表的光学属性发生改变,这是又一种反馈机制。目前的研究表明,这一反馈有正有负。

　　(6)海洋环流反馈:海洋对气候的影响有三个重要途径:海洋是大气中水汽和热量的主要来源、海洋具有很大的热容、海洋内部的环流(如温盐环流)可以重新分配整个气候系统内的热量。因此,海洋的变化将对气候敏感性产生很大影响。

7.4.2.2　气候敏感性和模式特征的联系

　　这方面主要包括模式的精度、数值方法、辐射传输参数等问题。关于气候模式的最优水平和垂直精度的问题也存在争议。一些研究发现,用低精度(如 R15 或 T21)谱模式和较高精度谱模式(如 T42)模拟的大气状态有显著差异。模式参数化过程对模式精度的高度依赖性使得很难区分精度变化的纯粹动力学和物理学的影响。此外,一些研究也表明,如果在近地面和对流层顶附近采用较高的垂直精度将可能改善模式的模拟。

7.4.3　模式估算的气候敏感性结果分析(基于 IPCC-TAR)

　　对于全球海气耦合模式的气候敏感性,理想的情形是,在模式大气的 CO_2 浓度加倍以后,通过积分模式到新的气候平衡态而获得。但由于这需要长时间的积分,气候敏感性常常通过大气模式 AGCM 耦合混合层海洋模式而作出估计,对于这种情形,新的平衡态可以在几十年内达到而不是几千年。下面将给出 TAR 中参与比较的气候模式的平衡气候敏感性,并将其与 SAR 中的模式结果进行比较(模式的具体描述参见 IPCC,2001)。同时,从非平衡的瞬时气候变化试验中得到的有效气候敏感性的结果也将在此作出讨论。

7.4.3.1　AGCM 耦合混合层上层海洋模式的平衡气候敏感性

　　图 7.7 中的蓝点给出了 SAR 中引用的 17 个混合层模式的平衡气候敏感性和相联系的全球平均降水率的百分率变化(有时也称作降水敏感性)。表 7.1 给出了 17 个模式平均的气候敏感性是 3.8 ℃,降水敏感性是 8.4%,模式间的标准偏差分别是 0.78 ℃和 2.9%。LeTreut 等(2000)更新了这一结果,给出了最近经常使用的 15 个混合层模式最新计算的气候敏感性,结果如图 7.7 中的红三角所示。根据表 7.1 给出的与其有关的各项统计指标,可以看到,更新后的表面气温平均值是 3.5 ℃,标准偏差是 0.92 ℃,降水的平均值是 6.6%,标准偏差是 3.7%。

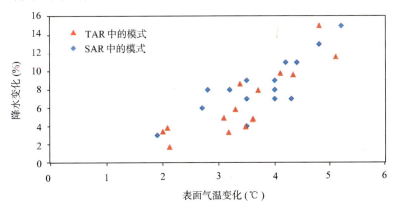

图 7.7　AGCM 耦合混合层海洋模式估计的平衡气候敏感性和降水敏感性(IPCC 2001)

表 7.1　混合层模式气候敏感性和降水敏感性的统计

来源	模式个数	表面气温(℃)			降水(%)		
		平均	标准偏差	估计范围	平均	标准偏差	估计范围
IPCC-SAR	17	3.8	0.78	1.9~5.2	8.4	2.9	3~15
IPCC-TAR	15	3.5	0.92	2.0~5.1	6.6	3.7	2~15

资料来源:IPCC,2001。

根据图 7.7 和表 7.1，由 AGCM 耦合混合层海洋模式得到的气候敏感性的平均值已出现了轻微的减少，从大约 3.8 ℃降到 3.5 ℃。但是，模式间的标准偏差有所增加，而变化范围基本保持不变。对于降水敏感性，平均值有所减少，从 8.4%降到 6.6%，但模式间的标准偏差也有所增加。虽然在 TAR 中，由于考虑了气溶胶辐射强迫，因大气 CO_2 浓度加倍引起的辐射强迫值的变化已降低，但是，如我们所看到的，模式的气候敏感性值并没有因为这种辐射强迫值的降低而发生改变。

这些结果表明，在 TAR 中，气候敏感性的平均值较之 IPCC-SAR 的估计值已有所降低。但是，这一平均值本身并不能清楚地证明模式的气候敏感性已经减少，特别是，模式间的标准偏差有所增加，估计值的范围并没有显著改变，而其中的差别在估计意义上也不具有显著性。

虽然最近的模式已经在努力改善其对气候系统的模拟能力，而且也将这些改变包括在了参与比较的模式中，但是，我们并不清楚气候敏感性的平均值有所减少的真正原因。

7.4.3.2　AGCM 耦合完善的海洋环流模式所得到的平衡气候敏感性

由于和深海平衡有关的时间尺度很长，因此，直接计算由于大气 CO_2 浓度加倍引起的耦合模式平衡表面气温的变化，需要长时间的积分和大量的计算机资源。目前，仅有一个模式 GFDL_R15_a 完成了积分：$2 \times CO_2$ 稳定后的 4 000 年模拟和 $4 \times CO_2$ 稳定后的 5 000 年模拟（Stouffer *et al*. 1999）。从他们得到的结果及其和一些模式的比较表明：①强迫稳定以后，耦合模式需要大约 15～20 个世纪去达到新的平衡态；②$2 \times CO_2$ 的情形，对 GFDL_R15_a，模式的表面气温最终改变 4.5 ℃，超过了使用混合层海洋模式估计的气候敏感性 3.9 ℃；③$4 \times CO_2$ 的情形，平衡表面气温变化近似于 $2 \times CO_2$ 情形的 2 倍，而在这种情形下，混合层的值合理地逼近完善模式的值。而对其他模式，其间的差异目前尚不清楚。

7.4.3.3　有效气候敏感性

有效气候敏感性（Murphy 1995）是指在瞬时试验中，对特定时间的反馈强度的测量。它是气候态的函数，可能随时间而发生改变。Watterson（2000）使用同一个全球海气耦合模式的不同版本计算了有效气候敏感性。其结果显示了相当大的变率，尤其在模式刚开始积分，表面气温变化较小时。但他们仍认为有效气候敏感性是近乎恒定的且近乎逼近平衡敏感性的结果。

然而，从 HadCM2 模式估计的有效气候敏感性从 $2 \times CO_2$ 稳定时的 2.7 ℃变化到 900 年后的大约 3.8 ℃（Raper *et al*. 2001）。Senior 等（2000）指出，和南半球海洋缓慢增暖有关的云反馈随时间的变化是其随时间变化的主要原因。这一模式的有效气候敏感性在开始时比从混合层海洋模式计算的平衡气候敏感性小得多。而随着耦合模式积分逼近新的平衡态时，有效气候敏感性增加并逼近平衡气候敏感性。

如果有效气候敏感性随着气候态而变化，从瞬时模拟估计得到的气候敏感性可能不能反映系统的最终变暖，简单模式中恒定气候敏感性的使用将由于对选择的气候敏感性值的依赖而出现不一致，这一特征值得进一步研究。

7.5　小结

目前，气候模式已经成为地球科学领域最重要的研究工具之一，尽管它仍处在不断发展、完善之中，但其现有版本已经被证明具有很好的模拟性能。因此，了解气候模式的发展历程、气候模式的现阶段发展状况、针对 21 世纪全球气候变化趋势而进行的情景模拟的主要结果及气候模式的敏感性问题是非常有必要的。

限于篇幅，气候模式的出来及发展趋势的介绍比较简要，主要阐述了气候模式发展历程上的几个里程碑性的工作，这是因为气候模式的发展历程是一个渐进过程，凝聚了全世界地球科学领域众多科学工作者的心血，在此不可能一一赘述。

考虑到当前国际地学领域针对改进气候模式完备性的最重大事件，文中着重介绍了全球大气环流模式比较计划、耦合模式比较计划和古气候模拟比较计划的历史、现状和未来发展趋势。目的在于让中国的地学工作者能够全面了解国际气候模式研究领域的研究动态及发展方向，以期推动中国气候模式研究领域相关科研工作的开展。需要指出的是，中国科学院大气物理研究所和中国气象局的气候模式先后参加了大气环流模式比较计划和耦合模式比较计划，并通过上述参与正不断地改进中国气候模式及其模拟水平。

工业化革命以来，人类活动对气候系统的影响越来越引起人们的关注，人类活动影响下的 21 世纪气候的发展趋势因此也就成为地球科学领域最重大的研究课题。气候模式作为未来气候变化趋势研究的唯一定量化研究工具，它利用当前的不同温室气体排放情景对 21 世纪全球气候进行了预估研究，因此本章的 7.3 主要介绍了基于 7 个耦合模式结果而分析得到的 21 世纪中国大陆气候变化趋势情况。尽管当前的气候模式还局限于很多的不确定性，但其对历史时期气候的较合理模拟已经表明，气候模式对 21 世纪全球变暖趋势的模拟结果是非常值得关注的。

针对评价和改进气候模式及当前气候模式对全球气候变暖趋势的预估情况，气候模式的敏感性问题主要在于评估不同气候模式对于大气 CO_2 浓度渐增和加倍后响应的一致性和差异，进而找出共同点及产生不同的主要原因，以期为预估未来气候变化趋势服务。对各种反馈机制的阐述主要是介绍一下引起气候模式敏感性不同的主要因子，并在此基础上给出 TAR 得到的当前气候模式气候敏感性的主要研究结论。

应该看到，随着人类文明的飞速发展，基于数学、物理学、化学和计算机等学科建立起来的气候模式系统已经发展得较为成熟，尽管各个模式的现有版本还有众多需要改进的地方，但它目前已经广泛应用于地球科学领域的各个学科，并展示出广阔的发展前景。

参　考　文　献

毕训强. 1993. IAP 九层大气环流模式及气候数值模拟. [博士学位论文]. 中国科学院大气物理研究所.

陈星, 于革, 刘健. 2000. 中国 21 ka BP 气候模拟的初步试验. 湖泊科学, **12**(2)：154-164.

姜大膀, 王会军, 郎咸梅. 2002. 末次盛冰期气候模拟及青藏高原冰盖的可能影响. 第四纪研究, **22**：323-331.

姜大膀, 王会军, 郎咸梅. 2004a. 关于末次盛冰期青藏高原大范围冰盖存在可能性的再研究. 大气科学, **28**(1)：1-6.

姜大膀, 王会军, 郎咸梅. 2004b. 全球变暖背景下东亚气候变化的最新情景预测. 地球物理学报, **47**(4)：590-596.

刘东生, 张新时, 熊尚发等. 1999. 青藏高原冰期环境与冰期全球降温. 第四纪研究, **19**(5)：385-396.

刘晓东, 无锡浩, 董光荣等. 1995. 末次冰期东亚季风气候的数值模拟研究. 气象科学, **15**(4)：183-196.

钱云, 钱永甫. 1998a. 18 000 年前冰期气候的数值模拟. 地球物理学报, **41**(6)：752-762.

钱云, 钱永甫, 张耀存. 1998b. 末次冰期东亚区域气候变化的情景和机制研究. 大气科学, **22**(3)：283-293.

石广玉, 王喜红, 张立盛等. 2002. 人类活动对气候影响的研究. II. 对东亚和中国气候变化的影响. 气候与环境研究, **7**(2)：255-266.

施雅风, 孔昭宸. 1992. 中国全新世大暖期气候与环境. 北京：海洋出版社. pp1-212.

王会军, 曾庆存, 张学洪. 1992. CO_2 含量加倍引起的气候变化的数值模拟研究. 中国科学 (B 辑), (6)：663-672.

王会军. 1991. 古气候及温室气体气候效应的模拟研究. [博士学位论文]. 中国科学院大气物理研究所.

王会军. 1997. 国际大气环流模式比较计划 (AMIP) 进展. 大气科学, **21**(5)：633-637.

王会军, 曾庆存. 1992. 冰期气候的数值模拟. 气象学报, **50**(3)：279-288.

王明星, 杨昕. 2002. 人类活动对气候影响的研究. I. 温室气体和气溶胶. 气候与环境研究, **7**(2)：247-254.

王绍武, 赵宗慈. 1995. 未来 50 年中国气候变化趋势的初步研究. 应用气象学报, **6**(3)：333-342.

于革, 陈星, 刘健等. 2000. 末次盛冰期东亚气候的模拟和诊断初探. 科学通报, **45**：2 153-2 159.

于革, 薛滨, 刘健等. 2001. 中国湖泊演变与古气候动力学研究. 北京：气象出版社. pp1-196.

张青. 2001. 地表覆盖变化对东亚季风区气候的可能影响及古气候数值模拟研究. [博士学位论文]. 中国科学院大气物理研究所.

赵平, 陈隆勋, 周秀骥等. 2003. 末次盛冰期东亚气候的数值模拟. 中国科学 (D 辑), **33**(6)：557-562.

赵宗慈, 罗勇. 1998. 20 世纪 90 年代区域气候模拟研究进展. 气象学报, **56**(2)：225-246.

邓益群，丁阜，土苏民等. 2002. 区域气候模式对末次盛冰期东亚季风气候的模拟研究. 中国科学（D辑），**32**(10)：871-880.

Berger A L. 1978. Long-term variations of daily insolation and quaternary climatic changes. *J Atmos Sci*, **35**: 2 362-2 367.

Braconnot P, Joussaume S, Marti O, *et al*. 1999. Synergistic feedbacks from ocean and vegetation on the African monsoon response to mid-Holocene insolation. *Geophys Res Lett*, **26**: 2 481-2 484.

Broccoli A J, Manabe S. 1987. The influence of continental ice, atmospheric CO_2, and land albedo on the climate of the last glacial maximum. *Clim Dyn*, **1**: 87-99.

Brostrom A, Coe M, Harrison S P, *et al*. 1998. Land surface feedbacks and palaeomonsoons in Northern Africa. *Geophys Res Lett*, **25**: 3 615-3 618.

Budyko M I. 1969. The effect of solar radiation variations on the climate of the Earth. *Tellus*, **21**: 611-661.

Claussen M, Gayler V. 1997. The greening of Sahara during the mid-Holocene: Results of an interactive atmosphere-biome model. *Global Ecology and Biogeography Letters*, **6**: 369-377.

CLIMAP Project members. 1981. Seasonal reconstructions of the Earth's surface at the Last Glacial Maximum. Geological Society of America Map Chart Series MC-36, Geol. Soc. Am. , Boulder, Colorado.

COHMAP Members. 1988. Climatic changes of the last 18 000 years: Observations and model simulation. *Science*, **241**: 1 043-1 052.

Dong B W, Valdes P J, Hall N M J. 1996. The changes of monsoonal climates due to Earth's orbital perturbations and ice age boundary conditions. *Paleoclimate-Data Modelling*, **1**: 203-240.

Dong B W, Valdes P J. 1998. Simulations of the Last Glacial Maximum climates using a general circulation model: Prescribed versus computed sea surface temperatures. *Clim Dyn*, **14**: 571-591.

Gao X J, Zhao Z C, Ding Y H, *et al*. 2001. Climate change due to greenhouse effects in China as simulated by a regional climate model. *Adv Atmos Sci*, **18**(6): 1 224-1 230.

GARP. 1974. Modelling for the First GARP Global Experiment. GARP Publication Series NO. 14, WMO/ICSU, Geneva.

GARP. 1979. Report of the JOC Study Conference on Climate Models, Performance, Intercomparison and Sensitivity Studies. GARP Publication Series NO. 22, WMO/ICSU, Geneva.

Gates W L. 1992. AMIP: The Atmospheric Model Intercomparison Project. *Bull Amer Meteor Soc*, **73**(12): 1 962-1 970.

Gates W L. 1995. An overview of AMIP and preliminary results. Proc. of the First Int. AMIP Scientific Conference, WCRP-92, WMO TD-No. 732, Monterey, CA, World Meteorological Organization, 1-8.

Gates W L, Boyle J S, Covey C, *et al*. 1999. An overview of the results of the Atmospheric Model Intercomparison Project (AMIP). *Bull Amer Meteor Soc*, **80**(1): 29-55.

Green J S A. 1970. Transfer properties of the large scale eddies and the general circulation of the atmosphere. *Q J R Meteorol Soc*, **96**: 157-185.

Ganopolski A, Kubatzki C, Claussen M, *et al*. 1998. The influence of vegetation-atmosphere-ocean interaction on climate during the mid-Holocene. *Science*, **280**: 1 916-1 919.

Hansen J E, Johnson D, Lacis A A, *et al*. 1981. Climate impact of increasing atmospheric CO_2. *Science*, **213**: 957-1 001.

Harrison S P, Jolly D, Laarif F, *et al*. 1998. Intercomparison of simulated global vegetation distributions in response to 6 ka BP orbital forcing. *J Climate*, **11**: 2 721-2 742.

Haxeltine A, Prentice I C. 1996. BIOME3: An equilibrium terrestrial biosphere model based on ecophysiological constraints, resource availability, and competition among plant functional types. *Global Biogeochemical Cycles*, **10**: 693-709.

Hewitt C D, Mitchell J F B. 1998. A fully coupled GCM simulation of the climate of the mid-Holocene. *Geophys Res Lett*, **25**: 361-364.

IPCC. 1996. Climate Change 1995, The Science of Climate Change. eds: by Houghton J T, *et al*. Cambridge: Cambridge University Press，pp1-572.

IPCC. 2001. Climate Change 2001：The Scientific Basis. eds：by Houghton J T，*et al*. Cambridge：Cambridge University Press，pp1-881.

Jiang D B，Wang H J，Drange H，*et al*. 2003. Last Glacial Maximum over China：Sensitivities of climate to paleovegetation and Tibetan ice sheet. *J Geophys Res*，**108**(D3)，4102，doi：10.1029/ 2002JD002167.

Jiang D B，Wang H J，Lang X M. 2005. Evaluation of East Asian climatology as simulated by seven coupled models. *Adv Atmos Sci*，**22**(4)：479-495.

Joussaume S，Taylor K E. 1995. Status of the Palaeoclimate Modeling Intercomparison Project (PMIP). In：Proceedings of the First International AMIP Scientific Conference，Edited by Gates W. L. , Monterey，California，USA，15-19 May 1995，WCRP Report No. 92，Geneva，425-430.

Joussaume S，Taylor K E. 2000. The Paleoclimate Modeling Intercomparison Project，in Proceedings of the Third PMIP Workshop. Canada，4-8 October 1999，in WCRP-111，WMO/TD-1007，Edited by Braconnot P，9-24.

Joussaume S，Taylor K E，Braconnot P，*et al*. 1999. Monsoon changes for 6 000 years ago：Results of 18 simulations from the Paleoclimate Modeling Intercomparison Project (PMIP). *Geophys Res Lett*，**26**：859-862.

Kalnay E，Kanamitsu M，Kistler R，*et al*. 1996. The NCEP/NCAR reanalysis project. *Bull Amer Meteor Soc*，**77**：437-471.

Kutzbach J E，Bonan G，Foley J，*et al*. 1996. Vegetation and soil feedbacks on the response of the African monsoon to forcing in the early to middle Holocene. *Nature*，**384**：623-626.

Kutzbach J E，Liu Z. 1997. Response of the African monsoon to orbital forcing and ocean feedbacks in the Middle Holocene. *Science*，**278**：440-443.

Kutzbach J，Gallimore R，Harrison S，*et al*. 1998. Climate and biome simulations for the past 21 000 years. *Quaternary Science Reviews*，**17**：473-506.

Lambert S J，Boer G J. 2001. CMIP1 evaluation and intercomparison of coupled climate models. *Clim Dyn*，**17**：83-106.

LeTreut H，McAvaney B J. 2000. A model intercomparison of equilibrium climate change in response to CO_2 doubling. Note du Pole de Modelisation de l'IPSL，Number 18，Institut Pierre Simon LaPlace，Paris，France.

Liang X Z. 1996. Description of a nine-level grid point atmospheric general circulation model. *Adv Atmos Sci*，**13**：269-298.

Liu J，Yu G，Chen X. 2002. Palaeoclimate simulation of 21 ka for the Tibetan Plateau and Eastern Asia. *Clim Dyn*，**19**：575-583.

Manabe S. 1967. General circulation of the atmosphere. *Transactions of the American Geophysical Union*，**48**：427-431.

Manabe S，Bryan K. 1969. Climate circulations with a combined ocean-atmosphere model. *J Atmos Sci*，**26**：786-789.

Manabe S，Bryan K，Spelman M J. 1975. A global ocean-atmosphere climate model：Part I. The atmospheric circulation. *J Phys Oceanogr*，**5**：3-29.

Manabe S，Smagorinsky J，Strickler R F. 1965. Simulated climatology of general circulation with a hydrologic cycle. *Mon Wea Rev*，**93**：769-798.

Masson V，Cheddadi R，Braconnot P，*et al*. 1999. Mid-Holocene climate in Europe：What can we infer from PMIP model-data comparisons? *Clim Dyn*，**15**：163-182.

McAvaney B J，Bourke W，Puri K. 1978. A global spectral model for simulation of the general circulation. *J Atmos Sci*，**35**：1 557-1 583.

Meehl G A，Boer G J，Covey C，*et al*. 2000. The Coupled Model Intercomparison Project (CMIP). *Bull Amer Meteor Soc*，**81**：313-318.

Murphy J M. 1995. Transient response of the Hadley Centre coupled ocean-atmosphere model to increasing carbon dioxide. Part Ⅲ：Analysis of global-mean response using simple models. *J Climate*，**8**：496-514.

Nakicenovic N，Alcamo J，Davis G，*et al*. 2000. IPCC Special Report on Emission Scenarios. Cambridge：Cambridge University Press，1-599.

Phillips N A. 1956. The general circulation of the atmosphere：A numerical experiment. *Q J R Meteorol Soc*，**82**：

123-164.

Phillips T J. 1996. Documentation of the AMIP models on the world wide web. *Bull Amer Meteor Soc*, **77**: 1 191-1 196.

Pinot S, Ramstein G, Harrison S P, *et al*. 1999. Tropical paleoclimates at the Last Glacial Maximum: Comparison of Paleoclimate Modeling Intercomparison Project (PMIP) simulations and paleodata. *Clim Dyn*, **15**, 857-874.

Prentice I C, Cramer W, Harrison S P, *et al*. 1992. A global biome model based on plant physiology and dominance, soil properties and climate. *J Biogeogr*, **19**: 117-134.

Raper S C B, Gregory J M, Stouffer R J. 2001. The role of climate sensitivity and ocean heat uptake on AOGCM transient temperature and thermal expansion response. *J. Climate*, **15**: 124-130.

Raynaud D, Jouzel J, Barnola J M, *et al*. 1993. The ice record of greenhouse gases. *Science*, **259**: 926-934.

Richardson L F. 1922. Weather Prediction by Numerical Process. Cambridge University Press, London.

Rossow W B, Henderson-Sellers A, Weinreich S K. 1982. Cloud-feedback: A stabilizing effect for the early Earth. *Science*, **217**: 1 245-1 247.

Sellers W D. 1969. A global climatic model based on the energy balance of the earth-atmosphere system. *Journal of Applied Meteorology*, **8**: 392-400.

Senior C A, Mitchell J F B. 2000. The time-dependence of climate sensitivity. *Geophys Res Lett*, **27**: 2 685-2 688.

Smagorinsky J, Manabe S, Holloway J L. 1965. Numerical results from a nine-level general circulation model of the atmosphere. *Mon Wea Rev*, **93**: 727-768.

Stouffer R J, Manabe S. 1999. Response of a coupled ocean-atmosphere model to increasing atmospheric carbon dioxide: Sensitivity to the rate of increase. *J Climate*, **12**: 2 224-2 237.

Taylor K E. 2001. Summarizing multiple aspects of model performance in a single diagram. *J Geophys Res*, **106**(D7): 7 183-7 192.

TEMPO members. 1996. Potential role of vegetation feedback in the climate sensitivity of high-latitude regions: A case study at 6 000 years BP. *Global Biogeochemical Cycles*, **10**: 727-736.

Texier D, Noblet N de, Harrison S P, *et al*. 1997. Quantifying the role of biosphere-atmosphere feedbacks in climate change: Coupled model simulations for 6 000 years BP and comparison with paleodata for northern Eurasia and northern Africa. *Clim Dyn*, **13**: 865-882.

Wang H J. 1999. Role of vegetation and soil in the Holocene megathermal climate over China. *J Geophys Res*, **104**(D8): 9 361-9 367.

Wang H J. 2002. The mid-Holocene climate simulated by a grid-point AGCM coupled with a biome model. *Adv Atmos Sci*, **19**:205-218.

Watterson I G. 2000. Interpretation of simulated global warming using a simple model. *J Climate*, **13**: 202-215.

Wielicki B A, Cess R D, King M D, *et al*. 1995. Mission to planet Earth: Role of clouds and radiation in climate. *Bull Amer Meteor Soc*, **76**: 2 125-2 153.

Wu G X, Liu H, Zhao Y C, *et al*. 1996. A nine-layer atmospheric general circulation model and its performance. *Adv Atmos Sci*, **13**(1): 1-17.

Xie P, Arkin P A. 1997. A 17-year monthly analysis based on gauge observations, satellite estimates, and numerical model outputs. *Bull Amer Meteor Soc*, **78**: 2 539-2 588.

Yu G, Harrison S P. 1996. An evaluation of the simulated water balance of northern Eurasia at 6 000 a B.P. using lake status data. *Clim Dyn*, **12**: 723-735.

Zeng Q C, Yuan C G, Zhang X H, *et al*. 1987. A global grid-point general circulation model, paper presented at WMO/IUGG NWP Symposium. World Meteorol. Soc., Geneva.

Zeng Qingcun, Zhang Xuehong, Liang Xinzhong, *et al*. 1989. Documentation of IAP two-level atmospheric general circulation model. DOE/ER/60314-H1, U. S. Department of Energy, Washington, D. C., pp383.

Zhang X H. 1990. Dynamical framework of IAP nine-level atmospheric general circulation model. *Adv Atmos Sci*, **7**: 66-77.

第8章　21世纪全球和东亚地区气候变化趋势预测

主　　笔:丁一汇

主要作者:徐　影　汪　方

8.1　气候变化预测的主要方法

气候变化的预测是科学家和公众及决策者共同关心的问题,其中几十年到100年时间尺度气候变化的预测与各个国家和地区制定长远社会经济发展计划息息相关。目前,在预测未来人类活动造成的气候变化研究方面,主要依靠的工具是气候模式。全球气候模式经过近20年来各个国家科学家的发展与改进,已经有了明显的进步。气候模式模拟目前气候状况和气候变化的检验表明,气候模式在模拟全球、半球、洲际大陆空间尺度气候变化方面具有较高的可靠性;对于季、年时间尺度和年代际变化有较好的模拟能力,其中尤以冬季模拟效果最好;在模拟气温场、环流场等方面具有较好的能力。本章将着重介绍气候预测的主要方法,以及国内外气候模式对未来100年全球、东亚地区和亚洲季风区气候变化预测的主要结果。

从全球气候模式预测的角度看,全球和东亚地区气候变化的预测是中国气候变化预测的背景。一般而言,预测的区域愈小,预测结果的准确性愈低。因而考察中国气候变化趋势的预测(第9章),必须置于更大范围气候变化预测之中,这样才能更清楚地确定其预测区域趋势与量值的可靠性。另外,中国位于亚洲季风区,其气候变化深受亚洲季风气候变化的影响,亚洲季风的变化趋势也是全球气候变化问题关注的一个焦点,了解亚洲季风变化的趋势可以更加深入地理解中国气候变化的背景和原因。因而在本章的8.4节也给出了亚洲季风变化的预测。本章与第9章是相互关联的两章,后者是我们关注的焦点,前者是后者的背景和前提。

8.1.1　气候变化预测考虑的主要因子

地球气候系统由大气圈、水圈、岩石圈、冰雪圈及生物圈五大圈层组成,气候变化是五大圈层共同作用的结果。气候变化预测需要考虑的因子很多,从理论上说,凡是能够使各气候子系统及其间相互作用发生改变的因子都是气候变化预测所要考虑的因子。

为突出人类活动在气候变化中的作用,一般将影响气候变化的因子分为人为因子和自然因子。人为因子主要是由于人类活动引起的,而人类活动主要通过以下五种途径影响气候系统(IPCC 2001,李爱贞等2003):①改变气候系统的化学组成和含量,尤其是温室气体等大气微量成分的含量变化;②改变热量平衡,如温室气体增加引起的温室效应,大气尘埃增加引起的阳伞效应,燃料燃烧放出的热量改变局部热量平衡,下垫面性质的改变影响热量循环等;③改变土地利用方式,如农田开垦、森林砍伐、土地荒漠化、城市化等;④改变水分循环和水平衡,如修建水库、运河、渠道,疏干沼泽、围湖造田等对水分循环进行大规模干预;⑤干扰和破坏自然生态系统,如人类砍伐森林、草地过度放牧、滥捕滥采野生动植物等干扰和破坏了自然生态系统,从而改变了全球生物地球化学循环。

自然因子又可分为外部因子和内部因子。外部因子主要来自气候系统外部,最主要的是到达大气顶的太阳辐射能即太阳常数的变化,而引起这种变化的因素又分为两部分,一是太阳活动的变化,如太阳黑子活动周期等;二是地球轨道参数的变化,即地球轨道偏心率、地球自转轴相对于地球轨道的倾角、日地距离的变化,这种变化关系(米兰柯维奇周期)可以很好地解释十万年与百万年时间尺度的冰期和间冰期的交替发生现象。此外,火山爆发也是影响气候变化的一个外部因子,火山向高空喷发的大量硫化物气溶胶和尘埃可以达到平流层高度,并长期滞留在平流层(可长达2~3年),可以显著地反射太阳辐射,使其下层的大气冷却。内部因子是指气候系统各子系统内部及它们之间存在的复杂的非线性相互作用,主要表现为不同的反馈机制,通过这些反馈机制可以有效地改变地气系统的辐射平衡,从而影响气候变化。内部因子是气候系统中极为重要同时也是人们认识最为薄弱的一环,这也直接影响了当前人们利用气候模式进行气候变化预测的能力和水平。

应当指出,目前科学家们对气候变化的认识还远远不够,所进行的气候预测实际是对未来气候变化的情景和发展趋势的估计(王绍武 2001)。总的说来,气候变化预测的主要方法有经验性(物理)气候预测方法、气候数理统计预测方法和模型、气候动力学模式预测及非线性理论和混沌理论等(丁一汇 2002)。实际运用较多的是前三种方法。

8.1.2 气候模式预测方法

气候模式预测方法是基于控制气候系统变化的物理定律的数理方程,并用数值方法对之进行求解,以期得到未来气候的变化状况。在第7章中对其发展的历史已作了较详细的介绍,这里从预报方法角度进一步说明气候模式。气候模式从预测范围上可分为全球气候模式和区域气候模式,而从复杂程度上可分为简单气候模式、中等复杂程度气候模式和完全气候模式。目前的气候模式主要是海气耦合模式(AOGCM),即大气和海洋均有独立的控制方程组,而其他子系统,如陆面、冰雪等是以相对比较简单的参数化形式给出的。目前的全球气候模式中大气模式的分辨率一般大于250 km,垂直分辨率边界层以上约为1 km(边界层分辨率更高),海洋模式水平分辨率约为125~250 km,垂直分辨率约为200~400 m(IPCC 2001)。相对于一些尺度较小的物理过程,如云辐射过程、海洋对流过程等,全球模式的分辨率仍然太低,这些过程在模式中必须以参数化的形式给出。

除了复杂的海气耦合模式之外,为了比较深入地探索温室气体排放情景下的气候变化状况及模式中所有参数的假定与近似的影响,也常常使用简化气候模式(简单气候模式)。这种模式的分辨率较粗,或去掉1~2个维数,所得到的结果只是全球平均或纬圈平均的状况。另外,根据不同的研究目的,动力和物理过程被简化。比如,为了详细地研究陆气相互作用,对海洋的描写可简化。有一种称为是能量平衡的简化模式,在大气和海洋的动力学与物理过程方面都大为简化,它们对研究大气对各种排放情景的全球平均影响是很有用的。简化模式也被用来研究气候变化对不同参数的敏感性。这种由简化模式得到的结果需要仔细地与复杂的海气耦合模式的结果相比较,并不断调整和修正简化模式中的参数使模拟结果与复杂模式的结果尽可能接近。另外,介于复杂与简化模式之间,还有中等复杂程度的气候模式。上述三种气候模式形成了一个气候模式族,它们在不同的应用中发挥着不同的作用,并以此给出相互一致的较为可靠的气候变化结果。

经过最近几十年的发展,气候模式由简单到复杂,取得了很大的进步,越来越多的物理过程被引入到模式中来(图8.1)。目前气候模式能够很好地模拟大尺度的气候特征,同时对于区域尺度的气候特征也有一定的模拟能力,这也是我们用气候模式进行气候变化预测的信心所在。目前制约气候模式预测水平的最主要因子首先是我们对控制气候变化的物理机制的认识还十分有限,尤其是一些参数化方法的选择上具有很大的不确定性;其次,我们对气候变化的观测能力还很有限,在海洋、高山、沙漠等地区资料缺乏或不完善,限制了对模式的资料输入与模拟结果的有效验证;最后,目前的计算机水平也制约了更高分辨率气候模式的发展。

由于目前全球气候模式的分辨率较低,加上不能很好地表征地形、陆面等区域物理过程,因而对区域尺度气候的模拟水平较低。为克服这些不足,经常采用降尺度(downscaling)方法,即采用全球

气候模式与区域气候模式嵌套(动力降尺度),或用气候统计方法进行降尺度处理(统计降尺度)得到
更详细的区域气候预测(丁一汇 2002)。

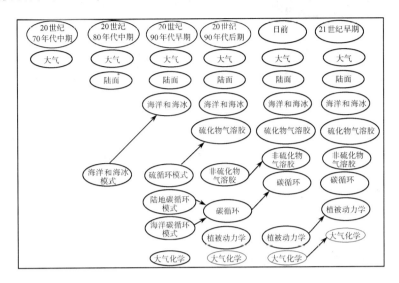

图 8.1　气候模式的发展图谱(IPCC 2001)

动力降尺度方法是以粗分辨率的全球气候模式模拟结果作为强迫场和边界条件来驱动区域气候
模式,从而得到高分辨率和较长时间尺度的区域气候模拟结果。从理论上说,这一方法有两个主要问
题,即全球模式提供的强迫场中系统误差的影响和缺乏区域与全球气候之间的双向反馈。在实际应
用中,需要考虑物理参数化的选择、区域大小和分辨率、大尺度气象条件的同化技术及与边界强迫无
关的非线性动力学引起的内部变率。

统计降尺度方法的基本原理是:区域气候主要取决于大尺度气候状态和区域/局地自然特征(如
地形、海陆分布和土地利用),因此先建立大尺度气候变量(预报因子)与区域和局地变量(预报量)之
间的统计模式,然后把全球气候模式模拟或预测结果作为预报因子输入统计模式,估算出相应的局地
和区域气候特征。统计降尺度方法的主要理论缺陷是无法证实其基本假设,即在当前气候条件下建
立的统计关系在未来可能的气候变化背景下是否仍然成立。此外,在地形复杂地区以及边界地区,可
能缺乏建立统计模式所需的高质量观测资料。

8.1.3　其他方法

除了气候模式预测方法,气候变化预测常用的方法还有经验性(物理)气候预测方法及气候数理
统计预测方法和模型(丁一汇 2002)。这两种方法本质上都是数理统计方法,需建立在观测资料的基
础之上。

经验性气候预测方法是一种定性方法,主要原理是利用观测资料,经过气候诊断分析,找到一些
与预报对象有联系的物理因子,以此作出预报。该方法主要依赖于影响气候变化的物理因子(见
8.1.1 节)及相应的观测资料。

气候数理统计预测方法和模型是一种定量方法,即根据观测资料,利用数理统计方法建立预报对
象和预报因子之间的统计关系,从而进行预报。该方法的最大缺陷在于建立的统计关系是一种纯数
学关系,较少考虑到预测对象和预测因子之间的内在物理联系。另外,这种关系对于未来气候预测时
段内的稳定性也是一个问题。气候变化预测中常用的数理统计方法有时间序列分析、相关和回归分
析、相似聚类分析、空间场分析等。

实际应用中通常把经验性气候预测方法与数理统计预测方法结合起来应用,以增加其物理意义。
此外,应用数理统计方法,要求预报对象和预报因子的观测资料具有足够的时间长度,并且要求观测

资料包含尽可能多的物理机制,这样才能较准确地对未来气候变化进行预测。

8.2 IPCC全球模式预测的主要结果

迄今为止,IPCC先后编写了3次气候变化科学评估报告(IPCC 1990,1996,2001)和1次补充报告(IPCC 1992),第4次评估报告将在2007年完成。下面对其全球模式的主要预测结果进行简单总结。

8.2.1 IPCC使用的主要全球气候模式与排放情景

8.2.1.1 主要全球气候模式

第一次评估报告(以下简称FAR)共使用了11个气候模式,其中混合层海洋海气耦合模式9个:GFDL(美国)、OSU(美国)、MRI(日本)、NCAR(美国)、AUS(澳大利亚)、GISS(美国)、MGO(前苏联)、UKMO(英国)、CCC(加拿大);完全海洋耦合模式4个:GFDL(美国)、NCAR(美国)、MPI(德国)、UHH(德国)。

第二次评估报告(以下简称SAR)使用的耦合模式共14个,分别为:BMRC(R21L9,澳大利亚)、CCC(T32L10,加拿大)、CERFACS(T42L31,法国)、COLA(R15L9,美国)、CSIRO(R21L9,澳大利亚)、GFDL(R30L14,美国)、GISS(4°×5°L9,美国)、IAP(4°×5°L2,中国)、LMD/OPA(3.6°×2.4°L15,法国)、MPI(T21L19,德国)、MRI(4°×5°L15,日本)、NCAR(R15L9,美国)、UCLA(4°×5°L9,美国)、UKMO(2.5°×3.8°L19,英国)。

第三次评估报告(以下简称TAR)的参加模式共有34个(表8.1),来自全球约20个研究中心,这些模式的分辨率大多数在250~600 km之间,其物理过程的表征及其参数化等方面都有了很大的进步。尤其是通过改进模式中云的表示法、边界层和海洋混合的参数化及增加模式的分辨率,部分或完全消除了模式对通量调整的需要。SAR时大多数模式都要在海气界面进行通量调整以去除气候漂移,到TAR时有几乎一半的模式不再使用通量调整,并且部分模式能在完全没有通量调整的情况下稳定积分达几百年之久。此外,模式对一些反馈过程(如云辐射反馈、水汽反馈等)、海气耦合过程及其模态(如ENSO,NAO等)、海冰动力学及其次网格过程、陆面过程参数化等方面的改进均取得了明显的进步。

表 8.1 参加 TAR 主要模式列表

模式名称	所属中心	大气模式分辨率	海洋模式分辨率
ARPEGE/OPA1	CERFACS(法国)	T21 (5.6°×5.6°) L30	2.0°×2.0° L31
ARPEGE/OPA2	CERFACS(法国)	T31 (3.9°×3.9°) L19	2.0°×2.0° L31
BMRCa	BMRC(澳大利亚)	R21 (3.2°×5.6°) L9	3.2°×5.6° L12
BMRCb	BMRC(澳大利亚)	R21 (3.2°×5.6°) L17	3.2°×5.6° L12
CCSR/NIES	CCSR/NIES(日本)	T21 (5.6°×5.6°) L20	2.8°×2.8° L17
CGCM1	CCCma(加拿大)	T32 (3.8°×3.8°) L10	1.8°×1.8° L29
CGCM2	CCCma(加拿大)	T32 (3.8°×3.8°) L10	1.8°×1.8° L29
COLA1	COLA(美国)	R15 (4.5°×7.5°) L9	1.5°×1.5° L20
COLA2	COLA(美国)	T30 (4°×4°) L18	3.0°×3.0° L20
CSIRO Mk2	CSIRO(澳大利亚)	R21 (3.2°×5.6°) L9	3.2°×5.6° L21
CSM 1.0	NCAR(美国)	T42 (2.8°×2.8°) L18	2.0°×2.4° L45
CSM 1.3	NCAR(美国)	T42 (2.8°×2.8°) L18	2.0°×2.4° L45
ECHAM1/LSG	DKRZ(德国)	T21 (5.6°×5.6°) L19	4.0°×4.0° L11
ECHAM3/LSG	DKRZ(德国)	T21 (5.6°×5.6°) L19	4.0°×4.0° L11
ECHAM4/OPYC3	DKRZ(德国)	T42 (2.8°×2.8°) L19	2.8°×2.8° L11
GFDL_R15_a	GFDL(美国)	R15 (4.5°×7.5°) L9	4.5°×3.7° L12
GFDL_R15_b	GFDL(美国)	R15 (4.5°×7.5°) L9	4.5°×3.7° L12
GFDL_R30_c	GFDL(美国)	R30 (2.25°×3.75°) L14	1.875°×2.25° L18

模式名称	所属中心	大气模式分辨率	海洋模式分辨率
GISS1	GISS(美国)	4.0°×5.0° L9	4.0°×5.0° L16
GISS2	GISS(美国)	4.0°×5.0° L9	4.0°×5.0° L13
GOALS	IAP/LASG(中国)	R15 (4.5°×7.5°) L9	4.0°×5.0° L20
HadCM2	UKMO(英国)	2.5°×3.75° L19	2.5°×3.75° L20
HadCM3	UKMO(英国)	2.5°×3.75° L19	1.25°×1.25° L20
IPSL_CM1	IPSL/LMD(法国)	5.6°×3.8° L15	2.0°×2.0° L31
IPSL_CM2	IPSL/LMD(法国)	5.6°×3.8° L15	2.0°×2.0° L31
MRI1	MRI(日本)	4.0°×5.0° L15	2.0°×2.5° L21(23)
MRI2	MRI(日本)	T42(2.8°×2.8°) L30	2.0°×2.5° L23
NCAR1	NCAR(美国)	R15 (4.5°×7.5°) L9	1.0°×1.0° L20
NRL	NRL(美国)	T47 (2.5°×2.5°) L18	1.0°×2.0° L25
DOE PCM	NCAR(美国)	T42 (2.8°×2.8°) L18	0.67°×0.67° L32
CCSR/NIES2	CCSR/NIES(日本)	T21 (5.6°×5.6°) L20	2.8°×3.8° L17
BERN2D	PIUB(瑞士)	10°×ZA L1	10°×ZA L15
UVIC	UVIC(加拿大)	1.8°×3.6° L1	1.8°×3.6° L19
CLIMBER	PIK(德国)	10°×51° L2	10°×ZA L11

注：表中符号 T 代表三角形截断，R 代表菱形截断，L 代表垂直方向的层次，ZA 代表纬向平均。

8.2.1.2 主要排放情景

排放情景是指为了制作未来全球和区域气候变化的预测,根据一系列驱动因子(包括人口增长、经济发展、技术进步、环境条件、全球化、公平原则等)的假设得出的未来温室气体和硫化物气溶胶排放的情况。

早期的模式预测并没有特定的排放情景,主要进行的是 CO_2 加倍平衡试验(IPCC 1990)。此后先后发展了两套温室气体和气溶胶排放情景,即 IS92 和 SRES。

IS92 排放情景于 1992 年提出(IPCC 1992),主要用于 SAR 中气候模式的预测。IS92 包含了 6 种不同的排放情景(IS92a 到 IS92f),分别代表未来世界不同的社会、经济和环境条件。

SRES 排放情景于 2000 年提出(IPCC 2001),主要用于替代 IS92 用于 TAR 的气候预测。SRES 排放情景主要由 4 个框架组成：

A1 框架和情景系列描述的是一个经济快速增长、全球人口峰值出现在 21 世纪中叶随后开始减少、新的和更高效的技术迅速出现的未来世界。其基本内容是强调地区间的趋同发展、能力建设、不断增强的文化和社会的相互作用、地区间人均收入差距的持续减少。A1 情景系列划分为 3 个群组,分别描述了能源系统技术变化的不同发展方向,以技术重点来区分这三个 A1 情景组:化石密集(A1FI)、非化石能源(A1T)、各种能源资源均衡(A1B)(此处的均衡定义为:在假设各种能源供应和利用技术发展速度相当的条件下,不过分依赖于某一特定的能源资源)。

A2 框架和情景系列描述的是一个极其非均衡发展的世界。其基本点是自给自足和地方保护主义,地区间的人口出生率很不协调,导致持续的人口增长,经济发展主要以区域经济为主,人均经济增长与技术变化越来越分离,低于其他框架的发展速度。

B1 框架和情景系列描述的是一个均衡发展的世界,与 A1 描述具有相同的人口,人口峰值出现在 21 世纪中叶,随后开始减少。不同的是,经济结构向服务和信息经济方向快速调整,材料密度降低,引入清洁、能源效率高的技术。其基本点是在不采取气候行动计划的条件下,更加公平地在全球范围实现经济、社会和环境的可持续发展。

B2 框架和情景系列描述的世界强调区域性的经济、社会和环境的可持续发展。全球人口以低于 A2 的增长率持续增长,经济发展处于中等水平,技术变化速率与 A1 和 B1 相比趋缓、发展方向多样。同时,该情景所描述的世界也朝着环境保护和社会公平的方向发展,但所考虑的重点仅仅局限于地方和区域一级。

图 8.2 给出了 6 个 SRES 情景(A1B,A2,B1,B2,A1FI,A1T)和 IS92a 情景主要温室气体(CO_2,CH_4,N_2O)和 SO_2 的人为排放量变化曲线。

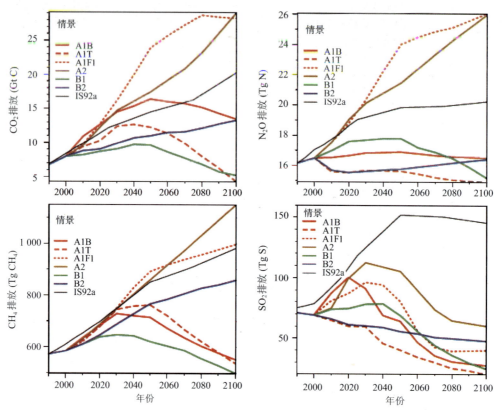

图 8.2　SRES 和 IS92a 主要温室气体和 SO_2 的人为排放量变化曲线

(IPCC 排放情景特别报告(SRES) 2000)

8.2.2　主要结果

以下对 IPCC 三次评估报告中给出的温度和降水变化的预测结果进行一个简单总结。

8.2.2.1　第一次评估报告

FAR 主要给出了大气中 CO_2 浓度加倍情况下平衡态(即突然把 CO_2 含量增加到工业化前水平的 2 倍,然后积分至平衡态)的模拟结果,包括气候变化的全球和区域特征。结果表明,当 CO_2 浓度加倍后,所有的模式均表现出显著的变化,但在次网格尺度上模式间存在明显的差异。

CO_2 加倍引起的全球平均表面气温增加为 1.5~4.5 ℃。所有模式都预测地球表面和对流层变暖,而平流层降温;在晚秋和冬季高纬度地区的增暖较强;冬季北极及相应季节南极海冰上空的增暖要小于全球平均;热带地区增暖不仅小于全球平均,而且随季节变化很小(一般为 2~3 ℃);大多数模式模拟的北半球中纬度大陆地区夏季增温大于全球平均。

所有模式都预测高纬度和热带地区全年降水增加,而中纬度地区降水只在冬季增加;干旱的副热带地区降水变化一般较小;模拟的次大陆尺度降水变化存在明显的模式间差异,尤其在热带,但大多数模式都预测东南亚季风降水增加。

在 IPCC 正常排放情景下,到 2030 年 5 个区域(北美中部、东南亚、萨赫勒地区、欧洲南部和澳大利亚)的温度变化和全球平均相比有明显的差异,而降水的变化一般在 10%~20%之间;在一些区域模式间存在明显的不一致(尽管参与比较的 3 个模式具有相同的气候敏感性),这主要是由于模式间分辨率和物理过程的差异,以及是否考虑海洋热量输送等原因造成的。

1992 年 IPCC 还编写了 FAR 的补充报告,进一步给出了 4 个海气耦合模式在 CO_2 浓度以每年增加 1‰、在第 70 年左右加倍时的模拟结果。所预测的全球平均增温值比平衡态模拟略有减少(IPCC 1992)。

8.2.2.2　第二次评估报告

SAR 使用了更为广泛的全球耦合气候模式,相对于 FAR,SAR 主要在量化气溶胶的辐射影响方面进行了改进,并在气候预测中包含了人类排放气溶胶的潜在影响。SAR 中对未来气候预测主要分两类:利用海气耦合模式进行的 CO_2 浓度以每年 1‰ 的速度增加的 CO_2 倍增(相对工业化前)试验,以及利用简单气候模式进行的 IS92 排放情景下的气候预测。

当仅考虑温室气体的增加时,模拟的 20 世纪变暖要明显大于观测值,而当引入了气溶胶的冷却效应后,模拟值和观测值更为吻合。在 CO_2 浓度以每年 1‰ 的速度增加的试验中,在 CO_2 加倍时增暖速度为 0.2~0.5 ℃(10a)$^{-1}$。在两个考虑了 1990 年以前的温室气体强迫的试验中,其模拟的 21 世纪初的全球平均变暖速度为 0.3 ℃(10a)$^{-1}$,而当考虑了硫化物气溶胶的影响后,增暖值降低为 0.2 ℃(10a)$^{-1}$,这与简单气候模式的结果一致。

在 IS92 排放情景下,当仅考虑温室气体浓度的增加时,到 2100 年,全球平均气温的增加范围为 1.0~4.5 ℃,这要低于 FAR 相应的预测结果,当考虑了 IS92 排放情景中给定的人为气溶胶未来变化的可能影响后,模式给出了 1.0~3.5 ℃ 的较低温度变化的预测。

对于未来气候变化空间分布的模拟,SAR 进一步证实和扩充了 FAR 的结果。与 FAR 的主要区别在于引入硫化物气溶胶的直接效应后,北半球中纬度地区的增温幅度有所减小,而北半球高纬度冬季增暖最大值区域的范围变小;全球降水的增加也变小。

对于区域尺度气候变化的预测,在不考虑气溶胶影响的情况下,到 2030 年,与 FAR 相同的 5 个区域的温度和降水的变化范围分别为 0.6~7 ℃ 和 -35‰~50‰。由于气溶胶空间分布的不均匀性,气溶胶可能会对区域气候变化产生重要影响。

8.2.2.3　第三次评估报告

相对于 SAR,更多的模式参与 TAR 对未来气候的预测中来。TAR 的评估时段主要集中在 1990—2100 年,模拟结果基于一系列温室气体和硫化物气溶胶排放情景,主要考虑了 IS92a 和 SRES A2 和 B2 排放情景。

气候敏感性(同样强迫下,气候模式中得到的地球表面气温的变化)范围为 1.5~4.5 ℃,与前两次评估报告相比没有变化。首次引入了瞬时气候响应(CO_2 浓度以每年 1‰ 的速度增加,到加倍时全球平均表面气温的变化)的概念,TAR 给出的瞬时气候响应的范围为 1.1~3.1 ℃。

由于气候系统辐射强迫的变化,陆地增暖速度和幅度大于海洋,并且在高纬度地区增暖相对较强。根据模式推算,在北大西洋和环南极海域,相对于全球平均,地表气温升高较小;在许多地区,气温日较差缩小,夜间最低温度的增加大于白天最高温度的增加。许多模式表明,在北半球陆地,冬季地表气温日较差总的来说减小,而夏季日较差增大。由于气候变暖,推算结果显示冰雪覆盖和海冰的范围将缩小。所有这些变化与近年来的观测趋势一致。

AOGCM 对一系列情景进行的多模式集合预报表明:到 21 世纪中叶(2021—2050 年),全球表面平均气温的平均变化(相对于 1961—1990 年),对 IS92a 情景,只考虑温室气体增加时为 1.6 ℃(变化范围为 1.0~2.1 ℃),加上硫化物气溶胶的影响时为 1.3 ℃(变化范围为 0.8~1.7 ℃),对 SRES A2 情景为 1.1 ℃(变化范围为 0.5~1.4 ℃),B2 情景为 1.2 ℃(变化范围为 0.5~1.7 ℃);到 21 世纪末(2071—2100 年),全球平均表面气温的平均变化(相对于 1961—1990 年),对 A2 情景为 3.0 ℃(变化范围为 1.3~4.5 ℃),对 B2 情景为 2.2 ℃(变化范围为 0.9~3.4 ℃)。这与 B2 情景相对较低的 CO_2 浓度增加速度相一致,因而 B2 情景下模拟出的变暖趋势较小(图 8.3 和图 8.4)。

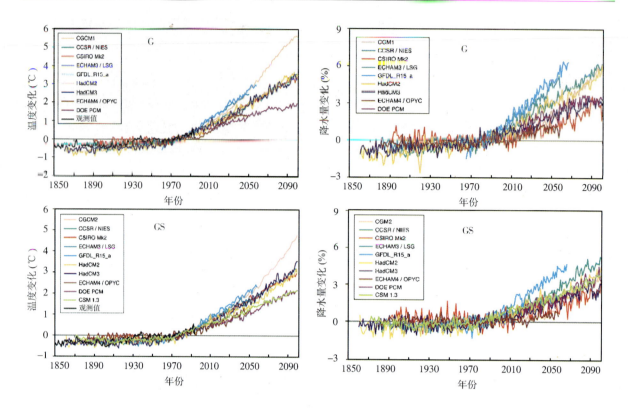

图 8.3　IS92a 情景下主要模式模拟的全球平均温度随时间的变化

（相对于 1961—1990 年）（℃）及全球平均降水量随时间的变化（相对于 1961—1990 年）（％）

（G 代表只包含温室气体，GS 代表同时考虑温室气体和硫化物气溶胶，引自：IPCC 2001）

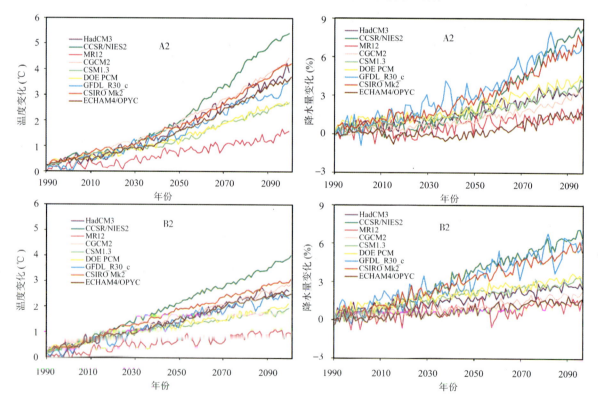

图 8.4　SRES A2 和 B2 排放情景下主要模式模拟的全球平均温度随时间的变化

（相对于 1961—1990 年）（℃）及全球平均降水量随时间的变化（相对于 1961—1990 年）（％）

（引自：IPCC 2001）

在 SRES 情景试验中,对不同情景的地理响应特征大部分都是类似的,理想化的每年 1‰CO₂ 浓度增加积分试验也具有类似的特征。不含硫酸气溶胶的每年 1‰CO₂ 浓度增加试验,与 SRES 试验最大的差异在于,SRES 试验中工业化地区硫酸盐气溶胶的负强迫最大,变暖呈现出一种区域性缓和。在第二次评估报告中只有两个模式提及这种区域效应,但现在的大多数模式的模拟结果都能反映出这种区域性增暖减弱的效应。

同全球平均相比,几乎所有的陆地将会更加迅速地增暖,尤其在北半球高纬度的冬季更是如此。由 SRES A2 和 B2 排放情景驱动的 AOGCM 模式的模拟结果表明,对于每一个模式,模拟出的冬季所有高纬度北部地区的增暖幅度均超过全球平均增暖率 40% 以上(所考虑的模式和情景范围为 1.3~6.3 ℃);在夏季,中亚和北亚增暖速率超过全球平均速率的 40%,只是在南亚、南美洲南部的 6,7 和 8 月份期间,东南亚两个季节,模式模拟结果一致显示其增暖速率低于全球平均。

为节约计算费用并利用尽可能多的 SRES 情景进行计算,使用了简单气候模式进行模拟,结果表明:在 1990—2100 年期间,全球平均地表温度预计升高 1.4~5.8 ℃。这些结果的获得是在所有 35 个 SRES 情景下,并基于许多复杂气候模式的结果输入得出的。预计的温度升高要比 SAR 的预测值大,SAR 根据 6 个 IS92 情景计算得出的范围大约是 1.0~3.5 ℃。预测的温度较高且变化范围较大主要是因为 SRES 情景比 IS92 情景涵盖的范围更广,同时 SRES 情景与 IS92 相比降低了 SO₂ 的排放,尤其是在 21 世纪后半叶。根据古气候资料预计的变暖速率不但比 20 世纪观测到的变化大得多,并且很可能至少在过去 1 万年间也没有过这样的先例。

全球平均水汽含量、蒸发量和降水量预计会增加。在区域尺度,降水的增加与减少都会出现。基于 SRES A2 和 B2 排放情景的 AOGCM 模拟结果显示,高纬度地区夏季和冬季的降水可能会增加;在冬季,北半球中纬度地区、热带非洲和南极降水也有所增加;在夏季,东亚、南亚地区的降水有所增加;澳大利亚、中美洲和南部非洲的冬季降水量持续降低。

据一些最新 AOGCM 模式、老的 GCM 模式和区域化研究结果,降水量的年际变率与平均降水量之间存在很强的相关性。未来平均降水量的增加可能导致降水变率的提高,反之,降水变率的减小可能仅出现在平均降水量减少的地区。

8.2.3　气候变化的惯性和突变事件

地球气候系统是一个由五大圈层组成的复杂的非线性系统,各个子系统具有不同的响应时间尺度和热力性质。正是由于气候系统具有一定的响应时间,因此气候系统表现出一定的惯性。惯性是指气候系统、生态系统或人类系统对改变其变化速率作用因子响应的滞后、迟钝或抗拒,包括引起变化的原因去除后系统的变化仍会在以后相当长一段时间内持续(IPCC 2001)。最为典型的例子是 CO₂ 引起的温室效应,即使大气中 CO₂ 浓度达到稳定以后,气候系统的增暖仍将继续,要完全达到新的平衡可能需要千年以上的时间尺度,这主要是由于海洋和冰雪圈的响应时间十分长的缘故。

由于气候系统各子系统之间复杂的相互作用,气候系统无时无刻不在发生着变化,且变化的时间尺度跨度十分大,短至几天,长到千年甚至更长的时间尺度。古气候记录表明,地球历史上大范围的气候突变曾经多次出现。自地球在 46 亿年前形成以后,地球上的气候经历了漫长的激烈变化,主要表现为多次大冰期的发生,最后一次大冰期即第四纪冰期始于 250 万年前,以后又经过多次冰期与间冰期的交替或旋回,目前正处于末次冰盛期后的回暖期(间冰期)(丁一汇等 2003)。对历史气候资料的分析表明,可将气候变化分为三种类型:第一类是在气候平均态(如全新世(Holocene))附近的自然波动,例如 ENSO 和北大西洋涛动(NAO),典型的时空尺度为 3~15 年和 100~1 000 km;第二类是末次冰期期间的一系列气候突变事件,如 D/O(Dansgaard/Oeschger)事件、海因里希(Heinrich)事件及冰期的终止等,其典型的时空尺度为 3~100 年和 1 000 km 至全球,同第一类自然波动相比,其强度要大得多;第三类是可能由地球轨道参数的变化引起的更为缓慢的变化,它以米兰柯维奇(Milankovich)的理论为基础,与历史上的大冰期相联系,其典型的时间尺度为 2 万,4 万,10 万和 40 万年,变化范围为全球(Stocker 1999)。人们更为关注的是气候突变,尤其是第二类变化,即气候在几十年的时间内发生突然的大范围变化,留给人类和地球生物的适应时间非常短,往往会对社会经济带来十分严重的影响。但是,目前我们对这种气候突变的产生机制仍然知之甚少。

发生突变现象是非线性系统(具有多平衡态)特有的特征,在一般情况下,地球上的气候进行着缓慢的变化,但当在外界强迫的作用下系统的某种(或多种)气候参数超过一定的阈值时,在气候系统内部各种非线性过程的作用下,气候变化会表现出阈值行为而发生突变,即气候系统会重新进行调整,从一个平衡态向另一个平衡态转变。

气候发生突变的原因很多,一般需要具备以下三个因素:触发因子,放大因子与全球化因子,以及突变发生后能够使之持续的因子(Alley et al. 2003)。气候系统突变的触发因子很多,如大陆漂移、地球轨道参数的变化、人为的温室气体排放等;而放大因子主要是气候系统内部的一些正反馈机制,能够将很小的强迫放大为很大的变化,如冰雪-反照率反馈,而这些反馈机制也是气候突变得以维持的可能原因。对于冰期和间冰期的交替变化,一般认为是由于地球轨道参数的变化引起的,而对于一些千年尺度的气候突变,很难用地球轨道参数的变化来解释,因为古气候资料的记录表明,这些冷暖交替有时与轨道参数的变化是完全反相的。由于海洋在气候变化中的重要作用,近几十年来,人们越来越多地将目光投聚到海洋上。

海洋覆盖了地球约70%的面积,拥有巨大的质量和热容,地气系统中约一半的热量由海洋吸收,并通过洋流输送使之在全球重新分配,并随后在高纬度地区向大气释放,以调节和维持全球气候的稳定。其中温盐环流(THC)是这种巨大的海洋输送带的重要一环,古气候资料和数值模拟都表明,温盐环流在气候突变中起到了重要的作用(Clark et al. 2002)。

受海陆地形的影响,温盐环流在南半球和太平洋较弱,关键的下沉区域位于北大西洋。格陵兰冰芯和其他一些古气候记录表明,在北大西洋气候的历史上曾发生过多种气候突变,这可能与温盐环流的变化有关。研究表明,温盐环流具有多平衡态,一般认为具有三种不同的模态,分别对应于北大西洋不同的气候。第一种是现在模态,对应于北大西洋地区温暖的气候,这时来自赤道的温暖的表层海水在北大西洋的两个区域下沉,其带来的热量使得西欧、北美东岸相对于其他同纬度地区要温暖得多(图8.5);第二种模态是北大西洋海水下沉区域南移且范围减小,温盐环流减弱,气候条件比现在稍冷;第三种是最冷的模态,温盐环流很弱甚至完全终止,这时北大西洋地区十分寒冷,古气候资料记录了很多这样的冷事件,其中最为著名的一次是新仙女木(The Younger Dryas)事件(据今12 800年前,北大西洋及其附近地区在约10年的时间里迅速变冷,并持续了约1 300年)。温盐环流对于经向热、盐输送极为重要,从一种平衡态向另一种平衡态转换,将引起向极地热输送的很大变化,这些热量将最终释放到海洋上面的大气中。海洋向大气热释放量的巨大变化,将对全球气候产生重要影响。

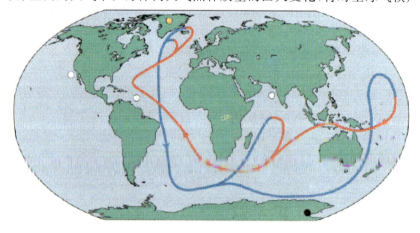

图8.5　现在模态温盐环流示意图

(红线表示温暖、低盐的表层海水在大西洋向北输送,在北大西洋有两个明显的下沉区;

蓝线表示寒冷、高盐的深层海水。海水流向如箭头所示)

温盐环流在过去曾经减缓甚至完全终止过,我们不能完全否认这种情况在将来还可能再次出现。因此,温盐环流的稳定性问题受到越来越多的关注(Marotzke *et al*. 2000,Prange *et al*. 2002)。研究表明,温盐环流的变化对北大西洋淡水通量的输入十分敏感,几乎所有的气候模式随着淡水的注入,温盐环流会减小甚至完全停止,其响应依赖于淡水扰动的位置、强度及持续时间;但是,通过同古气候资料的比较,模式模拟还存在很多的问题,如所有的模式都对大的淡水通量立即响应,而实际上淡水极大值出现约1 000年后才会出现新仙女木这样的冷事件,此外,冰芯记录中的一些气候突变事件还不能很好地进行模拟(Stocker,Marchal 2000)。

关于气候变暖以后温盐环流如何变化,许多模式也进行了模拟。在大多数耦合模式积分中,随着CO_2的增加温盐环流会减弱(图8.6)。温盐环流的减弱在南北半球均有出现,减弱的大小因模式而异,有的模式还发现北大西洋温盐环流完全停止(Manabe,Stouffer 1994;Stocker,Schmittner 1997)。由于现有气候模式水平的限制,对这些结果我们必须谨慎对待。

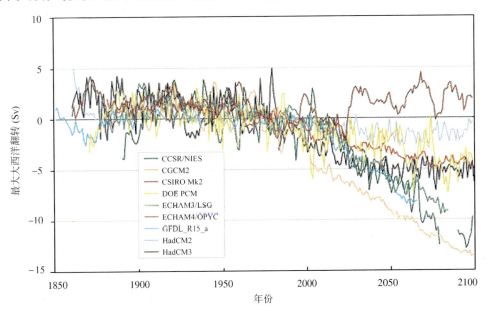

图8.6　不同气候模式模拟的气候变暖情景下大西洋"传送带"年平均流量的变化
(对比值为1961—1990年30年平均,单位:Sv,$10^6 \, m^3 s^{-1}$,引自:IPCC 2001)

总的说来,我们对气候突变的理解能力还十分有限,这主要是由于我们对控制气候突变过程的理解还很缺乏。尤其是我们并不知道温盐环流现在处在什么位置,以及未来温盐环流是否会关闭,如果可能关闭,那我们离完全关闭温盐环流、产生气候突变的阈值究竟有多远?要回答这些问题,有待于我们对气候突变理论的进一步研究,以及不断提高气候模式对现代气候及历史上的气候突变事件的模拟能力。只有这样,即使我们无法减轻气候的突变,我们也有能力采取必要的步骤去适应未来可能发生的气候突变。

8.3　东亚气候变化预测的主要结果

近10年来,气候变化模拟研究表明,考虑人类活动排放温室气体的增加,东亚和中国的气候将可能发生明显变化,并且与全球气候变化密切相关。徐影等(2003)利用观测值计算了中国和东亚地区气温与全球气温的相关系数,以及近百年的气温变化的线性趋势,结果表明,其相关是非常明显的,而增暖的线性趋势也是很一致的。

在本节,我们综合了IPCC的数据分发中心(DDC)提供的7个模式在各种温室气体和气溶胶排放情景下的模拟结果及中国气象局国家气候中心气候模式 NCC/IAPT63 的模拟结果(表 8.2),对东亚地区未来 100 年的气候变化进行了概述。其中东亚地区定义为:70°~140°E,15°~60°N,主要包括中国、朝鲜半岛、日本、蒙古及东南亚部分地区。

表 8.2　气候模式(AOGCM)的基本特征和试验设计

模式名称	NCC/IAPT63	Hadley	GFDL	DKRZ	CSIRO	CCSR	CCC	NCAR
作者	徐影(2002) 徐影等 (2003)	Mitchell et al.(1995)	Haywood et al.(1997)	Roeckner et al.(1999)	Gordon et al.(1997)	Emori et al.(1999)	Boer et al.(2000a,2000h)	Meehl et al.(2000)
大气分辨率	T63L16	3.75°×2.5° L19	R15L9	T42L19	R21L9	T21L20	T32L10	4.5°×7.5° L9
海洋分辨率	1.875°× 1.875° L30	3.75°×2.5° L20	4.5°×3.75° L12	2.8°×2.8° L17	R21L21	2.8°×2.8° L17	1.8°×1.8° L29	1°×1° L20
控制试验	170	400	1000	1000		1890—2099		1870—2100
敏感性试验	1890—1999 (历史资料) 2000—2100 (SRES: A2,B2)	1860—1989 (历史资料) 1990—2099 (1% a⁻¹, 0.5% a⁻¹: GG,GS; SRES:A2,B2)	1958—2057 (IS92a:GG) 1765—2065 (IS92a:GS) 1961—2100 (SRES: A2,B2)	1860—1989 (历史资料) 1990—2099 (1% a⁻¹:GG) (IS92a:GS)	1880—1990 (历史资料) 1990—2099 (IS92a:GG, GS;SRES: A2,B2)	1890—2099 (1% a⁻¹: GG,GS) 1890—2100 (SRES: A2,B2)	1850—2100 (1% a⁻¹:GG, GS;SRES: A2,B2)	1870—2084 (1% a⁻¹:GG) 1870—2049 (1% a⁻¹:DSA)

注:GG 表示只考虑温室气体增加的模拟或预测;GS 表示考虑温室气体和硫化物气溶胶共同增加的模拟或预测;DSA 表示考虑温室气体和海洋气溶胶共同增加的模拟和预测;A2 和 B2 分别是 IPCC 第三次评估报告给出的温室气体排放情景下的模拟和预测,其中 A2 为高排放情景,B2 为中低排放情景。

8.3.1　各种排放情景下东亚地区不同时期温度和降水变化

8.3.1.1　温度变化

7 个全球耦合模式在 IS92a 温室气体排放情景下模拟的东亚地区 21 世纪温度变化时间序列的结果表明(徐影等 2003):由于人类活动引起的温室气体和硫化物气溶胶的增加,东亚地区未来 21 世纪温度增加非常迅速,增加的速率比 20 世纪快得多,与全球的变化趋势一致,但变化幅度更大(年际振荡较大)。到 21 世纪末期,只考虑温室气体增加时(GG),温度增加的范围为 4~8 ℃,温室气体和硫化物同时增加(GS)时温度的增加为 3.5~7 ℃。同时还可以看到:在 21 世纪的初期,大部分模式之间的差别较小,到 21 世纪的末期,模式之间的差别逐渐加大,曲线开始分离;TAR 给出的 SRES 温室气体排放情景下,东亚地区的温度同 IS92a 排放情景一样,都将继续增加,但增暖的幅度到 21 世纪末 A2 情景下将增加 5.3~9.5 ℃,比 IS92a 高,B2 情景下为 3.2~6.9 ℃,比 IS92a 低(图 8.7)。

表 8.3 给出了 IPCC 7 个耦合模式预测的东亚地区 2000—2099 年不同试验的温度变化线性倾向。从表中可见,只考虑温室气体增加(GG)时,未来 100 年线性倾向的变化范围为 4.0~7.5 ℃,平均是 5.2 ℃;既有温室气体增加又有硫化物气溶胶增加(GS)时,变暖为 3.3~5.5 ℃(100a)⁻¹,平均是 4.1 ℃(100a)⁻¹;与全球平均的变化不同,它们分别比全球高约 1 和 0.5 ℃(100a)⁻¹(徐影 2002),这主要因为东亚地区平均中,主要包括的是陆地地区,其增温比海洋要明显,另外,在敏感性试验中,内部大气过程,像能量传输和反馈作用变得非常重要。在 A2 和 B2 情景时,未来 100 年 5 个模式平均的线性倾向分别是 5.3 和 3.5 ℃(100a)⁻¹。

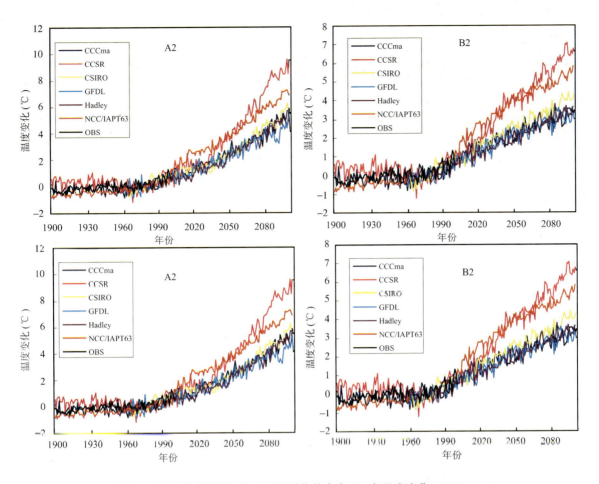

图 8.7　各个模式模拟的东亚地区平均的未来 100 年温度变化(徐影等 2003)

表 8.3　7 个模式预测的东亚地区未来 100 年(2000—2099)温度变化的线性倾向

AOGCM	GG	GS	A2	B2
CCCma(℃(100a)⁻¹)	7.5	5.5	4.7	2.5
CCSR(℃(100a)⁻¹)	5.0	3.9	9.2	6.2
CSIRO(℃(100a)⁻¹)	4.0	3.5	5.5	3.5
DKRZ(℃(85a)⁻¹)	5.0	1.0		
GFDL(℃(58a)⁻¹)	2.9	2.3	4.2	2.6
HADL(℃(100a)⁻¹)	4.2	3.3	4.2	2.9
NCAR(℃(36a)⁻¹)	3.5	0.4		
模式平均(℃(100a)⁻¹)	5.2	4.1	5.3	3.5

注:DKRZ 积分时段为 2000—2084 年(GG),2000—2049 年(GS);GFDL 积分时段为 2000—2057 年;NCAR 积分时段为 2000—2035
　　年,A2 和 B2 积分时段都为 2000—2099 年。

　　表 8.4 和表 8.5 分别是在 IS92a 和 SRES 温室气体排放情景下,未来 21 世纪几个代表年(2030,
2050,2070 年)的温度距平值(同 1961—1990 年 30 年的气候平均值相比),同时也给出了较冷年 1961
年和较暖年 1998 年的温度距平值。IS92a 方案包括只考虑温室气体增加(GG)和既有温室气体增加
又有硫化物气溶胶的增加(GS)时的结果,SRES 情景下只给出了 A2 与 B2 两种情景的结果。从表中
看出:模式平均的 GG 和 GS 时 2030 年温度可能分别增加约 2.2 和 1.8 ℃,2050 年分别增加 2.7 和
2.3 ℃,2070 年分别增加 3.4 和 3.1 ℃;SRES 的 A2 和 B2 方案下,模式平均 2030 年温度将分别上升
1.5 和 1.7 ℃,2050 年分别为 2.6 和 2.5 ℃,2070 年分别为 4.6 和 3.3 ℃,因而,在 IS92a 和 SRES 温
室气体排放情景下,到 21 世纪的后期 A2 的增温幅度是最大的,B2 与 GS 的增温幅度较小,两个特别

年(1961 和 1998 年)的模拟结果与实况比较一致,尤其对 A2 情景。

表 8.4　IS92a 情景下东亚地区 7 个海气耦合模式模拟与预测的温度变化

(相对于 1961—1990 年 30 年气候平均值的距平)(GG 和 GS)　　　　　　单位:℃

AOGCM	1961	1998	2030	2050	2070
CCCma	−0.1(−0.1)	−0.0(0.8)	2.4(1.6)	3.4(2.5)	5.6(3.9)
CCSR	−0.4(−0.2)	1.2(1.0)	1.9(1.9)	2.7(2.6)	3.8(3.1)
CSIRO	−0.2(−0.3)	0.5(0.7)	2.2(1.6)	2.4(2.3)	3.3(2.7)
DKRZ	−0.4(0.5)	0.9(0.2)	2.6(1.0)	3.41(×)	4.6(×)
GFDL	−0.7(0.1)	0.9(0.4)	2.4(2.6)	4.0(2.6)	×(×)
HADL	−1.1(−0.1)	0.5(0.4)	2.2(1.4)	2.5(1.5)	3.0(2.9)
NCAR	−1.5(0.0)	1.9(1.6)	4.4(2.4)	×(×)	×(×)
模式平均	−0.6(−0.0)	0.8(0.7)	2.2(1.8)	2.7(2.3)	3.4(3.1)
观测值	−0.11	1.30			

注:括号内为 GS 时的值。

表 8.5　SRES 情景下东亚地区 5 个海气耦合模式模拟与观测的温度变化

(相对于 1961—1990 年 30 年气候平均值的距平)(A2 和 B2)　　　　　　单位:℃

AOGCM	1961	1998	2030	2050	2070
CCCma	−0.8	0.7	1.8(1.8)	2.4(2.0)	3.5(2.5)
CCSR	0.0	0.8	1.7(2.2)	3.8(3.6)	6.6(5.2)
CSIRO	−0.3	0.8	1.8(1.4)	2.1(2.5)	3.4(3.2)
GFDL	−0.6	0.8	1.4(1.6)	1.9(2.4)	3.9(2.6)
HADL	−0.3	0.8	1.0(1.5)	2.2(2.3)	3.8(3.2)
模式平均	−0.4	0.8	1.5(1.7)	2.6(2.5)	4.3(3.3)
观测值	−0.11	1.30			

注:括号内为 B2 时的值。

　　从东亚地区温度变化的地理分布来看,总体上来说,无论是 IS92a 还是 SRES 情景,年平均的平均温度的变化在整个东亚地区在 21 世纪都表现为一致增暖,21 世纪的中期(图 8.8),只考虑 CO_2 增加时大部分地区升高 2～3.5 ℃,增暖的南北差异明显,低纬度地区的增温比高纬度地区弱,东亚东部的沿海地区等值线的东北-西南走向表明,在同一纬度上,海洋的平均温度的增加要小于陆地。考虑气溶胶后,增暖的范围为 1.0～2.5 ℃,增暖幅度比仅考虑 CO_2 时减少 1 ℃。A2 时,整个东亚地区变暖幅度为 1.5～4.5 ℃,B2 时为 1.5～4 ℃,同 GG 和 GS 一样,都是中高纬度地区的变暖大于中低纬度地区,到 21 世纪末,变暖幅度上升至 2.5～7 ℃。

　　对各个季节来说,IS92a 和 SRES 方案下,都是冬季和春季的增暖幅度最大,如 21 世纪中期,GG 时冬季的增暖幅度为 2～4.5 ℃,GS 时 1.5～3.5 ℃,A2 时为 1.5～5.0 ℃,B2 时为 1.5～4.5 ℃,秋季略小,夏季增暖幅度最小。从地理分布上看,冬季和秋季东亚地区最大的变暖中心在东北,而春季和夏季最大的变暖中心则在东亚地区的北部和西部。

8.3.1.2　降水变化

　　在 IS92a 情景下,GG 时,未来 21 世纪各个模式模拟的降水都呈增加的趋势,但 GS 时则有所不同,各个模式由于其性能不同,所得的结果差别较大,有的降水减少,有的增加(图略),这就增加了对未来降水变化预测的不确定性;SRES 情景下,A2 和 B2 时各个模式模拟的降水在整个 21 世纪基本也呈增加的趋势,21 世纪中期,A2 和 B2 时降水增加的幅度都为 3%～8%,21 世纪末降水增加的幅度分别为 5%～20% 和 3%～15%。5 个模式平均后的结果表明,到 21 世纪末,东亚地区的降水在 A2 和 B2 时将分别增加 10% 和 8%(图 8.9)。

　　表 8.6 给出了人类活动影响引起的未来 100 年(2000—2099)东亚降水变化的线性倾向。大部分

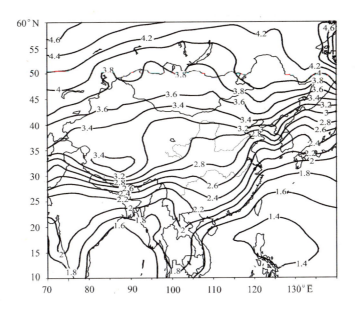

图 8.8　5 个模式平均的东亚地区 21 世纪中期温度变化地理分布图
（SRES-A2 情景）（单位：℃）

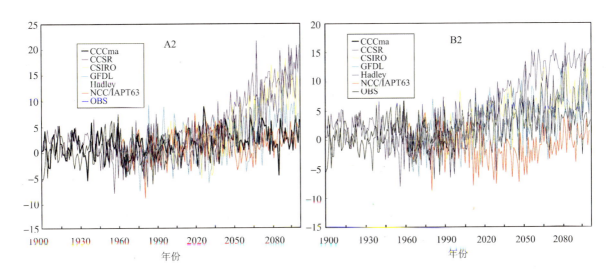

图 8.9　各个模式模拟的 1900—2100 年东亚地区降水变化（单位：%）
（左图：SRES-A2 情景；右图：SRES-B2 情景）（徐影等 2003）

模式的结果都表明：由于人类活动的影响，未来降水增加，而模式控制试验的预测结果没有明显的线性倾向，GG 时几个模式平均降水变化的线性倾向为 5%（100a）$^{-1}$，GS 时未来 100 年降水变化的线性倾向为 0，而 A2 和 B2 情景下，未来 100 年东亚地区的降水变化的线性倾向分别为 11% 和 7%，呈增加的趋势；但与全球降水变化相比，东亚地区降水增加较少，这主要是因为各个模式模拟的降水增加的最大中心都在海洋上，而不在主要是陆地的东亚地区。

　　表 8.7 和表 8.8 给出了几个代表年的降水变化。1998 年，IS92a 情景下是 GG 模拟的结果好于 GS 时的结果，而在 SRES 情景下则是 B2 情景下的模拟结果优于 A2 情景。计算结果还表明：GG 时大部分模式模拟的 21 世纪的降水都呈增加的趋势，几个模式平均后，2050 和 2070 年时降水都将增加 5%，而 GS 时大部分模式的模拟结果是降水减少；A2 和 B2 情景下各个模式模拟的 21 世纪东亚地区各个代表年的降水都将增加，尤其是在 2070 年，B2 情景下，模式平均后 2030，2050 和 2070 年分别增加 4%，6% 和 7%。

表 8.6　各个模式模拟的未来 100 年(2000—2099)东亚降水变化的线性倾向　　　　　　单位:%

AOGCM	GG	GS	A2	B2
CCCma(%(100a)$^{-1}$)	0	−5	2	1
CCSR(%(100a)$^{-1}$)	12	10	17	14
CSIRO(%(100a)$^{-1}$)	8	4	13	7
DKRZ(%(85a)$^{-1}$)	10	−4		
GFDL(%(58a)$^{-1}$)	7	1	7	6
HADL(%(100a)$^{-1}$)	4	0	16	8
NCAR(%(36a)$^{-1}$)	−3	−1		
模式平均(%(100a)$^{-1}$)	5	0	11	7

注:DKRZ 积分时段为 2000—2084 年(GG),2000—2049 年(GS);GFDL 积分时段为 2000—2057 年(GG,GS);NCAR 积分时段为 2000—2035 年。

表 8.7　IS92a 情景下东亚地区 7 个海气耦合模式模拟和观测的东亚降水变化

（相对于 1961—1990 年 30 年气候平均值的距平）(GG 和 GS)　　　　　　单位:%

AOGCM	1961	1998	2030	2050	2070
CCCma	−3(−2)	3(−3)	−2(−5)	4(−7)	−4(−8)
CCSR	0(−2)	1(4)	5(4)	3(3)	11(4)
CSIRO	−0(4)	1(2)	1(2)	2(4)	8(4)
DKRZ	−1(3)	8(−6)	9(−7)	15(×)	13
GFDL	−4(−2)	4(1)	8(−3)	6(2)	×
HADL	4(−1)	5(−1)	6(−1)	2(3)	−1(−3)
NCAR	8(5)	1(−2)	1(3)	×	×
模式平均	0(0)	3(−0)	4(−1)	5(1)	5(0)
观测值	5	3			

注:括号内为 GS 情景下的模拟值。

表 8.8　SRES 情景下东亚地区 7 个海气耦合模式模拟和观测的东亚降水变化

（相对于 1961—1990 年 30 年气候平均值的距平）(A2 和 B2)　　　　　　单位:%

AOGCM	1961	1998	2030	2050	2070
CCCma	−0(−0)	−2(−0)	−0(4)	6(2)	5(1)
CCSR	−3(−3)	5(5)	5(10)	10(12)	7(14)
CSIRO	−3(−3)	5(−2)	−1(13)	−0(2)	6(7)
GFDL	1(5)	−2(4)	−6(−2)	6(7)	2(5)
HADL	1(0)	−1(7)	3(−5)	2(5)	14(8)
模式平均	0(0)	1(3)	0(4)	5(6)	7(7)
观测值	5	3			

注:括号内为 B2 情景下的模拟值。

　　几个模式平均后年平均降水变化的空间分布主要是:整个东亚地区在 21 世纪的中期,大部分地区降水增加,GG 和 GS 时降水增加的最大值在东亚的西北部(主要是在中国的西北地区),西南部降水将减少,东部海洋上的降水无明显变化;而在 SRES 的 A2 和 B2 情景下,整个东亚地区的降水都呈增加的趋势(图略)。

　　东亚地区各个季节降水变化空间分布的分析表明:冬季和春季的降水增加主要在东亚地区的北部地区,而夏季与冬季相反,降水增加主要在南海季风区、印度季风区及青藏高原,且增加的幅度比冬季和秋季大得多(图 8.10),尤其是在 GG 时,GS 时增加幅度减小,分布型也有所不同;A2 和 B2 情景下,降水变化的季节特征与 GG 和 GS 时基本相同,但分布不太相同,这与温室气体排放情景不同有关。在这里,还须强调指出,由于对降水的模拟各个模式之间相差较大,这里给出的只是模式平均的结果。

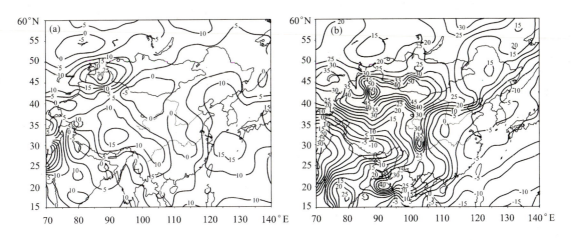

图 8.10　IS92a 情景(GG)下 21 世纪中期(2040—2069 年)
夏季(左图)与冬季(右图)降水变化空间分布图(单位:%)

东亚地区最高温度、最低温度及气温日较差的变化,同全球变化基本一致,在各种排放情景下,东亚地区未来 100 年最高温度和最低温度都逐渐增加,其中最低温度的增加幅度大于最高温度,未来 100 年气温日较差呈逐渐减小的趋势。

8.3.2　东亚地区其他气候因子不同时期的变化

这里简单介绍东亚地区未来 100 年除温度和降水以外的其他气候要素的可能变化,如气压场、辐射的变化等。

模式预测表明:未来 100 年北半球冬季西伯利亚高压减弱,阿留申低压随着时间的推移逐渐加深(海平面气压减小),到 21 世纪中期阿留申低压中心的值约减少 3.5 hPa,21 世纪末减少 5.5 hPa。北半球冬季南海季风区的海平面气压升高。GS 时比 GG 时减小幅度变小。同时,南北半球呈现明显的不对称性,南半球海平面气压大部分为增加的趋势,与温度变化南北半球的分布正好相反。夏季与冬季的变化略有不同,GG 和 GS 时阿留申低压都为增加,21 世纪的中期约增加 0.5 hPa,21 世纪末期约增加 2 hPa 左右。GG 时在东亚地区和欧洲的大陆地区海平面气压减小。东亚地区的南部季风区海平面气压呈增加的趋势,西太平洋高压加强。另外,在 21 世纪海平面气压增加的地区有美洲大陆地区、赤道地区太平洋和印度洋地区的海平面气压也将增加。

对于东亚地区来说,整个东亚地区陆地的海平面气压 21 世纪都是减小的,尤其冬季。在夏季南海季风区和印度季风区海平面气压增加。中国的青藏高压减弱。

对于辐射的变化,到 21 世纪中期(2040—2049 年),东亚地区北部(高纬度地区)年平均净辐射将增加 2.5%,南部将减少,尤其是东亚地区西南部的净辐射将减少 10%。

8.4　亚洲季风区未来 100 年气候变化预测

亚洲季风系统一般可划分为南亚季风与东亚季风两个子系统,其中南海地区的季风变化又是东亚季风系统中的一个关键区。因而以下将重点讨论这两个地区气候变化的预测情况,并主要对 SRES 排放情景 A2 和 B2 下亚洲夏季风和冬季风未来的变化情景进行讨论。

以下南海夏季风区的定义为:10°~20°N 和 110°~120°E;南亚夏季风区定义为:0°~20°N 和 40°~110°E;东亚冬季风区定义为:20°~40°N 和 100°~140°E。其中季风指数的定义为:夏季风用 Webster 等(1992)提出的区域平均 U850-U200;冬季风强度用 850 hPa 经向风的变化表示。

8.4.1　亚洲夏季风

在 A2 情景下,21 世纪前期(2001　2030)南亚季风区夏季温度将上升 0.8 ℃,21 世纪中期(2031—2060 年)将上升 1.8 ℃,21 世纪后期(2061—2090 年)上升 3.6 ℃;在 B2 情景下,21 世纪三个时期将分别上升 0.9,1.6 和 2.4 ℃。南海夏季风区 21 世纪前期、中期和后期的夏季温度在 A2 情景下分别增加 0.9,1.9 和 3.4 ℃;B2 情景下分别增加 0.7,1.4 和 2.4 ℃,比较 GG 和 GS 排放情景下的模拟结果,温度增加的幅度要小。

对南亚季风区 21 世纪前期、中期和后期各 30 年平均的温度变化的地理分布的分析表明:南亚季风区在 21 世纪中期,A2 和 B2 时温度都逐渐增加,北部靠近喜马拉雅山的地区增暖较明显,另一个增暖明显的地区在印度的南部大陆地区,印度东部孟加拉湾相对来说变暖幅度较小。对比 A2 和 B2 时的情形,B2 情景增暖幅度较小,总而言之,南亚季风区西部的增温大于东部。

南海季风区夏季温度变化的分布表明:南海夏季风区在未来的 100 年中温度增加的幅度随时间逐渐增加,增暖强度从北向南逐渐加大,海洋上的增暖较小,A2 与 B2 相比,A2 时温度增加的幅度在 21 世纪的后期比 B2 时高 1 ℃左右,这种差别在 21 世纪的前期较小。

对 21 世纪亚洲夏季风区降水变化的时间序列分析表明:未来 100 年南亚季风区,A2 情景下整个 21 世纪降水都呈增加的趋势,到 21 世纪后期将增加 13%,但在 B2 情景下,21 世纪初期降水将有所减少,中期以后开始增加,但增加的幅度比 A2 情景小,到 21 世纪后期,增加 6%;南海夏季风区的降水在 21 世纪也将增加,但与南亚季风区不同的是,南海季风区的降水在 A2 情景下增加的幅度较小,到 21 世纪后期增加 4%,B2 情景下 21 世纪前期降水增加较多,为 12%,中期为 11%,后期为 6%。

对南亚季风区和南海季风区的夏季降水变化的地理分布的分析表明:A2 情景下,21 世纪初期,南亚季风区夏季降水的增加主要在印度的大陆地区,随着时间的推移,降水增加的范围逐渐扩大,到 21 世纪的后期,除南亚季风区的西部地区外,几乎整个南亚季风区的降水都增加,最大增加幅度达到 40%～50%;B2 时与 A2 时的分布基本相似。而在 21 世纪初期,A2 和 B2 情景下,南海夏季风区降水有减少的趋势,21 世纪的中期,则无明显变化,直到 21 世纪后期,南海夏季风区降水才略有增加,约为 20%,比南亚季风区降水增加幅度要小。

对南亚季风区和南海季风区夏季风指数的计算结果表明(图 8.11):南亚夏季风有明显的年代际变化,A2 情景下,到 21 世纪的中期变为较弱季风期,21 世纪后期转为较强季风期,B2 情景下,未来 100 年季风指数都呈上升的趋势;南海夏季风指数的年代际变化,与南亚夏季风有相似的结果,也是在 21 世纪的中期有变为较弱季风期的趋势,到 21 世纪后期夏季风增强。

8.4.2　亚洲冬季风

东亚季风区的变暖大于南部的南亚和南海季风区,尤其是冬季,在 A2 和 B2 排放情景下,21 世纪中期将变暖 2～3 ℃,21 世纪后期变暖 4～7 ℃;降水的变化,在 A2 情景下,21 世纪的前期和中期都有减少的趋势,21 世纪后期略有增加(3%),B2 情景下则相反,在 21 世纪的前期和中期降水有增加的趋势,分别增加 12% 和 11%,但到 21 世纪后期则减少 4%。

图 8.12 给出了东亚地区冬季 21 世纪后期 850 hPa 经向风的变化,由图可见,未来东亚地区东部和北部的北风将减弱,由此可能引起寒潮减弱。在中国大陆地区,北风将增强,但在西太平洋和南海地区,冷涌将减弱。在印度地区,印度半岛东部和孟加拉湾冬季风将减弱,而西部及阿拉伯海和西亚,冬季风将加强。

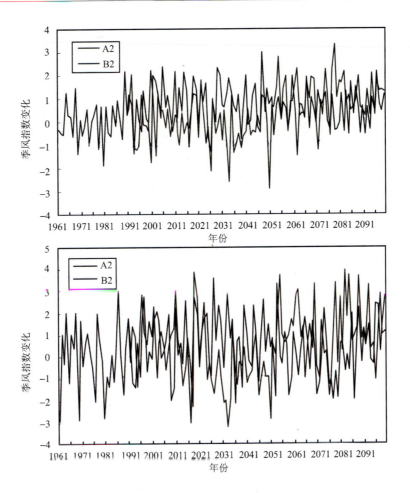

图 8.11　未来 100 年南亚夏季风(上)和南海夏季风(下)指数的变化

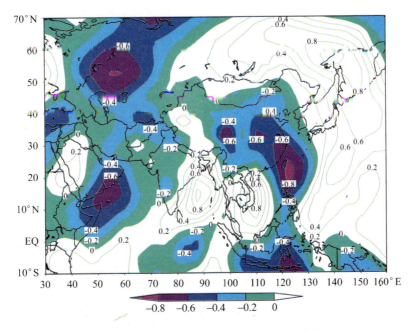

图 8.12　亚洲地区冬季 21 世纪后期 850 hPa 经向风的变化(单位:m s⁻¹)

(负值代表北风增强,正值代表北风减弱)

对东亚冬季风指数的分析也表明:东亚冬季风强度在未来 100 年将呈现变弱的趋势(图 8.13)。

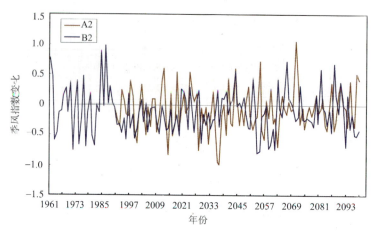

图 8.13　未来 100 年东亚冬季风指数的变化

8.5　小结

　　根据全球海气耦合模式预测结果,几乎所有的陆地都将会更加迅速地增暖,尤其是北半球高纬度地区的冬季更是如此。由 SRES A2 和 B2 排放情景驱动的 AOGCM 模式的模拟结果表明:对于每一个模式,模拟出的冬季所有高纬度北部地区的增暖幅度均超过全球平均增暖率 40% 以上;在夏季,中亚和北亚增暖速率超过全球平均速率的 40%,只是在南亚、南美洲南部的 6,7 和 8 月份期间,以及东南亚冬、夏两个季节,模式模拟结果一致显示其增暖速率低于全球平均。降水量的年际变率与平均降水量之间存在着很强的相关性。未来平均降水量的增加可能导致降水变率的升高,而降水变率的减小可能仅仅出现在平均降水量减少的地区。

　　全球气候模式模拟的东亚地区未来气候变化情景表明:在 SRES 排放情景下,东亚地区的温度同 IS92a 排放情景一样,都将继续增加,但增暖的幅度因排放情景而异,到 21 世纪后期,A2 情景将增加 5.3~9.5 ℃,比 IS92a 高,B2 情景将增加 3.2~6.9 ℃,比 IS92a 低。与温度变化相比,东亚地区的降水较为复杂,大部分模式的结果都表明未来降水增加,GG 情形下几个模式模拟的平均降水变化的线性倾向为 5%(100a)$^{-1}$,GS 情形下,未来 100 年降水变化的线性倾向为 0%(100a)$^{-1}$,而 A2 和 B2 情景下,未来 100 年东亚地区降水变化的线性倾向分别为 11 和 7%(100a)$^{-1}$,呈增加的趋势;但与全球降水变化相比,东亚地区降水增加较少,这主要是因为各个模式模拟的结果都是降水增加的最大中心在海洋上,而东亚地区主要是陆地。

　　亚洲季风区未来 100 年夏季风和冬季风的可能变化是:未来 100 年南亚夏季风和南海夏季风将呈加强的趋势,而东亚冬季风有减弱的趋势。

参 考 文 献

丁一汇主编.2002.中国西部环境变化的预测.见:秦大河总主编.中国西部环境演变评估.北京:科学出版社.
丁一汇等.2003.气候系统的演变及其预测.北京:气象出版社
李爱贞等.2003.气候系统变化与人类活动.北京:气象出版社
王绍武主编.2001.现代气候学研究进展.北京:气象出版社.
徐影.2002.人类活动对气候变化影响的数值模拟研究.[博士学位论文].中国气象科学研究院.
徐影,丁一汇.2003.气候变化的预测.见"十五"攻关项目总结报告.
Alley R B, Marotzke J, Nordhaus W D, et al. 2003. Abrupt climate change. Science, 299: 2 005-2 010.
Boer G J, Flato G, Reader M C, et al. 2000a. A transient climate change simulation with greenhouse gas and aerosol
　　forcing: Experimental design and comparison with the instrumental record for the 20th century. Clim Dyn, 16:

405-425.

Boer G J，Flato G，Reader M C，*et al*. 2000b. A transient climate change simulation with greenhouse gas and aerosol forcing：Projected climate for the 21st century. *Clim Dyn*，**16**：427-450.

Clark P U，Pisias N，Stocker T F，*et al*. 2002. The role of thermohaline circulation in abrupt climate change. *Nature*，**415**：863-869.

Emori S，Nozawa T，Abe-Ouchi A，*et al*.1999. Coupled ocean-atmosphere model experiments of future climate change with an explicit representation of surface aerosol scattering. *J Met Soc Jap*，**77**：1 299-1 307.

Gordon H B，Farrell S P O. 1997. Transient climate change in the CSIRO coupled model with dynamic sea ice. *Mon Wea Rev*，**125**：875-907.

Haywood J M，Stouffer R J，Wetherald R T，*et al*. 1997. Transient response of a coupled model to estimated changes in greenhouse gas and sulfate concentrations. *Geophys Res Lett*，**24**：1 335-1 338.

IPCC. 1990. Climate Change：The IPCC Scientific Assessment. eds. by Houghton J T，Jenkins G，Ephraums J J. Cambridge University Press，Cambridge，pp364.

IPCC. 1992. Climate Change 1992. The Supplementary Report to the IPCC Scientific Assessment. eds. by Houghton J T，Callander B A，Varney S K. Cambridge University Press，Cambridge，UK.

IPCC. 1996. Climate Change 1995. The Science of Climate Change. Contribution of Working Group I to the Second Assessment Report of the Intergovernmental Panel on Climate Change. eds. by Houghton J T，Meira Filho L G，Callander B A，*et al*. Cambridge University Press，Cambridge，United Kingdom and New York，NY，USA，p572.

IPCC. 2000. Special Report on Emissions Scenarios. Cambridge University Press，Cambridge. pp599.

IPCC. 2001. Climate Change 2001. The Scientific Basis. eds. by Houghton J T，Ding Y，*et al*. Cambridge University Press，pp881.

Manabe S，Stouffer R J. 1994. Multiple-century response of a coupled ocean-atmosphere model to an increase of atmospheric carbon dioxide. *J Climate*，**7**(1)：5-23.

Marotzke J. 2000. Abrupt climate change and thermohaline circulation：Mechanisms and predictability. *Proceedings of the National Academy of Sciences* (U. S. A.)，**97**(4)，1 347-1 350.

Meehl G A，Washington W M，Arblaster J M，*et al*. 2000. Anthropogenic forcing and climate system response in simulations of 20th and 21st century climate. *J Climate*，**13**(21)：3 728-3 744.

Mitchell J F B，Johns T J，Gregory J M，*et al*. 1995. Climate response to increasing level of greenhouse gases and sulphate aerosols. *Nature*，**376**：501-504.

Prange M，Romanova V，Lohmann G. 2002. The glacial thermohaline circulation：Stable or unstable? *Geophysical Research Letters*，**29**(21)，2 028.

Roeckner E，Ropelewski C，Santer B，*et al*. 1999. Detection and attribution of recent climate change. *Bull Am Met Soc*，**80**：2 631-2 659.

Stocker T F，Schmittner A. 1997. Influence of CO_2 emission rates on the stability of the thermohaline circulation. *Nature*，**388**：862-865.

Stocker T F. 1999. Abrupt climate changes：From the past to the future—A review. *Int J Earth Sci*，**88**(2)：365-374.

Stocker T F，Marchal O. 2000. Abrupt climate change in the computer：Is it real? *Proc US Natl Acad Sci*，**97**(4)：1 362-1 365.

Webster P J，Yang S. 1992. Monsoon and ENSO，selectively interactive systems，*Quart J Roy Meteor Soc*，**118**(507)：877-926.

第9章 21世纪中国及分区域气候变化趋势

主　　笔:高学杰　徐　影
主要作者:陈德亮

9.1 引言

9.1.1 全球环流模式对温室效应的模拟

迄今为止,复杂气候系统模式是模拟未来气候变化的最重要的工具。美国、欧洲和日本等发达国家都投入了大量的人力、物力进行耦合气候系统模式的发展及对过去、现在和未来气候进行数值模拟。世界上许多一流的科学家和研究机构也都投入了这方面的研究,例如,美国的国家大气研究中心(NCAR)在美国自然科学基金、国家海洋和大气局(NOAA)、能源部(DOE)和国家宇航局(NASA)支持下提出了 Community Climate System Model(CCSM)发展计划;日本的国家空间发展署和海洋科学技术中心共同支持的 Frontier observational Research System for Global Change(FORSGC)研究计划;欧洲十几个国家联合提出的 PRogram for Integrated Earth System Modelling (PRISM)和 European Network for Earth System Modelling (ENES)研究计划,都把发展耦合气候系统或地球系统模式并进行人类活动引起的气候变化预测作为重要研究内容之一。

从 IPCC 已发表的三次评估报告引用的模式可以看出,最近十年来海气耦合模式和气候系统模式的发展十分迅速。例如,IPCC 第一次评估报告(IPCC 1990)引用的用于预测未来温室气体增加引起的气候变化的模式只有 2 个,第二次评估报告(IPCC 1996)引用了 16 个,第三次评估报告(IPCC 2001)则引用了 22 个模式。

1990—2001 年,参加模拟的模式不仅数量增加很快,而且模式的复杂程度和模拟结果也得到了相应的改善。例如,在 1990 年,模式的水平分辨率大概在 500 km 左右,耦合模式主要由海洋和大气模式组成(海洋模式中包含了一个简单的热力学海冰模式),在海-气界面上通常采用通量订正技术以避免强烈的气候漂移,只考虑了模式对 CO_2 以 1% 等比年增加的响应。在 2001 年,大部分模式的分辨率都在 200~300 km 左右,并且包括了动力学海冰模式和较完善的陆面过程模式;有一半左右的模式采用直接耦合的技术,减少了模式中人为的干预因素;还有一些模式在考虑了不同温室气体排放方案的同时,也考虑了太阳活动、人类活动和火山爆发产生的气溶胶对气候的影响;为了增加模拟结果的可靠性,已有部分工作在重现过去 100 多年来气候变化的基础上预测未来气候的变化。

根据上述气候系统模式的模拟结果和最新揭示的观测事实,IPCC 第三次气候变化科学评估报告(TAR)对过去 100 年气候变化的成因和未来 100 年可能的气候变化给出了较前两次评估报告更为确切的结论。最主要的结论有两点:①过去 100 年的气候变化是由人类活动和自然变化的共同作用造成的,但最近 50 年的气候变化大部分是由人类活动引起的;②根据 SRES 的排放情景,到 2100 年全球平均地表气温变化的范围为 1.4~5.8 ℃,这比 IPCC 第二次评估报告中使用 IS92 排放情景得到的 2100 年全球平均温度变化 1~3.5 ℃要高(IPCC 2001)。

在使用全球环流模式进行温室效应对气候影响模拟方面,国内多年来也进行了许多研究。早期的工作可参见 Zhao 等 (2000) 的介绍,包括中国科学院大气物理研究所 Wang 等 (1993) 使用 IAP L2 AGCM 耦合一个混合层海洋和海冰模式,模拟了 CO_2 含量加倍情况下的气候变化;中国科学院大气物理研究所使用 IAP L2AGCM 耦合 L20 OGCM,进行了 CO_2 浓度以每年 1% 速度增加对全球气候变化影响的长期积分试验,并分析了中国区域的变化情况(陈克明等 1996,陈起英等 1996,俞永强等 1996);宋玉宽等 (1996) 使用一个全球环流模式,进行了 CO_2 稳态倍增下气候变化的数值模拟;王彰贵 (1996) 使用一个两层的海气耦合模式,模拟了 CO_2 增加对全球和中国气候变化的影响等。

近年国内的研究如 Guo 等 (2001) 使用一个全球耦合的海洋-大气-陆地系统模式(IAP/LASG GOALS),研究了 CO_2 增加引起的全球增暖,并重点讨论了东亚地区气候变化。在使用国外模式模拟结果,分析中国地区气候变化方面也有许多工作,如 Li 等 (2000),Xu 等 (2003)、许吟隆等 (2003)、姜大膀 (2003) 等。

中国气象局国家气候中心使用 IPCC 数据分发中心(CDC/IPCC)提供的几个模式结果和国家气候中心 NCC/IAP T63L16 模式,对中国和中国各地区未来 50～100 年的地表气温和降水变化进行了分析研究(徐影等 2002a,2002b,2003a,2003c,2004)。

9.1.2　降尺度方法和区域气候模式

全球环流模式是气候模拟和气候变化研究的重要工具。但由于计算条件限制,现有 GCM 的分辨率一般较粗(水平分辨率一般在 200～500 km),不能适当地描述复杂地形、地表状况和某些物理过程,从而在区域尺度的气候模拟及气候变化试验等方面产生较大偏差,影响其可信程度(Giorgi et al. 1991),而对于气候变化对水文的影响研究,通常需要流域尺度的变化信息(Bergström et al. 2001)。

IPCC 第一工作组在其多次科学评估报告中先后评估了世界各国 40 多个全球环流模式,如第三次报告(IPCC 2001)所指出的,GCM 对全球气候的整体特征模拟较好,但对区域气候的模拟依区域和模式而不同,仍存在较大的误差和不确定性。赵宗慈等 (1995) 曾经先后选用 IPCC 第一工作组科学评估报告中的 15 个模式作东亚和中国地区模拟可靠性评估,指出 GCM 对气温的模拟效果优于降水,对冬季的模拟效果优于夏季;模式大致可以模拟出气温与降水的分布形式,但数值上差异较大。除此之外,GCM 的模拟主要反映了大尺度、长时期的气候特征,难以描述更细节的,如因小地形引起的地表气温和降水波动及如台风等尺度较小的系统的变化。

由于当前全球海-陆-气耦合的气候模式的空间分辨率一般不高,难以对区域尺度的复杂地形、地表植被分布及其他物理过程进行正确的描述。因此,要捕获某些局地性的气候特点比较困难,对区域尺度的气候变化,尤其是对季节到年际降水的模拟和预报误差比较大,而使用变网格模式和区域气候模式,也存在计算量过大、使用不便等问题。

为了克服这样的尺度不匹配问题,以将 GCM 输出的大尺度信息"降尺度"(downscaling)到区域和局地尺度进而用于气候变化影响模式为目的的所谓降尺度方法被发展起来。从相对粗糙的模型网格点尺度演变到比较小的次网格点尺度被称为"气候反演"问题(Gates 1985)。术语"降尺度"现在定义为将大尺度的信息恰当地转换到区域尺度(von Storch H et al. 1993)。这些研究方法可分为两大类,即统计降尺度和动力降尺度(Hellström et al. 2001)。

在动力学方面,目前主要通过以下三个途径,提高气候模式在模拟区域尺度气候变化和预测方面的能力:一是增加现有全球模式的水平分辨率,如日本目前正在进行研究的地球模拟器计划(Project for the Earth Simulator)(Sumi et al. 2003),其水平分辨率为 10 km 或小于 10 km,垂直分辨率超过 100 层,但是如此之高的全球模式的分辨率将大大增加计算量,所以不太适合于更深入细致的研究区域气候的问题;其二是在全球气候模式中采用变网格的技术方案(Déqué et al. 1998),就是在所重点关心的区域模式水平网格变密,其他区域则变疏,网格从疏变密是逐渐改变的,比如法国气象中心和加拿大气象局设计了有限区域变网格模式;第三是将高分辨率的有限区域模式(区域气候模式)与全球气候模式进行嵌套,以达到研究全球尺度与区域尺度的相互影响的问题,并将 CGCM 输出的大尺度信息通过嵌套高分辨率区域模式进行"动力学降尺度"到区域和局地尺度的目的。用这种方法时可以在全球模式中嵌套一个同一版本的区域模式进行高分辨率的实验(Cubasch et al. 1996),从而得到高分辨率的区域气候模拟结果。下面只讨论这种方法在中国的应用。

区域气候模式在 20 世纪 80 年代末至 90 年代初提出(Giorgi et al. 1989),其后得到了广泛的应用(赵宗慈等 1998)。多年来,国内也开展了许多使用区域气候模式进行温室效应模拟方面的研究(李维亮等 1996,陈明 1997),并有国家气候中心高学杰等使用 RegCM2 区域气候模式进行的试验结果(Gao et al. 2001,2002;高学杰等 2003a,2003b,2003c,2003d,2003e,2003f,2004)等。

在统计降尺度研究中,大尺度变量(预报因子)和小尺度变量(预报量)之间的关系由观测的长时间序列来建立(Xu 1999)。一旦由观测资料确立了大尺度变量和小尺度变量之间的关系,这种关系就可以用于大尺度 GCM 输出从而获得小尺度的信息。一般认为,粗分辨率的 GCM 有能力模拟未来大尺度的气候变化,而区域和局地的细节变化却要依靠降尺度技术。关于统计降尺度研究的一般理论和应用已有一些回顾文章(Murphy 2000,Zorita et al. 1997,Wilby et al. 1997)。

动力降尺度和统计降尺度方法还可以结合起来(Fuentes et al. 2000,Hellström et al. 2003)。不过,这种结合还不够成熟,所以应用还不多。无论是用动力降尺度还是用统计降尺度,结果有一定的不确定性。除了降尺度模式本身的问题,还有一个共同的不确定性来源,这就是驱动的 GCM。因为这两种方法都必须由 GCM 提供大尺度的信息,所以选择使用一个良好的 GCM 至关重要。

如上所述,动力降尺度方法有提供长时期模拟的潜力,但目前他们不能完全满足气候影响评价的所有需求。特别是,他们应用起来并不简单,并且需要很大的计算资源。因此,模式一般运行时间较短,典型长度为 10～30 年,并且使用多种集成成员的可能性有限。所以对许多应用领域来讲,如气候变化影响更希望采用较为简单、统计或经验的方法。甚至在有一个适合的高分辨率模式可以用于区域研究的情况下,统计学降尺度也被认为是有用的(Zorita et al. 1997)。

9.2 降尺度技术

动力学降尺度方法的应用和研究在国内已经很多,虽然统计学降尺度预测区域气候情景在国外应用已有不少,但国内对这方面的研究却几乎没有。在这一节里我们将对此方法作一简要的综述,介绍不同方法的原理和在中国的应用,重点放在区域气候变化情景建立的方法论上。

9.2.1 基本原理

统计降尺度,也称为经验降尺度,是由大尺度气候信息获取小尺度气候信息的有力工具。它可视作是与动力降尺度(即区域模拟)平行的降尺度方法,或者可看做是动力降尺度的补充。其基本思路是:局地气候是以大尺度气候为背景的,并且受局部下垫面特征,例如地形、离海岸的距离、植被等的影响(von Storch 1999),在某个给定的范围里,大尺度和小尺度气候变量之间应该有关联。统计降尺度有两部分组成:首先是发现和确立大尺度气候要素(预报因子)和局地气候要素(预报量)之间的经验关系,然后是将这种经验关系应用于全球模式或区域模式的输出。自然地,成功的降尺度依靠十可靠的预报因子和预报量的长时间序列资料。在 IPCC 第三次评估报告的第 10 章(IPCC 2001)概述了有关降尺度的统计研究,在 IPCC 的报告里主要强调 1995—2000 的工作。

9.2.2 预报量

预报量就是我们所关心的小尺度的变量。尽管季节平均、月平均,或日平均的温度和降水是最常用的预报量,但统计降尺度也用于提取其他各种各样的局地气候要素信息,如云盖、日温度变化幅度、极端温度、相对湿度、日照时间、雪盖持续时间、海平面高度、海洋盐度、海水氧浓度、海水浮游生物、湖泊浮游植物生态变量等。

9.2.3　预报因子

预报因子也就是包含大尺度气候信息的变量。预报因子应该满足一些特定的条件:预报因子应该能由所使用的气候模式真实地再现。另外,预报因子和预报量之间的经验关系必须是显著的,也就是说预报因子应该能够解释绝大部分观测到的预报量的变化。当将降尺度应用于未来温室效应增强时的气候变化前景时,还有一个额外的条件:预报因子和预报量之间的统计关系应该具有合理的物理解释而且是平稳的,即不随时间变化。

通常使用有关大气环流的一些特征量(例如海平面气压场或者位势高度场)。由于 GCM 对大气环流的模拟能力较强,而且大气环流对地面气候场的影响较大,大气环流总是以统计降尺度首选预报因子。一个常用的刻画大气环流的方法是使用大气环流指数。在欧洲使用广泛的是由地面气压计算的经向风、纬向风及涡度(Chen 2000)。这些指数已在瑞典(Hellström et al. 2001)、荷兰(Buishand et al. 1997)及英国(Osborn et al. 1999)应用于降水量的降尺度研究。

现有的研究已发现,一个成功的降尺度模型只靠环流作预报因子还不够(Wilby et al. 1997),其他能够表达大气温度变化及其他相应变化的预报因子必须考虑在内。预报因子的最优选择依赖于预报量。对于局地温度的降尺度,大尺度的厚度场或大尺度的温度场可看做是“信号传输”的预报因子。对于降水而言,可考虑绝对湿度或相对湿度或者温度。

在发展统计降尺度模型时需要应用与预报量相对应的预报因子,包括 NCEP-NCAR 再分析资料(Kistler et al. 2001)在内的分析和再分析资料是表达大尺度环流和气候信息的重要来源。

9.2.4　统计模式

一般将各种统计模式方法分为三类,第一类方法使用转移函数,第二类方法基于环流分型,第三类方法使用天气发生器。前两类方法在气候学特别是天气气候学的研究中应用广泛,有很长的传统,第三类方法则在水文学中使用广泛。

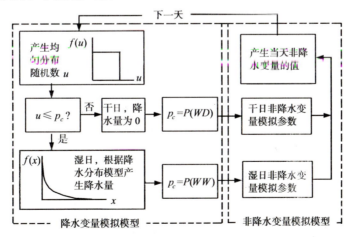

图 9.1　天气发生器流程图

天气发生器(weather generator),又称天气数据模拟模型,是研究某个地区天气或气候的一般特征,并根据这些统计特征模拟出该地区一年内逐日天气数据的模型。天气发生器模拟的气候要素主要有降水量、最高气温、最低气温、太阳辐射等。天气发生器是一系列可以构建气候要素随机过程的统计模型,可把它们看做复杂的随机数发生器。天气发生器通过直接拟合气候要素的观测值,得到统计模型的拟合参数,然后用统计模型模拟生成随机的气候要素的时间序列。这种生成的气候情景的时间序列与观测值很相似。它的优点之一就是不仅能产生气候平均值,而且可以任意调整气候变率,生成任意长度的时间序列。对于模拟日降水的发生,有两种基本的发生器:马尔可夫链方法及一阶自回归过程和干天或湿天延续天数计算方法。马尔可夫链方法就是某站某天的天气状况发生与否仅与该站前一天的天气状况有关。如果确定某天有降水发生,那么就用概率分布函数来计算该天日降水量(图9.1,基于 Wilks et al. 1999)。

具体使用的最优降尺度方法的选择取决于预报量的类型、时间分辨率及气候变化前景的应用。一些线性方法,例如典型相关分析(CCA)(Busuioc et al. 2001)、奇异值分解(SVD)(Uvo et al. 2001)、逐步回归分析(Linderson et al. 2004)等,可用于进行温度和月平均降水的降尺度。然而,为了做日降水的降尺度,还有非线性的天气分型方法(Schnur et al. 1998)神经网络法(Schoof et al. 2001)和相似法(Zorita et al. 1997)等可供考虑。和线性方法相比,非线性方法通常能保持预报量的更多方差,而且用于许多个预报量的降尺度(Weichert et al. 1998)。有的时候,各种不同的统计方法同时用同一变量的降尺度。对比它们不同的结果可以更好地理解各种不同统计方法所存在的分歧、问题和不确定性(Huth 2002)。

无论选择哪个具体的降尺度方法,大尺度预报因子场经常用像 EOF 分析那样的方法降低维数。通常把模拟场投影到由观测场得到的 EOF 模态上,或者相反的,把观测场投影到由模拟场得到的 EOF 模态上(Benestad 2001)。尽管后者似乎更加稳定,但由两类投影得到的降尺度结果是非常相似的。降低维数的另外一个可供选择的途径是提取一组具有物理意义的环流指标或者是进行空间平均处理(Chen 2000)。

9.2.5 前景与展望

仅仅 10 年的时间统计降尺度技术就已发展成为气候学研究中一个相当完善的领域,然而它仍有许多方面需要进一步研究和完善。首先,需要更直接地论述统计降尺度方法的假设,如大气环流与地面气候要素的统计关系的时间稳定性;其次,还需要进一步理解和研究形成这种统计关系的物理机制。第三,需要了解大气环流和地面气候要素统计关系的时间尺度和空间尺度,也就是说超过这个时间尺度和空间尺度统计关系将不再成立,以及建立统计关系随时间和空间变化的关系式;第四,统计降尺度技术的研究工作者还应该对各种统计降尺度技术进行比较研究,研究它们之间的差别及产生这种差别的原因,还有就是研究各种统计降尺度技术的适用条件和适用范围;第五,还应该对统计降尺度和动力降尺度进行比较和研究,并研究它们各自的适合条件和适用范围。

9.3 中国区域气候变率的空间尺度和区域划分

中国幅员辽阔,气候类型多样,从南到北,横跨南热带到北温带;从东到西,穿越湿润、半湿润、干旱、半干旱和荒漠等多个气候区。更重要的是在世界性气候异常的背景下,中国区域气候也发生着异常变化(邓自旺等 2001)。由于区域气候的变化在很大程度上取决于区域内的海陆分布、下垫面状况、陆面过程等诸多因素,因此,中国区域气候的变化有诸多的区域特性,例如:在全球增温的背景下中国绝大部分地区最近 50 年出现增温趋势,但是,增温的幅度却有较大的区域差别。而且,由于气溶胶的影响,四川盆地还出现了局部性降温。辛苦柱等(1997)发现中国气温长期的变化也具有区域性。关于地区降水的变化区域性的论沙就更为浓厚(江志红等 1994,魏凤英等 1993,王晓春等 1996,李小祥等 2002)。由于这些区域性,有些研究工作试图进行区划。眉其瑛等(2000)对中国气温异常的区域特征进行了研究,并用 REOF 法对中国的年和四季平均气温年际变化进行了分区。结果表明,中国年平均气温可分为 8 个变化区。这 8 个区的趋势变化也有差异。最近于小玲等(2002)用全国多年平均旬降水资料,通过旋转 EOF 分解,将全国各地旬降水的年变化地理分布特征分成 8 个区域。各区域特征时段降水量和年降水量近 44 年来有不同的趋势变化。Qian 等(2003)用 1470—1999 年的干湿指数证明了降水变化的区域性在百年尺度上有一定的变化。

这些结果说明,在较短的时间尺度上,气候变率也同样有着强烈的区域性。为了更好地进行区域气候分析和模拟及影响研究,为了决定某一地区是否需要应用气候模式(GCM 或 RCM)来进行降尺度,我们需要考虑下述问题:什么是气候(温度和降水)变率的典型空间尺度? 按照相似的气候变率来划分,中国可有多少个分区? 什么是合理的分区?

为了回答这些问题,我们应用 1951—2000 年中国 730 个站的月平均温度和降水器测资料,应用矢量相关函数进行尺度分析,以确定温度和降水变率的典型空间尺度。由于两个相邻站点在气候变率上有一定的相关,而且这种相关一般随距离的增大而变小。因此,当相关递减到一定程度时,这两站的变率就可视为不相似,这时临界相关系数所对应的空间距离就可定义为气候变率的空间尺度。这里我们人为地选 0.37 作为相关系数的临界值。为消除季节变化和降水、温度不同单位的影响,我们使用标准化月距平值来计算所有台站之间的矢量相关(Gunst 1995),结果见图 9.2。气候变率在空间上的相关随距离的增加而减小。由于地域和季节的差异,相关递减的趋势不一,造成了空间尺度在一定范围内的变化。根据上面的定义,尺度分析表明中国月平均温度和降水的空间尺度大约为80~1 080 km(图 9.2),平均值约为 390 km。因此大部分情况下对 GCM 的结果进行降尺度是必要的。

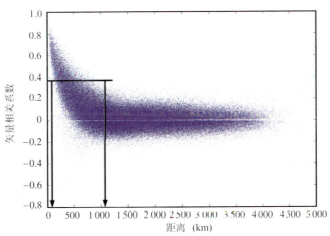

图 9.2　温度和降水异常的相关函数

根据屠其璞等(2000)和王小玲等(2002)用 REOF 和聚类分析得出的结果,全国温度和降水可以分成 8 个变化比较一致的区域,这个结果与我们尺度分析的结果比较一致,对于模式评估和影响研究具有重要意义。

在上述结果的基础上,考虑影响研究的一般需求及与其他课题的一致性,我们决定采用下述三种分区来讨论未来中国气候的区域变化:①以省为单位;②以行政区为单位;③以水文一级区为单位。

9.4　全球气候模式模拟结果的集成

9.4.1　资料与模式介绍

中国气象局国家气候中心使用 IPCC 数据分发中心(DDC/IPCC)提供的几个模式结果和国家气候中心 NCC/IAP T63L16 模式,对中国和中国各地区未来 50~100 年的地表气温和降水变化进行了分析研究,由于篇幅所限,下文将主要集中在对这些分析结果的介绍上(徐影等 2002a,2002b,2003a,

2003b)。

　　分析中所用的资料来源于 IPCC 数据分发中心提供的 7 个模式的模拟结果及中国 NCC/IAP T63 模式的模拟结果,模式的具体描述和试验设计见本书表 8.2。

　　为分析方便,将各个模式的格点值用线性内插的方法插到了 168 个站上(中国标准 160 站＋冷湖、托勒、格尔木、托托河、那曲、日喀则、改则、狮泉河等 8 站),统一采用 1961—1990 年 30 年的平均值作为气候平均值。GG 表示 IS92a 只考虑温室气体增加时的模拟结果,GS 表示 IS92a 情景中温室气体与硫化物气溶胶共同增加时的模拟结果;A2,B2 分别表示 IPCC 第三次评估报告(IPCC 2001)中的 SRES 排放情景中的高排放情景和中低排放情景。

9.4.2　全球模式模拟的中国地表气温的变化

　　DDC/IPCC 模式一般对当代气候都有较好的模拟能力,如徐影等(2002b)对其中 5 个模式(ECHAM4,HADCM2,GFDL-R15,CGCM1 和 CSIRO-MK2)的检验表明,它们模拟的当代气候中,年平均气温与实况的相关系数分别达到 0.93,0.94,0.87,0.89 和 0.90;年平均降水与实况的相关系数也分别为 0.71,0.63,0.51,0.53 和 0.61。

　　在 IPCC 给定的未来 4 种温室气体的排放情景下(GG,GS,A2,B2),未来 21 世纪中国地区的年平均地表气温的变化由图 9.3 给出(相对于 1961—1990 年 30 年气候平均值,下同),结果表明,在只有温室气体增加时(GG)和既有温室气体增加又有硫化物气溶胶增加(GS)的情况下,中国地区未来 21 世纪的地表气温呈增加的趋势,且增加的幅度比全球和东亚地区的都大,GG 和 GS 时变化范围分别在 4～10 和 4～9 ℃,A2 和 B2 方案下的变化范围分别为 3～9 ℃和 2～7 ℃。

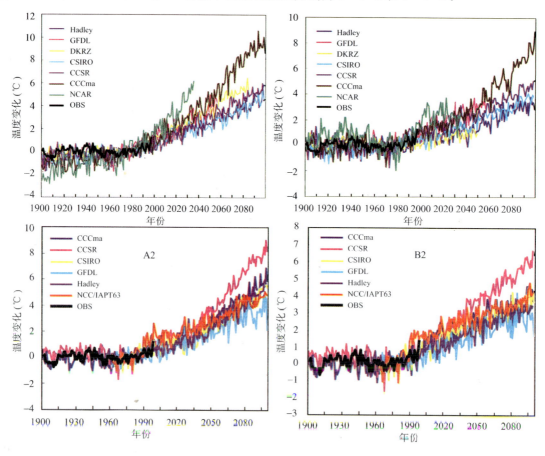

图 9.3　4 种排放情景下 IPCC 几个模式模拟的 21 世纪中国地区的地表气温变化

　　年平均、各个季节的未来 21 世纪 100 年的中国地表气温的线性倾向,在 GG 时为 4～6 ℃ (100a)$^{-1}$,中国的北部和西部增加最大,东南沿海地区增加较小;各个季节相比,冬季增加幅度最大, 为 4～8 ℃(100a)$^{-1}$ 之间,夏季增加幅度最小,但是也在 4～5 ℃(100a)$^{-1}$ 之间,增暖幅度最大的地区 除西部外,在西北地区的东部也有一个大的增暖中心,增暖幅度达 8 ℃(100a)$^{-1}$;在 GS 时,与 GG 时 相比,增暖幅度减小,年平均为 3～5 ℃(100a)$^{-1}$,冬季为 4～6 ℃(100a)$^{-1}$,夏季为 3～4 ℃(100a)$^{-1}$, 仍然是冬季的线性倾向最大。

　　表 9.1 给出了整个中国地区平均的 21 世纪地表气温变化的线性趋势,GG 时,几个模式平均的 线性倾向是 4.9 ℃(100a)$^{-1}$;GS 时,平均是 3.6 ℃(100a)$^{-1}$;A2 和 B2 方案时分别为 5.5 和 3.4 ℃ (100a)$^{-1}$。4 种方案中,A2 方案地表气温增加幅度最大,与全球和东亚地区未来 100 年的线性趋势 相比,中国地表气温变化的线性倾向比全球的高,比东亚地区的略低。

表 9.1　模式平均的 21 世纪中国地表气温和降水变化的线性趋势

	GG	GS	A2	B2
地表气温变化倾向 [℃(100a)$^{-1}$]	4.9	3.6	5.5	3.4
降水变化倾向 [%(100a)$^{-1}$]	8	3	14	9

　　以上是 4 种方案下中国未来地表气温变化情况。在后面我们将重点给出新的排放情景 A2 和 B2 方案下中国地区年平均及各个季节的地表气温变化。

　　表 9.2 为 SRES 排放情景 A2 和 B2 方案下,21 世纪中国年平均及各个季节地表气温变化的预 估。从表中可知:A2 和 B2 情景下,21 世纪中国各个季节的地表气温都将增加,其中冬季和春季地表 气温增加最明显,夏季和秋季次之;到 21 世纪后期(2071—2100 年),整个中国的年平均地表气温在 A2 和 B2 情景下将分别增加 4.9 和 3.6 ℃。

表 9.2　中国未来年平均和各个季节地表气温的变化　　　　　　　　　　　　单位:℃

年代	A2					B2				
	年平均	春季	夏季	秋季	冬季	年平均	春季	夏季	秋季	冬季
2011—2040	1.4	1.5	1.4	1.2	1.4	1.5	1.8	1.5	1.4	1.5
2041—2070	3.0	3.2	2.7	2.6	3.3	2.7	2.9	2.4	2.4	2.9
2071—2100	4.9	5.4	4.5	4.4	5.5	3.6	4.0	3.3	3.2	3.9

　　为了更清晰地了解 21 世纪未来中国地区可能的气候情景,我们还对模式平均的 21 世纪前期 (2011—2040 年)、中期(2041—2070 年)和后期(2071—2100 年)年平均气温变化的地理分布进行了 分析。结果表明:21 世纪前期模式平均的整个中国地区的增温 GG 时在 1.5～3.0 ℃之间,北部和西 部增温最大,尤其是中国西部的新疆地区,增温在 2.5 ℃以上;GS 时增温幅度比 GG 时减小,范围在 1.0～2.5 ℃之间,最大增温区域在华北、西北和东北的北部。21 世纪中期增温的幅度加大。到 21 世 纪后期 GG 和 GS 时整个中国增温范围分别达到 3.5～6.5 和 2.5～5.5 ℃,A2 和 B2 时分别为 3.5～ 6.5 和 2.5～5.0 ℃;最大的增温地区仍然是华北、西北和东北地区(图 9.4)。

　　对于各个季节地表气温变化的地理分布来说(见图 9.5,由于篇幅限制,仅给出 B2 时各个季节的 分布图),4 个季节中整个中国地区都一致地增暖,增暖的南北差异明显,高纬度地区的增温明显大于 低纬度地区,沿海地区等值线的东北-西南走向表明,在同一纬度上,东部沿海地区平均地表气温的增 加小于内陆地区。

　　从图中还可以看出,4 个季节当中冬季的增温幅度最大,21 世纪后期,整个中国春季的增温幅度 为 3～5 ℃,夏季为 2.5～4.5 ℃,秋季为 2.5～5 ℃,冬季为 3.5～5 ℃,4 个季节都是东北与西北地区 的增温幅度最大。

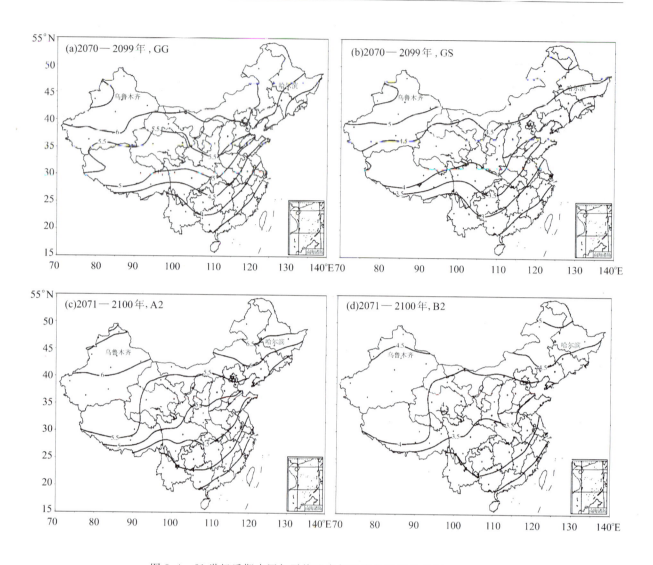

图 9.4　21 世纪后期中国年平均地表气温变化地理分布图（单位：℃）

9.4.3　全球模式模拟的中国降水的变化

　　与对地表气温变化的模拟结果相比，降水的变化较为复杂，各个模式之间模拟结果的差别较大（图 9.6），尤其是考虑硫化物气溶胶的影响（GS）后。但总的来说，4 种排放情景下，GG，A2 和 B2 情景下大部分模式模拟的未来降水都呈增加的趋势，到 21 世纪后期 GG 和 A2 情景下，中国的年平均降水将增加 20% 左右，B2 情景下将增加 10% 左右。

　　表 9.1 给出了几个模式平均的四种排放方案下 21 世纪中国年平均降水变化的线性趋势，从表中可知，A2 排放方案时，中国未来 100 年降水将增加 14%，B2 方案时将增加 9%，GG 时增加 8%，GS 时增加最少，仅为 3%，说明由于未来排放方案的不同，中国未来的降水变化也不尽相同。

　　表 9.3 给出了模式平均的 21 世纪三个时期，在 A2 和 B2 排放情景下，中国年平均和各个季节的降水变化。从表中可看出，在 A2 和 B2 方案下中国未来年平均降水都将增加，且随着时间的推移，增加的趋势更加明显，到 21 世纪后期 A2 时中国年平均降水将增加 11%，B2 时将增加 9%；对各个季节来说，春季和冬季降水增加最明显，夏季和秋季增加较少，21 世纪后期 A2 和 B2 方案下中国平均春季降水将分别增加 15% 和 14%，冬季分别增加 22% 和 20%。

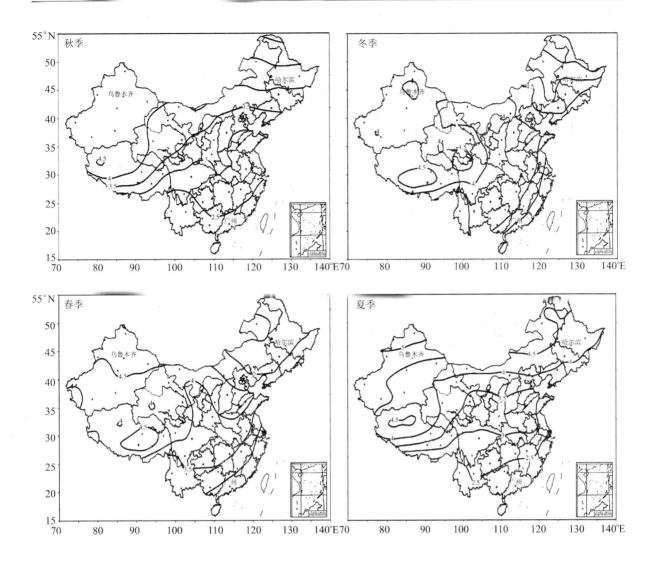

图 9.5　B2 方案下 21 世纪后期(2071—2100 年)中国各个季节地表气温变化地理分布图(单位:℃)

表 9.3　中国未来年平均和各个季节降水的变化　　　　　　单位:%

时间	A2					B2				
	年平均	春季	夏季	秋季	冬季	年平均	春季	夏季	秋季	冬季
2011—2040	1	4	0	−2	5	3	5	3	1	5
2041—2070	5	9	5	−1	12	5	10	5	−1	12
2071—2100	11	15	11	7	22	9	14	9	2	20

　　对降水变化平面分布的分析表明:21 世纪初期,4 种排放情景下,都是中国的西部地区降水增加,而华北、长江以北地区降水减少。到 21 世纪中期,GG 时,中国西部地区降水增加更加明显,尤其是西北的新疆地区,降水将增加 25%～30%,而东部地区的降水无明显变化;GS 时,也是新疆地区降水增加最大,长江流域及中国的西南地区降水略有减少;A2 和 B2 方案下降水变化的分布形势基本上也是中国的西部降水增加最大,东部较小。与 GG 和 GS 时不同的是,A2 和 B2 方案下降水增加的最大中心除新疆外,还有青藏高原的西藏地区。

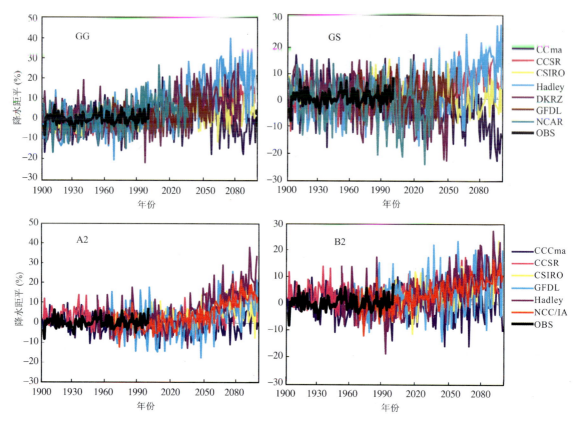

图 9.6 4 种排放情景下 IPCC 几个模式模拟的 21 世纪中国地区降水变化

为了更清楚地了解 21 世纪降水变化的分布,由图 9.7 给出 4 种排放情景下 21 世纪后期整个中国地区年平均降水变化的平面分布。从图中看出,到 21 世纪后期,中国地区的年平均降水将普遍增加,增加最明显的是中国西部,尤其是西北地区的降水增加最明显,GG 时将增加 30%~40%,GS 时增加 25%~39%,A2 和 B2 时也将增加 15%~20%;在 A2 和 B2 情境下,青藏高原上的降水也将增加,尤其是西藏地区的降水将增加 20% 以上;4 种排放情景下,中国东北地区的降水增加也较明显,在 15% 左右;中国东部地区的降水增加较少,长江中下游地区的降水变化不明显,在 GS 排放情景下,长江以北地区降水还有减少的趋势。

图 9.8 给出了 B2 情景下 21 世纪,整个中国地区 4 个季节降水变化的平面分布。从图中看出,4 个季节当中冬季降水增加最明显,且增加的幅度从南向北逐渐增大,东北、华北和西北地区增加最明显,西北地区增加幅度最大 65%;其次是春季降水增加较大,增加最大中心位于青海和兰州地区及新疆的北部;夏季降水增加最明显的地区为西藏地区,新疆的西部地区降水减少,长江上游以北地区降水无明显变化,东北地区的降水略有增加;秋季,新疆西部地区及长江流域的降水减少,降水增加的区域主要位于西部地区的东部和华北及东北地区。

9.4.4 全球模式模拟的中国各地区地表气温和降水的变化

中国位于亚洲东部、太平洋西岸,疆域东起黑龙江和乌苏里江汇合处,西至帕米尔高原,东西距离约 5 200 km,北至漠河附近黑龙江,南至南海曾母暗沙,南北相距约 5 500 km,可谓地域辽阔。各个地区的气候不尽相同,这里我们给出中国各个地理分区、各大流域及各个省份未来 100 年的气候变化情景,供各不同的研究和应用参考。

9.4.4.1 中国各大地理分区地表气温和降水的变化

中国各大地理分区所包含的地区见表 9.4。

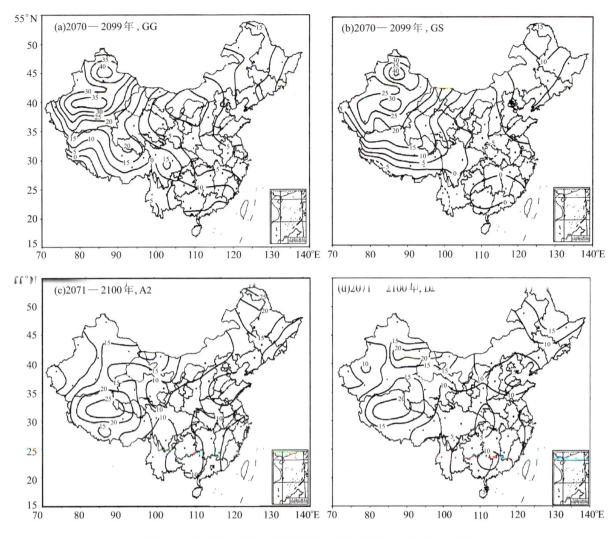

图 9.7　21 世纪后期中国年平均降水变化地理分布图（单位：%）

表 9.4　各大分区简表

分　区	所包含的省（自治区）
东北地区	黑龙江,吉林,辽宁,内蒙古东部
华北地区	北京,天津,河北,山西,内蒙古中部
华中地区	河南,江西,湖北,湖南,山东
华东地区	安徽,江苏,上海,浙江
华南地区	福建,广东,海南,广西
西南地区	贵州,四川,云南,西藏
西北地区	山西,甘肃,宁夏,青海,新疆,内蒙古西部

　　表 9.5 给出了全国和各大分区年平均地表气温和降水的变化,可以看出,在 A2 和 B2 两种排放情景下,各分区中未来 100 年增温最大的是东北、华北和西北地区,其次是华中和西南,增温幅度较小的是华东和华南,其中华南地区的增暖幅度最小,与前面给出的平面分布图相符合,与 IPCC 所报告的"中高纬地区的变暖大于低纬地区"也是一致的。到 21 世纪后期,A2 方案下,东北、华北及西北地区的增暖幅度将分别达到 6.1,5.3 和 5.6 ℃,B2 方案下分别达到 4.5,3.8 和 4.0 ℃;华南地区在 A2 和 B2 方案下分别为 3.7 和 2.8 ℃。比较 A2 与 B2 排放情景,可看出:在 A2 情景下各分区的变暖都大于 B2 情景,因此,根据排放情景的不同,未来的气候也将发生不同的变化,这也是产生未来情景不确定性的因素之一。

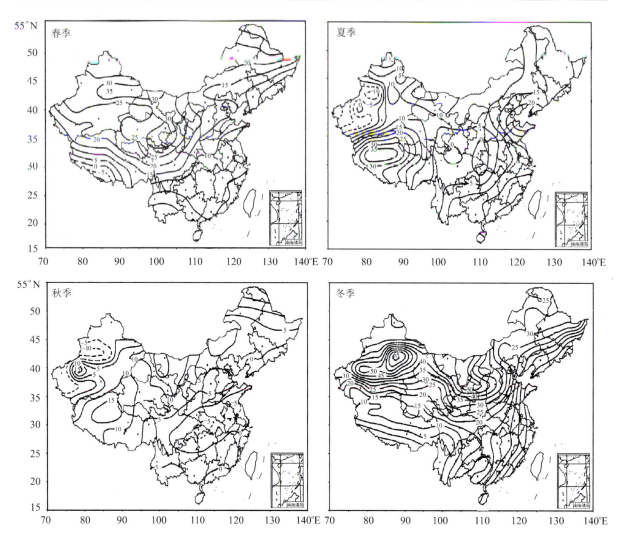

图 9.8　B2 方案下 21 世纪后期(2071—2100 年)中国各个季节降水变化地理分布图(单位:%)

表 9.5　全国各大分区年平均地表气温和降水的变化　　　　　　　　单位:℃,%

年代	全国	东北	华北	华中	华东	华南	西南	西北
SRES-A2								
2011—2040	1.4/ 1	1.7/ 1	1.6/ —1	1.2/ —1	1.2/ —2	0.9/ 2	1.2/ 1	1.6/ 3
2041—2070	3.0/ 5	3.8/ 5	3.2/ 2	2.7/ 3	2.6/ 2	2.2/ 3	2.6/ 6	3.3/ 7
2071—2100	4.9/11	6.1/13	5.3/11	4.5/11	4.3/ 9	3.6/ 8	4.4/10	5.6/11
SRES-B2								
2011—2040	1.5/ 3	2.1/ 3	1.8/ 2	1.3/ 2	1.3/ 2	1.0/ 3	1.2/ 3	1.8/ 4
2041—2070	2.7/ 5	3.4/ 8	2.9/ 4	2.4/ 2	2.4/ 2	1.9/ 5	2.3/ 4	3.1/ 7
2071—2100	3.6/ 9	4.5/12	3.8/10	3.3/ 8	3.2/ 7	2.8/ 8	3.3/ 7	4.0/11

注:"/"前数据为年平均地表气温变化,"/"后数据年平均降水变化,下同。

　　表 9.5 还给出了全国各大分区 21 世纪 3 个时期年平均降水变化情景,从表中看出,A2 情景下,21 世纪初期各大分区的平均降水无明显变化,华北、华中和华东地区略有减少的趋势,到 21 世纪中期,降水都有增加的趋势,但增加的幅度不大,到 21 世纪后期,各大分区的降水增加明显,增加最大的是东北、华中及西北地区,且增加大于全国,华南与华中地区降水增加略少,与这些地区变暖幅度有一定的联系;B2 情景下,各大分区未来降水的变化基本与 A2 情景下一致,只是降水增加的幅度较小,这里不再进行详细的讨论。

　　同前面的分析一样,为节约篇幅,下面仅以方案 B2 下的情景为例,看一下中国各大分区各个季节的地表气温变化情景(表 9.6)。从表中看出,各大分区的地表气温变化同全国一样,都是以春季和冬季的变暖最明显,夏季和秋季的变暖较小,这里不再进行详细的讨论。

表 9.6　B2 方案下中国各大分区各个季节地表气温和降水变化　　　　　单位:℃,%

年代	全国	东北	华北	华中	华东	华南	西南	西北
春　季								
2011—2040	1.8/ 5	2.4/ 4	2.2/ 9	1.7/ 3	1.6/ 2	1.1/−3	1.4/ 4	2.0/12
2041—2070	2.9/10	3.8/11	3.2/ 9	2.7/ 6	2.6/ 5	2.0/ 1	2.5/ 9	3.2/18
2071—2100	4.0/14	5.1/16	4.4/17	3.7/10	3.6/ 8	3.0/ 3	3.7/ 9	4.2/25
夏　季								
2011—2040	1.5/ 3	2.1/ 4	1.8/ 1	1.1/ 3	1.2/ 5	0.8/ 8	1.1/ 4	1.9/ 1
2041—2070	2.4/ 5	3.2/11	2.8/ 5	2.1/ 1	2.1/ 6	1.5/ 9	2.0/ 4	3.0/ 4
2071—2100	3.3/ 9	4.2/15	3.7/ 9	2.9/ 8	2.9/10	2.3/14	2.9/ 8	4.0/ 4
秋　季								
2011—2040	1.4/ 1	1.8/ 3	1.5/ 1	1.2/ 1	1.1/ 1	0.0/ 2	1.1/ 2	1.8/−1
2041—2070	2.4/−1	3.0/−1	2.6/ −1	2.2/−5	2.2/−7	1.7/ 4	1.9/ 0	2.9/ 1
2071—2100	3.2/ 2	3.9/ 3	3.3/ 5	2.9/−1	2.9/−3	2.4/ 1	2.8/ 4	3.9/ 4
冬　季								
2011—2040	1.5/ 5	2.0/ 9	1.6/ 7	1.4/ 1	1.3/ 0	1.2/ 7	1.4/ 2	1.7/ 9
2041—2070	2.9/12	3.6/16	3.1/16	2.7/ 8	2.6/ 5	2.3/ 6	2.6/ 6	3.1/20
2071—2100	3.9/20	4.8/22	3.9/35	3.7/18	3.6/11	3.3/14	3.8/ 8	4.1/33

　　对中国各大分区在 A2 和 B2 情景下,降水随时间变化序列图的分析表明(图略),与地表气温相比,降水的年际变化较大,在 2020—2030 年左右,降水呈现减少的趋势,但总体来说,未来 100 年中国各大分区的降水都将增加,东北、华北地区降水增加幅度明显大于华南地区。

　　由表 9.6 给出的 B2 方案下各分区不同季节降水的变化,可以看到:对于各大分区,各个季节降水的变化有些不同,东北地区冬季的降水增加最明显,春季和夏季次之,秋季降水增加最少,几乎没有变化;华北地区则是春季和冬季降水增加较大,夏季和秋季较少;华中地区降水增加最明显的是冬季,春季和夏季略有增加,秋季则有减少的趋势;华东地区降水增加最大的是在夏季和冬季,春季略有增加,秋季减少;华南地区降水增加最明显的也是在夏季和冬季,春季和秋季略有增加;与其他地区相比,西南地区降水增加最少,四个季节除秋季增加不明显外,其余三个季节平均都增加 7%~8%;西北地区,降水增加最大的季节是冬季,其次是春季,夏季和秋季略有增加。总而言之,东北、西北、华北地区主要是春季和冬季降水增加明显;华东和华南地区则是夏季和冬季降水增加明显。

9.4.4.2　中国各省(自治区)地表气温和降水的变化

　　表 9.7 给出了全球模式模拟的未来 100 年不同时期中国各省(自治区)年平均地表气温和降水的变化,限于篇幅,这里不再进行详细讨论。

表 9.7　全球模式模拟的未来 100 年中国各省(自治区)年平均地表气温/降水的变化　　　　单位:℃,%

省(自治区)	SRES-A2			SRES-B2		
	2011—2040	2041—2070	2071—2100	2011—2040	2041—2070	2071—2100
黑龙江	1.9/2	4.0/6	6.4/16	2.2/5	3.6/10	4.8/14
吉　林	1.7/−1	3.6/4	5.8/11	2.0/1	3.3/4	4.4/8
辽　宁	1.6/−1	3.4/6	5.5/14	1.9/3	3.0/5	4.1/13
内蒙古	1.7/0	3.7/4	6.0/10	2.1/3	3.4/6	4.4/9
河　北	1.6/−1	3.2/2	5.3/12	1.8/3	3.0/5	3.8/12
山　西	1.5/0	3.0/2	5.0/12	1.7/2	2.7/4	3.6/9
山　东	1.4/−1	3.0/5	4.9/17	1.5/0	2.7/5	3.5/11

省（自治区）	SRES-A2			SRES-B2		
	2011—2040	2041—2070	2071—2100	2011—2040	2041—2070	2071—2100
河　南	1.4/−2	2.9/2	4.9/12	1.5/0	2.6/2	3.5/5
安　徽	1.3/−2	2.8/2	4.5/9	1.7/2	2.8/2	3.4/6
江　苏	1.3/−2	2.7/3	4.5/12	1.4/2	2.5/3	3.4/7
上　海	1.0/−2	2.4/0	3.9/4	1.2/2	2.1/2	3.0/6
江　西	1.0/−1	2.5/3	4.2/7	1.2/3	2.2/3	3.1/8
湖　北	1.3/−1	2.8/3	4.6/10	1.4/0	2.4/0	3.4/4
湖　南	1.1/0	2.6/3	4.3/10	1.2/3	2.2/2	3.2/7
福　建	0.9/2	2.2/2	3.7/4	1.1/3	2.0/5	2.8/8
广东、海南	0.8/2	2.1/3	3.5/8	1.0/3	1.8/6	2.7/9
广　西	1.0/2	2.2/3	3.8/10	1.0/4	1.9/5	2.9/8
贵　州	1.1/0	2.4/5	4.1/10	1.1/3	2.3/3	1.0/6
四　川	1.3/2	2.6/5	4.5/9	1.3/1	2.3/3	3.3/6
云　南	1.0/−2	2.1/4	3.8/7	1.0/2	1.9/3	2.8/3
西　藏	1.6/5	3.3/11	5.5/17	1.7/8	2.9/12	4.1/13
甘　肃	1.6/1	3.2/7	5.4/10	1.8/4	3.0/8	3.9/10
陕　西	1.4/1	3.0/4	5.0/11	1.6/2	2.7/5	3.6/8
青　海	1.6/4	3.3/12	5.5/16	1.7/8	3.0/12	4.1/15
宁　夏	1.6/1	3.2/7	5.3/10	1.7/4	2.9/7	3.8/11
新　疆	1.8/5	3.7/7	6.2/9	2.0/2	3.4/6	4.4/10

9.4.4.3　各水资源分区的地表气温和降水的变化

　　表 9.8 给出了各水资源（流域）分区的地表气温和降水变化。从表中看出，在 A2 和 B2 两种情境下，位于东北地区的松花江、乌苏里江流域和辽河流域，位于华北地区的黄河流域、海河流域及位于西北地区的内陆河流域年平均增温幅度都在 5 ℃以上，增温最大的是松花江、乌苏里江流域（6.4 ℃）和内陆河流域（5.9 ℃）；长江流域、东南诸河流域及珠江流域的变暖幅度相对较小，这与前面讨论的各大分区的结论是一致的。

　　关于降水变化，A2 情景下，到 21 世纪后期，大部分流域的降水增加都在 10％以上，东南诸河流域的降水只增加 4％；B2 情景下，降水增加较大的主要有松花江、乌苏里江流域，辽河流域，海河流域，黄河流域及内陆河流域，虽然增加幅度比 A2 情景较小，但增加的幅度仍然在 10％以上。

表 9.8　全球模式模拟的未来 100 年中国水资源分区年平均地表气温/降水变化　　　单位：℃，％

年代＼分区	1	2	3	4	5	6	7	8	9	10
SRES-A2										
2011—2040	1.9/2	1.6/−1	1.5/−1	1.3/−1	1.5/0	1.2/0	0.9/0	0.9/2	1.2/1	1.7/4
2041—2070	4.0/5	3.5/4	3.2/3	2.9/4	3.1/5	2.6/4	2.3/1	2.1/3	2.6/7	3.5/8
2071—2100	6.4/15	5.7/12	5.2/12	4.7/14	5.2/11	4.4/10	3.8/4	3.6/9	4.5/12	5.9/11
SRES-B2										
2011—2040	2.2/4	2.0/2	1.7/3	1.5/2	1.7/3	1.3/2	1.1/3	1.0/3	1.3/4	1.9/4
2041—2070	3.6/9	3.2/5	2.9/5	2.6/3	2.9/6	2.3/3	2.0/4	1.9/5	2.3/6	3.2/8
2071—2100	4.8/13	4.2/10	3.8/12	3.5/8	3.8/10	3.3/7	2.9/8	2.8/8	3.3/7	4.3/11

注：表中分区代码分别表示：1.松花江、乌苏里江流域；2.辽河流域；3.海河流域；4.淮河流域；5.黄河流域；6.长江流域；7.东南诸河流域；8.珠江流域；9.西南诸河流域；10.内陆河流域。

9.4.5　几个重要地区的变化：西北、青藏铁路沿线、长江中下游地区和黄河流域

　　中国西北地区具有特殊的地理位置，又正处于西部大开发时期；青藏铁路的修建对加快西部特别

是西藏地区的社会经济发展,造福沿线各族人民具有重要意义;长江中下游地区在中国社会和经济生活中具有非常特殊和重要的位置,又是洪水灾害高脆弱地区,温室效应对这一地区的影响也得到广为关注;同时黄河流域的洪涝和断流也关系着北方地区的国计民生。因此,对上述地区未来气候变化情景进行详细分析是必要的。

9.4.5.1　西北地区

表 9.9 给出了模式平均的在 GG 和 GS 情景下模拟和预估的未来 2010—2090 年每 10 年中国西北地区地表气温变化情景。可以看到,21 世纪中国西北地区的地表气温都是增加的,到大约 2030 年中国西北地区地表气温在 GG 和 GS 下将分别升高 2.7 和 1.9 ℃;到 2060 年分别升高 3.7 和 2.6 ℃;2090 年分别升高 6.1 和 4.5 ℃。

表 9.9　21 世纪中国西北地区的气温变化　　　　　　　　　　　单位:℃

年份	2010	2020	2030	2040	2050	2060	2070	2080	2090
GG	1.2	1.7	2.7	3.3	3.4	3.7	4.7	5.5	6.1
GS	1.1	1.5	1.9	1.6	2.2	2.6	3.4	3.7	4.5

与全球、东亚和中国相比,中国西北地区未来的增温幅度最大;与中国其他地区相比,西北地区的升温幅度也是最大的。从各个季节来看,同全球一样中国西北地区也是冬季增温幅度最大,夏季最小。

对区域分布的地表气温变化的线性趋势的分析表明,整个中国地区增温幅度最大的在中国的北部高纬度地区,而西北地区的增温尤其明显,各个季节相比,以冬季的增温幅度为最大,21 世纪西北地区冬季变暖的线性趋势为 5～8 ℃(100a)$^{-1}$,其中尤以新疆、陕西和宁夏变暖更明显。夏季,西北地区也将变暖,但是其变暖程度远低于冬季,线性趋势只有 3～5 ℃(100a)$^{-1}$。同时考虑气溶胶的影响后,西北地区的变暖程度低于只考虑温室气体的影响。

考虑人类活动的影响后,多数模式预测未来 100 年中国西北降水将可能增加,几个模式平均后,未来 21 世纪西北地区降水变化的线性倾向约为 15～39 mm(100a)$^{-1}$(表略)。在 GG 时,与全球、东亚和中国一致,中国西北地区的年平均降水将增加。对几个模式平均的各季节降水变化的分析表明,夏季,GG 情况下西北地区的降水在 21 世纪中期以前将有所增加,但到 21 世纪后期有减少的趋势;GS 情况下整个 21 世纪西北地区的降水都将减少。冬季在两种情形下,西北地区的降水都将增加,与全国及其他地区相比,这里的降水增加最明显,说明 21 世纪西北地区的降水增加主要是由于冬季降水增加的结果(图略)。

对未来 21 世纪中国降水变化的地理分布的分析表明,21 世纪前期的 30 年中,在 GG 和 GS 情况下中国西北地区的降水都将明显增加,尤以陕甘宁与内蒙古中部增加更明显,可达到 10～15 mm(mon)$^{-1}$,到 2060 年左右西北地区降水仍然增加,但西北地区东部增加减弱(图略)。

9.4.5.2　青藏高原和青藏铁路沿线地区

对未来 100 年青海和西藏地区地表气温变化时间序列图(图略)的分析表明,在 GG 时,2050 年青海和西藏地区地表气温增加 2～4 ℃,到 2100 年青海地区的变暖幅度为 4～8 ℃,西藏地区的变暖幅度为 4～7 ℃;GS 时,各模式模拟结果之间的差别较大,地表气温仍然为继续增加,但变暖幅度比 GG 时减小,到 2050 年大部分模式模拟青海地区增暖 2 ℃左右,而西藏地区增暖 1.5 ℃左右,2100 年时 GG 和 GS 两种情况下青海地区和西藏地区增温幅度分别为 2～4 和 2～3.5 ℃。

为了更详细地了解未来 50 年青藏地区地表气温的变化情景,我们还对未来 50 年青藏地区每 10 年平均的青藏地区地表气温变化进行了分析(表 9.10),从表中看出,在只考虑温室气体增加时,随着温室气体浓度的增加,青藏地区的变暖幅度逐渐增大,青海地区 2050 年时地表气温将增加 3.0 ℃,西藏地区 2050 年地表气温将增加 2.6 ℃;考虑温室气体和硫化物气溶胶的共同影响后,青海地区和西藏地区 2040—2050 年 10 年平均的地表气温将分别增加 1.8 和 1.4 ℃。

表 9.10　模式平均青藏地区每 10 年平均的地表气温变化　　　　　单位：℃

年　份	2010	2020	2030	2040	2050
青　海	1.0/0.8	1.5/1.1	2.0/1.4	2.5/1.5	3.0/1.8
西　藏	0.9/0.5	1.3/0.8	1.6/1.0	2.1/1.2	2.6/1.4

注：“/”前后数据分别为 GG 和 GS 的数据。

　　图 9.9 给出两种情形下几个模式平均后，未来 2031—2060 年平均的青藏地区年平均地表气温变化的分布。从图中看出，在 21 世纪中期，只 GG 时青海省年平均增温范围为 3 ℃左右，其中青海东部地区的增温幅度小于西部；西藏地区的增温幅度为 2.4～3.2 ℃，其中西藏地区的中部和北部的增温幅度较大，铁路沿线从格尔木到拉萨的增温 2.8～3.0 ℃；GS 时，青海和西藏地区年平均增温幅度有所下降，青海为 2.2～2.4 ℃，西藏地区为 1.6～2.2 ℃，但增温最大区仍然位于西藏的中部和北部，格尔木到拉萨的增温幅度为 2.0～2.2 ℃。从图中的结果还可以看到，考虑硫化物气溶胶对西藏地区地表气温变化的影响较大，比只考虑温室气体的影响时增温幅度减小了 0.8～1.0 ℃。

　　到 21 世纪后期，在 GG 和 GS 时青海和西藏地区的增温幅度都比 21 世纪中期时增加了 1.6 ℃左右，GG 时青海地区为 4.6～5 ℃，西藏地区为 3.6～4.6 ℃；GS 时青海地区为 3.6～4.0 ℃，西藏地区为 2.8～3.8 ℃，西藏中部和北部地区的增温幅度仍然是相对较大区。综合 GG 和 GS 时的结果表明，21 世纪后期，青藏铁路沿线的增温幅度在 3.8～4.8 ℃之间（图略）。

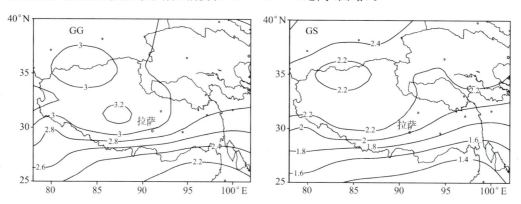

图 9.9　青藏地区 21 世纪中期（2031—2060 年）年平均地表气温变化（单位：℃）

　　对未来 50 年青藏地区的各个季节和年平均的地表气温线性倾向（图略）的分析表明，GG 时，未来 50 年青藏地区年平均地表气温变化的线性倾向为 2～2.5 ℃，冬季为 2～3 ℃，夏季为 2～2.5 ℃；GS 时，年平均为 1～2 ℃，夏季为 1.5 ℃，冬季为 2 ℃，4 个季节比较，冬季为 4 个季节当中变暖幅度最大的季节。

　　GG 时，21 世纪中期青海和西藏地区年平均降水为增加的趋势，增加的幅度为 2.5～10 mm(mon)$^{-1}$，西藏地区的东部地区降水增加的幅度较大；21 世纪后期降水增加幅度加大，青海南部与西藏的东部地区降水增加幅度在 10 mm(mon)$^{-1}$ 以上，西藏地区的南部降水减少，青藏铁路沿线降水增加幅度为 10～15 mm(mon)$^{-1}$；GS 时，21 世纪中期和后期，除了青藏地区的北部降水略有增加外，其余大部分地区的降水基本上都将减少，尤其是西藏地区的南部降水将减少 5～10 mm(mon)$^{-1}$，铁路沿线格尔木到拉萨的降水增加为 7.5 mm(mon)$^{-1}$（图略）。

9.4.5.3　长江中下游地区

　　表 9.11 给出了多模式平均的长江中下游地区 21 世纪中后期年及各个季节平均的地面气温和降水的变化。从表中看到，受温室效应影响，这里的气温在各种排放情景下都将持续增加，其中 21 世纪中期年平均地表气温将增加 1.8～2.8 ℃，到 21 世纪后期，增加值会达到 3.1～4.3 ℃。变暖在冬、春

季最明显,夏、秋季次之。4 种情景中,GS 情景下气温的升高幅度较其他情景明显要低一些。全球模式模拟的长江中下游地区的变暖幅度都低于全国平均(分析及图略)。

关于降水的变化,可以看到,全球模式的 4 个方案中除 GS 时年平均降水将减少外,其余 3 个方案的年平均降水都将增加,其中 GG 时 21 世纪中期和后期年平均降水增加均为 6% 左右,A2 时分别增加 2% 和 9%,B2 时分别增加 3% 和 10%。

比较各个季节的降水变化可知,与对地表气温的模拟相比,各种方案的模拟结果不太相同,GG 方案下,4 个季节中春季和秋季的降水增加最大,夏季次之,冬季最少;GS 时则是春季降水略有增加,其余 3 个季节降水减少;A2 和 B2 情景下 21 世纪中期秋季的降水变化为减少,春季和冬季略有增加,到 21 世纪后期,降水在各个季节都是明显增加。

表 9.11　模式平均长江中下游地区 21 世纪中后期年和季节平均气温和降水的变化　　单位:℃,%

年　代	试验方案	年平均	春季	夏季	秋季	冬季
2001—2070	GG	2.8/6	3.0/9	2.3/1	2.4/11	3.3/0
	GS	1.0/2	2.3/1	1.5/0	1.4/−12	2.0/−9
	A2	2.6/2	2.8/6	2.3/1	2.2/−5	3.1/4
	B2	2.6/3	2.8/6	2.3/3	2.2/−4	3.0/4
2071—2100	GG	4.2/6	4.4/7	3.6/4	3.8/16	5.1/0
	GS	3.1/−1	3.6/−1	2.7/2	2.5/−3	3.6/−11
	A2	4.3/9	4.8/9	3.7/9	3.8/8	5.1/11
	B2	4.3/10	4.8/10	3.6/10	3.7/9	5.1/11

长江中下游地区的洪涝灾害一般发生在夏季的 6—8 月,图 9.10 给出了全球模式在 A2 和 B2 两种温室气体排放情景下,21 世纪后期长江中下游地区夏季降水变化的地理分布。从图中看出,两种排放情景下降水变化幅度和分布型基本一致,都是在长江中上游地区的西部增加较少,一般在 0~5% 之间,降水向东呈增加趋势,到出海口一带数值达到 15%。

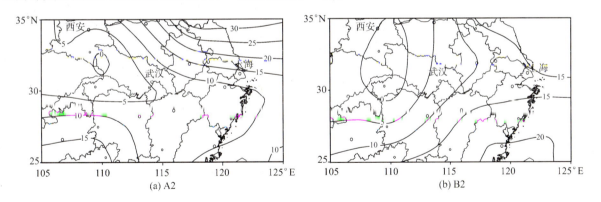

图 9.10　全球模式模拟的 21 世纪后期长江中下游地区夏季降水的变化(单位:%)

9.4.5.4　黄河流域

表 9.12 给出了在 A2 和 B2 情景下,多模式平均的黄河流域 21 世纪不同时期各季节地表气温和降水变化。可以看到在 21 世纪,特别是中期和后期,A2 方案下地表气温变暖的幅度大于 B2,且随着时间的延长,变暖的幅度越来越大,到 21 世纪后期,A2 和 B2 两种情景下黄河流域的年平均地表气温将分别比 1961—1990 年时增加 5.2 和 3.7 ℃,比全国的年平均值要高,从表中也可看出冬季和春季的变暖最明显,夏季秋季较小。

21 世纪黄河流域不同时期和不同季节降水变化的预估为,方案 A2 时 21 世纪的初期、中期和后期整个黄河流域区域平均的年平均降水都呈增加的趋势,三个时期分别增加 0.26%,4.97% 和

10.7%,4个季节中春季和冬季的降水增加幅度最大,21世纪中期春季和冬季降水分别增加14.2%和24.4%,21世纪后期分别增加28.1%和45.2%,夏季和秋季降水增加较少;方案B2时,总体来说,降水增加的幅度比方案A2时要小,21世纪后期年平均降水将增加9.6%,4个季节当中仍然是春季(增加24%)和冬季(增加36%)增加最明显,夏季降水增加最少(6.9%)。总的来说,黄河流域的降水增加幅度大于全国。

表9.12　模式平均黄河流域21世纪不同时期年和各季节平均的地表气温和降水变化　　单位:℃,%

年　代	SRES-A2					SRES-B2				
	年平均	春季	夏季	秋季	冬季	年平均	春季	夏季	秋季	冬季
2011—2040	1.5/ 0	1.7/ 6	1.4/—1	1.3/ 0	1.6/ 9	1.7/ 3	1.9/13	1.6/ 0	1.6/ 1	1.6/ 9
2041—2070	3.1/ 5	3.4/14	2.9/ 2	2.8/ 3	3.4/24	2.8/ 6	3.0/16	2.6/ 4	2.7/ 2	3.1/20
2071—2100	5.2/11	5.7/28	4.7/ 6	4.7/ 6	5.7/45	3.7/10	4.1/24	3.5/ 6	3.4/ 7	4.0/37

　　为进一步了解21世纪黄河流域的地表气温变化的地理分布情况,我们分析了黄河流域21世纪初期、中期和后期的地表气温变化的地理分布,结果表明,黄河流域各个季节的地表气温变化与全球和中国一致,在A2和B2两种方案下,未来都将继续增暖,以春季和冬季的增暖最明显,夏季的增暖幅度较小,到21世纪后期,A2时,黄河流域夏季增温幅度为4.2～5.5℃,增温的分布由东南向西北递减;B2时,增温幅度有所下降,地表气温增加的范围为3.2～4℃,也是北部增暖大于南部(图略)。

　　我们更关心的是黄河流域未来的降水变化,同对地表气温的分析一样,对5个模式平均的21世纪黄河流域的降水变化的地理分布进行了分析,结果表明:A2和B2两种方案下黄河流域21世纪的初期年平均降水增加不明显,在黄河流域的中游地区还有减少的趋势;到21世纪的中期,黄河流域年平均降水将增加5%左右,21世纪后期将增加10%～15%;而对于各个季节来说,预测结果表明,21世纪的各个时期都是春季和冬季的降水有增加的趋势,夏季和秋季的降水增加较少。

　　下面我们以方案A2时,21世纪不同时期黄河流域夏季降水变化为例,详细讨论一下黄河流域的降水变化(图9.11)。从图中看出,21世纪初期,夏季在黄河流域下游地区的入海口处降水有所增加,中游地区的降水减少,尤其是黄河流域中游的南部降水减少最明显,陕西的西安和山西的运城地区将

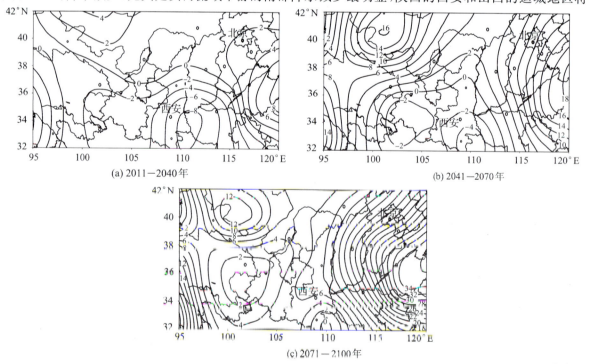

图9.11　A2方案下21世纪不同时期黄河流域夏季降水变化地理分布图

减少 6%～8%；21世纪中期，夏季上游以北地区和黄河流域的下游地区的降水将增加，而上游以南及中游地区的南部降水仍然将减少，减少幅度为 2%～4%；21世纪后期，夏季降水增加最明显的仍然是黄河上游地区的北部及下游地区，中游地区的降水没有变化。

9.5 区域气候模式模拟的中国未来气候情景

由于篇幅所限，下文中主要引用国家气候中心高学杰等进行的试验结果(Gao *et al.* 2001，2002；高学杰等 2003e，2003f)。使用的模式为 RegCM2 (Giorgi *et al.* 1993a，1993b)，所取的模式范围覆盖整个中国大陆及周边地区，水平分辨率为 60 km×60 km。用来嵌套的全球模式是澳大利亚 CSIRO AOGCM R21L9 模式，在对它进行一个温室效应试验中(Gordon *et al.* 1997)，模式从 1881 年开始积分到 2100 年，其中的 CO_2 含量在 1990 年以前使用实测值，1990 年以后按每年 1% 的速度增加。将全球模式试验中相当于 1986—1990 年共计 5 年的结果，单向嵌套和驱动 RegCM2 进行 5 年时间积分，为 RegCM2 的控制试验，即其对当代气候的模拟。使用全球模式 2065—2070 年的 5 年试验结果(对应模式中 CO_2 含量加倍的时刻)驱动 RegCM2 进行 5 年积分，为 RegCM2 的敏感性试验，是其模拟的 CO_2 加倍后的气候情景。将区域模式敏感性试验与控制试验结果之差，作为它所模拟的 CO_2 加倍对气候的影响。

对上述区域模式控制试验结果的分析表明，由于较高的分辨率和更完善的物理过程，区域模式对中国地区当代气温和降水的模拟能力较全球模式有了较大提高，它所模拟的年平均气温和降水与实况的相关系数分别由全球模式的 0.90 和 0.63 提高到 0.94 和 0.80，这样使得它模拟得到的温室效应在中国地区的响应也应该更加予以重视；此外，它还给出了气候变化在中国地区更详细的地理分布特征。

9.5.1 中国地区地面气温的变化

模拟结果表明，在 CO_2 加倍的情况下，中国地区的地面气温将有明显上升，上升幅度一般为 2.2～3.0 ℃，其中南方较低，一般在 2.5 ℃以下，北方较高，一般在 2.5 ℃以上。地表气温升高最低的地方是中国的云南至贵州西部及东南沿海地区，数值在 2.2 ℃以下；在东北部分地区和青藏高原上的升温幅度最高，会达到 3.0 ℃以上(图 9.12)。

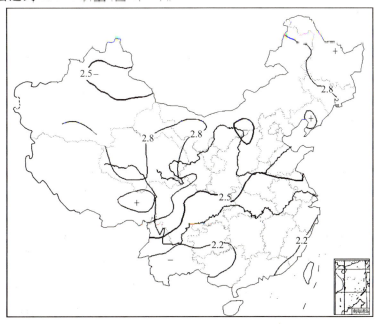

图 9.12　区域气候模式模拟的 CO_2 加倍时中国年平均气温的变化(单位：℃)

　　表9.13中给出了中国年和各季节平均的气温变化,可以看到,CO_2浓度加倍后,中国各个季节的地表气温都将增加,其中以冬季和春季增幅最大,其次为夏季和秋季。

表9.13　区域气候模式模拟的 CO_2 加倍时中国年和各季平均的气温和降水变化

	年平均	冬季	春季	夏季	秋季
气温变化(℃)	2.5	3.0	2.6	2.4	2.1
降水变化(%)	12	17	6	19	6

　　各月的变化参见图9.13中的实线,由图上看到气温在各个月都是升高的。其中升高较多的是冬季的12月和春季的5月,升高值分别为3.2和3.1 ℃;秋季的9月增加最少,为1.9 ℃。

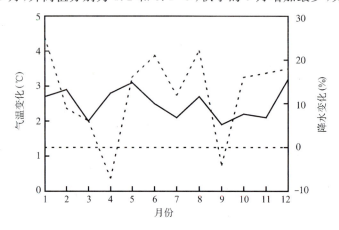

图9.13　区域气候模式模拟的 CO_2 加倍时中国各月气温(实线)和降水(虚线)的变化

9.5.2　中国地区降水的变化

　　首先给出年平均降水变化的平面分布,如图9.14所示。在 CO_2 加倍的情况下,中国地区的年平均降水将普遍增加。降水百分率增加较多的区域中,最大的是中国西部,范围自华北西部开始延伸至

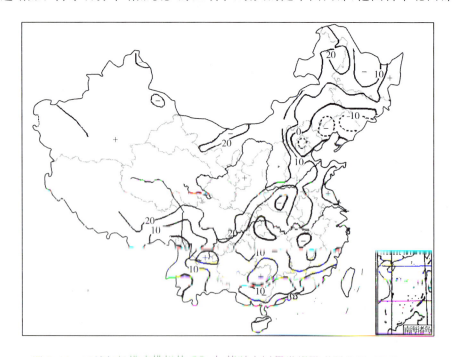

图 9.14　区域气候模式模拟的 CO_2 加倍时中国年平均降水的变化(单位·%)

新疆,增加的幅度在 20% 以上。华南的广东东部和福建西部及广西东北部也是增加较多的地区。长江中下游沿岸的降水变化不大,大部分地区有所增加,少数地方略有减少。东北北部是降水增加较多的区域之一,个别站点的增加率也达到 20% 以上;但东北南部至华北北部地区的降水将有一定减少,减少幅度较大的在 10% 以下。需要指出的是,模式模拟的中国年平均降水的上述变化趋势,如西部降水增多、东北和华北部分地区降水减少等,和最近几十年来中国降水变化的实况表现出了一定程度的相似性(王绍武等 2002)。

表 9.13 中给出了中国年和各季节平均的降水百分率变化。中国年平均降水将增加 12%,全年各个季节的降水都是增加的,增加较多的是夏季和冬季,增加率分别为 19% 和 17%,春季和秋季的增加少一些,都为 6%。

各月降水的变化参见图 9.13 的虚线,总体来说,中国的降水变化以增加为主,增加最大的时段有两个,一个是从 10 月至翌年 1 月,增加率都在 15% 以上,其中 1 月最高,达到 25%;另外一个降水增加较多的时段为春末和夏季(5—8 月),幅度在 10% 以上,其中 6 月和 8 月最大,降水将增加 20% 以上。其他月份变化小一些,在 ±10% 以内,其中春季的 4 月和秋季的 9 月降水将有约 -5% 的减少。

中国地处东亚季风区,夏季降水占全年降水的比例最大,图 9.15 给出了 CO_2 加倍时中国夏季平均降水的变化。可以看到,就全国来讲降水仍以增加为主,其中长江以南的增加更明显一些。较明显的减少中心位于东北东部至华北一带,降水在这一地区的减少标志着在 CO_2 倍增后,中国夏季北方雨季的减弱。从短期气候预测的角度来讲,未来中国汛期降水的气候背景将呈现出三类雨带(南方降水较多)出现频率增加,一类和二类雨带减少的趋势。

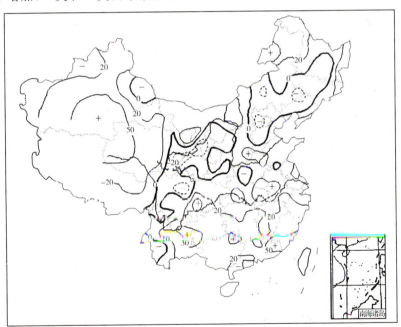

图 9.15　区域气候模式模拟的 CO_2 加倍时中国夏季平均降水的变化(单位:%)

对风场变化的分析表明,中国夏季降水的上述变化,可能是由于温室效应导致的东亚夏季风减弱引起的(高学杰等 2004)。

9.5.3　中国各地区气温和降水的变化

中国地域辽阔,各地的气候和未来气候变化情况也有很大差别,因此在本节给出了分地区的气温和降水变化情景,供不同的研究和应用参考。

表 9.14 中给出了分省的变化,限于篇幅,不再进行详细讨论。

表 9.14　区域气候模式模拟的 CO_2 加倍时中国各省(自治区)
年和各季节平均的气温和降水变化　　　　　　　　　　单位:℃,%

省(自治区)	年平均	冬季	春季	夏季	秋季
黑龙江	2.9/15	3.4/23	2.9/28	2.7/6	2.6/20
吉 林	2.8/ 3	3.8/18	2.5/7	2.7/4	2.2/−21
辽 宁	2.8/−7	3.8/102	2.5/−5	2.6/6	2.1/−35
内蒙古	2.7/12	3.3/40	2.3/31	2.9/4	2.3/9
河 北	2.7/1	3.4/101	2.5/19	2.7/−10	2.1/5
山 西	2.6/29	3.2/76	2.5/35	2.6/19	2.0/33
山 东	2.6/11	3.4/86	2.6/22	2.4/11	2.1/−4
河 南	2.4/7	2.8/85	2.6/6	2.4/11	1.9/−4
安 徽	2.3/10	2.7/71	2.6/−3	2.2/20	1.8/−13
江 苏	2.5/6	3.0/16	2.5/−1	2.3/9	2.2/8
浙 江	2.3/6	2.9/22	2.1/−13	2.0/16	2.1/12
江 西	2.3/4	2.8/39	2.4/−11	2.1/17	1.8/−26
湖 北	2.4/5	2.6/90	3.1/−2	2.2/22	1.6/−24
湖 南	2.3/11	2.2/43	2.9/−7	2.2/29	1.7/−11
福 建	2.2/14	3.1/−12	2.0/2	1.9/45	2.0/7
广东、海南	2.3/18	3.2/−25	1.9/21	2.0/39	2.0/4
广 西	2.2/16	2.6/−18	2.0/22	2.2/32	2.1/−6
贵 州	2.3/13	2.1/14	2.6/3	2.3/34	2.1/−7
四 川	2.4/19	2.4/22	3.0/15	2.3/18	2.1/21
云 南	2.3/5	2.4/−11	2.4/0	2.3/11	2.1/9
西 藏	3.0/17	3.7/30	3.1/18	2.6/18	2.5/12
甘 肃	2.8/30	3.3/35	2.8/47	2.9/6	2.1/39
陕 西	2.6/22	3.0/34	3.0/55	2.5/−1	2.0/27
青 海	2.8/27	3.3/44	2.8/26	2.6/26	2.6/26
宁 夏	2.7/27	3.3/4	2.5/61	2.9/−24	2.3/51
新 疆	2.6/24	2.8/55	3.4/23	2.6/26	1.7/5

　　表9.15给出了中国几个大区在 CO_2 加倍时年和各季节平均气温和降水的变化,表中各地区包括的省(自治区)的情况请参见9.3.5节。从表中看出,中国几个分区中,升温幅度最高的是北方的东北、西北和华北地区,南方地区的升温幅度偏小一些,以华南地区最低。

　　降水则以西北和华南地区的增加为最多,年平均降水的增加率分别达到26%和16%,华中、华东和东北地区的增加少一些,在6%~7%之间。从季节变化看,西北和西南地区全年4个季节的降水都是增加的,其他各个地区都有减少的季节,如华南的冬季、华东的春季、华中的春季和秋季、华北的夏季和东北的秋季等。

　　表9.16给出了分流域的气温和降水变化情景。气温的变化情况不再进行详细讨论,关于降水,

表 9.15　区域气候模式模拟的 CO_2 加倍时中国各大区年和各季节平均气温和降水变化

单位:℃,%

大 区	年平均	冬季	春季	夏季	秋季
东 北	2.8/6	3.5/36	2.6/16	2.7/7	2.3/−7
华 北	2.6/10	3.3/78	2.4/26	2.8/−1	2.1/13
华 中	2.4/7	2.7/48	2.7/−5	2.3/20	1.8/−15
华 东	3.4/7	2.9/31	2.4/−7	2.2/15	2.0/3
华 南	2.2/16	3.0/−19	2.0/15	2.0/38	2.0/2
西 南	2.5/13	2.6/5	2.8/7	2.3/19	2.2/12
西 北	2.7/26	3.0/47	3.0/36	2.7/13	2.1/28

由表中可以看到:年平均降水除辽河流域减少(−6%)外,其他流域都是增加的,增加最大的是黄河流域和内陆河流域,幅度分别达到 25% 和 23%;西南诸河及海河流域的增加较少,增加率分别为 8% 和 5%,其他流域的增加在 10%～20% 之间。夏季的降水变化,以珠江流域和东南诸河流域增加最大,数值达到 30% 以上;其次为长江流域和内陆河流域,数值在 20% 左右,淮河流域和松花江、乌苏里江流域增加约 10%;黄河流域和辽河流域的增加较少,而海河流域的夏季降水将减少。

表 9.16　区域气候模式模拟的 CO_2 加倍时中国各大流域年和各季节平均气温和降水变化

单位:℃,%

流　域	年平均	冬季	春季	夏季	秋季
松花江、乌苏里江流域	2.9/14	3.5/23	2.7/24	2.7/9	2.5/11
辽河流域	2.7/−6	3.7/69	2.4/8	2.8/1	2.1/−30
海河流域	2.7/5	3.4/108	2.5/18	2.7/−5	2.1/6
淮河流域	2.5/11	3.0/45	2.6/9	2.3/11	2.0/6
黄河流域	2.7/25	3.2/48	2.6/45	2.7/6	2.2/32
长江流域	2.4/11	2.5/36	2.8/−1	2.2/22	2.0/0
东南诸河流域	2.3/11	3.0/5	2.1/−6	2.0/34	2.0/6
珠江流域	2.2/17	2.9/−22	2.0/21	2.1/36	2.0/0
西南诸河流域	2.6/8	3.0/−10	2.6/2	2.4/13	2.4/12
内陆河流域	2.7/23	3.0/54	3.1/26	2.7/19	1.9/13

9.5.4　几个重要地区的变化:西北、青藏铁路沿线、长江中下游地区和黄河流域

由于中国西北地区、青藏铁路沿线、长江中下游地区和黄河流域在生态环境、经济建设及社会生活中的重要性,因此特别对这几个地区做了进一步分析。

9.5.4.1　西北地区

CO_2 浓度加倍后,西北地区的气温将明显上升,其中河西走廊和青海东部的上升幅度更大一些,为 2.8～3.0 ℃;新疆北部部分地区稍低,在 2.5 ℃ 以下;其他地区一般为 2.8～3.0 ℃;区域平均为 2.7 ℃(图 9.12)。

西北地区年平均降水的变化见图 9.16。由图中可以看到:CO_2 加倍后西北地区的降水将普遍增加,而且增加的数值都比较大,一般在 20% 以上;个别地方的增加大于 30%,如甘肃的西部、中部,青海西南部,宁夏至陕西西部及新疆部分地区等。几个增加较少地区的数值也在 10% 以上。

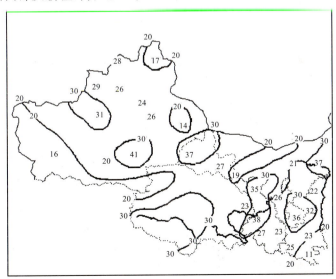

图 9.16　区域气候模式模拟的 CO_2 加倍时中国西北地区年平均降水量的变化(单位:%)

图 9.17 实线给出了西北地区逐月气温变化。各月中气温增加幅度最大的是冬季的 12 月和春季的 4 月,增加值分别为 3.7 和 3.6 ℃;其次为 5 和 6 月,增加值分别为 3.0 和 3.2 ℃;11 月气温增加幅度最小,仅为 1.5 ℃。各月的降水变化(图 9.17 中虚线),除 9 月变化不大外,全年大部分月份降水将增加,其中夏季的 6—8 月增加较少,一般在 10% 左右;另外 4 月也较小,为 16%;其余各月的增加则都在 25% 以上,以 10—12 月最大,数值达到 60% 以上。

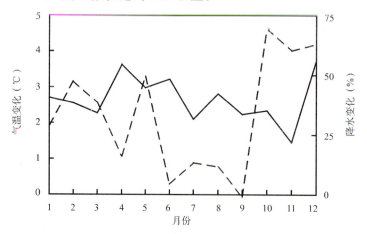

图 9.17　区域气候模式模拟的 CO_2 加倍时中国西北地区各月气温(实线)和降水(虚线)的变化

9.5.4.2　青藏高原和青藏铁路沿线地区

图 9.18 给出了青藏高原地区年平均气温的变化(高学杰等 2003a)。由图中可以看到,CO_2 加倍后,这里的地表气温将普遍增加,增加的幅度一般为 2.7～3.4 ℃。其中高原南部和东部的增加较多,达到 3.0 ℃ 以上,北部(包括青藏铁路沿线地区)增加的少一些,为 2.6～2.8 ℃。气温增加值在高原南侧随地形的降低迅速减少,到境外的平原区后,增加值降低到 2.2 ℃ 以下,表现出高原地区对气候变化较高的敏感程度。

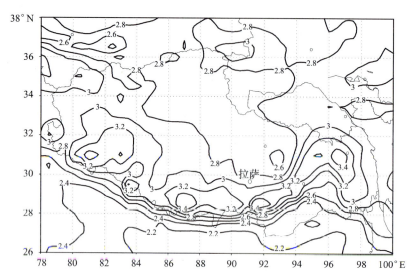

图 9.18　区域气候模式模拟的 CO_2 加倍时青藏高原年平均气温的变化(单位:℃)

青藏高原地区年平均降水在 CO_2 浓度加倍后将大范围增加(图 9.19),增加最大的地方分别位于西藏西南部和通天河沿岸部分地区,中心增加值大于 40%。西藏东南部有一个较小的降水减少区,减少的幅度也不大。青藏铁路沿线地区降水都将增加,其中在西藏境内增加的幅度约为 25%,青海地区一般在 30% 以上,都远高于全国平均值(12%)。

青藏铁路沿线各站各气候要素的变化在表 9.17 中给出。由表中可以看出,CO_2 加倍会使得各站

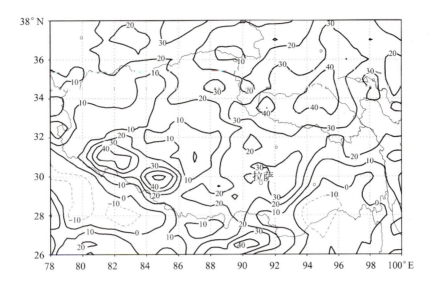

图 9.19　区域气候模式模拟的 CO_2 加倍时青藏高原年平均降水的变化（单位：%）

点气温明显增加，增加值一般为 2.7～2.8 ℃，拉萨增加的多一些，为 3.0 ℃。年平均降水量也都将大幅度增加，增加值一般在 25% 以上，其中五道梁、托托河、安多和当雄的增加在 30% 左右或以上。同时降水日数在各地一般也将增加，但在当雄站有所减少，说明那里降水增加更多是由于雨强增加而不是降雨日数增加引起的。

　　夏季和年平均日最高、最低气温是与青藏铁路建设密切相关的气候要素，可以看到伴随日平均气温的升高，这些极端气温值也都将增加，但增加的数值除北部的格尔木和五道梁两个站外，普遍低于全国平均（分别为 1.6 和 2.0 ℃，参见 Gao *et al.*，2002）。和全国趋势类似，最低气温的增加值一般较最高气温的大。

表 9.17　区域气候模式模拟的 CO_2 加倍时青藏铁路沿线各站各气候要素的变化

	格尔木	五道梁	托托河	安 多	那 曲	当 雄	拉 萨
日平均气温(℃)	2.7	2.8	2.8	2.7	2.7	2.7	3.0
年平均降水量(%)	27	31	34	29	26	32	25
降水日数(%)	11	7	2	5	3	−1	1.8
年平均最高气温(℃)	0.4	1.8	1.1	1.2	1.1	1.0	0.8
年平均最低气温(℃)	2.3	2.1	1.8	1.9	1.4	1.5	1.8
夏季平均最高气温(℃)	1.7	1.8	1.7	1.3	1.3	1.0	0.8
夏季平均最低气温(℃)	2.0	2.4	2.1	1.8	1.6	1.5	1.8

9.5.4.3　长江中下游地区

　　长江中下游地区年和各季节平均的地表气温和降水变化在表 9.18 给出。对比全国平均（表 9.13）可以看到，除春季略高外，其他时候该地区的气温升高普遍低于全国平均，升温最高的是春季，也和全国平均中的冬季有所不同。这里冬季和夏季的降水将明显增加，高于全国平均，特别是在冬季；而全国平均增加较少的春季和秋季，这里的降水将减少，其中秋季的减少值达到 16%。

表 9.18　区域气候模式模拟的 CO_2 加倍时长江中下游地区年和各季节平均的地表气温和降水变化

	年平均	冬季	春季	夏季	秋季
气温变化（℃）	2.3	2.5	2.7	2.4	1.8
降水变化（%）	7	44	−7	23	−16

长江中下游地区年平均降水变化的平面分布参见图9.14,以普遍增加为主,但增加的幅度不大,一般在10%以内;其中四川、贵州和湖北的交界地区及江西北部部分地区的降水出现了较弱的减少。

长江中下游地区的洪涝灾害一般发生在夏季的6—8月,因此特别在图9.20中给出夏季降水变化的平面分布(高学杰等2004)。夏季是长江中下游地区降水增加较多的时段,由图中可以看到,区域内降水都是增加的,其中流域南部和中游北部地区的增加最多,一般在20%以上,中心值达到40%。这种变化可能会导致未来这里夏季洪涝灾害的增多。

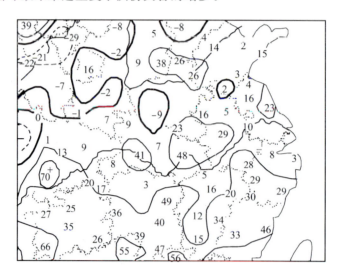

图9.20 区域气候模式模拟的CO_2加倍时长江中下游地区夏季平均降水的变化(单位:%)

9.5.4.4 黄河流域

黄河流域整体及其上、中、下游年和季节平均的降水变化在表9.19中给出(高学杰等2003c),由表中第1行可以看到,CO_2加倍将使这里年平均降水有明显增加,其中整个流域的平均增加值达到25%,高于全国平均。降水的增加集中于春、冬和秋季,增加幅度分别达到45%、48%和32%,但相对于夏季全国较多的降水增加,黄河流域这时降水的增加值较小,仅有6%。分地区看,年平均降水在上游增加比例最大,其次是中游和下游。夏季降水在上游为明显减少,中游略有增加,下游增加较多。

表9.19 区域气候模式模拟的CO_2加倍时黄河流域年和各季节平均的降水变化　　　　　　单位:%

	年平均	冬季	春季	夏季	秋季
全流域	25	48	45	6	32
上游	34	17	63	−19	68
中游	26	40	49	4	33
下游	18	112	69	29	−5

总体来说,夏季是黄河流域降水增加较少的时段,图9.21给出了黄河流域夏季降水变化的地理分布。其中黄河源区的降水有较多增加,增加的比例在20%以上,但上游其他地段的降水均为减少,减少幅度在大部分地方达到−20%。中游河套地区的降水以增加为主,河套以南地区变化不大,流域的山西部分降水略有增加。下游降水以增加为主,幅度一般为10%—20%。夏季降水变化的这种特点,表明黄河流域整体来说未来汛期洪涝灾害的发生频率和现在相比可能不会发生明显变化。

9.5.5 极端天气事件的变化

极端天气事件在全球变暖背景下的变化现在得到了越来越多的关注。区域气候模式较高的分辨率使得它能够较好地模拟一些极端天气事件和较小尺度的系统活动(如台风)。在这一节我们将对区域气候模式模拟得到的一些结果进行介绍(主要引自Gao et al. 2002)。

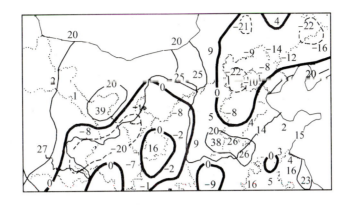

图 9.21　区域气候模式模拟的 CO_2 加倍时黄河流域夏季降水的变化（单位:%）

9.5.5.1　日最高和最低气温的变化

分析表明，CO_2 加倍后，随着地面地表气温的上升，中国区域的日最高和最低气温也将升高,但最低气温的升高数值较最高气温大,从而使得气温日较差减小。日最高和最低气温在各月的变化趋势比较一致,它们与平均气温的变化大部分情况下也呈一致趋势。两者年平均的增加值分别为 1.6 和 2.0 ℃。

模拟得到的年平均日最高气温的显著增加区基本位于中国南部,而最低气温在黄河以北和长江以南的增加更显著一些(图略)。

一般来说,人们对夏季日最高气温和冬季日最低气温的变化更加关注,它们的变化分别在图 9.22(a)和图 9.22(b)中给出。夏季日最高气温显著升高的地区主要位于中国北方,其中一个集中区位于辽宁至其西部的内蒙古和河北北部一带,升高幅度一般为 1.5～2.5 ℃;另一个显著地区是陕西至宁夏、甘肃一带,这里的气温升高幅度都很大,在许多地方达到 3.5 ℃以上。后者是干旱、半干旱地带,夏季最高气温的升高将导致这里的蒸发加剧,有可能使当地的生态环境进一步恶化。冬季最低气温的显著升高地区集中于中国东部黄河以南的广大地区。

夏季最高气温和冬季最低气温的升高,会使得夏季高温日数和冬季低温日数减少,以北方的北京和南方的上海为例,在表 9.20 中给出了北京夏季高于 35 ℃的高温日数和上海冬季低于 −10℃的低温日数的变化情况,可以看到在 CO_2 加倍的情况下前者将成倍增加,而后者会减少一半以上。

表 9.20　区域气候模式模拟的 CO_2 加倍时北京夏季高温日数和上海冬季低温日数的变化

北　京		上　海	
高温日数的标准（℃）	35	低温日数的标准（℃）	−10
控制试验天数(d)	13	控制试验天数(d)	11
CO_2 加倍时的天数(d)	27	CO_2 加倍时的天数(d)	4
变化（%）	108	变化（%）	−64

9.5.5.2　降水日数和大雨日数的变化

CO_2 加倍后,中国北方地区与降水量的增加相对应,降水日数也有显著增加,以新疆和内蒙古中部的增加最为集中。而降水量同样增加的中国南方,降水日数则没有显著的增加(图略),说明南方降水量的增加可能更多是由大雨日数的增加引起的。大雨日数的变化在图 9.23 中给出,可以看到,中国南方地区在 CO_2 加倍后,大雨日数将有显著增加,特别是在东南地区的福建和江西西部,以及西南地区的贵州和四川、云南部分地区,表明这里未来暴雨发生的天气会增多,气候有趋向于恶劣化的趋势。中国北部部分地区也有一些零散的大雨日数显著增加区,在辽宁西部则有一个显著的减少点,对应那里降水量的下降。总体来说,温室效应可能会导致在中国地区出现局地尺度上强降水事件增加的现象。

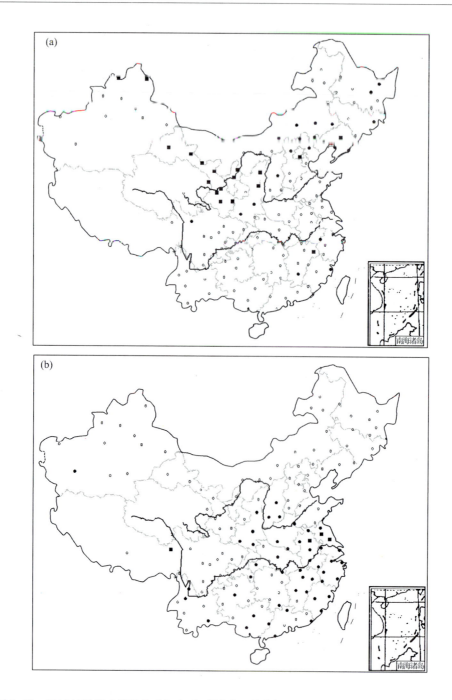

图 9.22 区域气候模式模拟的 CO_2 加倍时夏季日最高气温(a)和冬季日最低气温(b)的变化

(图中标有符号的地区通过了 90% 信度检验,●:0.6~2.4 ℃,■:≥2.5 ℃)

9.5.5.3 台风活动的变化

区域气候模式较高的分辨率,使得它能够描述如台风等尺度较小的系统及其变化(高学杰等 2003b)。对模式控制试验和 CO_2 加倍试验中,台风的数目和路径变化进行统计,台风的移动路径简要地分成两种,一种自东向西移动,随后影响中国或转向北上(路径Ⅰ);另一种由南向北移动,随后影响中国或转向东北(路径Ⅱ)。

统计结果表明,CO_2 加倍后,计算区域内的台风生成数目将有所增加,而登陆台风的个数可能会有较大增加。从移动路径看,生成台风中,CO_2 加倍后,按路径Ⅱ(由南向北)移动的台风数目和比例也会有较大增加。

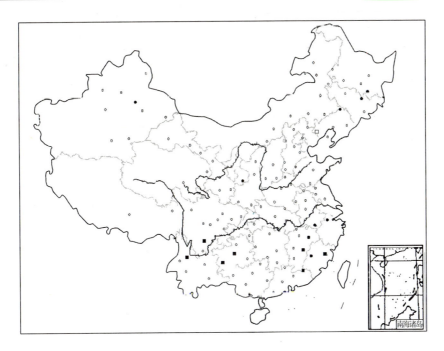

图 9.23　区域气候模式模拟的 CO_2 加倍时大雨日数的变化（单位:％）

（图中标有符号的地区通过了 90％信度检验,●:$<3\,d\,a^{-1}$,■:$\geqslant 3\,d\,a^{-1}$,□:$<-3\,d\,a^{-1}$)

9.6　统计降尺度技术在中国的应用

9.6.1　转移函数与环流分型法

　　虽然关于大气环流与站点气候的关系已有不少的工作,但是专门以降尺度为目的的转移函数法在中国的研究才刚刚起步。Chen 等（2003）最近用典型相关建立了一个表达中国冬季平均地表气温的统计模式。交叉检验结果表明,冬季温度方差的 10％～70％可以用东亚 500 hPa 的位势高度确定。这说明转移函数法在中国的应用还需要进一步的研究。据我们了解,环流分型法正被应用于中国降尺度模型的研制中。

9.6.2　天气发生器及其降水的模拟研究

　　廖要明等（2004）最近在 Richardson（1981）工作的基础上发展了一个应用于中国的天气发生器。下面的结果均基于这个成果。

9.6.2.1　马尔可夫链与转移概率

　　降水的随机模拟:一阶马尔科夫链。若在时刻 T_0 系统处于状态 X_0 的条件下,在时刻 $T(T>T_0)$ 系统所处状态 X 与时刻 T_0 以前所处的状态无关,则称这个随机过程 $X(T)$ 为马尔科夫过程。如果规定日降水量小于 0.1 mm 为干日,大于等于 0.1 mm 为湿日,则降水的发生以二状态(干、湿)一阶马尔科夫链来模拟,任何一天降水(湿日)是否出现仅取决于前一天有无降水发生(干日、湿日),所以该过程可由两个转移概率:

$$P(WW) = P\{湿日 \mid 前一天为湿日\}$$
$$P(WD) = P\{湿日 \mid 前一天为干日\}$$

唯一确定。

　　由于中国大部分地区的降水都具有明显的季节性变化,所以转移概率的计算按月(1—12 月)或按季分别进行计算较为合理。我们利用中国逐日降水资料比较齐全、历史年代较长(1961—2000 年)

的 672 个站点的实际日降水资料,分别计算了各地 1—12 月及 4 个季度和全年的降水转移概率 P(WW)和 P(WD)(图 9.24 和图 9.25)。

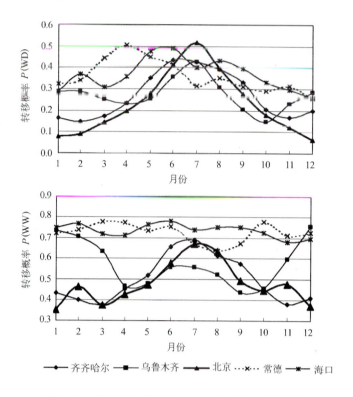

图 9.24 中国几个代表站点 1—12 月降水转移概率

由图 9.24 可知,①对于同一地区来说,大部分月份转移概率 P(WW)要大于 P(WD);②不同的地区,P(WD)随时间的变化趋势略有差异;③不同的地区,P(WW)随时间的变化趋势差异较大。

中国大部分地区全年降水转移概率 P(WD)为 0~0.5,北方地区相对较小,南方地区相对较大,而中国大部分地区的 P(WW)为 0.3~0.9,北方地区相对较小,南方地区相对较大。

9.6.2.2 降水的 GAMMA 分布

日降水量的变化通常用两参数的 GAMMA 分布来描述。其分布密度为:

$$f(x) = x^{\alpha-1} \mathrm{e}^{-x/\beta} / \beta^{\alpha} \Gamma(\alpha)$$

式中 α,β 分别为形态参数和尺度参数;

$$\alpha = 4/c_s^2,$$
$$\beta = \sigma c_s / 2 = \sigma / \sqrt{\alpha}$$

在 α 一定的前提下,β 的大小主要决定于序列的均方差 σ。两参数 GAMMA 分布由 α 和 β 两个参数唯一确定。

经检验,中国大部分地区全年及各个月日降水量的分布基本都接近于两参数的 GAMMA 分布。图 9.26 是北京和海口两个站点 1961—2000 年日降水量分布频数与根据 1961—2000 年日降水量资料拟合的 GAMMA 分布频数分布曲线比较图。由图可以看出,两者的拟合非常接近。

我们利用 672 个站点的实际降水资料分别计算了各地 1—12 月及 4 个季度和全年的 GAMMA 分布参数 α 和 β,如图 9.27 和图 9.28,结果表明中国各地 α 和 β 在时间与空间上都存在较大的差异。

从图 9.27 可以得出以下主要结论:① 各月的 α 值基本都小于 1.0,β 值大部分时间都大于 1.0;②除了齐齐哈尔站外,其余 4 个地区各月份的 α 值变化幅度较小;③相对于齐齐哈尔和乌鲁木齐来说,北京、常德、海口各月的 β 值变化幅度较大。

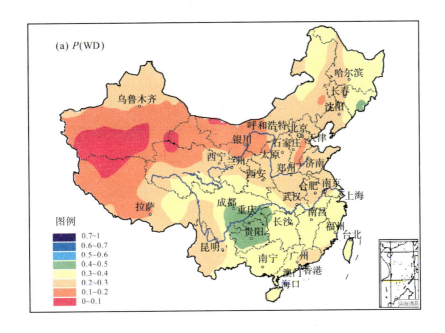

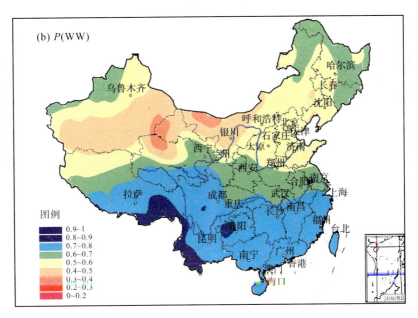

图 9.25　据中国 672 个站点的实际日降水资料分别计算的全年的降水转移概率

从图 9.28 可以看出：中国大部分地区 α 为 0.3～0.6，东部地区较小，西部地区较大。对于大部分地区来说，β 值在冬、春季较小，而夏、秋季较大。β 值在中国各地的变化较大，基本表现为自西北向东南方向依次递增。

从以上的分析可知，如果一个地区各月的降水转移概率 $P(WW)$ 和 $P(WD)$ 确定下来后，就可以根据随机数产生该月的干湿日系列。假设模拟时段的第一年第一天为干日，即降水量为 0 mm，如果产生的随机数大于该月的 $P(WD)$，则第二天仍为干日，降水量为 0 mm；否则，第二天为湿日。可以根据该月的 α 和 β 值，通过两参数的 GAMMA 分布来产生该日的降水量。

在模拟过程中当前一天为湿日时，则将产生的随机数与该月的降水转移概率 $P(WW)$ 比较，如果随机数大于 $P(WW)$，则当天为干日，降水量为 0 mm。依此类推，即可产生若干年的逐日降水数据。

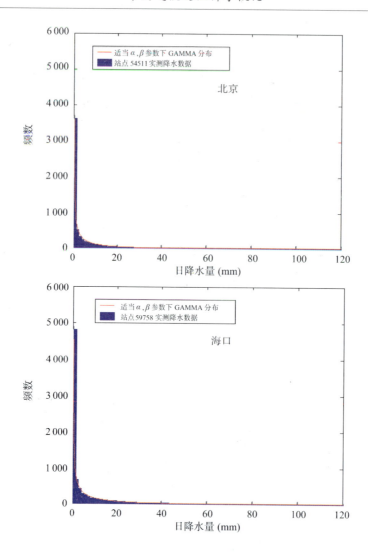

图 9.26　北京和海口两个站点 1961—2000 年日降水量分布频数与根据 1961—2000 年日
降水量资料拟合的 GAMMA 分布频数分布曲线比较图

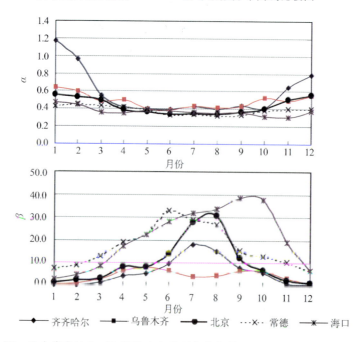

图 9.27　几个代表站 1—12 月及 4 个季度和全年的 GAMMA 分布参数 α 和 β

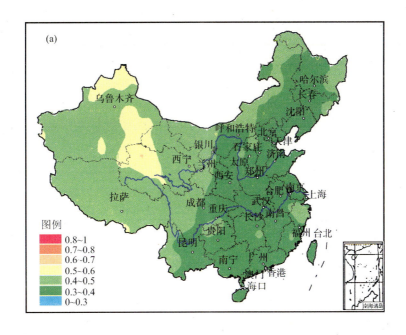

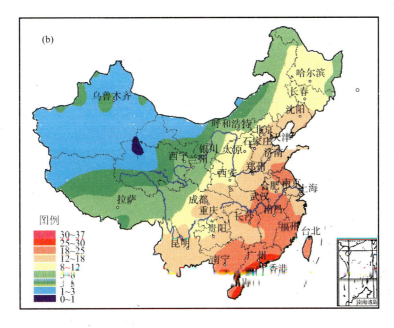

图 9.28　29 个站点的实际降水资料计算的各地全年的 GAMMA 分布参数 α(a)和 β(b)

9.6.2.3　降水量模拟效果检验

图 9.29 为平均月降水量模拟值与实测值的比较,图 9.30 为平均年降水量模拟值与实测值的比较,图 9.31 为模拟各月湿日平均降水量与实测值的比较,图 9.32 为模拟和实测湿日降水量标准差的比较。以上所有的比较,实测值为 1971—2000 年资料,模拟值为 1971—2000 年 30 年的随机模拟结果。

9.6.2.4　天气发生器与局地气候变化前景

上面几节介绍了一个适用于中国全境的降雨随机模型并证明了它在现代气候条件下的适用性和有效性。在给定未来大尺度(GCM 网格)气候变化情景下,可以通过大尺度与小尺度(如站点)之间降雨系列的统计参数关系把大尺度上统计参数推求到小尺度上(如站点),然后再生成未来气候变化情景下小尺度降雨系列(Wilks 1992,陈喜等 2001)。由于本章中区域气候变化的尺度较大,未来区域气候变化的情景将只由 GCM 和动力降尺度方法给出。

综上所述,统计降尺度涉及对小尺度气候及大尺度气候变化的了解及建立它们两者之间的关系。如果这个关系物理意义清晰,联系紧密,那么通过历史数据建立的关系就可以用于降尺度的应用中。由于国内迄今对统计降尺度方面的工作刚刚起步,对这方面的国际动态不是特别了解,所以本节首先对统计降尺度技术国际前沿做了一个调研,目的是迎头赶上,少走弯路。此后,我们又对中国的区域降水和温度历史资料进行了分析,重点放在对区域尺度及气候变率区域化的理解上。此外,我们还开展了一些关于天气发生器的研究工作。这项工作对于用随机模型来进行统计降尺度至关重要。

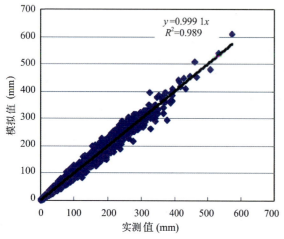

图 9.29 平均月降水量模拟值与实测值的比较

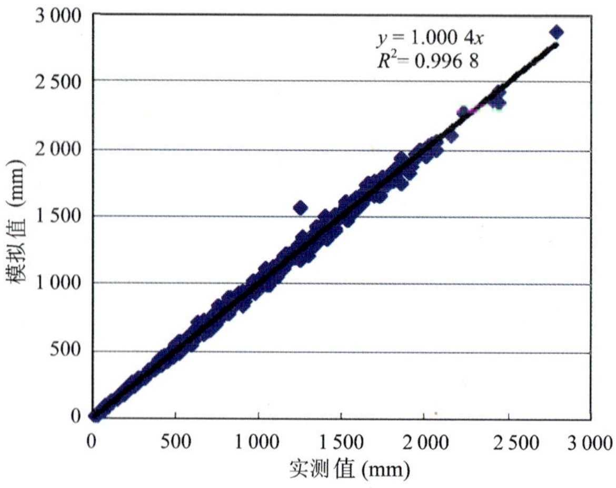

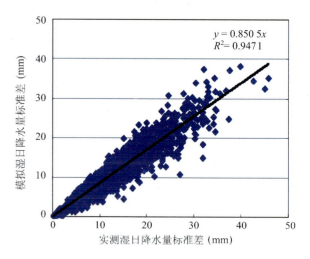

图 9.30 平均年降水量模拟值与实测值的比较

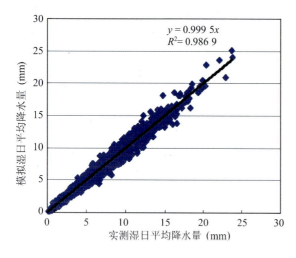

图 9.31 模拟各月湿日平均降水量与实测值的比较

图 9.32 模拟和实测湿日降水量标准差的比较

9.7 小结和中国未来气候情景的综合集成预估

本章首先对未来气候变化情景的预测方法——全球环流模式、动力降尺度方法和区域气候模式及统计降尺度方法进行了简单介绍,随后给出了各方法对中国及中国各地区气候变化的预估。

综合前文所述,为简明起见,将全球气候模式(除上文中所述各模式外,同时综合了其他一些全球模式的结果,引自赵宗慈等,2004)和中国区域气候模式对未来中国气候变化的预估结果在表9.21中给出,同时为便于对照,表中还给出了20世纪观测和检测的中国的气候变化。

表 9.21　中国 20 世纪气候变化的检测和 21 世纪人类排放对气候变化影响的预估

气候现象	观测 20 世纪气候变化	模拟 20 世纪气候变化	预估 21 世纪气候变化
地表气温变暖	趋势：0.4 ℃(100a)$^{-1}$ 0.8 ℃(50a)$^{-1}$ 中国北方明显变暖 0.8 ℃(100a)$^{-1}$	0.5～1.1 ℃(100a)$^{-1}$ 0.7～1.2 ℃(50a)$^{-1}$ 中国北方明显变暖 0.5～1.8 ℃(100a)$^{-1}$	3.0～5.0 ℃(100a)$^{-1}$ 中国北方非常明显变暖 4.5～7.5 ℃(100a)$^{-1}$
最高温度增加	趋势：0.5 ℃(50a)$^{-1}$	0.5 ℃(50a)$^{-1}$	4.1～5.0 ℃(100a)$^{-1}$
最低温度增加	趋势：1.4 ℃(50a)$^{-1}$	0.7 ℃(50a)$^{-1}$	4.1～4.9 ℃(100a)$^{-1}$
变暖其他证据	自 1986 年以来，17 个暖冬；中国部分地区炎热夏季时段增长	自 1986 年以来，12 个暖冬；1993—2002 年 9 个暖夏	21 世纪与 1961—1990 年相比，有 98～99 个暖冬，并且有 100 个暖夏
降水变化	趋势：3%(99a)$^{-1}$ 2%(49a)$^{-1}$	(−14%～21%)(100a)$^{-1}$ (−6%～29%)(50a)$^{-1}$	(11%～17%)(100a)$^{-1}$
洪涝与干旱型	近 25 年长江流域频繁发生洪涝，华北持续干旱	1976—2000 年与 1961—1990 年相比，长江流域多水，华北干旱	西北偏湿 10%～20%，东北偏湿 15%～25%，华南多水 10%～15%，长江口偏干 0%～−2%，华北偏干
大雨和暴雨日数	长江流域和新疆增加，北方减少		长江流域和南方部分地区增加，西北和东北部分地区增加，辽宁西部部分地区减少
影响中国的年总台风与热带气旋数	减少，趋势： −3.9 个(50a)$^{-1}$ (1951—2000)	减少，−3.0 个(50a)$^{-1}$ (1951—2000)	全球模式结果：减少 −5.4 ～ −9.5 个(100a)$^{-1}$(2001—2100)；区域模式结果：增加诊断分析：强度无变化
东亚冬季风	略减弱：−0.02(111a)$^{-1}$ (指数，1890—2000)	减弱：−0.10(111a)$^{-1}$ (指数，1890—2000)	减弱：−0.05 ～ −0.23(100a)$^{-1}$ (指数，2001—2100)
东亚夏季风	减弱：−0.33(111a)$^{-1}$ (指数，1890—2000)	减弱：−0.08(111a)$^{-1}$ (指数，1890—2000)	加强：0.13 ～ 0.21(100a)$^{-1}$ (指数，2001—2100)

　　由表 9.21 可以看出：不论观测还是多个模式的模拟结果都表明，20 世纪东亚和中国地表气温和极端温度都变暖。多个模式和排放方案计算表明：21 世纪由于人类排放增加，东亚和中国将继续变暖，且变暖幅度(3～5 ℃(100a)$^{-1}$)较 20 世纪更明显，尤以北方和冬季明显。全国大范围可能变湿，尤以东北和西北明显，中国中部部分地区则可能变干。由于人类排放增加，东亚冬季风将可能继续减弱，夏季风将可能加强。

　　需要指出的是，在进行未来的气候变化预估中，全球环流模式是最为重要的，在某种程度上甚至可以说是唯一的工具。而区域气候模式和统计降尺度方法则在细化全球模式结果方面不可或缺。但由于科学发展的局限性和问题的复杂性，在使用气候模式进行未来气候变化预估中还存在着很大的不确定性，尤其是在对降水和极端气候事件等的预估方面，今后还需要大量的和长时期的研究试验才能得到更可靠的结果。

参 考 文 献

陈克明，张学洪，金向泽等. 1996. 一个海洋大气环流耦合模式及其控制试验和增强温室效应试验的初步分析. 见
　　85-913 项目 02 课题论文编委会编. 气候变化规律及其数值模拟研究论文(二). 北京：气象出版社. pp61-84.
陈明. 1997. 区域和全球模式的嵌套技术及其在区域气候和气候变化研究中的应用. 中国科学院大气物理研究所博
　　士后研究工作报告. 北京.
陈起英，俞永强，郭裕福. 1996. 二氧化碳加倍引起的中国的区域气候变化. 见 85-913 项目 02 课题论文编委会编.
　　气候变化规律及其数值模拟研究论文(二). 北京：气象出版社. pp156-170.

陈喜，陈永勤. 2001. 日雨量随机解集模型研究. 水利学报，4：47-52.

邓自旺，闵锦忠，张勇. 2001. 中国近 50 年气候变化复杂性分析. 南京气象学院学报，24(2)：186-193.

黄嘉佑. 1991. 我国夏季气温、降水场的时空特征分析. 大气科学，15(3)：24-132.

高学杰，李栋梁，赵宗慈等. 2003a. 温室效应对我国青藏高原及青藏铁路沿线气候影响的数值模拟. 高原气象，22(5)：458-463.

高学杰，林一骅，赵宗慈等. 2003b. CO₂ 增加引起的温室效应对我国沿海台风影响的数值模拟试验. 热带海洋学报，22(4)：77-83.

高学杰，游小宝，赵宗慈等. 2003c. 温室效应对我国黄河流域地区气候变化影响的数值模拟. 水科学进展，14(增刊)：21-25.

高学杰，赵宗慈，丁一汇等. 2003d. 温室效应引起的中国区域气候变化的数值模拟. 第一部分：模式对中国气候模拟能力的检验. 气象学报，61(1)：20-28.

高学杰，赵宗慈，丁一汇等. 2003e. 温室效应引起的中国区域气候变化的数值模拟. 第二部分：中国区域气候的可能变化. 气象学报，61(1)：29-38.

高学杰，赵宗慈，丁一汇. 2003f. 温室效应对我国西北地区气候影响的数值模拟. 冰川与冻土，25(2)：157-164.

高学杰，林一骅，赵宗慈等. 2004. 温室效应对我国长江中下游地区气候影响的数值模拟. 自然灾害学报，13(1)：38-43.

姜大膀. 2003. 末次盛冰期气候模拟与气候变化若干问题的研究. [博士学位论文]. 北京：中国科学院大气物理研究所.

江志红，丁裕国. 1994. 近 40 年我国降水量年际变化的区域性特征. 南京气象学院学报，17(1)：73-78.

李庆祥，屠其璞. 2002. 近百年北半球陆面及中国年降水的区域特征与相关分析. 南京气象学院学报，25(1)：92-99.

李维亮，龚威. 1996. 中国区域气候模式对中国地区的区域性气候变化情景的模拟. 见：85-913 项目 02 课题论文编委会编. 气候变化规律及其数值模拟研究论文(二). 北京：气象出版社. pp255-272.

廖要明，张强，陈德亮. 2004. 中国天气发生器的降水模拟. 地理学报，59(5)：689-698.

施雅风，沈永平，胡汝骥. 2002. 西北气候由暖干向暖湿转型的信号、影响和前景初步探讨. 冰川冻土，24(3)：220-226.

宋玉宽，陈隆勋. 1996. 二氧化碳稳态倍增情况下的气候变化数值模拟. 见：85-913 项目 02 课题论文编委会编. 气候变化规律及其数值模拟研究论文(二). 北京：气象出版社. pp228-240.

苏凤阁，郝振纯. 2001. 水文模型中雨量资料的解集分析及应用. 气候与环境研究，6(2)：261-266.

屠其璞，邓自旺，周晓兰. 2000. 中国气温异常的区域特征研究. 气象学报，58(3)：288-296.

王绍武，董光荣主编. 2002. 中国西部环境特征及其演变. 见：秦大河总主编. 中国西部环境演变评估(第一卷). 北京：科学出版社. pp 53-60.

王晓春，吴国雄. 1996. 利用空间均匀网格对中国夏季降水异常区域特性的初步分析. 气象学报，54(3)：324-332.

王小玲，屠其璞. 2002. 我国旬降水年变化特征的区域分布. 南京气象学院学报，25(4)：518-524.

王彰贵. 1996. 全球海-气耦合模式对大气 CO₂ 含量变化的响应. 见：85-913 项目 02 课题论文编委会编. 气候变化规律及其数值模拟研究论文(二). 北京：气象出版社. pp289-307.

魏凤英，张先恭，李晓东. 1995. 用 CEOF 分析近百年中国东部旱涝的分布及其年际变化特征. 应用气象学报，6(4)：454-460.

辛若桂，屠其璞. 1997. 中国气温长期变化的分区研究. 南京气象学院学报，21(1)：56-66.

许吟降，薛峰，林一骅. 2003. 不同温室气体排放情景下中国 21 世纪地面气温和降水变化的模拟分析. 气候与环境研究，8(2)：209-217

俞永强，陈克明，金向泽等. 1996. 温室效应引起的全球气候变化. 见：85-913 项目 02 课题论文编委会编. 气候变化规律及其数值模拟研究论文(二). 北京：气象出版社. pp156-170.

徐影. 2002a. 人类活动对气候变化影响的数值模拟研究. [博士学位论文]. 北京：中国气象科学研究院.

徐影，丁一汇，赵宗慈. 2002b. 近 30 年人类活动对东亚地区气候变化影响的检测与评估. 应用气象学报，13(5)：513-525.

徐影，丁一汇，李栋梁. 2003a. 青藏地区未来 100 年气候变化情景. 高原气象，22(5)：451-457.

徐影，丁一汇，赵宗慈. 2003b. 人类活动引起的我国西北地区 21 世纪温度和降水变化情景分析. 冰川冻土，25(3)：

327-330.

徐影，丁一汇，赵宗慈. 2003c. 人类活动影响下黄河流域温度和降水变化情景分析. 水科学进展，**14**(增刊)：33-40.

徐影，丁一汇，赵宗慈. 2004. 长江中下游地区21世纪气候变化情景预测. 自然灾害学报，**13**(1)：25-31.

赵宗慈，丁一汇，王晓东等. 1995. 海-气耦合模式在东亚地区的可靠性评估. 应用气象学报，**6**(1)：9-18.

赵宗慈，罗勇. 1998. 20世纪90年代区域气候模拟研究进展. 气象学报，**56**：225-246.

赵宗慈，Sumi A，Horada C 等. 2004. 20世纪东亚和中国洪涝干旱台风变化的检测和21世纪展望，气候变化与生态环境研讨会文集. 气象出版社. pp135 141.

朱乾根，陈晓光. 1992. 我国降水自然区域的客观划分. 南京气象学院学报，**15**(4)：467-475.

Bergström S，Carlsson B，Gardelin M，*et al*. 2001. Climate change impacts on runoff in widen-assessments by global climate models，dynamical downscaling and hydrological modelling. *Climate Research*，**16**：101-112.

Benestad R. 2001. Comparison between two empirical downscaling strategies. *International Journal of Climatology*，**21**(13)：1 645-1 668.

Boer G J，Flato G，Reader M C，*et al*. 2000a. A transient climate change simulation with greenhouse gas and aerosol forcing：Experimental design and comparison with the instrumental record for the 20th century. *Clim Dyn*，**16**：105-125.

Boer G J，Flato G，Reader M C，*et al*. 2000b. A transient climate change simulation with greenhouse gas and aerosol forcing：Projected climate for the 21st century. *Clim Dyn*，**16**：427-450.

Buishand T A，Brandsma T. 1997. Comparison of circulation classification schemes for predicting temperature and precipitation in the Netherlands. *International Journal of Climatology*，**17**(8)：875-889.

Busuioc A，Chen D，Hellström C. 2001. Performance of statistical downscaling models in GCM validation and regional climate change estimates：Application for Swedish precipitation. *International Journal of Climatology*，**21**(5)：557-578.

Chen D. 2000. A monthly circulation climatology for Sweden and its application to a winter temperature case study. *Int J Clim*，**20**：1 067-1 076.

Chen D，Chen Y. 2003. Association between winter temperature in China and upper air circulation over East Asia revealed by Canonical Correlation Analysis. *Global and Planetary Change*，**37**：315-325.

Cubasch U，von Storch H，Waszkewitz J，*et al*. 1996. Estimates of climate change in Southern Europe derived from dynamical climate model output. *Climate Research*，**7**：129-149.

Déqué M，Marquet P，Jones R G. 1998. Simulation of climate change over Europe using a global variable resolution general circulation model. *Climate Dynamics*，**14**：173-189.

Emori S，Nozawa T，Abe-Ouchi A，*et al*. 1999. Coupled ocean-atmosphere model experiments of future climate change with an explicit representation of surface aerosol scattering. *J Met Soc Jap*，**77**：1 299-1 307.

Fuentes U，Heimann D. 2000. An improved statistical-dynamical downscaling scheme and its application to the Alpine precipitation climatology. *Theor Appl Climatol*，**65**：119-135.

Gao X J，Zhao Z C，Ding Y H，*et al*. 2001. Climate change due to greenhouse effects in China as simulated by a regional climate model. *Adv Atmos Sci*，**18**(6)：1 224-1 230.

Gao X J，Zhao Z C，Filippo Giorgi. 2002. Changes of extreme events in regional climate simulations over East Asia. *Adv Atmos Sci*，**19**(5)：927-942.

Gates W L. 1985. The use of general circulation models in the analysis of the ecosystem impacts of climatic change. *Climatic Change*，**7**：267-284.

Gemmer M，Becker S，Jiang T. 2004. Observed monthly precipitation trends in China 1951—2002. *Theoretical and Applied Climatology*，**77**：39-45.

Giorgi F，Bates G T. 1989. The climatological skill of a regional model over complex terrain. *Mon Wea Rev*，**117**：2 325-2 347.

Giorgi F，Marinucci M R，Bates G T. 1993a. Development of a second-generation regional climate model (RegCM2). Part I：Boundary-layer and radiative transfer processes. *Mon Wea Rev*，**121**：2 794-2 813.

Giorgi F，Marinucci M R，Bates G T，*et al*. 1993b. Development of a second-generation regional climate model

(RegCM2). Part II: Convective processes and assimilation of lateral boundary conditions. *Mon Wea Rev*, **121**: 2 814-2 832.

Giorgi F, Mearns L O. 1991. Approaches to the simulation of regional climate change: A review. *Rev Geophys*, **29**: 191-216.

Gordon H B, Farrell P O. 1997. Transient climate change in the CSIRO coupled model with dynamic sea ice. *Mon Wea Rev*, **125**: 875-907.

Guust R F. 1996. Estimating spatial correlations from spatial temporal meteorological data. *J Climate*, **8**: 3154 3170.

Guo Y F, Yu Y Q, Liu X Y, *et al*. 2001. Simulation of climate change induced by CO_2 increasing for East Asia with IAP/LASG GOALS Model. *Adv Atmo Sci*, **18**(1): 53-66.

Haywood J M, Stouffer R J, Wetherald R T, *et al*. 1997. Transient response of a coupled model to estimated changes in greenhouse gas and sulfate concentrations. *Geophys Res Lett*, **24**: 1 335-1 338.

Hansen-Bauer I and Førland E J. 1998. Monthly precipitation and temperature at Svalbard modelled by mean sea level pressure. DNMI-Report 9/98 Klima.

Hellström C, Chen D. 2003. Statistical downscaling based on dynamically downscaled predictors: Application to monthly precipitation in Sweden. *Advances in Atmospheric Sciences*, **20**: 951-958.

Hellström C, Chen D, Ch Achberger. 2001. A comparison of climate change scenarios for Sweden based on statistical and dynamical downscaling of monthly precipitation. *Climate Research*, **19**: 45-55.

Huth R. 2002. Statistical downscaling of daily temperature in Central Europe. *Journal of Climate*, **15**(13): 1 731-1 742.

IPCC. 1990. Climate Change, The IPCC Scientific Assessment. eds. by Houghton J T, *et al*. Cambridge University Press, Cambridge, UK. 365.

IPCC. 1992. The Supplementary Report. eds. by Houghton J T, *et al*. Cambridge University Press, Cambridge, UK. 198.

IPCC. 1996. Climate Change 1995, The Science of Climate Change. eds. by Houghton J T, *et al*. Cambridge University Press, Cambridge, UK. 572.

IPCC. 2000. Special Report on Emissions Scenarios (SRES). eds. by Houghton J T, *et al*. Cambridge University Press, Cambridge, UK. 120.

IPCC. 2001. Climate Change 2000, The Scientific Basis. eds. by Houghton J T, *et al*. Cambridge University Press, Cambridge, UK. 881.

Kistler R, Kalnay E, Collins W, *et al*. 2001. The NCEP-NCAR 50-year reanalysis: Monthly means CD-ROM and documentation. *Bulletin of the American Meteorological Society*, **82**(2): 247-268.

Linderson M L, Achberger C, Chen D. 2004. Statistical downscaling and scenario construction of precipitation in Scania, Southern Sweden. *Nordic Hydrology*, **35**:261-278.

Li Q Q, Scott Power B. 2000. Response of a global CGCM to CO_2 increase. *Acta Meteor Sinica*, **14**(1): 46-60.

Mitchell J F B, Johns T J, Gregory J M, *et al*. 1995. Climate response to increasing level of greenhouse gases and sulphate aerosols. *Nature*, **376**: 501-504.

Meehl G A, Washington W M, Arblaster J M, *et al*. 2000. Anthropogenic forcing and climate system response in simulations of 20th and 21st century climate. *J Climate*, **13**: 3 728-3 744.

Murphy J. 2000. Predictions of climate change over Europe using statistical and dynamical downscaling techniques. *International Journal of Climatology*, **20**(5): 489-501.

Oberhuber J M. 1993. Simulation of the Atlantic circulation with a coupled sea ice-mixed layer-isopycnal general circulation model. Part I: Model description. *J Phys Oceanogr*, **22**: 808-829.

Osborn T J, Conway D, Hulme M, *et al*. 1999. Airflow influences on local climate: Observed and simulated mean relationships for the United Kingdom. *Climate Research*, **13**(3): 173-191.

Qian W H, Chen D, Zhu Y, *et al*. 2003. Temporal and spatial variability of dryness/wetness in China during the last 530 Years. *Theoretical and Applied Climatology*, **76**: 13-29.

Richardson C W. 1981. Stochastic simulation of daily precipitation, temperature, and solar radiation. *Water Resources*

Research, **17**(1):182-190.

Roeckner E, Ropelewski C, Santer B, *et al*. 1999. Detection and attribution of recent climate change. *Bull Am Met Soc*, **80**: 2 631-2 659.

Sumi A, *et al*. 2003. Model Development for the Global Warming Prediction by Using the Earth Simulator. International Symposium on Climate Change, Beijing China, 31 March-3 April.

Schoof J T, Pryor S C. 2001. Local estimates of temperature and precipitation: A comparison of two circulation based downscaling methods. *International Journal of Climatology*, **21**: 773-790.

Schnur R, Lettenmaier D P. 1998. A case study of statistical downscaling in Australia using weather classification by recursive partitioning. *Journal of Hydrology*, 212-213, 362-379.

Uvo C B, Olsson J, Morita O, *et al*. 2001. Statistical atmospheric downscaling for rainfall estimation in Kyushu Island, Japan. *Hydrology and Earth System Sciences*, **5** (2): 259-271.

von Storch H. 1993. Inconsistencies at the interface of climate impact studies and global climate research. In: Biometeorology. eds. by Maarouf A R, Barthakur N N, Haufe W O. Proceedings of the 13th International Congress of Biometeorology. Calgary, Canada, September 12-18, 1993: Part2, Volume **1**: 54-87.

Wang H J, Zeng Q C, Zhang X H. 1993. The numerical simulation of the climatic change caused by CO_2 doubling. *Science in China* (*Series B*), **36** (4): 451-462.

Weichert A, Bürger G. 1998. Linear versus nonlinear techniques in downscaling. *Climate Research*, **10**: 83-93.

Wilks D S. 1992. Adapting stochastic weather generation algorithms for climate change studies. *Climatic Change*, **22**: 67-84.

Wilks D S, Wilby R L. 1999. The weather generation game: A review of stochastic weather models. *Progress in Physical Geography*, **23**: 329-357.

Wilby R L, Wigley T M L. 1997. Downscaling general circulation model output: A review of methods and limitations. *Progress in Physical Geography*, **21** (4): 530-548.

Wilby R L, Wigley T M L, Conway D, *et al*. 1998. Statistical downscaling of general circulation model output: A comparison of methods. *Water Resources Research*, **34** (11): 2 995-3 008.

Xu C Y. 1999. From GCMs to river flow: A review of downscaling methods and hydrologic modelling approaches. *Progress in Physical Geography*, **23** (2): 229-249.

Xu Y L, Richard Jones. 2003. Setting up PRECIS over China via validation and analyses on climate change responses of Hadley Centre GCMs as well as ERA experiment. 2003. International Symposium on Climate Change (ISCC), 259-260, 31 March-3 April, 2003. Beijing China.

Zhao Z C, Luo Y, Gao X J. 2000. GCM Studies on anthropogenic climate change in China. *Acta Meteorologica Sinica*, **14**(2): 240-255.

Zorita E, von Storch H. 1997. A survey of statistical downscaling techniques. GKSS 97/E/20, Forschungszentrum Geesthacht GmbH, Geesthacht.

第 10 章　气候变化检测与预估的不确定性

主　　笔:罗　勇　孙　颖

主要作者:任国玉　翟盘茂　赵宗慈
　　　　　许　黎　姜大膀　周文艳

10.1　不确定性的基本概念及其分类

10.1.1　不确定性的主要含义

一般来说,不确定性可归纳为以下几种基本含义:

(1)由于研究系统中信息缺乏或无法获得信息而造成的不确定性,称为不确定性(uncertainty)。

(2)由于研究系统中存在歧义信息而造成的不确定性,称为歧义性(ambiguity)。

(3)由于多余信息的存在而造成系统难以识别从而产生的不确定性,称为缺乏可识别性(lack of identifiability)。

(4)由于非对称信息的存在而造成的不确定性,称为非对称性(asymmetry)。

在联合国政府间气候变化专门委员会(IPCC)的评估报告中,不确定性是对某一变量(如气候系统的未来状态)的未知程度的表示。不确定性可以作定量的表示(如不同模式计算所得到的一个变化范围),也可以作定性的描述(如对专家小组判断的反映)(Moss *et al*. 2000a)。

10.1.2　不确定性的分类

从总体上说,不确定性可分为时间上的不确定性(未来状态的不确定性和过去状态的不确定性)、测量上的不确定性及结构上的不确定性及交流上(认识上)的不确定性。这四类不确定性可能在任何情形下发生。表 10.1 列出了这四类不确定性的一些特征

表 10.1　各类不确定性的特征

不确定性类型	不知道的信息	判别依据	评价依据	解决方法
时间上的	未来的	概率	侥幸性	预测
时间上的	过去的	历史数据	正确性	倒推
结构上的	复杂性	有效性	置信度	模型
测量上的	测量上	准确性	精确性	统计
交流上(认识上)的	正确观察事物相互关系的能力	目标/价值	理解力	交流协商

10.1.2.1　时间上的不确定性

从时间上考虑,不确定性可以分为未来状态的不确定性和过去状态的不确定性。

(1)未来状态的不确定性

不确定条件下的决策要考虑未来可供选择的状态发生的可能性并表示其期望效用值们集聚。概率是表示未来结局的可能性模型。正确表示一个系统的特征值的可能性概率模型的置信至少可以被理解为三种不同极限范围:①先验概率,即由已往已知数据估计得到的概率;②后验概率,即由已往已

知数据估计得到先验概率之后,通过新的样本(或数据)得到加以修正(或测试)后的概率;③主观概率,即由估计者主观判断得到的概率。

未来时间上的不确定性"源"可以归纳为:在预测上有自然固有的随机性(随机变化)、结果(或结局)的异常联系、不一致的人的行为、对初始条件极为敏感的非线性动态系统的行为特征、个人的期望值差异;在计量上有稀少事件(低概率但影响大的事件)的发生及扰动、所观察到的数值既无长期变化趋势又无短期特征、变化着的内部系统特征值。

(2)过去状态的不确定性

对以间接的或其他来源得到的不完全的(或片面的)或没有记录的历史的重构就造成了估测的不确定性。正确的历史数据是判别的依据,缺乏正确的历史数据就意味着造成对过去估测的不确定性。

过去时间上的不确定性"源"可以归纳为:在对历史的追溯上有不完全的历史数据(估测错误)、有偏见的历史(倾向性错误)、系统特征的变化导致对系统历史修正的障碍(系统的错误);在对数据的判断和解释上有事后的认识与先前的预料之间的矛盾、外部性参考数据缺乏、强加的政治偏见(系统偏见)、冲突的报导;在估测上有:估测的特征值不适合于对系统进行准确反映(缺乏准确性)。

10.1.2.2　测量上的不确定性

测量是获得信息的重要方法。测量往往可以得到许多观测值,结果可以用统计模型表述。而在每一次测量中都存在不确定性。

不确定性"源"可以归纳为:在实验观察上有自然的随机性、测量的精确性(仪器的分辨能力)、测量的准确性(测量质量)、测量上的相互影响、测量误差(测量偏差);在观察值的解释上有数据与判断结果矛盾、样本大小、样本获得的主客观方法、统计分析的主客观方法;在对测量结果的解释上有专家判断和解释的差异,专家的偏好、信仰、宗教等。

10.1.2.3　结构上的不确定性

结构上的不确定性是由于系统的复杂性引起的。系统的复杂性一方面指系统组成的多维性特性;另一方面指表示各维特征参数的相互关系的复杂性。

结构上的不确定性"源"可以归纳为:在系统不稳定上有固有的随机过程、人的行为的非一致性;在特征参数影响上有系统"维"的数量、参数识别的完整性、参数的独立性、初始条件的混沌特征;在模型的解释上有专家判断和解释的差异,专家和建议者的偏好、信仰和宗教等;在模型选择上有选择过于简单的模型、不能证明所选模型的正确性(有效性)、选择那些预先假设支持下的模型、不恰当的模拟与类推。

10.1.2.4　交流上(认识上)的不确定性

不同领域在处理不确定性问题上有不同的方法和目的,人们相互交流是极为重要的。科学家在处理不确定性时是通过获得更多和更好的估测结果,并应用这些估测结果得到更准确的模型以便预测或追溯历史;管理者在处理不确定性时依据有非常高的安全边界的置信度,保证风险水平低于估计值;设计工程师在处理结构设计复杂性时,试图通过完成各子系统来完成整个系统设计需求。另外,在处理地方、国家及国际组织之间的相互关系时常面临着交流上的不确定性,这类不确定性属于社会行为方面的。

10.2　代用气候资料分析及其问题

10.2.1　长温度序列

目前人们关心的主要问题之一是,过去100年的全球增暖是否已经超过了气候系统自然变化的范围? 回答这个问题涉及全球气候变化信号的检测研究。

由于气象仪器记录资料比较短,目前最长的全球平均温度序列也只有150年左右,而气候的自然变化发生在所有尺度上,包括发生在世纪尺度上。因此,仅根据仪器记录资料,难以了解最近 100 多年的变化是不是长期自然气候变化的一部分,也就难以判断它是不是由人类活动影响引起的。只有利用至少 1 000 年左右的古气候资料,才能认识工业革命后的全球温度增加是否已达到或超过自然气候变化的幅度,对气候变化信号的检测和原因判别研究作出贡献。

由于气候变化的区域性或不均质性,利用局部地区的代用资料进行气候变化检测研究,总有一些地区温度的变化与全球或半球平均状况不一致。因此,某些单个地点的序列无法代表全球或半球平均温度变化。更具有说服力的气候变化检测研究需要使用全球或半球平均古温度序列。许多学者利用代用资料(以年轮资料为主或利用年轮、冰芯、珊瑚等代用古气候记录得到全球或半球平均温度序列(IPCC 1996,Bradley *et al.* 1993,Overpeck *et al.* 1997,Pollack *et al.* 1998,王绍武等 1995))不考虑资料的可靠性和代表性问题,这些研究的一个共同弱点是序列长度只有 400～500 年。古气候学领域一个悬而未决的问题是,在近 1 000 年内,是否出现过全球或半球性的"小冰期"和"中世纪温暖期"。如果出现过,则 15 世纪恰好介于建议的"小冰期"和"中世纪温暖期"之间。因此,用近 400～500 年的温度序列去判断近 100 年的增暖是否异常,仍不能看做是充分的。气候变化信号的检测需要至少最近 1 000 年的全球或半球平均温度变化资料。王绍武等(1995)利用 10 个地点的古气候代用资料,得到近 1 000 年全球平均温度序列,表明:10—13 世纪中世纪温暖期的温度与 20 世纪不相上下。Jones 等(1998)根据 17 个地点具有年分辨率的年轮、冰芯、珊瑚和历史记录等资料,分别重建了南、北半球及全球公元 1 000 年以来的平均温度序列。从这条序列看,两个半球 20 世纪的平均温度均高于以前任何时期;北半球"小冰期"的降温比较明显,但"中世纪温暖期"表现不显著;11 世纪的平均温度略低于 20 世纪,为近 1 000 年内第二个最暖的时期,而 12—13 世纪则显著冷于 20 世纪。

最近,Mann 等(1999)也给出了近 1 000 年的北半球平均温度序列。在 15 世纪以前,他们使用了总共 12 个代用资料序列,其中 9 个为年轮宽度或密度,3 个为冰芯同位素或累积率。结果指出:尽管中世纪温度也较暖,但 20 世纪后期的增温是异常的,其中 20 世纪 90 年代是过去 1 000 年中最暖的 10 年,1998 年也是近 1 000 中最暖的年份。Overpack 等最近获得了近 1 200 年的北半球平均温度序列,认为不存在一个全球或半球性的中世纪温暖期,20 世纪的北半球平均温度比过去 1 200 年内任何一个世纪都暖。在这两份工作中,年轮资料在近 1 000 年来长期温度趋势重建中的可靠性是有疑问的。此外,冰芯氧同位素记录对中低纬度和全新世年代到世纪尺度温度变化的指示意义还需要检验和证实。因此,根据这几条温度序列,认为 20 世纪或 20 世纪 90 年代是近 1 000 年中最暖的,还不能看做是最后的结论。显然,还需要作进一步的研究。

10.2.2 末次冰期的热带温度

末次冰期盛期(LGM)是指距今 21 000 年前(¹⁴C 年代 18 000 年前)的冰期最冷时期。CLIMAP (Climate/Long-Range Investigation, Mapping, and Prediction)成员的最大贡献就是绘制了 LGM 海洋表面温度及其距平分布图(CLIMAP Members (1981))。COHMAP Members (1988)根据这份 SST 资料和其他 LGM 边界条件及辐射强迫资料,进行了大量气候模拟试验。CLIMAP 的 LGM SST 重建主要是根据海洋浮游有孔虫组合和壳体氧同位素比值。这项重建的一个重要特征是,LGM 阶段热带海洋表层的降温幅度不大,北太平洋热带大片海域甚至出现增温。然而,近年来 Guilderson 等(1994)根据巴巴多斯珊瑚 Sr/Ca 分析当地海面水温,Stute 等(1995)采用地下水中惰性气体分析巴西热带地区 LGM 阶段降温幅度,Thompson 等(1995)利用秘鲁安第斯山脉的冰芯氧同位素资料分析 LGM 时期降温幅度,还有 Miller 等(1997)研究发现 LGM 阶段热带海域的温度可能比 CLIMAP 成员的估计要大,热带陆地上的降温幅度可能也更大。另一方面,古海洋学者和许多古气候学者相信 CLIMAP 的重建是正确的,并不断有新证据支持这一经典研究。Rostek 等(1993)和 Bard 等(1997)利用海洋沉积物中的烯烃(Alkenone)分析方法,得到热带印度洋 LGM 时期的 SST 只有轻微降低,19 个地点平均仅为 1.7 ℃。Wolff 等(1998)采用浮游有孔虫壳氧同位素分析,确认热带大西洋

LGM 时期海温降低幅度约为 2 ~ 3 ℃,显著小于根据珊瑚 Sr/ Ca 分析得到的降温值,但比 CLIMAP 的重建值略大。

热带 LGM 阶段温度变化问题的争论仍将继续下去。争论的根源在于重建古温度所使用的方法。根据海洋浮游有孔虫组合、有孔虫壳体同位素比值和海洋沉积物烯烃分析等方法,得到了较小的降温值,而根据珊瑚 Sr/Ca 分析得到的降温值较大。在陆地上,利用植物花粉、地下水惰性气体、冰川地貌和鸵鸟蛋壳的氨基酸外消旋等分析方法获得的降温幅度也较大。究竟哪些方法和结果可靠,尚须假以时日。有可能,热带海洋和陆地的降温不能一概而论,陆表温度下降幅度可能比海面水温明显,但仍没有从上述代用资料重建的那样大。

10.2.3　过去气候突变研究

20 世纪 90 年代年代初,格陵兰两个冰芯(GISP2 和 GRIP)记录清晰地揭示了末次冰期(12 万 ~2 万年前)和冰消期(2 万~1 万年前)的快速气候变化现象(Alley 1996)。在冰期里,这些快速变化表现为一系列温暖事件。每一次暖事件约持续几百年到数千年(Dansgaard-Oeschger 事件),其开始都来得很突然,在几年到几十年内温度可以上升 6~8 ℃,但返回到寒冷状态则相对较缓慢。另外,GRIP 冰芯还记录了上次间冰期(13 万~12 万年前)的氧同位素快速变化。后来研究证实,这些波动可能是由于接近基岩的冰层扰动引起的,并不指示气候变化,但也不排除存在这种变化的可能性。

近几年来,有关过去气候突然变化特征的研究主要集中在:① 末次冰期快速气候变化的区域对比;②末次冰期以前快速变化的证据;③新仙女木事件的空间特点;④全新世的快速气候变化。

Grimm 等(1993)分析佛罗里达一个花粉剖面,发现末次冰期千年尺度的气候变化与北大西洋海底沉积物揭示的 Heinrich 事件非常相似。Thunell 等研究海底沉积物浮游有孔虫指出,太平洋东北部冰期海温也有突变变化(Thunell et al. 1995)。通过分析洛川剖面的黄土粒度变化,Porter 和 An 发现,中国黄土高原冰期内的季风强度存在低于轨道参数频率的变化,建议它们可能和格陵兰及北大西洋的快速变化相对应(Porter et al. 1995)。Thompson 等(1997)认为,秘鲁和中国青藏高原冰芯氧同位素记录指示了冰期快速气候变化。

上次间冰期及更早的气候快速变化同样受到关注。根据德国中部一份长序列花粉资料,Litt 等(1996)得出结论,上次间冰期当地气候不存在快速波动,并指出中欧北部可能都是稳定的。Oppo 等(1998)提出了北大西洋海底沉积物证据,表明 50 万~34 万年前发生过水温的快速变化。

新仙女木事件是指发生于北大西洋及其周边地区 1.29 万~1.16 万年前的一次寒冷阶段。一些研究指出,它可能也出现在北美西部、南美洲、地中海东部、新西兰、中国北方、赤道西太平洋和南极大陆。然而,也有一些研究指出,北大西洋及其周边地区以外不存在新仙女木突变事件。Singer 等(1998)分析晚冰期花粉序列后指出,新西兰南岛在新仙女木阶段没有显著温度下降,当时冰川前进可能是由降水增加引起的。Thunell 等(1996)根据中国南海浮游有孔虫组合对海温进行重建,发现尽管冰期-间冰期冬季温度变幅达 7 ℃,新仙女木阶段却没有降温信号,他们认为,当时该区域氧同位素变化不指示气候,而是海水同位素组成变化的结果。Blunier 等(1997)用 CH_4 变化来标定格陵兰和南极冰芯氧同位素序列,指出原来辨认出的南极冷事件,并不和北大西洋地区的新仙女木阶段对应,它早于后者至少 1 800 年。和末次冰期及其以前比较,格陵兰近 1 万年的气候异乎寻常地稳定。但在 8 200 年前,GRIP 和 GISP2 冰芯氧同位素资料记录到一次明显的降温事件(Alley 1996,Klitgaard-Kristensen 1998)。这次降温事件持续不过 300 年,最大降温幅度约 3 ℃。Grafenstein 等(1998)从德国南部 Ammersee 湖牡蛎壳氧同位素记录中,发现在 8 200 年前存在一个持续 200 年的低值段,他们估计当时年平均温度下降 1.7 ℃,在北海的北部,8 200 年前海洋沉积物中极地型浮游有孔虫比例出现短暂上升。而在德国的 Bamberg,栎树年轮宽度在 8 200~8 000 年前变窄,估计这两地降温幅度至少有 2 ℃(Klitgaard-Kristensen 1998)。在北大西洋地区以外,目前还没有发现这次气候快速变化的证据。

　　从现有的古气候记录看,地球气候系统似乎至少存在两种基本模态,即急速振荡模态和稳定少动模态。前者似乎和冰期阶段相联系,而后者似乎对应于间冰期。急速变化太突然,主要是世纪到千年尺度上的现象,用轨道参数变化理论无法解释。但是,冰期里冰盖主要分布在北大西洋两侧陆地,北大西洋温盐环流对大气和淡水扰动的高度敏感性,以及格陵兰冰芯和北大西洋海洋沉积物记录的相互对应关系,促使人们认识到,这些快速变化事件可能与大陆冰盖和温盐环流有联系。目前一般认为是北大西洋温盐环流的突然改变引起了这些快速变化。温盐环流的减弱或消失导致北大西洋地区降温,而它的建立或恢复则引起增暖。由于发现了全新世前年尺度的变化,同时有零星证据表明,冰期的快速变化可能具有全球性,近来,也有人提出,古气候记录中的快速气候变化记录可能不受北大西洋温盐环流控制,而是和热带太平洋的变化有关。但是这种设想还不成熟。

10.2.4　代用资料制图与古气候模拟

　　古气候模拟是研究气候系统变化动力机制和检验气候模式效果的重要手段。古气候模拟的需要促进了对代用资料的制图与综合研究。由于制图和空间综合研究要求充分而且分布均匀的资料点,不是所有种类的代用资料都可以用来从事这类研究。海洋浮游有孔虫组合和氧同位素比值、陆地湖水位状态、陆生植物花粉组合,是从事制图和综合研究最理想的代用气候资料,受到古气候学者的青睐。

　　CLIMAP Members(1981)首先提供了根据海洋浮游有孔虫重建的海表温度,并应用这套资料对冰期气候做了模拟 ;COHMAP Members(1988)采用同样的海温资料对 LGM 和全新世古气候进行模拟,并首次应用陆地湖泊水位和花粉资料对模式输出结果进行检验。在 20 世纪 80 年代末,陆地古气候代用资料主要集中于欧洲、北美和北非,包括东亚在内的许多地区缺乏花粉或湖水位资料,因此 COHMAP 的模式与资料比较还不完全。进入 20 世纪 90 年代后,这种状况得到改善。安芷生等(1990)根据黄土、古土壤、花粉、湖水位、冰川等资料,编制了中国 LGM 和全新世早期的古植被图,证实全新世早期中国北方特别是华北地区夏季暖湿的气候特征与 COHMAP 成员的模拟结果一致。欧亚大陆湖水位资料也表明,包括东亚在内的季风区 6 000 年前比现在要湿润。任国玉(1994)和 Ren Ren 等(1998)编制了中国东北地区全新世花粉图,表明早、中全新世夏季更暖是和 COHMAP 成员的模拟结果一致的,但当时的东北比现代干燥则与模式气候矛盾。此外,北美阿拉斯加和俄罗斯北极地带的花粉制图(Anderson et al. 1994,Texier 1997)研究也填补了区域资料空白 。显然,过去的陆地代用资料制图和综合都是地区性的,不是全球的,所使用的方法也各种各样。为了得到统一的、全球的古植被图,1994 年 Prentice 和 Webb 教授牵头发起了 BIOME 6000 国际合作研究项目。这项研究活动吸引了世界120 多位古生态和古气候学者,目的是产生 6 000 和 18 000 年前(^{14}C 年龄)的全球古植被图,为检验气候模式和植被-气候反馈假说提供基础资料。和花粉图不同,BIOME 6000 给出的是综合的植被带图(Prentice et al. 1996)。这种方法不寻求重建气候,重建的古植被带图可以用作边界条件,通过古气候模拟来研究植被或地表覆盖对气候的生物地球物理反馈作用。如果要用来检验古气候模拟结果的有效性,需要把气候模式输出作为 BIOME 模式的输入,得到植被带分布,再和重建的结果进行比较(Texier et al.1997,Hoelzmann et al.1998,Foley et al.1994)。

　　气候变化对陆地植被演化具有重要影响,而植被演化又反过来对气候变化产生反馈作用。但是,陆地植被的反馈作用究竟有多大,现在的研究分歧比较大。古气候模拟也给出了差别较大的结果。例如,考虑到植被的反馈作用,对于北非地区 6 000 年前的模拟,就有撒哈拉沙漠完全消失和季风略有增强之别。但是,多数模拟研究结果似乎都没有古资料所指示的变化那样大。根据 BIOME 6000 方法,北非地区 6 000 年前的植被的确同今天有巨大差别,在 30°N 以南不存在沙漠,现在为沙漠的地区当时大部分都是草原和稀树草原(Hoelzmann et al.1998)。其他的植被重建资料表明,6 000 年前草原北界至少达到 23°~26°N (Jolly et al.1998,Brostroem et al.1998)。出现这种情形,原因不外乎模式模拟不正确,或者古植被重建不可靠,或者二者均有问题。气候模式或气候系统模式显然还不完善,目前仍处于发展中;但从古植被重建的角度看,它存在的缺陷也是不容忽视的。古植被重建中一个突出问题是,我们需要知道现代的植物功能类型(PFT)和现代的自然植被带是什么样子,以便去校准古植被带重建方法,然而对于世界的许多地区来说,实际上我们并不清楚这一点。由于长期人类活动的干扰,北半球陆地大部分地区的植被已经不属于自然状态了。

在旧大陆的大部分副热带和温带地区,近 5 000～2 000 年以来,人类活动影响可能一直是植被演化的主要因子,气候变化对植被的影响可能已经大大地被掩盖了。人类影响的结果是,现代植被和现代气候不再处于平衡状态。现代植被至少不完全是目前气候条件下的产物。但是,气候模拟界得到的信息却是,从 6 000 年前到今天,植被的演化都是由气候变化驱动的,目前它们之间仍处于平衡状态。

用气候模式做敏感性试验,或用气候-植被耦合模式进行模拟,都需要把 6 000 年前与现代的植被影响作比较,以分析植被的反馈作用。这种比较实际上是假设 6 000 年前植被相对于今天的变化是气候变化的结果。尽管方法上还存在一些不足,但 BIOME 6000 重建的结果基本上是靠得住的。出现问题的环节在重建以后,即怎样看待重建植被同今天有巨大差别的原因。

10.3 器测时期观测资料及其问题

观测研究是气候变化研究的重要方法和手段,它对于认识气候变化规律和过程,对于气候模式的建立与气候变化模拟结果的检验等具有十分重要的意义。比较完整的气象仪器的观测记录已有 100 多年的历史,资料记录的方式、准确程度、内容等与人类认识自然的能力和科学技术的发展等紧密相关。全面认识气候变化规律需要气候系统各个分量完整的准确的观测结果,但从目前对气候变化的认识来看,最主要的还在于地球表面温度、降水等方面。

10.3.1 陆面气温

10.3.1.1 全球陆面气温

陆面气温是气候变化研究中最重要的监测分量。最有代表性的近 100 年全球温度变化曲线分别由 Jones 等(1996)和 Hansen 等(1999)给出。经过多年的努力,全球陆面温度观测资料在原来较少的地区进一步增加,目前建立了全球有约 1 000 个测站的准实时的监测系统,并在进一步通过国际社会的努力建立全球气候观测系统(GCOS)使之得到保证,人类已经可以比较可靠地把握全球尺度的气候变化规律了。在全球地面气温变化序列的所有测站的记录都经过了当地其他测站资料的对比(Jones *et al*.1996),在比较过程中,由于其非气候性的变化趋势异常或突变,许多资料经过了订正或舍去处理。

10.3.1.2 中国气温

利用 1880 年以来的观测资料,中国科学家也建立了近 100 年中国地面气温变化曲线。这些研究揭示出 20 世纪 40 年代气候最暖的变化特点,在 80 年代气温虽有回升,但仍然只达到了近 100 年平均水平。但是,应该指出的是,1950 年以前的气候变化观测研究,应该进一步引起重视。中国序列较长的一些测站资料,大部分集中在东部地区,而且由于受到各国的外来影响,各地区观测方法和仪器上也有很大差异,这部分资料所反映出来的气候变化趋势的不确定性程度有待进一步提高。其主要原因是:

(1)中国气温变化观测研究所使用的测站数目在 20 世纪 50 年代以前随时间变化十分明显。林学椿等(1995)的研究反映出在 1841—1950 年期间测站随时间变化而增加,在 1905 年以前全国测站在 5 个以下,直到 1915 年以后才具有约 40 个测站的观测资料。地面气温资料的空间采样的不足,可能无法反映整个中国的气候变化实况,使得对早期中国的气温变化的规律的确定性受到怀疑。到底至少需要多少测站、怎样的空间分布才能反映中国全国的变化规律需要进行认真的研究。最近,唐国利和任国玉(2005)利用最高和最低温度计算了日平均值,重新计算了中国近百年的温度变化,得到了一些新的结果。

(2)建国以前观测资料质量没有得到确认。事实上,中国每一个地面测站都经历过台站迁移和观测仪器或方法的变化,在建国以前,不同地区的气象观测受不同帝国主义控制,观测规范和方法比较混乱。

(3)没有考虑城市热岛效应等影响。从目前中国观测的气候变化规律来看,新中国成立以来的气温变化研究结果采用了比较固定的测站资料,分布密度比较合理,观测方法比较一致,气候变化规律的确定性程度更高,一些研究也考虑排除了对变化规律可能产生的不确定性影响因素。但对近100年的气温变化规律研究认识仍然存在较大的不确定性。

10.3.2 海面温度

反映海表热状况变化的最重要的变量是海表温度(SST)。通常通过船舶、平台和浮标等直接观测取得,最近20多年也开始利用卫星观测取得。20世纪全球地表温度变化曲线中使用的SST资料绝大部分来源于商船的活动的观测,在主要航线上观测较密集,早期和两次世界大战期间较少,后期较多。同时,由于不同时期,船舶观测人员采水测量SST使用的方式不同,资料中也存在较大的系统偏差。SST观测资料的数量和质量会给海面温度的气候变化规律的揭示带来严重的不确定性问题。全球综合海洋大气资料集(COADS)的建立,提供了全球最为全面的SST观测资料,也为地球表面温度变化研究奠定了基础。

10.3.3 全球温度

综合1860年以来全球大量的地面气温和海表温度观测资料,经过许多认真的资料分析和不同科学家的反复认证,得出了比较公认的全球温度变化曲线。Parker等(1994)研究指出全球平均温度曲线中因为采样的不均匀而引起的不确定性不足0.05 ℃,但Karl等(1994)指出在一些地区没有观测资料,其趋势的不确定性为0.1 ℃(100a)$^{-1}$。Parker等(1994)还指出,在陆地上由于仪器的变化影响产生的不确定性为0.1 ℃,对SST也是0.1 ℃,但大陆和海洋综合曲线中的不确定性也是0.15 ℃。以0.45 ℃加上和减去0.15 ℃后就变成了0.3~0.6 ℃的趋势,这就是为什么这几次IPCC报告把气候变化趋势定为0.3~0.6 ℃的根本原因。

10.3.4 降水量

10.3.4.1 全球降水量

常规降水观测用雨量筒测量。与温度相比,降水量的空间变率很大,需要相当密集的站网才能获得区域的代表性。许多学者曾经试图建立全球长期的观测降水序列。从全球平均来看,降水略有增加。从不同纬度带陆地的降水量变化的不同研究结果来看,北半球副热带地区在最近几十年降水明显下降,但在中高纬度地区降水增加,在热带和南半球降水量变化趋势不明显。但是应该注意到,由于在一些研究结果中对北美的降水没有订正,其变化趋势可能被夸张了。另一方面,由于海洋上严重缺乏长期的降水观测,对近100年全球降水变化趋势的规律的认识主要限于陆面降水,并且只能是确定其变化趋势是略为增加的,对真正的全球降水变化的认识存在着十分明显的不确定性。

10.3.4.2 中国降水量

中国降水量及其变化的区域性很大,并且其年际变化特点很明显。比较可靠的近100年的降水变化资料可能只限于中国东部一些地区,如长江流域梅雨。整个中国1950年以来降水没有出现明显的增加和减少趋势,但在中国西北和长江流域出现了降水增长的趋势,在华北出现了减少的趋势。

一些研究表明:年降水序列中只发现了少数明显的不均一性,而且西北干旱区的不均一性研究中还存在许多不确定的因素,但事实上中国对于降水资料中非气候因素的影响的研究仍然非常粗浅,因此,对于近 100 年的降水量变化的认识存在不确定性。

10.3.5　高空温度和湿度

10.3.5.1　全球高空温度和湿度

常规探空观测始于 20 世纪 40 年代,卫星观测则普遍始于 70 年代。Angell(1988)最早对全球的高空温度的气候变化研究,发现在 1958 年以来对流层大气(850～300 hPa)温度呈升高趋势,但在平流层大气(300～100 hPa)却呈下降趋势。Gaffen(1994)等研究指出,由于观测仪器、规范、时间和订正方法的变化,在过去几十年中全球历史探空资料集中包含有十分明显的偏差。Gaffen(1994)在检查了 Angell 使用的 63 个测站的温度资料后把测站分成 5 级。其中已经确认不均一问题的测站(1级)占 11 站;没有得到确认的测站(2 级)占 16 站;可能存在不确定性的测站(3 级)16 个,主要位于中高纬度地区;认为均一的测站(4 级)17 个;还有 3 个无法分类的测站(5 级)。至少 43% 的测站存在系统偏差引起的不均一性,这会给揭示的观测研究系列带来趋于变冷的倾向。这种不均一性对平流层影响更大,尤其是在热带和南半球地区。Zhai 等(1996)进一步的研究揭示出美国等国家的温度实际上也存在明显的不均一性。由此看来目前探空观测的全球变化趋势仍然存在较大不确定性。

利用高空资料进一步分析的资料如再分析资料使得许多资料缺乏的地区得到插补,但在美国 NCEP 资料中没有对资料序列中的不均一性问题进行订正,此外,在卫星资料使用前后再分析资料存在明显的系统差异,因此目前 NCEP 再分析资料对气候变化研究同样存在问题。

10.3.5.2　中国高空温度和湿度

中国探空资料也存在明显的问题。在中国目前使用的探空资料中,受到仪器的影响,温度和湿度的观测不够准确,造成与邻近国家和地区的偏差。同时,在新中国成立以来的几十年过程中,也经历了明显的仪器变化、观测规范的变化和辐射订正方法的变化等,在温度、湿度等要素的时间序列中存在相当突出的不均一性(翟盘茂,1997)。因此,在新中国成立以来中国高空温度和湿度的气候变化观测研究中存在相当明显的不确定性,目前利用中国探空资料开展的比较可靠的气候变化规律研究看来只能限于近 40 多年的资料。

10.3.6　卫星观测

卫星观测可以弥补常规观测空间分布的明显不足,其变量可以包括海面温度、雪盖、湿度、植被指数等,其变量的反演方法可以从很简单到很复杂,但只有 20 世纪 70 年代以来的资料,并且受到观测上分辨率和资料校准和反演技术变化等影响,甚至还会受到难以预料的大气成分(如云和大气水汽变化、或火山爆发)的变化影响。

10.3.6.1　海面温度

由于海面温度(SST)变化比较缓慢,不容易受到日变化条件和卫星姿态变化的影响,而且海表面温度时空变化比较一致,因此,SST 比较容易利用浮标等观测的结果进行校准观测。国际上许多国家已经采用卫星观测的 SST 或结合船舶、浮标等基于海面的观测结果对大尺度海面热状况的变化进行监测,取得了很好的结果。但是,卫星 SST 产品仍然可能存在一些严重的偏差。例如,它只能在无云区取得,并且在白天和晚上使用了不同的红外通道;还受到有无海冰存在、大气成分变化等影响。1982 年的 El Chichon 火山爆发、1991 年的 Pinatubo 火山爆发及 1997 年印度尼西亚森林大火都给卫星海面温度观测资料带来了严重偏差。

10.3.6.2　雪盖

对全球陆面冰雪状况缺乏长期均一的观测资料。美国国家海洋大气局(NOAA)根据卫星观测的图像资料整理了北半球 1966 年以来的逐周雪盖资料,为研究大尺度雪盖气候变化提供了保证,并反映出了在 1973—1993 年期间北半球雪盖面积减少了 10%,雪盖减少主要发生在春季,这和全球气候变暖的结论是相一致的。但 1966—1973 年期间在青藏高原没有一致可靠的雪盖信息,同时一些时段还存在资料缺测现象。在整个雪盖资料中,一周以上持续有云时,资料质量也同样受到影响,此外,资料的空间分辨率也随着纬度的变化而变化。

10.3.6.3　大气温度、降水等

　　美国国家海洋大气局(NOAA)极轨卫星上的微波感应仪(MSU)可以得到云、大气温度和湿度资料,并可进一步推出降水量,对极为贫乏的海洋降水观测进行补充。用 MSU 观测得到的大气温度,虽然取得了与探空观测比较一致的结果,可以与基于地面的探空观测相互校验或弥补海洋观测的严重不足,但其结果仍然受到反演技术、卫星和仪器换代、时空分辨率及海面是否冻结等情况影响。

10.4　对气候系统过程与反馈认识的不确定性

　　在百年到千年尺度上,碳以 CO_2、碳酸盐及有机化合物等形式在不同的源,如大气、海洋、陆地生物界和海洋生物界之间循环。在地质时间尺度上碳还在沉积物和岩石圈之间循环。

　　大气中,主要含碳的化学成分有 CO_2,CO,CH_4 及其他一些含碳的气体和气溶胶微粒等。CO_2 是大气中最主要也是最重要的含碳成分,因此就物质循环而言,碳循环的主要环节是 CO_2 的循环。

　　CO_2 最大的自然交换通量是在大气和地球生物界及大气和海洋表层之间。相比之下,人类活动,如矿物燃料的燃烧、土地利用的改变向大气输入的 CO_2 则非常小。然而,这种输入影响有可能大得足以对碳在自然界原来的平衡产生扰动。

10.4.1　大气的作用

　　CO_2 的年平均浓度在整个对流层中是相对均匀的。冰芯分析表明,工业革命前,大气中 CO_2 的浓度大约为 280 ppmv,由于大气中 1 ppmv 的 CO_2 相当于 21.2 亿 t 碳的二氧化碳,这相当于大气中约存在 5 936 亿 t 碳的 CO_2。目前大气中 CO_2 的浓度大约为 360 ppmv,这相当于大气中存在 7 632 亿 t 碳的 CO_2。自 1958 年人类对大气中 CO_2 浓度观测以来,许多测站监测结果说明大气中 CO_2 增加不少。

10.4.2　海洋的作用

　　在几十年或更长的时间尺度上,没有干扰的大气中 CO_2 的浓度主要受与海洋交换过程的影响和控制,这是因为海洋是最大的 CO_2 存储库。CO_2 在海洋表层和大气间存在着双向的、连续的交换过程,其净通量取决于大气中 CO_2 分压强与海洋表层中 CO_2 分压强之差。

　　海洋中表层与深层之间的碳交换主要是通过水运动的传输来实现。海洋上层的自由交换对人类活动产生的 CO_2 向下传输尤其重要,海洋深层的环流在百年到千年时间尺度上非常重要。

　　海洋中各种碳交换过程,尤其是海洋表层中 CO_2 的分压强,也受生物过程的强烈影响。海洋生物界作为一种生物泵以岩屑沉降的方式,将碳从海洋表层输送到海洋深层,其速度大约为每年 40 亿 t。而海洋深层中含有比表层多的 CO_2,可以通过向上输送来平衡海洋表层水中碳向下输送造成的损失。这种生物泵的作用可以有效地减少海洋表层 CO_2 的分压强。如果没有生物泵的作用,即海洋里没有生物的话,那么工业革命前大气中的 CO_2 水平会高于 280 ppmv,可能达到 450 ppmv。需要指出这种生物泵作用不能消除人类活动产生的 CO_2。

10.4.3　植被和土壤的作用

　　在碳循环中,最重要的过程有光合作用、自养呼吸作用(植被制造 CO_2)和异养呼吸作用(在土壤中微生物将有机原料转变为 CO_2),以及生物量的积累和分配。净的原始产量是吸收量减去自养呼吸作用的影响。从全球尺度来看,林业生态系统含有 11 500 亿 t 碳,其中 3 600 亿 t 碳在地上,7 900 亿 t 碳在地下,包括土壤。非林业生态系统含有 14 200 亿 t 碳,其中 2 000 亿 t 碳在农地,6 800 亿 t 碳在草地,5 400 亿 t 碳在湿地。热带雨林生态系统是最多产的,而沙漠生态系统是产量最小的。

在未受扰动的世界里,净的原始产量近似地被微生物的呼吸作用所引起的由土壤向大气的碳释放所平衡。当然这种平衡可能会被人类的直接活动(土地利用状况的改变,特别是森林的砍伐)、大气成分的变化及气候变化等所破坏。根据 CO_2 浓度的测定,可以推算大气和陆地生态系统间的 CO_2 净通量。20 世纪 80 年代,这一通量是平衡的。20 世纪 90 年代,这一净通量大约为 7 亿 t 碳,表现出陆地生态系统作为汇吸收大气中的 CO_2。

10.4.4　人类活动

人类活动主要是指矿物燃料的燃烧和土地利用的改变如森林的砍伐。

在 1850—1970 年期间,矿物燃料的燃烧向大气输入的 CO_2 基本上以每年 4% 的速度在增加,其中一段时间受经济危机和世界大战影响增长率有所降低。20 世纪 70 年代受石油危机影响,CO_2 增长率降低到每年增加 2%。1990 年全球由矿物燃料的燃烧等引起的 CO_2 排放达到 60 亿 t 碳。根据这一速度,可以估计从 1850—1990 年由矿物燃料的燃烧排放的 CO_2 已累计达到 2 400 亿 t 碳。与此同时,由于土地利用的改变特别是森林的砍伐而向大气中排放的 CO_2 也累计达到 1 200 亿 t 碳。其中相应的过程包括与土地利用有关的焚烧,树根、树枝、树叶等的腐败,木材制品的氧化,以及土壤中碳的氧化。

10.4.5　从气候变化到碳循环的反馈

前已述及,变化中的气候和环境条件会影响大气中 CO_2 的浓度,相应的也会影响到自然界碳的循环。这种反馈,有时是正反馈,起到放大和增加起始变化的作用,有时也会是负反馈,起到衰减和缩小起始变化的作用。

从海气系统来看,有以下反馈效应。首先,海洋温度的变化可以影响海水中 CO_2 的化学性质。海洋表层中 CO_2 分压强会随着海洋温度的升高而增大,使得海洋对 CO_2 的净吸收减少。其次,海洋环流的变化可能受气候变化的影响。随着海洋表层水温的升高,海洋斜温层会变得不利于垂直方向的混合和交换,会减少海洋对大气中 CO_2 的吸收。此外,风应力的减小也会影响海洋环流。再次,全球风的分布类型的改变也会影响海气间的 CO_2 传输。最后,由于气候发生改变,海洋生态系统和物种的组成分布会发生改变,这会影响到海洋表层水中 CO_2 的分压强,进而影响海气间的 CO_2 传输。

从地气系统来看,有以下反馈效应。第一是 CO_2 施肥作用。如果高的 CO_2 浓度能提高自然界生态系统的生产率,那么更多的碳将被存储在植物的组织和土壤有机物中。这种存储对大气中 CO_2 的增加是一种负反馈。第二是营养化。来源于矿物燃料燃烧的可利用营养物质的增加会刺激植物的生长。目前对此的估算是营养化效应已达到每年 10 亿 t 碳。第三是气温。在非热带条件下,相对于光合作用,植物和微生物的呼吸作用随着气温的升高而加强会更为明显。因此,气温升高可能会增加大气中 CO_2,现在估算这一效应也达到每年 10 亿 t 碳的量级。第四是水。土壤中水分的变化可以影响碳的固定和存储。此外,增多的水汽可以刺激生态系统植物的生长,也可以增加泥炭地中碳的存储。第五是植被地理分布。受环境变化的影响,植被类型的结构和地理分布都会发生变化。如果气候变化的速度很慢,植物的分布会适应这种改变,但是如果气候变化的速度很快,植物如森林的分布就不可能会适应这种改变,也会影响大气中 CO_2 的浓度。

10.4.6　碳循环中的不确定性

对碳循环中地球物理化学过程的认识及各种碳库的估算存在不确定性。按照对 20 世纪 80 年代全球碳收支的估算,由人类活动造成的 CO_2 排放是 $(7.0 \pm 1.0) \times 10^9$ t 碳,而大气中碳年积累为 $(3.4 \pm 0.2) \times 10^9$ t 碳,估计海洋碳年吸收量为 $(2.0 \pm 1.0) \times 10^9$ t 碳。据此估计地球生态系统年吸收量应为 $(1.6 \pm 1.5) \times 10^8$ t 碳,但依目前对地球生态系统的了解,尚不能完全实现这一量级的吸收作用。因此,有可能存在以下情况需要进一步认识。第一,低估了海洋的吸收作用;第二,地球生态系统中还有很重要的吸收 CO_2 过程没有发现;第三,估计砍伐森林而释放出的 CO_2 仅仅是当前估计值的下限。当前关于海洋和陆地的生物地球化学过程方面的认识尚不充分,不足以定量地说明大气、海洋和陆地植被间的交换。例如,海洋及其环流吸收 CO_2 是通过物理的和生物学的两种过程实现的,目前对这两种过程的认识和了解还非常少。

对碳循环中各种反馈作用及其相对地位认识存在不确定性。由气候引起的变化在海洋生态学是具有重要意义的,这不仅关系到生物资源的维持和管理,而且关系到气候系统的生物地球化学反馈。但与海洋生产能力相关的过程还未被充分理解,同时这一作用的方向和大小还都不确切。

10.4.7　温室气体

虽然温室气体(GHGs)和气溶胶的排放是增加或减少辐射强迫、改变气候平衡状态的重要原因,但目前我们对 GHGs 及气溶胶的源、汇和分布及其与辐射强迫的非线性关系并不十分清楚。根据估计,由于痕量气体的增加而造成的辐射加热计算的不确定性约为 $\pm10\% \sim 25\%$(杨玉峰等 2000)。另外,对大气物理、化学过程及整个气候系统的机制缺乏深入研究,特别是以下几个方面:海洋热交换、云和水汽辐射特性、高纬度地区陆地雪盖和海冰变化、大气稳定性和水汽分布、海洋和陆地生态系统对 CO_2 的吸收作用及陆面水循环和土壤水分的变化等。上述因子对气候的变化具有决定性作用。如云和水汽可以调节热红外和太阳辐射,具有影响气候变化的复杂特性。但是它们的时空变率较大,给观测带来困难。上述几个方面的不确定性使得全球气候模式对季节和区域气候变化的判断众说不一,特别是对区域降水量变化的判断差异显著。

我们对气候自然变化的低频特征也不甚清楚。过去一个世纪气温升高的事实虽然与气候模式的模拟值一致,但也与气候的自然变率相当,不能排除气候的自然变率是造成气温升高主要原因的可能性。同时,也可能由于人类活动抵消了一部分气候自然变率结果,而实际上的 GHGs 增暖效应比观测到的还要高。总之,到目前为止,虽然多数的研究已经检测出并非完全自然的气候变化信号,但是气候长期自然变化的噪声和一些关键因素的不确定使得定量确定人类对全球气候变化的影响仍存在一定的困难。

GHGs 的排放结果不仅是气候模式的输入,还是一切气候变化及其影响研究的基础。由于人类活动变化的复杂性,GHGs 的排放情景研究还存在很大的不确定性,几乎没有考虑到稳步增长的温室气体浓度的动态反应或者超出相当于 CO_2 浓度倍增的增长的研究。全球经济系统、人口和技术等都将对气候变化作出响应。例如控制污染、保护环境的措施日益受到重视,电能、风能、太阳能和核能等能源将逐步取代矿物燃料。鉴于未来经济发展、技术进步和政策等方面的不确定性,GHGs 的排放情景还只是一系列假设前提下的估计。IPCC(1992)补充报告提供了六种排放情景(IS92a—Isq2f),但并没有倾向于其中的任何一种。

10.5　未来排放情景的不确定性

温室气体排放量估算方法中的主要不确定性(杨玉峰等 2000)有以下几种:

10.5.1　矿物燃料燃烧所释放 CO_2 排放量计算方法中的不确定性

由矿物燃料燃烧产生的 CO_2 的估计原则上与所燃烧的燃料的数量、燃料被氧化部分的量、燃料的碳容量直接相关。因此,准确计算各类矿物燃料的消耗量,所消耗的矿物燃料的碳容量及长期储存碳的产品的消耗量对估算 CO_2 的排放量是至关重要的。然而,各类矿物燃料的消耗量数据源、矿物燃料和产品的碳容量及燃烧效率等数据都存在着很大的不确定性,例如,同一种燃料(如煤),但碳的含量可能有很大差别。另外,燃料的非能源使用也会产生很大的不确定性,一方面是因为碳未被排入大气中(如塑料制品、沥青等),另一方面碳以一定的滞后率排入大气中。在实际中,导致碳流失的非燃料生产过程(非能源使用)总是假定存在一定的比率;而且,可以导致粉煤灰或烟气长时间不氧化的无效或低效率燃烧过程也是假设存在的。所有这些都是估算 CO_2 排放量中存在的不确定性。此外,各个地区到底消耗了多少的矿物燃料、消耗矿物燃料的详细构成及航海中消耗的矿物燃料量一般都没有较为精确的统计,所以,估算这部分 CO_2 是相当困难的。

10.5.2　固定源所排放的 CH_4,N_2O 的排放量计算方法中的不确定性

固定源所排放的 CH_4 和 N_2O 的排放量计算与估算中存在很大的不确定性,主要是木制燃料的排放计算困难所导致的,目前 CH_4 和 N_2O 的排放量计算与估算主要是基于主要的排放因子(也就是说,用使用的燃料量乘以不同部门的综合排放因子),而不是基于一定的排放过程(也就是说,通过燃烧技术和污染物控制类型)。这类温室气体排放量的估算的不确定性远大于矿物燃料燃烧过程中产生的 CO_2 的排放量的估算,主要是因为矿物燃料燃烧与碳容量有直接的函数关系,而 CH_4 和 N_2O 的排放量计算与估算只是以有限的有代表性的燃烧条件和排放因子为基础。总之,对于标准污染物而言,部分不确定性来源于燃烧技术条件、设备年龄、使用的排放因子、排放强度的增长等因素的假设。

10.5.3　流动源所排放的 CH_4,N_2O 的排放量计算方法中的不确定性

流动源所排放的 CH_4 和 N_2O 排放量的计算与估算与燃料类型、燃烧方式、技术选择、源的流动速度、污染物控制设备种类、设备年龄及其实际的运行与维护等相关。流动源的活动数据相对是可以得到的,包括各类车辆的运行公里数,而平均的排放因子则是基于许多假设而获得的,包括车辆的年龄和型号、冬季与夏季的开动比率、运行的路面条件、平均的驾驶速度、环境温度、维护条件等。而且氮氧化物与碳氢化合物等污染物的排放因子在管理上已经有了较为广泛的研究,因此其不确定性较其他情况下未在管理范围内的污染物而言低得多。相比而言,N_2O 的排放量比 CH_4 的排放量估计更困难一些,因为 N_2O 不是标准污染物,对 N_2O 排放量的度量还没有成为常规监测对象,而且研究表明,N_2O 的排放量与是否安装有催化转化装置及催化剂的年龄有很大的关系,新安装催化剂的流动源比时间久的要排放更多的污染物,因此,排放因子与车的年龄有很大的关系。而排放因子一般是依据有限的样本统计分析得到的,因而相对种类繁多、年龄各异的车辆来说,存在很大的不确定性。而减少这类不确定性的方法是需要在现有的车辆行驶管理制度、环境条件和燃料条件下进一步测试所有类型车辆的排放状况,以便确定其排放因子,从而减少不确定性。

10.5.4　政策对温室气体排放量估算所造成的不确定性

与温室气体相关的各种政策直接影响到未来温室气体排放量的估计。然而,由于未来各种能源政策具有很大的不确定性,在预测未来能源利用时只能依据假设或构想来进行,所以,政策对未来温室气体排放量有很大的影响。尤其是在《京都议定书》三机制下,无论是发达国家还是发展中国家,都在减缓全球温室气体排放方面面临着"共同但有区别的责任"。目前,以发达国家为例,其全面的碳排放削减潜力来自各个部门(如交通运输、电力、建设部门等),而各部门的政策则对温室气体的削减有决定性的影响。如:交通运输部门对车辆的需求管理及效率政策可以影响经济的收益、燃料和投资的节约及缓解温室气体的排放。尽管当所有交通政策和措施有机结合时就会产生巨大的经济收益和环境效益,但这种政策的实施效果往往具有很大的不确定性,往往需要一定时期的检验。对于电力部门也一样,当电力政策由煤炭的使用倾向于可更新能源和先进的燃气技术时往往可以获得一定的净经济成本条件下的温室气体排放的减少。但到底能有多少的贡献,精确的计算往往是非常困难的。而且更重要的是,多部门政策的实施和改进会使温室气体减排效率显著提高,可以反映出跨部门间的相互作用的影响,但要分清和区别各个部门对温室气体排放的影响有时是非常困难的。也就是说,居住、商业和工业部门的能源效率、热电联合政策不但对经济有直接的影响,而且对缓解温室气体的排

放的影响有很大的关系,而且这些影响的度量往往存在很大的不确定性。

10.5.5 技术进步对温室气体排放量估算所造成的不确定性

技术的差异或先进与否直接影响到未来温室气体排放量的估算,从产品的生命周期评价的角度而言,任何一种产品在其全部生产过程中都涉及到能源的使用与温室气体的排放。以煤炭为例:在采矿、运输、发电等各个环节都有各类不同情况和不同技术的组合。其中,就采矿而言,包括地下采矿、露天采矿,而各种采矿又分为各类采矿工艺,其中的每一种工艺其成本、能源消耗、温室气体排放量都有很大的差别,要全面而详细地估算各类技术条件下的各类温室气体的排放量是相当不易的;而运输方式的不同或先进与否也关系到温室气体排放量的多少,而未来在煤炭运输方面的技术提高到底有多大,不但取决于一个国家在交通运输方面的宏观政策,而且取决于微观领域,如厂矿企业的经济效益和发展规划等因素,所以,这也是造成未来温室气体的排放量不确定性的主要原因;另外,不同发电技术的先进与否更是未来温室气体排放量多少的决定性因素,因为不同的发电技术其发电效率、所使用的燃料、温室气体排放量、安全程度等方面都有很大差别。尤其对于发展中国家而言,电力技术普遍比较落后,因此技术进步更是当务之急。以 CDM 机制的提出背景为例,因为发展中国家具有更大的减排潜力,迫切需要发达国家与发展中国家在减缓全球变暖方面进行合作,然而由于目前 CDM 还正在谈判中,未来到底国际上有多大的减排合作潜力还是世界各国政府组织及非政府组织、国际组织机构正在研究的课题,所以存在很大的不确定性。总之,技术进步是造成世界各国和地区未来温室气体排放量估算不确定性的主要原因。

10.5.6 新型能源开发对温室气体排放量估算所造成的不确定性

未来新型能源的开发和利用是减少温室气体排放和减缓气候变暖的重要途径,尤其相对于那些资源、能源相对匮乏的地区和国家而言更是如此。所以新型能源的开发和利用是无论发达国家还是发展中国家都面临的未来能源共同的重大挑战。然而未来能源的开发和利用一般都受到技术、经济的一定影响和约束,这主要体现在:一方面,发达国家和地区需要向发展中国家转让技术和进行投资,而这完全取决于国家之间的合作,由于国际合作又取决于谈判能否达成协议,所以这就受到了不仅是各国本国的经济、社会的影响,而且受到国际政治、经济、贸易的影响,从而存在着很大的不确定性;另一方面,由于新型能源的开发和使用成本一般较传统能源的开发和使用成本更高,所以,新的能源技术的使用和推广需要一定的周期和时间才能被认可。这对未来温室气体排放构想、排放预测而言都造成了很大的不确定性。所以新型能源的开发对温室气体排放量的估算存在很大的不确定性。

10.5.7 未来温室气体排放清单与排放构想中的主要不确定性

目前,未来温室气体排放清单与排放构想中的不确定性主要表现在:

(1)排放清单本身并不能完全地反映过去和未来的温室气体排放状况,一般都只是过去有限的一定时段内的排放量,而且对未来的排放构想一般都是依据这些现有的数据和假设条件得到的预测数据。其中,不确定性主要来源于温室气体排放数据的有限性和缺乏排放信息,而且这些不确定性也影响到温室气体排放量估算方法的应用和有效性。

(2)目前有的情况或指标的估算是相对容易和准确的,而有的情况则存在很大的不确定性。例如:与能源相关的活动,如水泥生产所产生的 CO_2 排放量的计算一般被认为是较为准确的,而有些情况下由于数据缺乏或温室气体产生与排放难以识别从而限制了估算的范围和准确性。

目前,在 IPCC 所提供的方法学中也只能要求各国的温室气体排放清单提供有关每一类温室气体排放与去除的单一点估计方法。所以,还需要改进估算的方法和数据的收集程序。特别是有关从土地利用活动和复杂工业过程中排放的温室气体的估计,因为这类估计要么面临无方法可寻,要么数据相当不完整。另外的一个特别需要就是提高各类源目前排放因子的精确度。

　　总之,从目前温室气体排放清单数据与温室气体排放量估计方法来看,不确定性主要来自估计模型与实际的近似程度、模型中的各种假设、未来排放的构想与情景假设、不完全数据的不得不使用等。

10.6　气候模式的代表性和可靠性

　　作为对未来气候变化进行定量评估的唯一工具,气候模式在近几十年里取得了突飞猛进的发展。这一方面得益于大型计算机运算能力的空前提高,另一方面也与观测手段的不断进步及对气候系统各个物理过程认识的不断深入密切相关。与此同时,数值模拟这种研究手段所固有的不确定性问题,在气候数值模拟中也越来越突出。

　　模式的不确定性是客观存在的。首先,气候模式采用有限时空网格的形式来刻画现实中的无限时空,而用次网格结构的物理量参数化代替真实的物理过程,这些都不可避免地会出现信息的丢失。其次,即初始值和边界值难于获得,例如对于海-陆-气耦合模式,初边值不仅包含了大气环流的三维信息,还包含海洋、冰雪圈、岩石圈及生物圈等圈层在初始时刻的状态,这就更难以准确获得。这些重要数据的缺乏或偏差无疑会大大削减模式模拟的准确度,进而降低模式的模拟性能(龚建东等1999)。

　　除此之外,气候模式还存在另一类不确定性问题,这主要包括模式的计算稳定性、参数化的有效性、物理过程描述的合理性等,这也就是目前通常说的模式不确定性问题。实际上,它是模式发展初级阶段所必经的挑战性问题。解决这类不确定性问题的最好办法通常是在标准化的试验(初边值)条件下进行模式间相互比较,从而正确评价各个模式的有效性,并尽可能找出描述各个物理过程的最佳参数化和初始化方案。目前国际上正在进行的大气模式比较计划、耦合模式比较计划、古气候模式比较计划等一系列大规模模式比较计划正是基于这一目的而广泛开展的。通过探究不同模式对于给定相同边界强迫条件的共同响应及差异点,科学工作者已经得到了一些令人振奋的研究结果,同时也发现了模式本身的一些不确定性,这为评价及进一步改进模式打下了坚实的基础。下面就简要地介绍一下目前模式中存在的一些不确定源。

10.6.1　水蒸气

　　气候模式主要是通过增加大气中水蒸气含量的方式,来表示对 CO_2 增加所引起的增暖效应的反馈。大气中 CO_2 含量越高,其温度越高,对应的含水能力就越强。然而在现实中并非如此。在边界层内(地面至高空 $1\sim2$ km),水蒸气随温度的增加而增加;而在边界层以上的自由对流层,那里水汽的温室效应是最重要的,情况较难确定。除此之外还有一个重要问题:如果我们考虑水汽自身的温室效应作用,则由现有模式得到的水汽反馈,大约会把相对于固定含量水蒸气的增暖放大一倍(Bengtsson et al.1999;Cess et al. 1990,1995);然而,模式比较的结果却又表明若去掉大气中水汽的增暖效应则会使得模拟的结果相对于观测值有较大偏差(Curry et al. 1999)。

　　IPCC 在第一次评估报告中就指出,未来气候预测中的最大不确定性来自云及其与辐射的相互作用。云可以吸收和反射太阳辐射(降低地表气温),同时又吸收和放射长波辐射(增暖地面)(Hahmann et al.1997)。这些作用的整体效果取决于云的高度、厚度及其辐射特性,而云的辐射特性和变化又取决于大气中水汽、水粒、冰粒、大气气溶胶的分布和云的厚度。在气候模拟中,云表现为一个显著的潜在误差源。模式总体上系统性地低估了云对太阳辐射的吸收,当然,这一说法还存在诸多争议(Haigh 1996,Hall et al. 1999,Haynes et al.1991)。另外,云净反馈的符号也是一个不确定的问题,不同的模式给出了相当大的差异。更进一步的不确定性来自于降水过程,及在准确模拟日循环及降水量和频率方面的困难。尽管还有相当大的不确定性,云参数化的物理基础因在云水收支方程中引入了云微物理特性的整体表示,而在模式中有了很大的改进(Held et al. 2000,Hibler 1984)。

10.6.2 平流层

基于对平流层结构变化和对其辐射与动力过程重要作用认识的不断加深,平流层在气候系统中的重要性日益受到重视。首先,平流层温度变化的垂直廓线是气候模式模拟成绩检测和成因研究中的一个重要指标。其次,大部分观测到的平流层低层的温度降低被归因于臭氧 O_3 的减少,例如南极的臭氧洞,而非 CO_2 的影响(Houze 1993,IPCC 1990,Lee et al. 1996)。再次,对流层中产生的波动可以传播到平流层,并在那里被吸收;而平流层的变化则会改变这些波的吸收地点和方式,并把这种改变下传到对流层。除此之外,太阳光照(主要是在紫外波段)的变化,会引起由光化学反应造成的 O_3 变化,从而改变平流层加热速率并进一步改变对流层的环流(Pilewskie et al. 1995,Pollard et al. 1994)。目前,分辨率的局限和对一些平流层过程相对较差的描述,均增加了模式结果中的不确定性。

10.6.3 海洋

近些年来,气候模式在海洋过程的模拟领域有了一些大的进展,特别是在热量传输方面。这些进展,与分辨率的增加密切相关,这在减少模式对"通量调整"的要求,形成自然大尺度环流型的真实模拟和改进厄尔尼诺模拟等方面非常重要。海洋洋流携带热量从热带到高纬度地区,海洋与大气交换热量、水(通过蒸发和降水)和 CO_2。由于其巨大的质量和热容,海洋减缓了气候变化,并影响海-气系统变率的时间尺度特征。目前,在与气候变化相联系的海洋过程的了解方面有了较大进展。随着分辨率的增加,以及对重要的次网格尺度过程(如中尺度涡旋)参数化方案的改进,模拟的真实性得到了显著增强(Ramanathan et al. 1995,1996)。尽管如此,在小尺度过程,如溢流(通过狭窄通道的洋流,如通过格陵兰和冰岛的)(Roberts et al. 1997)、西部边界流(即沿岸的大尺度狭窄流)(Schlosser et al. 2000)、对流和混合溢流等的表征方面仍存在很大的不确定性。

10.6.4 冰冻圈

冰冻圈包括地球上那些季节性或长年性被冰雪覆盖的地区,这主要指海冰。海冰对整个气候系统有着重要的影响,因为它较海面反射更多的入射太阳辐射(即有较高的反照率),并且在冬季绝缘海洋,减少其热量损失。因此,海冰的减少将给高纬度气候变暖提供一个正的反馈(Schneider,et al,1999)。另外,由于海冰较海水包含较少的盐,因此海水结冰时,海洋表层的含盐量(盐度)和密度会增加,这促进了与低层海水的交换,从而影响海洋环流。除海冰外,冰冻圈还包括陆冰和雪盖。雪盖较陆地有着较高的反照率,因此,雪盖的减少也会导致类似的正反馈,尽管这种作用要比海冰小。在目前的全球模式中,对海冰过程的表征正在不断被改进,一些气候模式中引入了冰动力过程的物理处理(Shindell et al. 1999,Tett et al. 1996);而对陆冰过程的表征仍需发展(Twomey 1974)。此外,由于雪的参数化方案和冰覆盖及其厚度的次网格尺度变率的复杂性不断增加,显著地影响了反照率和大气-海洋交换,从而给模式带来了较大的不确定性。

全球大气环流模式(GCMs)是目前模拟气候变化的有效工具之一。但是,气候的复杂特性和资料的有限决定了气候模拟中必然存在缺陷。科学家们通过 GCMs 对全球气温变化的模拟取得了比较一致的结果,但是不同模式对降水和土壤水分的模拟差异很大,可靠性较差,而这两个因素往往可以决定农业的分布;对由海陆表面和大气动力、热力特性决定的区域气候分布形式和气候极值、气候变率的模拟还没有取得信度较高的、能够用于影响评估的结果。即使 GCMs 的控制试验也不能准确模拟基准气候,模式之间在同一网格点上的差异甚至比两种试验($1 \times CO_2$ 和 $2 \times CO_2$)之间的差异还大。这些不可靠性主要来自于一些基础参数不确定,大气辐射传输模式的一些近似和简化,对云相温度场的结构了解有限等。

此外,GCMs 输出结果的空间和时间分辨率较低,输出的网格点相隔几百公里,而且被认为代表一个方形区域。实际上对于地形复杂地区,网格点观测值只能代表方形区域中的一个点。此外,

GCMs一般只在季时间尺度上给出结果,不能直接给出细小时间尺度上的气候要素值,难以直接满足影响评估模型的要求。GCMs 的如上不足给气候变化影响评估工作带来许多困难。

10.7   IPCC 评估报告中对不确定性的处理方法

IPCC 的气候变化科学评估从一开始就认识到表述不确定性的重要性。决策者需要的不仅仅是对所感兴趣的数值(如全球平均温度变化)范围的表述,而且还需要科学家给出对这种定量陈述可靠性的基本信息。IPCC 第一次评估报告(IPCC 1990)在执行摘要中明确地把对时间的科学认识分类为确定的、能够可信地计算得出的、预测的、基于作者判断的等几类,这些分类在今天看来仍然相当重要。在拟于 2007 年完成的第四次评估报告中,使用了以数值范围和明确给出信度来描述不确定性的补充方法。

在第四次评估报告中,IPCC 建立了一种处理不确定性的方法,该方法是对第三次评估报告所用方法的进一步发展。这一方法的发展是通过一系列 IPCC 活动来实现的,包括处理不确定性的概念性文章(IPCC 1990),IPCC 召开的关于气候变化不确定性和风险研讨会,以及通过跨三个工作组的交叉讨论所达成的针对各工作组主要作者的不确定性指导意见(IPCC 2005)。同时,IPCC 为主要作者制定了"关于不确定性的指导意见"。需要注意的是,术语"可能性(likelihood)"和"信度(confidence)"可作为表述不确定性的另一种方法。尽管上述术语之间的差异在第三次评估报告中就已存在,并在指导意见完成之前成为争论的主题之一,但是,现在已经认识到这两种方法在描述不确定性时是互补的。

10.7.1   IPCC 第三次评估报告对不确定性的处理

如前所述,IPCC 评估已经认识到两类不确定性的区别。一些不确定性可用某些感兴趣的数值的范围来表述,而另一些不确定性则可表述为专家对于某些科学发现认识的信度。每一种不确定性的评估都需要专家进行判断,特别是在后一种不确定性情形下更是如此。同时,确定不同科学认识的信度也是任何科学评估的主要责任,因此,在评估报告中,对这一类不确定性的确定变得比一般科学论文中更为重要。

IPCC 第一工作组的第二次评估报告指出,需要客观、一致的方法来确定和描述气候变化科学的信度水平(McBean *et al*. 1996)。为了应对第三次评估报告的挑战,经过两轮评审之后,最终完成了一份指导报告(Moss *et al*. 2000)。

Moss 等(2000)提出了一种确定和描述不确定性的多步式方法,该方法明确了专家判断的作用,强调了判断过程的透明度。这一篇划时代的文章建议要仔细刻画不确定性来源的特征,要能够覆盖文献所给出的范围,要保证对信度描述的一致性。第二次评估报告在确定信度水平时,通过确保作者们所使用的信息可以追溯到有关的科学文献,从而有效地满足了对客观性的要求。对一致性的要求则通过引进一些特定术语来处理,以定量或定性的方式来表达信度水平。在定量方式方面,引进了 5个不同概率范围的信度水平,下面将进一步对此进行讨论。定性方式较为简单,仅在作者们不能给出概率结果的情形时才使用。在此情形下,要求作者对可以获得的证据量及专家之间达成一致意见的程度进行高或低的分类。

虽然在 IPCC 第三次评估报告之前已经进行了一些相关研究,并在不多的场合使用了标准化的语言来表达不确定性,但第三次评估报告仍是第一个试图针对不同学科和广泛的国际读者群来描述不确定性的科学评估报告。"可能性"语言的使用成为第一工作组和第二工作组在第三次评估报告中的一个特征,特别是在其决策者摘要(SPMs)中。在 IPCC 逐行审议批准过程中,政府代表对这些摘要文件进行了谨慎地辩论。自从第三次评估报告以来,使用定义明确的语言、以概率标准来表述信度水平的方法已经在几个其他的评估中得到了应用,主要是遵循 Moss(2000)在 IPCC 第三次评估的指导报告中提出的方法。

　　然而,尽管这一方法在第三次评估报告的许多部分已经被接受,但是在准备各自评估报告的后一阶段,第一和第二工作组在使用 Moss 等(2000)定义的术语方面仍然出现了分歧。分歧的一个显著表现是,第一工作组多使用了两个术语以描述极高或极低的概率范围。不过,两个工作组报告在用法上的差异要远远大于此,如果分析两个工作组报告所使用的语言,就会发现差异明显。

　　第二工作组的报告更接近原来的指导报告,特别是使用了指导报告中定义的校准语言,来表述作者们对重要发现的信任程度。因此,第二工作组决策者摘要中的相应脚注如下:

　　在本决策者摘要中,下面的词语被用在适当的地方以指明对信度的判断性估计(基于作者们使用观测数据、模拟结果和已被验证的理论所得到的集合判断):非常高(95%或其以上),高(67%～95%),中等(33%～67%),低(5%～33%),非常低(5%或其以下)。

　　第二工作组决策者文摘中使用的与此定义相一致的典型语言是:

　　因此,根据集合证据,近来区域温度变化对于许多物理和生物系统产生了明显的影响,这一结论是高信度的。

　　第一工作组报告中之所以使用不同的语言,是由于在相应的文献中,许多重要发现都得到大量观测数据库的支持,而且在气候变化科学界广泛使用并理解为估算结果所使用的概率方法。所以,第一工作组的作者们认为他们并不需要依赖于专家判断,而能够更多地相信统计分析的结果。这一点表现在第一工作组报告中引进了术语"可能性"。因此,第一工作组决策者摘要中的相应脚注如下:

　　在本决策者摘要和技术摘要中,下面的词语被用在适当的地方以指明对信度的判断性估计:几乎确定(99%以上的几率结果为真),很可能(90%～99%的几率),可能(66%～90%的几率),中等可能性(33%～66%的几率),不可能(10%～33%的几率),很不可能(1%～10%的几率),几乎不可能(小于1%的几率)。

　　尽管措辞上的差异很微妙,但第一工作组的方法是把重点放在结果的真伪上,而不是作者对评估的信任度如何。第一工作组决策者摘要中这一不同用法的一个典型例子是:

　　在20世纪,北半球大陆大多数中高纬度地区的降水很可能每10年增加0.5%～1%。

　　因此,两个不同的科学团体以不同的方式采用 Moss 和 Schneider 的建议,以处理略微不同的情况。

10.7.2　IPCC 第四次评估报告对不确定性处理的新考虑

　　在计划第四次评估报告的早期阶段,各工作组一致认为应进一步考虑如何一致性地处理不确定性的问题。Manning 等(2003)的概念性文章支持 Moss 等(2000)所开创的方法,但也指出了上述所讨论的第三次评估中第一和第二工作组之间的分歧所在。该文还注意到在几篇关于不确定性处理的基础文献中有了一些新的进展,而且在第三工作组所涉及的科学技术领域中处理不确定性问题采用的是非常不同的方法。在 IPCC"描述气候变化科学不确定性以支持风险分析和选择分析"研讨会期间,审查了这些新的进展,得到了一些具有普遍意义的结论,包括:

　　·采用不确定性的风险分析可以提供描述不确定性的具有针对性的方法。

　　·从全球到区域尺度上的不确定性通常是增加的。

　　·与某些未知参数或观测值有关的"统计上的"不确定性和"结构上的"不确定性之间存在着差别。这种"结构上的"不确定性是指各种变量之间的重要关系或其函数形式可能尚未被正确识别,因此需要进行更广泛的认识和评估。

　　·作者队伍必须认识到在评估的初始阶段信任水平存在偏多大的趋势。

　　·在估算和表述不确定性中概率分布函数的应用越来越多,但只能应用于基础科学具有高信度的领域。

　　这里因篇幅所限,没有考虑在三个工作组如何一致性地处理不确定性方法的研发过程中所讨论到的许多其他问题。特别是,没有考虑第三工作组所涉及的社会经济文献评估中对不确定性的处理。尽管与第三次评估报告相比,第四次评估报告在这一领域已经取得了很多进展,但仍有一些问题在争论之中,例如关于是否和如何为未来不同的社会经济情景设定概率的问题。

10.7.3　可能性与信度

在为第四次评估报告提出不确定性指导意见时,一个要解决的关键问题是,在第三次评估报告中第一和第二工作组所使用的不同方法是否应该综合成为单一的标准方法,或者是否应该在第四次评估报告中澄清并保持这种差别。研讨会选择了后一种方式。这一决定更清楚地区别了可能性与信度,经得住以后各工作组之间的批评和讨论。目前这一选择被认为是第四次评估报告在处理不确定性方法方面真正的进展。

研讨会所定义的可能性表述了在自然界一个确定结果的发生几率,它是由专家判断来估算的。

研讨会所定义的信度则表述了专家之间理解和/或达成一致的程度,它是专家判断的一种陈述。

许多人指出,信度(confidence)与可能性(likelihood)的概念经常是紧密联系的,因此建议将这两个概念合并。例如,如果在那些信度很低的科学领域,却表明预期某种结果有很高的可能性,似乎是不合理的。如果信度很低,那么设定的任何可能性应该是适中的而不该是极高或极低的。图 10.1 给出了可能性和信度之间关系的示意图。图中,标注的 A 和 B 分别对应于仅有很低的信度却设定了高或低可能性的不合理情况。

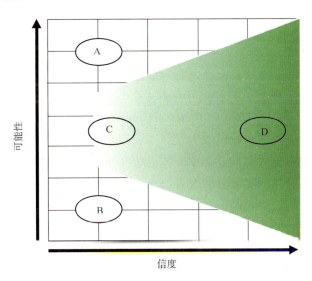

图 10.1　可能性和信度之间的相互关系示意图

(绿色阴影区域表示在该区域内的结果可以被最明显地表述。A 和 B 表示的情形,即很高或很低的可能性与科学上非常低的信度相联系,通常并不会遇到。C 和 D 表示的是对照情形,可以清楚地看出文中所讨论的可能性和信度之间的差别)

然而,这两个概念之间的关系并不意味着它们可以合并,它们之间的差别可以通过更多的例子来更好地阐明。人们可以理性地把高信度与低可能性联系起来,例如,许多科学家都表达了对于下述事实的高信度,即到 2100 年西南极冰盖发生整体崩溃是很不可能的。因此,不确定性的这两个方面显然并非是正相关的。更明显的例子是,我们可以把高或低信度与中等可能性(或许)联系起来。例如,我们对于抛硬币正面朝上的几率大约为 50%的结果具有很高的信度,并且这一情形与因缺乏知识和低信度而不得不指定一个中等可能性的情形是完全不同的。因此,图 10.1 中标注的 C 和 D 代表非常不同的两种情形,重要的是用于描述不确定性的语言能够区别这两种情形。

不确定性指导意见提供了区别可能性与信度两个概念的方法,并为第四次评估报告的作者们提供了两种不同的标准和术语,便于他们根据所讨论的问题更适当地表述这两个概念。这一区别的副作用之一是对那些虽已认识到信度与可能性是不同的概念,但只习惯于用可能性表述其结果的科学家们提出了挑战。反过来,这将会导致更深入地考虑结构上的不确定性,例如改进模式不确定性的潜力。

10.7.4　关于不确定性的指导意见

IPCC 三个工作组广泛讨论和评审了给第四次评估报告主要作者提供的有关不确定性的指导意见。因此,它不仅反映了 IPCC 关于不确定性和风险研讨会的成果,同时也综合了会后关于在准备第四次评估报告时如何应用这些成果的大量讨论。

指导意见尽可能地保持简练,并遵循了为准备第四次评估报告而设计的操作程序。因此,首先要强调的是,必须制订计划来处理不确定性和作者队伍内部专家判断的问题。在准备第四次评估报告时,再次重申了第三次评估报告关于严格评审文献中对不确定性处理方法的指导报告。根据这种评审,预期作者们将能够开发出可应用于不同来源的不确定性表述的分类方法。要指出的是,这些分类应该既包括由认识不充分所造成的"结构上的"不确定性,也应包括由于观测的局限性所引起的更具"统计上的"或"数值上的"不确定性。

提醒作者们必须对其评估进行专家判断,并重申了第三次评估报告的建议,即应清楚地指明这种判断的基础。不确定性指导意见提出了一种分级方法,以试图解决在特定情形下如何描述不确定性的问题。这种方法由第三次评估报告完成以后 Kandlikar 等(2005)提出的一种类似方法发展而来。该分级方法既涵盖了科学信度低的领域或者难以获得概率统计的领域,也覆盖了科学信度高的领域或者概率统计已被很好确定的领域。

一旦作者们研制出区分误差的框架并确定如何更好地解释这些框架,不确定性指导意见建议使用经过校准的语言,这些语言与第三次评估报告所推荐的相一致又有所扩充。与第三次评估报告使用的 2 个术语表相比,这次提供了 3 个。这是为了如上所述能够将术语"可能性"和"信度"分开。可能性的标准与第一工作组在第三次评估报告中使用的相同,信度的标准则与第二工作组所使用的匹配,尽管现在对信度的定义更加定性化。

最后,不确定性指导意见允许对所定义术语进行延伸,并考虑了使用从相关文献中获得的处理不确定性的其他方法。因此,该指导意见能够成为三个工作组取得一致意见所需要的共同核心文件,但在每个工作组根据指导意见进一步开展工作时又不至于制造障碍。

在准备第四次评估报告期间,通过各学科之间有关不确定性和风险问题的广泛讨论,已形成了描述和认定不确定性的更丰富的语言和更全面的结构。尽管这些方法显然起源于第三次评估报告的指导报告,但它们也反映了我们思想方法的真实变化,其重要结果之一就是更清楚地给出对特定结果的可能性评估与科学团体确定这种可能性能力的信度之间的区别。有趣的是,这一区别也曾出现在第一次评估报告中。

10.8　小结

目前,解决和处理气候变化事务的一个主要问题,是在对气候变化问题有很大认识上和理解上不确定性条件下的决策问题。这种不确定性包括气候变化科学本身评价的不确定性,气候变化对农业、水资源、能源等诸多部门影响认识的不确定性,也包括气候变化社会经济分析方面的不确定性。

一般来说,决策问题的主要内容涉及决策制定、决策分析和过程分析,其重点是决策分析。气候变化问题的长期性和动态性决定了气候变化决策问题需要考虑长远问题,即需要设计好未来几十年的最佳政策,而气候变化科学的不确定性和科学认识的长期性又决定了气候变化问题的决策带有相当的风险,处理气候变化问题需要慎重从事。

从具体操作的角度说,当前处理气候变化问题并不是找到最佳的政策,而是需要采取一种谨慎办

法,根据时间推移增加新的知识来逐步调整这一战略。在这一思路下,重要的工作有以下两点:

10.8.1　认真采取适应措施,审慎对待减缓行动

全球气候变化科学还存在许多不确定性,但正如前面已经指出的,目前科学界对有些问题的认识还是比较一致的。大部分科学家也相信,未来几十年到一两个世纪全球平均气温仍将继续升高,并将对全球生态系统和人类社会产生重要影响。当前,人类已经开始意识到这一全球环境问题,并认为发达国家对目前和未来的全球气候变化负有不可推卸的责任,有义务首先采取减少排放温室气体的措施。

1992 年《联合国气候变化框架公约》以下简称《公约》正式通过,并于 1994 年生效。《公约》规定:发达国家缔约方于 2000 年将其 CO_2 等温室气体排放稳定在 1990 年水平上。1997 年,第三次缔约国大会通过了《京都议定书》,要求发达国家缔约方在 2008—2012 年第一承诺期内,其 CO_2 等 6 种温室气体排放量要比 1990 年至少减少 5%。由于个别重要的发达国家不情愿承担减排义务,虽然《京都议定书》已经生效,但不少人对未来世界各国联合采取行动对付全球气候变化问题的前景仍持审慎态度,但是这个问题可能比想象的要复杂得多。

造成问题复杂的原因有很多,当然其中之一还是气候变化科学上的诸多不确定性。在对近 100 多年的全球增暖是不是由于人类排放温室气体造成的这样一个基本科学问题都还没有完全搞清楚的情况下,任何政府都不会贸然同意牺牲本国经济利益,参与全球减排行动。更何况科学上的不确定性远不只限于气候变化的检测和原因判别一个方面,气候变化影响特别是区域影响研究方面的不确定性使问题进一步复杂化。可以预料,在短时间内,如果科学上的重大不确定性没有实质性减少,发达国家履行气候变化公约的诚意和步伐是要大打折扣的。

另一方面,即使现在各国履约态度是非常积极的,全球温室气体排放量有了明显减少,但大气中的温室气体浓度在今后 100 年仍将继续上升,甚至在一个时期上升得更快。全球气候还可能不断变暖,海平面也可能进一步升高。再过若干年,人们可能对诸如气候变化的检测和原因判别等科学问题的认识会有突破性进展,但对于气候变化的区域性及其影响问题仍不可能准确预测。现有的很多科学不确定性将长久存在,这是有关全球气候变化问题唯一能够确定的。在这种情况下,作为发展中国家,最现实的对策应该是根据当前的科学知识,一方面采取"无悔行动",并设法适应未来可能出现的变化;另一方面要密切跟踪国际应对气候变化问题的政策走向,审慎对待参与减缓气候变化的重大行动。适应措施既要考虑气候变化对中国社会经济和生态环境的直接影响,也要兼顾世界减缓气候变化的行动对中国产生的间接影响。

中央和地方政府在制定长期社会经济发展规划时,应该把气候变化及其影响问题考虑进去。20 世纪 80 年代以来,中国社会经济发展进入高速增长阶段,国民生产总值的年均增长率在 8% 以上。中国今后能否继续保持高速稳定的经济增长,其中重要的制约因子是我们将面临什么样的资源和生态环境条件。实际上,全球气候变化已经或将会严重地影响人类赖以生存和发展的资源和生态环境系统,对不同敏感区域或部门、水资源、海岸带及生态系统造成重大影响。随着全球气候的进一步增暖,各种不利影响的严重程度可能会加剧。

对所有这些可能出现的变化和各种影响,要预先作出评价,制定相应的对策,及早作出适应性规划和战略部署。当然,气候变化的影响不一定都是负面的。在一些地区,例如在中国东北,温度的增暖或降水的增多,可能有利于生态环境保护和经济发展。在这种情况下,及早作出战略部署,充分利用气候变化可能带来的益处,对于区域社会经济发展同样是重要的。

由于认识到气候变化可能带来的不利影响,国际社会目前正在采取统一行动,限制或减少 CO_2 等温室气体的排放。中国目前人均 CO_2 等温室气体排放量尚较低,不可能在短期内承担限控义务。但是,国际上减缓气候变化影响的行动将对中国未来的社会经济发展产生明显影响,因为中国的能源结构和社会基础设施,决定了我们减缓气候变化的能力还相当薄弱。如果在不适当的时间承担了限排

或减排义务,将对中国的社会经济发展产生巨大影响。

当然,减缓气候变化的国际行动也可能给中国今后的发展带来机遇。从面向 21 世纪中国能源、森林等资源安全、高效和清洁利用出发,调整中国中长期社会经济和能源发展战略,不仅能够促进未来的社会经济发展,减轻温室气体排放趋势,而且也有利于合理利用自然资源,逐步解决中国社会经济发展过程中面临的人口、资源和环境问题。

10.8.2　加强气候变化研究,减少科学不确定性

在全球气候变化上,科学研究是目前和今后相当长一段时间内解决所有其他问题的关键。它不仅是采取预防和适应措施所必需的,而且也是确定国际环境政策和方针的基础。不能指望别人提供完整的科学信息,尤其不能指望其他国家政府提供准确的气候变化信息。IPCC 报告也不可能是完全公允的。因为 IPCC 是政府间组织,免不了受到不同集团经济利益或地缘环境、政治观念的影响。作为一个疆域广阔、人口众多的发展中大国,中国应该进行自己独立地研究和评估,对全球气候变化的科学问题和可能影响真正做到全面了解。只有这样,才能确定科学合理的适应对策,并确立恰当的环境外交政策。如果承认现代全球气候变化已经成为关系到国家安全的问题,进行自己独立研究的必要性和紧迫性就更显而易见了。

中国有关全球气候变化问题的研究有一定基础,在发展中国家中处于先进水平,但从总体上看我们的研究投入距离要求差得还较多。应该进一步增加资助强度。在过去的十几年里,国家攀登计划和攻关项目已经包括了全球气候变化及其影响研究。将来还应加强这方面的研究。各有关部门和各地区也应进一步重视气候变化的影响及对策研究。目前急需解决的科技问题包括:①气候变化的常规观测和监测;②气候变化的卫星探测;③气候变化信息系统建设;④在近代仪器记录时期的气候变化分析;⑤古气候资料的发掘和分析;⑥未来气候突变的可能性;⑦温室气体的排放、吸收及其浓度变化;⑧气候变化的检测和原因判别;⑨未来气候变化的预测;⑩气候变化对各种自然生态系统的影响;⑪气候变化对农业的影响及其对策;⑫气候变化对草地和牧业的影响;⑬气候变化对人类健康的影响;⑭海平面上升的预测及其影响;⑮气候变化敏感区域综合评估模型;⑯全球气候变化与可持续发展战略;⑰我国的能源战略和政策;⑱农业土壤和森林等温室气体吸收汇;⑲联合履行、清洁发展机制以及排放贸易;⑳气候变化综合评价模型研究;㉑我国 21 世纪承担温室气体限控义务的程度、起始时间、策略、步骤、途径和方式;㉒温室气体限排目标、控制途径;㉓温室气体减排指标体系;㉔《公约》及其《京都议定书》执行、监督、核查机制;㉕气候变化有关事物中的公平和效率问题。这些问题的大部分属于地球系统科学范畴,包括了对政策制定至关重要的主要问题。它们的解决可以有效地增进我们对全球气候变化基本科学问题的认识,使我们能够更科学地利用各种方法评估气候变化的部门影响、区域影响和综合影响,有针对性地制定出国内外响应对策。

为了更全面地认识气候变化科学问题,还需要对更广泛的科技文献,特别是国际上的文献,进行系统的评估。这就需要建立与国际上 IPCC 相对应的国家气候变化评估组织。国家气候变化评估活动应该包括如下内容:①与政策直接相关的气候变化科学问题;②气候变化的部门影响和区域综合影响;③气候变化的对内对外适应对策研究;④气候变化科学上的不确定性问题。气候变化科学评估活动是科学研究结果的总结,也是研究活动的延续,可以直接架起科学研究和政策制定之间的桥梁,给决策者提供一个更清晰、更系统、更全面的科学知识现状分析。

参 考 文 献

安芷生,吴锡浩,卢演俦等,1990.最近 2 万年中国古环境变迁的初步研究,见:刘东生主编.黄土、第四纪、全球变化,第二集,pp1-26.

龚建东,丑纪范.1999.论过去资料在数值天气预报中使用的理论和方法.高原气象,18(3):392-399.

林学椿等.1995.中国近百年温度序列.大气科学,19(5):525-532.

任国玉. 1994. 气候, 植被与人类活动: 东北近 1 万年来环境演变. [博士学位论文]. 北京: 北京师范大学.

唐国利, 任国玉. 2005. 近百年中国地表气温变化趋势的再分析. 气候与环境研究, **10**(4): 791-798.

王绍武. 1990. 近百年我国及全球气温变化趋势. 气象, **16**(2): 11-15.

王绍武, 赵宗慈. 1995. 未来 50 年中国气候变化趋势的初步研究. 应用气象学报, 6(3): 333-342.

杨玉峰. 1999. 污染物排放总量控制系统的不确定性分析. [博士学位论文]. 北京: 清华大学.

刘滨, 杨玉峰. 2001. 温室气体排放总量计算的主要不确定性分析及其对清洁发展机制的影响. 上海环境科学, **20**(2), 75-77.

翟盘茂. 1997. 中国历史探空资料的一些失误及偏差问题. 气温学报, **55**(5): 563-572.

Alley R. 1996. Twin ice cores from Greenland reveal history of climate change, *EOS*, **77**(22): 209-210.

Anderson P M, Bartlein P J, Brubaker L B. 1994. Late Quaternary history of tundra vegetation in northwestern Alaska. *Quaternary Research*, **41**: 306-315.

Angell J K. 1988. Variation and trends in tropospheric and stratospheric global ten perotury. Journal of climate, 1, 1296-1313.

Bard E, Rostek F, Sonzogni C. 1997. Inter-hemispheric synchrony of the last deglaciation inferred from alkenone palaeo-thermometer. *Nature*, **385**: 707-710.

Bengtsson L, Roeckner E, Stendel M. 1999. Why is the global warming proceeding much slower than expected. *J Geophys Res*, **104**: 3 865-3 876.

Blunier T, Schwander J, Stauffer B, *et al*. 1997. Timing of the Antarctic Cold Reversal and the atmospheric CO_2 increase with respect to the Younger Dryas event. *Geophysical Research letter*, **24**: 2 683-2 686.

Bradley R S, Jones P D. 1993. Little ice age summer temperature variations: their nature and relevance to recent global warming trends. *The Holocene*, **3**: 367-376.

Brostroem A, Coe M, Harrison S P, *et al*. 1998. Land surface feedback and palaeo-monsoons in northern Africa. *Geophysical Research Letters*, **25** (19): 3 615-3 618

Cess R D, Potter G L, Blanchet J P, *et al*. 1990. Intercomparison and interpretation of climate feedback processes in 19 atmospheric general circulation models. *J Geophys Res*, **95**: 16 601-16 615

Cess R D, Zhang M, Minnis P. 1995. Absorption of solar radiation by clouds: Observations versus models. *Science*, **267**: 496-499.

CLIMAP Members. 1981. Seasonal Reconstruction of the Earth's Surface at the Last Glacial Maximum. Geol. Soc. Am. Map Chart Ser. MC-36.

COHMAP Members. 1988. Climatic changes of the last 18,000 years: observations and model simulations. *Science*, **241**: 1 043-1 052.

Curry J A, Webster P J. 1999. Thermodynamics of Atmospheres and Oceans. Academic Press, 465.

Danabasoglu G, McWilliams J C. 1995. Sensitivity of the global ocean circulation to parameterizations of mesoscale tracer transports. *J Climate*, **8**: 2 967-2 987.

Spulber D F. 1988. Optimal environmental regulation under asymmetric information. *J Public Econ*, **35**: 163-181.

Eduard Hofer. 1996. When to separate uncertainties and when not to separate. *Reliability Engineering and System Safety*, **54**: 113-118.

Fabrizio Bulckaen. 1997. Emissions charge and asymmetric information: Consistently a problem? *Journal of Environmental Economics and Management*, **34**: 100-106.

Foley J, Kutzbach J E, Coe M T, *et al*. 1994. Feedbacks between climate and boreal forests during the Holocene epoch. *Nature*, **371**: 52-54.

Gaffen D J. 1994. Tempooral inhomogeneities in radiosonde temperature records. *J Geophys Res*, **99**: 2 667-2 676.

Gareth W, Parry. 1996. The characterization of uncertainty in probabilistic risk assessments of complex systems. *Reliability Engineering and System Safety*, **54**: 119-126.

Grafenstein U, Erlenkeuser H, Muller J, *et al*. 1998. The cold event 8 200 year ago documented in oxygen isotope records of precipitation in Europe and Greenland. *Climate Dynamics*, **14**: 73-81.

Grimm E C, Jacobson G L, Watt W A, *et al*. 1993. A 50 000-year record of climate oscillations from Florida and its temporal correlation with the Heinrich Events. *Science*. **261**: 198-200.

Guest Editorial. 1996. Treatment of aleatory and epistemic uncertainty in performance assessments for complex Systems. *Reliability Engineering and System Safety*. **54**: 91-94.

Guilderson T P, Fairbanks R G, Rubenstone J L. 1994. Tropical temperature variations since 20 000 year ago: Modulating inter-hemispheric climate change, *Science*. **263**:663-665.

Hahmann A N, Dickinson R. 1997. RCCM2-BATS model over tropical South America: Application to tropical deforestation. *J Climate*, **10**: 1 944-1 964.

Haigh J D. 1996. The impact of solar variability on climate. *Science*, **272**: 981-983.

Hall A, Manabe S. 1999. The role of water vapor feedback in unperturbed climate variability and global warming. *J Climate*, **12**: 2 327-2 346.

Hansen J, Ruedy R, Glascoe J, *et al*. 1999. GISS analysis of surface temperature change. *J Geophys Res*, **104**(D24): 30 997-31 022.

Haynes P H, Marks C J, McIntyre M E, *et al*. 1991. On the downward control of extratropical diabatic circulations by eddy-induced mean forces. *J Atmos Sci*, **48**: 651-678.

Held I M, Soden B J. 2000. Water vapor feedback and global warming. *Ann Rev Energy Env*, **25**: 441-475.

Hibler W D. 1984. The role of sea ice dynamics in modeling CO_2 increases. eds by Hansen J E, Takahashi T. Climate Processes and Climate Sensitivity. American Geophysical Union, Washington DC. pp238-253.

Hoelzmann P, Jolly D, Harrison S P, *et al*. 1998. Mid-Holocene land surface conditions in northern Africa and the Arabian peninsula: A data set for the analysis of biogeophysical feedbacks in the climate system. *Global Biogeochemical Cycles*, **12**: 35-51.

Hoffman F O, Hammonds J S. 1994. Propagation of uncertainty in risk assessment: The need to distinguish between uncertainty due to lack of knowledge and uncertainty due to variability. *Risk Analysis*, **14**(5):707-712.

Houze R A. 1993. Cloud Dynamics. Academic Press, San Diego. pp570.

IPCC. 1990. Climate Change:The IPCC Scientific Assessment . eds. by Houghton J T, Jenkins G J, Ephraums J J. Cambridge University Press. pp365.

IPCC. 1996. Climate Change 1995: The Science of Climate Change. Cambridge University Press.

IPCC. 1990. Climate Change 1990: The IPCC Scientific Assessment. Cambridge, UK Cambridge University Press. pp1-365.

IPCC. 1992. Climate Change 1992:The Supplementary Report to the IPCC Scientific Assessment. eds. by Houghton J T, Callander B A, Varney S K. Cambridge University Press.

IPCC. 2005. Guidance Notes for Lead Authors of the IPCC Fourth Assessment Report on Addressing Uncertainties. Geneva: IPCC, 2005. http://www. ipcc. ch/activity/uncertaintyguidancenote. pdf.

Jolly D, Prentice C I, Bonnefille R, *et al*. 1998. Biome reconstruction from pollen and plant macrofossil data for Africa and the Arabian Peninsula at 0 and 6 ka. *Journal of Biogeography*, **25**: 1 007-1 027.

Jones P D, Hulme M. 1996. Calculating regional climatic time series for temperature and precipitation: Methods and illustrations. *Int J Climatol*, **16**:361-377.

Jones P D, Briffa K R, Barnett T P, *et al*. 1998. High-resolution palaeoclimatic records for the last millennium interpretation, integration and comparison with general circulation model control-run temperatures. *The Holocene*, **8**: 455-471.

Kandlikar M, Risbey J, Dessai S. 2005. Representing and communicating deep uncertainty in climate change assessments. *Comptes Rendu Geosciences*, **337**: 443-451.

Karl T R, *et al*. 1994. Global and Hemispheric temperature trends: Uncertainties related to inadequate spatial sampling. *J Clime*, **7**: 1 144-1 163.

Klitgaard-Kristensen D, Petter Sejrup H, Haflidason H, *et al*. 1998. A regional 8 200 cal. yr BP cooling event in northwest Europe, induced by final stages of the Laruentide ice-sheet deglaciation? *Journal of Quaternary Science*, **13** (2): 165-169.

Lee T N, Johns W, Zantopp R, *et al*. 1996. Moored observations of western boundary current variability and thermohaline circulation at 26.5 °N in the subtropical North Atlantic. *J Phys Oceanogr*, **26**:962-983.

Litt T, Junge F W, Bottger T. 1996. Climate during the Eemian in north-central Europe—A critical review of the palaeobotanical and stable isotope data from central Germany. *Veget Hist Archaeobot*, **5**: 247-256.

Loth B, Graf H F, Oberhuber J M. 1993. Snow cover model for global climate simulations. *J Geophys Res*, **98**: 10 451-10 464.

Manning M, Petit M. 2003. A Concept Paper for the AR4 Cross Cutting Theme: Uncertainties and Risk. Geneva: IPCC.

Manning M R, Petit M, Easterling D, *et al*. 2004. IPCC Workshop on Describing Scientific Uncertainties in Climate Change to Support Analysis of Risk and of Options: Workshop Report. Boulder, Colorado, USA: IPCC Working Group I Technical Support Unit.

Mann M E, Bradley R S, Hughes M K. 1999. Northern Hemisphere temperatures during the past millennium: inferences, uncertainties, and limitations. *Geophysical Research Letter*, **26**:759-762.

McBean G A, Liss P S, Schneider S H. 1996. Chapter 11: Advancing our Understanding. eds. by Houghton J T, *et al*. Climate Change 1995: The Science of Climate Change. Cambridge, UK: Cambridge University Press. pp517-531.

Miller G H, Magee J W, Jull A J T. 1997. Low-latitude glacial cooling in the Southern Hemisphere from amino-acid racemization in emu eggshells. *Nature*, **385**: 241-244.

Moss R, Schneider S. 2000a. Uncertainties in the IPCC TAR: Recommendations to Lead Authors for More Consistent Assessment and Reporting. Pachauri eds. by Taniguchi T, Tanaka K. IPCC Supporting Material. pp33-51.

Moss R, Schneider S, Uncertainties R Pachauri, *et al*. 2000b. Guidance Papers on the Cross Cutting Issues of the Third Assessment Report of the IPCC. Geneva: IPCC.

National Assessment Synthesis Team. 2000. Climate change impacts on the United States: The potential consequences of climate variability and change. Washington, DC: US Global Change Research Program.

Oppo D W, McManus J F, Cullen J L S. 1998. Abrupt climate events 500 000 to 340 000 years ago: Evidence from subpolar north Atlantic sediments, *Science*. **279**: 1 335-1 338.

Overpeck J, Hughen K, Hardy D, *et al*. 1997. Arctic environmental change of the last four centuries. *Science*, **278**: 1 251-1 256.

Parker D E, *et al*. 1994. Effects of changing exposures of thermometers at land stations. *Int J Climatology*, **14**: 1-31.

Pilewskie P, Valero F P J. 1995. Direct observations of excess absorption by clouds. *Science*, **267**: 1 626-1 629.

pollack H N, Huang S P, Shen P Y. 1998. climate change record in subsurface temperatures: A global perspective *Science*, **282**: 279-281.

Pollard D, Thompson S L. 1994. Sea-ice dynamics and CO_2 sensitivity in a global climate model. *Atm Oce*, **32**: 449-467.

Porter S C, An Z. 1995. Correlation between climate events in the North Atlantic and China during the last glaciation. *Nature*, **375**: 305-308.

Prentice C, Guiot J, Huntley B, *et al*. 1996. Reconstructing Biomes from palaeoecological data: A general method and its application to European pollen data at 0 and 6 ka. *Climate Dynamics*, **12**: 185-194.

Ramanathan V, Subasilar B, Zhang G, *et al*. 1995. Warm pool heat budget and shortwave cloud forcing—A missing physics. *Science*, **267**: 499-503.

Ramaswamy V, Schwarzkopf M D, Randel W. 1996. Fingerprint of ozone depletion in the spatial and temporal pattern of recent lower-stratospheric cooling. *Nature*, **382**: 616-618.

Reid W V, *et al*. Millennium Ecosystem Assessment, 2005. Ecosystems and Human Well-being: Synthesis. Washington, DC: Island Press, for World Resources Institute, 2005.

Ren G, Zhang L. 1998. A preliminary mapped summary of Holocene pollen data for Northeast China. *Quaternary Science Review*, **17**: 669-688.

Robert L. Winkler. 1996. Uncertainty in probabilistic risk assessment. *Reliability Engineering and System Safety*,

54: 127-132.

Roberts M J, Wood R A. 1997. Topography sensitivity studies with a Bryan-Cox type ocean model. *J Phys Oceanogr*, **27**: 823 836.

Rostek F, Ruhland G, Bassinot F C, *et al*. 1993. Reconstructing sea surface temperature and salinity using $\delta^{18}O$ and alkenone records. *Nature*, **364**: 319-321.

Schlosser C A, Slater A G, Pitman A J, *et al*. 2000. Simulations of a boreal grassland hydrology at Valdai, Russia: PILPS Phase 2(d). *Mon Wea Rev*, **128**: 301-321.

Schneider E K, Kirtman B P, Lindzen R S. 1999. Tropospheric water vapor and climate sensitivity. *J Atmos Sci*, **36**: 1 649-1 658.

Scott Ferson, Lev R, Ginzburg. 1996. Different methods are needed to propagate ignorance and variability. *Reliability Engineering and System Safety*, **54**: 133-144.

Shindell D, Rind D, Balachandran N, *et al*. 1999. Solar cycle variability, ozone, and climate. *Science*, **284**, 305-308.

Singer C, Shulmeister J, McLea B. 1998. Evidence against a significant Younger Dryas cooling event in New Zealand. *Science*, **281**: 812-814.

Stute M, Forster M, Frischkorn H, *et al*. 1995. Cooling of tropical Brazil (5 ℃) during the last glacial maximum. *Science*, **269**: 379-382.

Tett S F B, Mitchell J F B, Parker D E, *et al*. 1996. Human influence on the atmospheric vertical temperature structure: detection and observations. *Science*, **274**: 1 170-1 173.

Texier D, de Noblet N, Harrison S P, *et al*. 1997. Quantifying the role of biosphere-atmosphere feedbacks in climate change: coupled model simulations for 6 000 years BP and comparison with palaeodata for northern Eurasia and northern Africa. *Climate Dynamics*, **13**:L 865-882.

Thompson L G, Mosley-Thompson E, Davis M E, *et al*. 1995. Late glacial stage and Holocene tropical ice core records from Huascaran, Peru. *Science*, **269**: 46-50.

Thompson L G, Yao T, Davis M E, *et al*. 1997. Tropical climate instability: the last glacial cycle from a Qinghai-Tibetan ice core. *Science*, **276**: 1 821-1 825.

Thunell R C, Miao Q. 1996. Sea surface temperature of the western Equatorial Pacific Ocean during the Younger Dryas. *Quaternary Research*, **46**: 72-77.

Thunell R C, Mortyn P G, 1995. Glacial climate instability in the Northeast Pacific Ocean. *Nature*, **376**: 504-506.

Twomey S A. 1974. Pollution and the planetary albedo. *Atmos Env*, **8**: 1 251-1 256.

Verseghy D L, McFarlane N A, Lazare M. 1993. CLASS—A Canadian land surface scheme for GCMs. II: Vegetation model and coupled runs. *Int J Clim*, **13**: 347-370.

Visbeck M, Marshall J, Haine T, *et al*. 1997. Specification of eddy transfer coefficients in coarse-resolution ocean circulation models. *J Phys Oceanogr*, **27**: 381-402.

William D, Rowe. 1994. Understanding Uncertainty Risk Analysis. **14**(5):743-750.

Wolff T, Mulitza S, Arz H, *et al*. 1998. Oxygen isotope versus CLIMAP (18 ka) temperatures: A comparison from the tropical Atlantic. *Geology*, **26**: 675-678.

Wout Slob. 1994. Uncertainty Analysis in Multiplicative Models. *Risk Analysis*, **14**(5): 571-576.

Yacov Y, Haimes, Timothy Barry, and James H. Lambert. 1994. When and how can you don't know much? *Risk Analysis*, **14**(5), 661-703

Zhai D M, Eskridge R E. 1996. Arcatges of cnhornogeneities in radiosonde and numidity time series Int. *J Climatel*, **9**(6):884—894.

第11章 对气候变化若干科学问题的认识

主　　笔:戴晓苏　任国玉

贡献作者:丁一汇　赵宗慈　罗　勇　翟盘茂

张称意　高学杰　刘洪滨　徐　影

气候变化是当今世界影响最为深远的全球性环境问题之一,它不仅是一个科学问题,而且是一个涵盖能源、经济、政治等方面的综合性问题。图11.1表明:人类活动导致大气中温室气体和气溶胶浓度增加,从而可能引起全球和区域气候变化;气候变化对自然生态系统和社会经济系统产生明显影响;在这种情况下,人类社会一方面必须适应气候与环境的变化,另一方面还需要采取措施减缓气候变化的影响。与一般环境问题相比,气候变化问题已经超出了气候或环境领域,涉及人类社会的生产、消费和生活方式及各国的经济利益和发展空间,因而日益受到国际社会的重视,成为各国政府和科学界共同关心的重大问题。

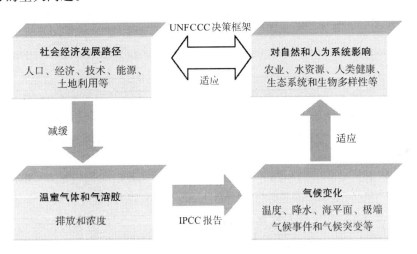

图11.1　气候变化问题综合框架示意图

(根据 IPCC 第三次评估综合报告图 1.1 修改,IPCC 2001b)

为了适应和减缓全球气候变化,首先需要解决气候变化领域中一些基础性的科学问题。对于这些问题的科学认识和研究体现和决定了气候变化科学的发展水平和发展方向,也决定了气候变化影响评估与经济分析的可靠程度。同时,相关的研究成果对于是否以及如何采取适应和减缓气候变化的政策措施至关重要。此外,对于这些问题的认识不仅是制订《联合国气候变化框架公约》(United Nations Framework Convention on Climate Change,UNFCCC,下面简称《公约》)及其《京都议定书》(下面简称《议定书》)的科学基础和信息来源,也构成了《公约》缔约方大会及《公约》附属机构会议的议题框架和谈判背景。

为了更全面地阐述和评估气候变化的基础科学、环境和社会经济影响及应对措施等问题,世界气象组织(World Meteorological Organization,WMO)和联合国环境规划署(United Nations Environmental Programme,UNEP)于 1988 年联合建立了政府间气候变化专门委员会(Intergovernmental

Panel on Climate Change,IPCC）。自 1990 年起,IPCC 已组织编写、出版了一系列评估报告、特别报告、技术报告和方法学指南等,对各国政府和科学界产生了重大影响,成为气候变化领域活动的科学基础。目前,IPCC 的职责之一就是向《公约》缔约方大会提供与气候变化相关的科学、技术和社会经济方面的建议,在气候变化国际事务中产生了重大的实质性影响。

为了有效地适应气候变化,减缓气候变化对中国的负面影响,积极参与国际环境外交活动,必须加强对气候变化基础科学问题的研究与评估。气候变化的科学评估工作将架起科学家和决策者之间的桥梁,可以使气候变化基础科学的研究成果更好地服务于社会和经济建设。本章将主要根据"十五"攻关课题的研究成果和本书前述各章的发现,结合制定适应和减缓气候变化的政策措施及参与气候变化国际活动的需求,对气候变化领域若干重要的基础科学问题的认知水平及其政策意义进行探讨。

11.1 气候变化的检测

当前气候变化领域争论的一个关键的基础科学问题是,过去 100 多年的全球增温是否主要由人类向大气排放过量 CO_2 等温室气体所造成。要解决这个问题就要回答:过去 100 多年的全球变暖相对于过去更长时期的自然变率是否异常？它是否或在多大程度上由人类活动引起？它又在多大程度上由自然的外部强迫因子或气候系统内部的自然变率造成？这一问题涉及气候变化信号的检测和原因判别。气候变化检测研究是气候变化科学大厦的基石,也是气候变化趋势预估的基础和全球气候变化问题的起因。

IPCC 第三次评估报告认为,至少过去 50 年的全球气候变化主要是由人为排放到大气中的温室气体引起(IPCC 2001a)。尽管目前科学界尚未完全解决这一问题,但大多数科学家基本认可这一结论。

近年来国内的研究也发现,根据国家基准和基本气象站资料分析获得的全国平均温度序列表现出显著的增暖趋势。同时模式研究还发现,过去 100 年或 50 年的温度变化可能部分地是由温室气体浓度升高造成的。但是,由于多数台站受到了城市热岛强度增强因素的显著影响,因此这些温度序列可能没有完全反映背景大气的真实变化。此外,自然因子可能对温度升高也具有明显影响。国内的代用气候资料分析给出了互相矛盾的结论:青藏高原上几个单点资料似乎表明,现代的增温是过去上千年内没有过的;但东部的文献资料,特别是记录的物候现象说明,相当于欧洲中世纪暖期阶段中国也是温暖的,而且至少不比 20 世纪温度更低。

因此,尽管目前有很多研究结果确实支持 IPCC 第三次评估报告的结论,并显示人类排放的温室气体可能是引起全球或中国气候变暖的重要原因,但是一些研究也发现,背景的大气温度变化可能没有预想的那么大,即使按照现有台站资料的分析结果,近现代的增暖也可能不是史无前例的,自然因子可以引起相当幅度的气候变化。中国气候变化检测的问题并没有彻底解决。

气候变化检测研究中存在着许多有待解决的具体科学问题(任国玉 2002),其中主要包括:仪器记录资料的空间覆盖和均一性问题;城市热岛效应增强和区域土地利用变化的影响问题;古气候代用资料固有缺陷及其与仪器记录的衔接问题;气候系统内部低频自然变率(如北大西洋涛动(North Atlantic Oscillation,NAO)、太平洋年代际振荡(Pacific Decadal Oscillation,PDO)、厄尔尼诺和南方涛动(El Nino and South Oscillation,ENSO)等)的重建和模拟问题;外部强迫因子的变化历史及其气候系统的响应问题;地表与对流层增温速率的差异问题等。

气候变化检测研究方面的不确定性对于政策制定具有重要意义。即在气候变化检测仍存在不确定性的情况下,制定任何重大适应和减缓气候变化的对策都需要慎重,这些政策应该具有"无悔"的性质,应该兼顾其他环境与发展问题。

为了减少气候变化检测的科学不确定性,应该进一步加强气候监测和科学研究。例如,需要加强对地球气候系统的连续和立体观测及古气候时期的气候重建,以便为气候变化研究提供具有更高时空分辨率的长期、准确的资料;正确认识仪器时期关键气候要素的变化、近千年来及全新世时期的气候变化、自然和人为气候强迫因子的变化史;促进对过去不同时间尺度气候变化的自然和人为原因进行可靠的判别,特别是对近 100 年全球和中国温度变化的基本影响因子给出科学的回答。

11.2　全球碳循环

工业革命以来,人类活动已经大幅度增加了大气中温室气体和气溶胶的浓度,其中 CO_2 浓度已从 1750 年的 280 ppm 增加到 2005 年的 379 ppm。

大气中 CO_2 浓度的波动取决于参与全球碳循环的各个碳库间碳通量的变化。大气、海洋和陆地是三个主要的碳库。陆地生物圈作为碳汇在全球碳循环中非常重要,但森林的过度砍伐和农业的过度开发正在使生物圈发生变化,其作为碳汇的重要性也在发生变化。海洋在碳循环中也起着重要作用。

全球燃烧矿物燃料碳排放从 1980 年的 5.2 PgC(PgC:10 亿 t 碳,1 t C≈3.7 t CO_2)上升到 2002 年的 6.5 PgC,多数分布在北半球。观测的大气 CO_2 分布和氧氮比及大气反演模型均表明陆地碳汇处于北半球中纬度地区。热带地区土地利用变化使该地区成为碳源,而北半球中纬度地区的碳汇主要由土地管理方式的改变所致。大气碳交换的年际变化主要取决于陆地生态系统而不是海洋。1995 年全球大气-海洋的碳为 2.2 PgC。海洋观测和模拟表明:气-海碳流年际变动为 0.5 PgC a^{-1},在热带海洋,年际变动最大。低纬度海洋是碳源而高纬度海洋是碳汇。北大西洋是最大碳汇,而热带太平洋是碳源。

中国碳排放的主要特征是:①高而增长快的排放总量,低而增长中速的人均排放量,非常低的人均历史累积排放量;②碳排放总量的变化与中国的人口和经济发展密切相关,人口增长与人均 GDP 增加是人均碳排放的主要因素;③单位 GDP 碳排放强度大大高于发达国家(参考图 11.2)。

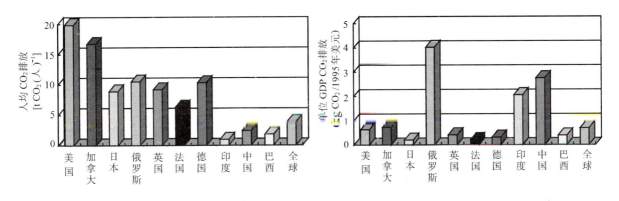

图 11.2　2001 年主要国家人均 CO_2 排放和单位 GDP CO_2 排放

20 世纪 90 年代全球陆地生态系统净吸收的碳约为每年 15 亿 t,约占同期碳源排放量的 23%。总体上说,中国生态系统处于碳汇状态,主要归因于造林、森林再生、森林防火、不断提高的农业生产能力。相关研究表明:中国森林生态系统在 1982—1992 年是碳源,1993—1998 年是碳汇。

中国碳循环研究尚处于起步阶段。到目前为止,科学界还不能完全定量地了解人类活动对区域及全球气候变化的影响,也不具备非常可靠的对未来气候变化的预估能力,其主要原因之一是还不能清楚地了解与气候及其变化密切相关的碳源汇的时空变化及其机制。科学技术的发展,观测仪器和观测手段的进步,新的研究方法(如模拟、遥感等)的利用,使更系统地定量化研究碳循环问题成为可能。今后需要加强遥感观测和地面观测,发展新一代的中国碳循环模型。

碳循环研究已经不仅仅是单纯的科学问题,也是为了满足各国政治、外交政策制定的需要。在

《公约》谈判中,关于温室气体减排一直是焦点问题。目前对区域气候变化贡献的计算,无论从科学上还是从方法学上都存在许多问题和不确定性,特别是在对全球碳循环的认识上还存在相当大的局限性。但由于这一问题对气候变暖的反馈作用十分重要,国际社会试图进一步推动计算世界各区域(国家)对气候变化贡献的研究工作,以进一步确定各国温室气体排放的责任和义务及未来的定量减排指标(戴晓苏 2003)。因此,应该通过科学研究,解决相关的科学和方法学问题,提出中国的温室气体减排责任分担方法,为参与《公约》谈判提供强有力的科学支持。

碳汇问题在《公约》履约进程中也得到充分的关注。碳吸收汇是指土地利用与土地利用变化(如造林及农业土壤等)对大气中 CO_2 的吸收作用。从理论上讲,森林和农业土壤等吸收碳的潜力很大,且比能源部门减排 CO_2 的成本要低得多,如果允许不加任何限制地使用,则某些发达国家可能基本上不需要采取实质性的减排行动,就可以实现《议定书》规定的目标。目前,距离有效地使用碳汇履行减限排义务还有一段路要走,要解决的问题非常多。和美国等发达国家相比,中国潜在碳汇的作用可能很有限,也不宜依赖它来履行未来可能的减排义务。

另一方面,作为《议定书》的履约机制之一,清洁发展机制(clean development mechanism,CDM)也包含了碳汇方面的项目,如造林和再造林等,这意味着发达国家可以通过在发展中国家实施林业碳汇项目抵消其部分温室气体排放量。在 2003 年 12 月召开的《公约》第九次缔约方大会上,国际社会已就将造林、再造林等林业活动纳入碳汇项目达成了一致意见,制定了新的运作规则,为正式启动实施造林、再造林碳汇项目创造了有利条件。CDM 造林、再造林碳汇项目有利于促进中国林业的发展,使人们对森林多功能的认识进一步升华,带来林业经营观念的转变,并为中国引入造林绿化资金开辟一条新渠道。

11.3　气溶胶的气候效应

大气气溶胶的气候效应问题已成为国际社会关注的焦点之一。虽然《公约》和《议定书》一直着重于 6 种主要温室气体的排放和控制及气候变化的环境影响上,并没有包括气溶胶,但在预估未来气候变化时应该包括气溶胶,因为气溶胶的冷却和/或增暖效应对预测结果的影响很大。

黑碳气溶胶的气候效应在科学和政策方面均具有重要意义。首先,在科学上是一个难点和热点,如能有所突破,将有助于更好地认识全球碳循环和气候变化的机制,提高气候系统模式的可靠性及其预测、预警能力。其次,在政策上,中国是黑碳等气溶胶的排放大国,如果其气候效应成立的话,无疑将会增加中国在气候变化国际谈判中的压力。

但是,目前对黑碳气溶胶辐射强迫的估计可靠性很差,对黑碳气溶胶气候效应的研究结论也截然不同。有的科学家认为黑碳气溶胶吸收短波辐射,能够引起大气异常加热。有的研究实验观测结果证实,亚洲棕色云(其中 14% 为黑碳)可以显著地减少太阳辐射,因此对气候的辐射效应是冷却。也有一些研究表明,控制黑碳气溶胶的排放,主要意义在于减少其对人体健康的影响,而不是减少其对气候的潜在影响。

近来,黑碳气溶胶的全球增暖效应问题在科学界引起了广泛而激烈的争论。一些研究表明,人类排放的黑碳已经影响了某些地区和国家的气候变化,尤其是近 20 年来这种效应更为显著,应该引起决策者、科学家和公众的重视。另一些研究则认为,与气候的自然变率相比,黑碳的气候效应在时空尺度上都是一个极小的、完全可以忽略不计的量值,根本没有必要考虑,否则可能对决策者起到误导作用。

黑碳气溶胶不仅可能是全球变暖的重要因子,它也可能产生显著的区域气候效应。有研究表明,黑碳气溶胶对中国东部的区域气候尤其是降水可能产生了一定的影响,并可能是造成近十几年中国南涝北旱降水分布的一个重要原因。

尽管在黑碳气溶胶研究中存在着很大争议,但目前已经出现超出纯科学范畴的政治化苗头(罗勇

2003)。一些学者提出,黑碳气溶胶对区域和全球的气候影响不可小视,其增暖效应可能高于 CO_2 等日前国际公认的主要温室气体;并且认为黑碳气溶胶既导致全球气候变暖,又影响环境和健康。因此,为遏制全球气候变暖,进行黑碳减排可能比减排 CO_2 等温室气体更为有效,是具有双赢效果的战略举措。如果这一结论成立,将从根本上动摇《公约》及《议定书》的科学基础,从而缓解发达国家控制 CO_2 等温室气体排放的压力。

黑碳气溶胶问题关系到中国的切身利益,需要引起高度重视。国际上这一领域的研究还刚刚起步,研究还比较薄弱,基础数据的不确定性还很大,特别是缺乏有关中国的基础资料。为了加强中国在国际科学界的影响,争取中国在环境外交谈判中的主动权,并为中国政府制定环境、气候政策提供充分的科学依据,应该尽快加强中国对大气污染物、大气环境与气候变化和人体健康等领域的研究,并在加强科学研究的基础上,密切跟踪国际动向,拟定有效对策。

11.4　气候变化的预估

气候变化预估直接关系到气候变化影响和脆弱性评价及适应对策的制定,也和国家应对气候变化策略的确立密切相关。在气候变化检测问题解决之后,未来气候情景的预估就是关系社会经济可持续发展和国家利益的基本科学问题,对国家中长期发展战略的制定具有重要意义,因而备受各国政府关注。

气候模式是未来气候变化趋势研究的主要工具,同时也是气候变化检测的重要手段,在气候变化领域的研究工作中发挥了不可替代的作用。

根据全球模式的模拟结果,中国未来温度呈增加趋势,且增加幅度比全球和东亚地区的都大。在 IPCC 的 B2 排放情景下,到 2100 年全国年平均温度约增加 2~6 ℃,其中冬季和春季温度增加最明显。降水的变化较为复杂,各个模式之间模拟结果的差别较大。在 B2 情景下,到 2100 年模拟的全国年平均降水将增加 10% 左右。区域气候模式也给出了类似的预估结果。

但是,在目前的科学水平下,气候模式对复杂的真实气候系统的描述还存在较大距离,利用气候模式对未来 50~100 年全球气候变化进行预估的可靠性还不高,不同模式的预估结果之间存在较大差别。对降水和极端天气气候事件的模拟,不同模式的预估结果差异更大。

日前气候模式的模拟结果还存在相当的不确定性,特别是在区域气候变化的预估方面,尚不能满足决策者的需求,因为任何决策都必须建立在相对真实可靠的科学信息的基础之上。也许正是因为考虑到这一点,《公约》的基本原则之一就是"考虑到气候变化影响的严重性和不可逆性,任何缔约方不能以缺乏充分的科学确定性为理由,推迟采取预防性措施以阻止或减少气候变化及其不利影响"。

鉴于对中国未来气候变化的预估结果,应该密切关注和深入研究气候变化对中国社会经济各部门的可能影响,并在影响评估的基础之上,制定有针对性的、低成本高效益的适应或减缓措施,特别是要立即采取各种"无悔"措施,如植树造林、提高能效、发展清洁能源和可再生能源等。更进一步,国家的未来经济发展规划应该考虑气候变化的可能影响,以便在可持续发展的大框架下考虑和解决气候变化问题。例如,未来气候变暖可能会使中国东北地区作物生长期进一步延长,这将有利于该地区的农业生产;预计西北地区的降水在全球变暖背景下趋于增加,这可能会在一定程度上缓解该地区的水资源短缺问题;同时一些模拟结果表明,中国东南地区的降水也趋于增多,这可能会加重长江中下游地区的防洪压力。因此,在国家制订中长期发展规划时,应该对未来气候变化趋势的预估结果加以适当考虑。

当然,气候模式的模拟能力是这一问题的核心。为了向决策者提供更可靠的科学信息,使当前的气候变化决策和气候变化影响评估建立在定量预估的基础之上,一方面,应该重视开发和改进气候系统模式,提高气候模式对区域气候变化及极端天气气候事件和气候突变的模拟能力;另一方面,需要对模式预估结果的不确定性给出客观、定量的描述。近年的研究在这方面获得了一些进展,模式研究者对气候模式敏感性和预估结果给出了概率分布函数,这为气候变化影响评估分析和风险决策提供了很大帮助。

建立高精度、高分辨率的气候系统模式正在成为目前世界气候研究的中心任务之一。气候系统各圈层之间存在着非常复杂的非线性相互作用。同时,影响气候变化还有许多复杂的外因,如太阳辐射变化、火山爆发和人类活动等。如何有机地综合考虑这样复杂的相互作用过程和诸多影响因子,进而对未来气候变化做可信的预估,成为摆在气候学界面前的一道难题。目前,中国科研人员正致力于气候系统模式的开发研制,这将有助于提高中国气候模式的模拟能力,从而获得更为可靠的未来区域气候变化情景,为制定适应和减缓气候变化的政策措施及气候变化国际谈判对策研究提供必要的科学基础。

11.5　极端气候事件与突变

对于极端气候事件的关注主要在于全球气候变暖是否会增加这些事件的发生频率和强度。根据世界各地的一些观测事实,在过去几十年里,各种类型的极端事件在一些地区有明显增加的趋势,与之相关的灾害频率及强度也趋于增加。气候模式及相关研究的预测结果表明,许多极端气候事件的频率和严重程度将会随着气候变暖而发生变化。例如,一些地区的高温极端事件将变得更为频繁,而寒冷极端事件将会减少;部分地区暴雨和极端强降水事件及局部洪涝的频率将可能增加。另外,由于土壤、湖泊和水库的蒸发加快,世界一些地区将遭受更频繁、更持久或更严重的干旱。在一些地区,龙卷风、强雷暴及狂风和冰雹也会增多。大气水分的增多也可能使一些较寒冷地区暴风雪的强度和频率增加。

应该指出的是,目前科学家还不能完全证明最近的极端气候事件是全球变暖引起的,因为极端事件频率与全球变暖之间的联系只能通过长期资料的统计分析来确定。尽管模式可以提供关于这种变化的方向和重要性的有用线索,但是所涉及的过程很复杂,因此很难用当前模式来准确地预报极端值的变化,而目前的资料尚不足以推断出任何明确的结论。

全球变暖背景下气候突变的可能性也是科学界和政治界关心的问题之一。可能的突变包括北大西洋温盐环流的中断或减弱,这将造成由低纬向高纬的热输送停止或减少,从而对欧亚大陆的气候造成巨大影响。一些气候模式的模拟结果显示,当大气中 CO_2 浓度增加到一定值时,北大西洋高纬度地区降水增多,使海表出现淡水帽,海水变淡,海水的下沉作用减弱甚至终止,随后,北大西洋温盐环流减弱乃至崩溃。但这一结果是高度不确定的,原因在于现有模式远非尽善尽美,不同模式的模拟结果之间存在很大差异,特别是复杂气候模式虽然大多模拟出温盐环流的减弱但其量值并不大。古气候研究表明,在过去几十万年内,北大西洋地区曾出现一系列快速的气候变化,这种突变也不同程度地波及了世界其他地区。一般认为,过去的温盐环流减弱或消失导致了北大西洋地区降温,而环流的建立或恢复则引发快速增暖。这些分析为人们担心全球变暖可能引起北大西洋洋流变化、进而导致西欧和北欧气候突然变冷提供了理由。

中国每年因各种气象灾害导致的农田受灾面积达 5 亿多亩*,受干旱、暴雨、洪涝和热带风暴等极端大气气候事件影响的人口达 6 亿多人次,平均每年因气象灾害造成的经济损失占国民经济总产值的 3%～6%。因此,极端天气气候事件频率和强度的变化及其对中国社会经济可能产生的影响的确应引起进一步重视。

近 50 年来,全国平均的炎热日数没有出现显著的趋势性变化,而寒潮次数和霜冻日数则明显减少(Zhai, Pan 2003);长江流域与东南沿海地区夏季降水量和暴雨日数明显增多,华北和东北的主要农业区干旱面积一般呈增加趋势,但从全国来看暴雨日数和干旱面积变化不明显;由于台风造成的降

---

* 1 亩＝666.6 m²,下同。

水量出现减少趋势;沙尘天气(包括沙尘暴)事件出现频率总体上呈下降趋势。因此,在过去的 50 年内,尽管在区域尺度上某些极端天气气候事件发生频率有所增多,但从总体上看,中国主要类型的极端天气气候事件发生频率或者呈减少趋势,或者变化趋势不显著(表 11.1)。

表 11.1　过去 50 年全国平均的主要类型极端天气气候事件频率变化

事件类型	统计时段	变化趋势
暴雨(强降水)	1951—2001	增加,但不显著;东南和西北地区增多,华北地区减少
干旱	1951—2001	增加,但不显著;华北、东北南部地区增重,南方和西部地区减轻
登陆台风与台风降水	1954—2001	登陆台风减少,台风造成的降水量和影响范围均减少
寒潮	1951—2001	明显减少、减弱
高温	1951—2001	高温日数减少,但不显著;华北地区增多,长江中下游地区减少
低温	1951—2001	明显减轻,北方更为明显
沙尘暴	1954—2001	明显减少,1998 年以后有所增多,但仍远低于统计时期平均数

预计,在大气中 CO_2 浓度进一步增加情况下,随着地面气温的上升,中国区域平均的日最高和最低气温也将升高,但最低气温的升高幅度较最高气温大。在中国北方地区,强降水日数变化趋势可能不显著,而南方则可能明显增加。增强的温室效应可能会导致中国出现局地尺度上强降水事件增加的现象。北方的沙尘暴天气事件数量将来可能不会恢复到 20 世纪 50—70 年代的高水平。中国部分地区的干旱现象可能会增多,但目前还没有充分证据表明:在全球变暖情况下全国性干旱面积将呈增加趋势。

尽管极端天气气候事件和气候突变是小概率事件,但是一旦发生,可能对区域生态系统和人类社会产生重大的甚至毁灭性的影响。鉴于极端天气气候事件的重要性,同时过去的观测又表明,在部分地区某些类型的极端事件呈增多趋势,中国科学界和有关部门应该对此给予更多的关注。当然,从全国平均来看,未来主要类型的极端天气气候事件发生频率也可能朝着相反方向变化。在这方面加强监测和研究是当务之急。

11.6　温室气体浓度稳定水平

《公约》的最终目标是"将大气中温室气体的浓度稳定在防止气候系统受到危险的人为干扰的水平上,从而使生态系统能够自然地适应气候变化,确保粮食生产免受威胁,并使经济发展能够可持续地进行"。由此首次提出了"气候系统危险人为干扰水平"的问题,并成为过去 10 多年里气候变化国际谈判的一个焦点。

IPCC 技术报告《大气温室气体稳定——物理、生物和社会经济的含义》(IPCC 1997a)指出:减缓气候变化的成本取决于温室气体浓度稳定水平的高低及为实现稳定水平所选择的排放路径。IPCC 技术报告《各种二氧化碳限排目标的含义》(IPCC 1997b)则指出:温室气体排放量减少越多,采取减排时间越早,温度增加和海平面升高的幅度也就越小、越慢。IPCC 第三次评估报告(IPCC 2001b)针对《公约》的最终目标,描述了几种具体的温室气体浓度稳定水平和相应的排放及由此引起的相关气候变化,包括 450,550,650,750 和 1 000 ppmv。稳定水平愈低,引起的气候变化危害也就可能愈小。该评估报告同时指出,温室气体浓度在任何水平上的稳定都需要最终大幅度地削减全球 CO_2 净排放,并且选择的温室气体浓度稳定水平愈低,需要全球开始减排的时间愈早,减排幅度也愈大。稳定 CO_2 浓度可以减缓增温,但存在不同程度的不确定性。并且,任何温室气体浓度稳定水平可能导致的增温幅度都存在较大的不确定性范围。

由于温室气体浓度稳定水平问题具有重要的政策意义,因此科学界开始进行相关研究,但从总体上说,目前国内外对这一问题的研究还处在初步探索阶段,限于目前的科学水平,尚未得出非常确定的、被广泛认可的结果。由于气候敏感性、温度、降水和其他气候要素时间、空间变化的不确定性,对于特定的排放情景,气候变化的影响并不能唯一确定。在适应气候变化的能力方面也存在不确定性。假若根据现在的中高级别气候敏感性,不考虑人类的适应能力等因素,如果要把大气中 CO_2 浓度水平稳定在 550 ppmv 上,或者把未来全球平均温度上升 2 ℃ 看做是危险的,那么我们今天的减、限排政策选择将非常紧迫。

另外,生态系统的组成与结构功能变化、物种的灭绝、人类健康的变化、对不同人群的影响程度的不同等都很难用共同的标准来衡量,因此,目前有关温室气体浓度稳定水平的研究还存在相当的不确定性。因而究竟什么是评定"气候系统危险人为干扰水平"的客观标准也就很难确定。目前有关该问题所得出的一些结论(诸如欧盟等发达国家极力主张以 550 ppmv 作为温室气体浓度的最终稳定水平),都是基于气候模式的模拟结果及专家的主观判断,而确定什么构成了"对气候系统的危险的人为干扰"的基础因区域而变化,并且取决于气候变化的影响和脆弱性及对气候变化的适应和减缓能力,所以目前对温室气体浓度稳定水平问题的讨论仍缺乏牢固的科学依据,在政治和外交方面也存在重大分歧。

在这种情况下,要确定温室气体浓度危险水平仍然存在着相当大的困难。尽管《公约》给出了确定危险浓度水平的三个原则(生态系统自然适应、粮食安全、可持续的经济发展),但由于这一问题的复杂性,目前相关的科学研究仍处在初级阶段,尚未取得任何明显进展,更谈不上为相关的政治决策提供依据。今后的首要任务应该是进一步评估不同温室气体浓度稳定水平下气候变化的影响和脆弱性,并在此基础上,结合不同国家、不同部门及不同区域的实际考虑(包括科学、政治和经济方面的考虑),再试图确定温室气体浓度稳定水平。在未来气候变化预估、气候变化影响评估、影响阈值确定等方面需要开展进一步研究,并在此基础上探讨和确定温室气体浓度稳定水平,以及为达到稳定水平而应该采取的措施。

此外,确定温室气体浓度稳定水平也必须考虑到可行性问题。如果确定的温室气体浓度稳定水平过低,那么现有的技术潜力根本无法保证完成减排目标。因此,技术开发创新、应用和转让应该是国际社会应对气候变化的核心手段。

11.7 科学研究的不确定性

在气候变化研究领域,不确定性问题始终是受到国际社会广泛关注的重要问题。由于当前科学水平的限制,无论是对过去气候变化的重建,还是对当前气候变化的检测,以及对未来气候变化的预估,都存在着相当大的不确定性。这些不确定性的存在使得气候变化外交谈判的进程困难重重。

科学上的不确定性几乎存在于气候变化科学研究的所有环节中。在气候变化检测和预估中存在的不确定性包括:古气候代用资料分析及其问题;器测时期观测资料及其问题;对气候系统过程与反馈认识的局限性;未来排放情景的不确定性;气候模式的代表性和可靠性等。

科学研究是目前和今后相当长一段时间内解决这些不确定性问题的关键。它不仅是采取减缓和适应措施所必需的,而且也是确定国际环境政策和方针的基础。作为一个疆域广阔、人口众多的发展中大国,中国应该进行自己独立的研究和评估,对全球气候变化的科学问题和可能影响真正做到全面了解。只有这样,才能确定科学合理的适应对策,并确立恰当的环境外交政策。

气候变化科学的不确定性和科学认识的长期性决定了气候变化问题的决策带有相当的风险,处理气候变化问题需要慎重行事。对于气候变化问题,有必要描述在不确定性情况下各种不同决策分析方法的结果及相对参考价值,以此保证长期政策和短期政策可以基于最好和最新的科学信息,进而使得这些政策在不确定性问题得到解决时能够以最低成本得到实现。当前处理气候变化问题并不是要找到最佳决策,而是需要采取一种谨慎小决,并随着时间的推移,通过增加新的知识和改进科学认识来逐步调整应对气候变化的战略。

为了更全面地认识气候变化科学问题,中国需要建立与国际上 IPCC 相对应的国家气候变化评

估体系,对更广泛的科技文献进行系统评估。国家气候变化评估活动应该包括如下内容:

(1)气候变化科学问题。如温室气体排放、吸收和大气温室气体浓度危险水平,全球和全国平均气温变化记录,全国和区域降水量变化记录,气候变化信号的检测研究,未来区域平均气温和降水量的预测,未来重点地区海平面变化预测,未来强降水等极端气候事件频率变化的可能性等。

(2)气候变化的部门影响和区域综合影响。包括对生态环境和国民经济主要部门的影响,如气候变化对生态系统、水资源、土地荒漠化、农牧渔业、人类健康等的影响;也包括气候变化对全国重点地区的综合影响,如华北地区、东北地区、西北地区、长江中下游地区、沿海地区等。

(3)气候变化的对内对外适应对策研究。如能源战略和对策研究、敏感部门适应对策研究、综合影响评估模式结果研究、国际谈判对策与策略研究、各种履约机制研究等。

(4)气候变化科学上的不确定性。对气候变化各个分支领域内的科学不确定性进行全面分析和评价,对不确定性的范围和如何减少不确定性的途径作出说明,对科学不确定性的政策意义做出评估。

气候变化科学评估活动是科学研究结果的综合和总结,也是研究活动的延续,可以直接架起科学研究和政策制定之间的桥梁,给决策者提供一个更清晰、更系统、更全面的科学知识现状分析。

11.8　小结

气候变化不仅是一个科学问题,而且是一个涵盖能源、经济、政治等的综合性问题。分析气候变化主要科学问题的政策意义,可以使基础科学的研究成果更好地服务于社会和经济建设,并在国际环境外交谈判中维护中国的权益。

气候变化检测研究方面的不确定性对于政策制定具有重要意义。它表明,气候变化问题并不像人们通常所理解的那样确定无疑。在气候变化检测仍存在疑问的情况下,制定任何重大适应和减缓气候变化的对策都需要特别慎重,这些政策应该具有"无悔"的性质,应该兼顾其他环境与发展问题。为了减少气候变化检测的科学不确定性,应该进一步加强气候监测和科学研究。例如,需要加强对地球气候系统的连续、立体观测,促进对过去不同时间尺度气候变化的自然和人为原因的可靠判别,特别是对近 100 年全球温度变化的基本影响因子给出科学的回答。

碳循环不仅仅是单纯的科学问题,加强这方面研究也是为了满足制定政治、外交政策的需要。关于温室气体减排一直是《公约》谈判的焦点问题,应该继续关注相关研究的进展,并以适当方式提出中国的温室气体减排责任分担方法。应该致力于研究过去、现在和未来人类活动对地球系统碳循环的贡献,同时,要深入研究开展 CDM 碳汇项目的社会经济影响及其环境效应,以便最大限度地维护国家利益。

黑碳气溶胶的全球增暖效应已成为当前气候变化科学领域中的一个热点问题,可能会涉及各国减排义务和责任的重整,直接关系到中国的切身利益,需要引起高度重视。国际上这一领域的研究还刚刚起步,研究还比较薄弱,基础数据的不确定性还很大,特别是缺乏有关中国的基础资料。为了加强中国在国际科学界的影响,争取在环境外交谈判中的主动权,并为中国政府制定环境、气候政策提供充分的科学依据,应该尽快加强中国对大气污染物、大气环境与气候变化和人体健康等领域的研究。

气候变化的预估结果是进行气候变化影响评估和脆弱性评估、制定适应和减缓气候变化的政策措施及确定气候变化国际谈判对策和国际气候变化政策框架的基础,气候模式的模拟能力则是这一问题的核心。重视开发气候系统模式和区域气候模式,提高气候模式对区域气候变化及极端天气气候事件和气候突变的模拟能力;密切关注和深入研究气候变化对中国社会经济各部门的可能影响,并在影响评估的基础之上,制定有针对性的、低成本高效益的适应或减缓措施,特别是要立即采取各种"无悔"措施;国家的未来经济发展规划应考虑气候变化的可能影响,以便在可持续发展的大框架下考虑和解决气候变化问题。

尽管极端气候事件和气候突变是小概率事件,但是一旦发生,可能对生态系统和人类社会产生重大的甚至毁灭性的影响。因此,应该关注相关问题的研究进展,特别是极端天气气候事件和全球变暖之间关系的研究。由于极端天气气候事件及气候突变的复杂性,目前有关该问题研究的不确定性很大。需要加强对极端天气气候事件及气候突变的研究,了解未来变化的可能性。极端气候事件及气候突变的研究结果可以为决策提供科学依据。

尽管《公约》给出了确定温室气体危险浓度水平的三个原则(生态系统自然适应、粮食安全、可持续的经济发展),但由于这一问题的复杂性,目前相关的科学研究仍处在初级阶段,尚未取得任何明显进展,更谈不上为相关的政治决策提供依据。今后的首要任务应该是进一步评估不同温室气体浓度稳定水平下气候变化的影响和脆弱性,并在此基础上,结合不同国家、不同部门及不同区域的实际考虑,进一步慎重确定温室气体浓度稳定水平。

在气候变化研究领域,不确定性问题始终是受到国际社会广泛关注的重要问题。科学研究是目前和今后相当长一段时间内解决所有不确定性问题的关键。

参 考 文 献

戴晓苏. 2003. 巴西案文对气候公约谈判的影响分析. 气候变化通讯,**2**(5):14-15.

罗勇. 2003. 关于黑碳气溶胶气候效应的科学争论及其政策意义. 气候变化通讯,**2**(2):11-12.

任国玉. 2002. 关于 IPCC 第三次评估报告及其未来活动的几点意见. 气候变化通讯,**1**(1):4-5.

IPCC. 1997a. Stabilization of atmospheric greenhouse gases:Physical, biological and socio-economic implications. IPCC Technical Paper 3,52.

IPCC. 1997b. Implications of proposed CO_2 emissions limitations. IPCC Technical Paper 4,41.

IPCC. 2001a. Climate Change. 2001. The Scientific Basis. Contribution of Working Group I to the Third Assessment Report of the IPCC. Cambridge University Press. pp881.

IPCC. 2001b. Climate Change 2001. Synthesis Report. Contribution of Working Group I, II, and III to the Third Assessment Report of the IPCC. Cambridge University Press. pp397.

Zhai P M,Pan X H. 2003. Trends in temperature extremes during 1951—1999 in China. *Geophys Res Lett*,**30**,doi:10.1029/2003G10180004.

缩 略 词 表

AGCM：Atmospheric General Circulation Model，大气环流模式

AMIP：Atmospheric Model Intercomparison Project，大气环流模式比较计划

AR4：The Fourth Assessment Report，第四次评估报告

AUS：即 CSIRO

BMRC：Bureau of Meteorology Research Centre，澳大利亚气象局研究中心

CASA：Carnigie-Ames-Stanford Approach Biosphere Model，卡耐基-艾姆斯-斯坦福途径生物圈模型

CCC：Canadian Centre for Climate，加拿大气候中心

CCCma：Canadian Centre for Climate Modelling and Analysis，加拿大气候模拟与分析中心

CCSR：Center for Climate System Research(Japan)，日本气候系统研究中心

CDM：Clean Development Mechanism 清洁发展机制

CERFACS：European Certre for Research and Advanced Training in Scientific Computation，欧洲计算科学研究和高级培训中心(法国)

CMIP：Coupled Model Intercomparison Project，耦合模式比较计划

COLAI：Center for Ocean-Land-Atmosphere Interactions(USA)，海-陆-气交互作用中心(美国)

CSIRO：Commonwealth Scientific and Industrial Research Organization(Australia)，联邦科学与工业研究组织(澳大利亚)

DKRZ：German Climate Computing Centre，德国汉堡气候计算中心

ENSO：El Nino and South Oscillation，厄尔尼诺和南方涛动

GFDL：Geophysical Fluid Dynamics Laboratory(USA)，地球物理流体动力学实验室(美国)

GISS：Goddard Institute for Space Studies(USA)，戈达德空间研究所(美国)

IAP：Institute of Atmospheric Physics(China)，中国科学院大气物理研究所

IPCC：Intergovernmental Panel on Climate Change 政府间气候变化专门委员会

IPSL/LMD：Institute Pierre-Simon Laplace/Dynamic Meteorology Laboratory, Pierre-Simon-Laplace，全球环境科学研究所/法国动力气象学实验室

LGM：Last Glacial Maximum，末次盛冰期

LMD：Dynamic Meteorology Laboratory(France)，法国动力气象学实验室

MGO：Main Geophysical Observatory(USSR)，地球物理观象总台(前苏联)

MPI：Max-Planck Institute for Meteorology，马克斯—普朗克气象研究所(德国)

MRI：Meteorological Research Institute(Japan)，日本气象研究所

NAO：North Atlantic Oscillation，北大西洋涛动

NCAR：National Centre for Atmospheric Research(USA)，美国国家大气研究中心

NEP：Net Ecosystem Productivity，净生态系统生产力

NPP：Net Primary Productivity，净初级生产力

NRL：Naval Research Laboratory (USA)，美国海军研究实验室

OSU：Oregon State University(USA)，俄勒冈州立大学(美国)

PDO：Pacific Decadal Oscillation，太平洋年代际振荡

PIK：Potsdam Institute for Climate Impact Research(Germany)，波茨坦气候影响研究所(德国)

PIUB：Physics Institute University of Bern(Switzerland)，瑞士伯尔尼大学物理研究所

PMIP：Paleoclimate Modelling Intercomparison Project，古气候模拟比较计划

SAR：The Second Assessment Report，第二次评估报告

SRES：IPCC Special Report on Emission Scenarios，IPCC 排放情景特别报告

TAR：The Third Assessment Report，第三次评估报告

THC：Thermohaline Circulation，温盐环流

UHH：University of Hamburg，德国汉堡大学

UKMO：United Kingdom Meteorological Office，英国气象局

UNEP：United Nations Environmental Programme，联合国环境规划署

UNFCCC：United Nations Framework Convention on Climate Change，联合国气候变化框架公约

UVIC：University of Victoria(Canada)，维多利亚大学(加拿大)

WMO：World Meteorological Organization，世界气象组织

附录：

气候变化有关问题与解答

主　　笔：丁一汇
主要作者：孙　颖　李巧萍　张　莉　张　锦

1. 中国气候变化的主要特征是什么？中国地区的气候变化与全球相比有什么异同点？

温度变化：近 100 年来中国年平均地表气温明显增加。升温幅度约为 0.5～0.8 ℃，比同期全球平均值(0.6±0.2)℃略强。在 20 世纪有两个增暖期，分别出现在 20 世纪 20—40 年代与 80 年代中期以后。近 100 年的增温主要发生在冬季和春季，夏季气温变化不明显。在最近的 50 年，中国年平均地表气温增加 1.1 ℃，增温幅度为 0.22 ℃(10a)$^{-1}$，明显高于全球或北半球同期平均增温速率。北方和青藏高原增温比其他地区显著。西南地区出现降温现象，春季和夏季降温尤为突出。长江中下游地区夏季平均气温也呈降低趋势。由于气温上升，中国的气候生长期已明显增长，青藏高原和北方地区增长更多。

降水变化：近 100 年和近 50 年中国年降水量变化趋势不显著，但年代际波动较大。20 世纪初期和 30—50 年代年降水量偏多，20 年代和 60—80 年代偏少，近 20 年降水呈增加趋势。1990 年以来，多数年份全国年降水量均高于常年。从季节上看，近 100 年中国秋季降水量略为减少，而春季降水量稍有增加。近 50 年全国平均的年降水量同样没有呈现显著变化趋势，但降水量趋势存在明显的区域差异。1956—2000 年，长江中下游和东南地区年降水量平均增加了 60～130 mm，西部大部分地区的年降水量也有比较明显的增加，东北北部和内蒙古大部分地区的年降水量有一定程度增加；但是，中国华北、西北东部、东北南部等地区年降水量出现下降趋势，其中黄河、海河、辽河和淮河流域平均年降水量从 1956 年到 2000 年约减少了 50～120 mm。

其他要素变化：近 50 年中国的日照时间、水面蒸发量、近地面平均风速、总云量均呈显著减少趋势。风速减少最明显的地区在中国西北。全国平均总云量在内蒙古中西部、东北东部、华北大部及西部个别地点减少最为显著。中国全国平均日照时间从 1956 年到 2000 年减少了 5%(130 小时)左右，日照时间减少最明显的地区是中国东部，特别是华北和华东地区。同期的年水面蒸发量(蒸发皿蒸发量)减少 6% 左右。水面蒸发量的减少主要发生在 20 世纪 70 年代中期以后，下降最明显的地区在华北、华东和西北地区，其中海河和淮河流域年水面蒸发量从 1956 年到 2000 年约下降了 13%(220 mm)。

极端气候事件变化：近 50 年来中国全国平均的炎热日数呈现先下降后增加趋势，近 20 多年上升较明显。自 1950 年以来，全国平均霜冻日数减少了 10 天左右，这与日最低气温比日最高气温升高更明显的事实是一致的。中国近 50 年来的寒潮事件频数显著下降。中国华北和东北地区干旱趋重，长江中下游流域和东南地区洪涝加重。与降水相关的极端气候事件变化具有明显的区域性。近 50 年来长江中下游流域和东南丘陵地区夏季暴雨日数增多较明显，西北地区强降水事件频率也有所增加。中国西北东部、华北大部和东北南部干旱面积呈增加趋势。20 世纪 90 年代以来登陆中国的台风数量呈现下降趋势，近 50 年来东南沿海地区由于台风造成的降雨量也有减少现象。中国北方包括沙尘暴在内的沙尘天气事件出现频率总体上呈下降趋势,但 2006 年的沙尘暴明显多于 2005 年,这一现象引起了科学家的关注。

中国气候变化是全球气候变化的区域响应,趋势基本相同,但也有差异。这是由于区域的气候强迫因子不同所造成的,但人类活动是造成近 50 年气候变化主要因子这一结论是相同的。

近 100 年中国气温变化总的趋势与全球是一致的,并且比全球平均略高。变暖主要出现在冬季。温室气体的测量结果,也与全球的代表性台站(如 Mauna Loa)一致。降水从 20 世纪 50 年代中后期至今表现为增加趋势,也与全球情况一致。海平面上升的趋势和增加量值与全球基本一致。其他一些气象与环境变量也大致表现出与全球一致的变化,如冰川退化,极端天气与气候(事件)频率与强度增加等。上述事实表明,中国的区域气候变化与全球气候变化有密切关联,作为气候系统的一部分,对全球整个气候系统变化的响应是十分明显的。

但是中国的气候变化也表现出一些明显不同的特征。这主要反映在三个方面:①中国 20 世纪 20—40 年代的增温十分明显,远大于全球和北半球平均值;②中国的降水表现出"南涝北旱"型,主要反映了由自然因素引起的年代际变化(70～100 年时间尺度);③近 40 年,青藏高原冬春积雪的增加与欧亚春季积雪减少趋势正好相反,其原因尚不完全清楚。研究这些方面的差异及其原因将有助于深入了解中国气候变化的特点及机制。

2. 中国应对气候变化的政策是什么?

气候变化是国际社会普遍关心的重大全球性问题。中国作为一个负责任的发展中国家,对气候变化问题给予了高度重视,并根据国家可持续发展的战略要求,采取了一系列与应对气候变化相关的政策和措施,为减缓和适应气候变化作出了积极的贡献。

作为一个负责任的发展中国家,自 1992 年联合国环境与发展大会以后,中国政府率先组织制定了《中国 21 世纪议程——中国 21 世纪人口、环境与发展白皮书》,并从国情出发采取了一系列政策措施,为减缓全球气候变化作出了积极的贡献。主要的措施包括:①调整经济结构,推进技术进步,提高能源利用效率;②发展低碳能源和可再生能源,改善能源结构;③大力开展植树造林,加强生态建设和保护;④实施计划生育,有效控制人口增长;⑤加强了应对气候变化相关法律、法规和政策措施的制定;⑥进一步完善相关体制和机构建设;⑦高度重视气候变化研究及能力建设;⑧加大气候变化教育和宣传力度。

中国经济社会发展正处于重要战略机遇期。中国将落实节约资源和保护环境基本国策,发展循环经济,保护生态环境,加快建设资源节约型、环境友好型社会,积极履行《联合国气候变化框架公约》(以下简称《公约》)相应的国际义务,努力控制温室气体排放,增强适应气候变化的能力,促进经济发展与人口、资源和环境相协调。

中国应对气候变化的指导思想是:全面贯彻落实科学发展观,加快构建社会主义和谐社会,坚持节约能源和保护环境的基本国策,以控制温室气体排放、增强可持续发展能力为目标,以保障经济发展为核心,以节约能源、优化能源结构、加强生态保护和建设为突破口,以科学技术进步为依托,不断提高应对气候变化的能力,为保护全球气候作出新的贡献。

中国应对气候变化要坚持以下原则:在可持续发展框架下应对气候变化的原则;减缓与适应并重的原则;将应对气候变化的政策与其他相关政策有机结合的原则;依靠科技进步和科技创新的原则;遵循《公约》规定的共同但有区别责任原则;积极参与、广泛合作的原则。

中国应对气候变化的总体目标是:控制温室气体排放取得明显成效,适应气候变化的能力不断增强,气候变化相关的科技与研究水平取得新的进展,公众的气候变化意识得到较大提高,气候变化领域的机构和体制建设得到进一步加强。

中国应对气候变化的相关政策和措施:按照全面贯彻落实科学发展观的要求,中国将采取一系列法律、经济、行政及技术等手段，大力节约能源，优化能源结构；改善生态环境，提高适应能力；加强科技开发和研究能力；提高公众的气候变化意识；完善气候变化管理机制；努力实现气候变化国家方案提出的目标和任务。

3. 中国在应对气候变化中采取的基本立场是什么？

2007年6月4日国务院颁布《中国应对气候变化国家方案》，明确了中国应对气候变化的基本立场：

（1）减缓温室气体排放。

减缓温室气体排放是应对气候变化的重要方面。《气候公约》附件一缔约方国家应按"共同但有区别的责任"原则率先采取减排措施。发展中国家由于其历史排放少，当前人均温室气体排放水平比较低，其主要任务是实现可持续发展。中国作为发展中国家，将根据其可持续发展战略，通过提高能源效率、节约能源、发展可再生能源、加强生态保护和建设、大力开展植树造林等措施，努力控制温室气体排放，为减缓全球气候变化做出贡献。

（2）适应气候变化。

适应气候变化是应对气候变化措施不可分割的组成部分。过去，适应方面没有引起足够的重视，这种状况必须得到根本改变。国际社会今后在制定进一步应对气候变化法律文书时，应充分考虑如何适应已经发生的气候变化问题，尤其是提高发展中国家抵御灾害性气候事件的能力。中国愿与国际社会合作，积极参与适应领域的国际活动和法律文书的制定。

（3）技术合作与技术转让。

技术在应对气候变化中发挥着核心作用，应加强国际技术合作与转让，使全球共享技术发展所产生的惠益。应建立有效的技术合作机制，促进应对气候变化技术的研发、应用与转让；应消除技术合作中存在的政策、体制、程序、资金以及知识产权保护方面的障碍，为技术合作和技术转让提供激励措施，使技术合作和技术转让在实践中得以顺利进行；应建立国际技术合作基金，确保广大发展中国家买得起、用得上先进的环境友好型技术。

（4）切实履行《气候公约》和《京都议定书》的义务。

《气候公约》规定了应对气候变化的目标、原则和承诺，《京都议定书》在此基础上进一步规定了发达国家2008—2012年的温室气体减排目标，各缔约方均应切实履行其在《气候公约》和《京都议定书》下的各项承诺。中国作为负责任的国家，将认真履行其在《气候公约》和《京都议定书》下的义务。

（5）气候变化区域合作。

《气候公约》和《京都议定书》设立了国际社会应对气候变化的主体法律框架，但这绝不意味着排斥区域气候变化合作。任何区域性合作都应是对《气候公约》和《京都议定书》的有益补充，而不是替代或削弱，目的是为了充分调动各方面应对气候变化的积极性，推动务实的国际合作。中国将本着这种精神参与气候变化领域的区域合作。

4. 气候变化对中国自然生态系统和社会经济部门产生了哪些影响？青藏铁路长期的安全运营是否会受到气候变暖的影响？

全球和中国的气候变化对中国的自然生态系统和社会经济部门产生了重要影响，尤其是对农牧业生产、水资源供需、森林和草地生态系统、沿海地带等的影响较为显著，而且这些影响以负面为主，某些影响甚至是不可逆的。

气候变化导致农业生产的不稳定性增加，局部干旱高温危害加重，由于气候变暖后作物发育期提前，使春季霜冻的危害加大。内蒙古草原区春旱加剧，生产力下降。气象灾害造成的农牧业损失加大。如果不采取适应措施,到2025年,中国种植业生产能力在总体上可能会下降5%~10%左右,其中小麦、水稻和玉米三大作物均以下降为主。2050年后受到的冲击会更大,主要作物产量和品质进一步下降,病虫害加重,肥料和水分有效性降低,使用农药、化肥、灌溉水量增加,生产成本增加。

气候变化对中国水资源产生了重大影响。20世纪50年代以来,中国六大江河的实测径流量都呈下降趋势,北方部分河流发生断流,下降幅度最大的是海河流域。同时,局部地区洪涝灾害频繁发生,特别是1990年以来,长江、珠江、松花江、淮河、太湖、黄河均连续发生多次大洪水,洪灾损失日趋严重。预计未来50~100年,中国北方地区的部分省份年平均径流深减少2%~10%,而南方地区平均增幅却达24%,北方水资源短缺状况还将继续。预计2050年中国西部冰川面积将比20世纪中叶减少27%,冰川融水将使河川径流季节调节能力大大降低。

中国海岸带极易受到气候变化和海平面上升的影响。风暴潮、洪水、强降雨等极端天气事件和干旱等气候事件是沿海地区致灾的主要原因。黄河三角洲、长江三角洲、珠江三角洲最为脆弱。预计未来,海平面继续上升,海岸侵蚀加重,咸潮海水入侵加剧,三角洲增长减缓甚至衰退,沿海淹没范围扩大。

观测表明,中国东部物候期有所提前,亚热带、温带北界北移。20世纪60年代以来,祁连山地森林面积减少16.5%,林带上升400 m,覆盖度减少10%。四川草原产量和质量有所下降。东北、青海和西南地区湿地面积减少,功能衰退。未来,各气候带的北界会继续北移,干旱范围可能扩大,湿润范围可能缩小;植物物候期会显著减少;高原山地温性荒漠增加;山地雪线上升,冰川退缩,高原湖泊萎缩,生物灾害频发和生物多样性锐减,水土流失,土地侵蚀加剧,泥石流增加等。

气候变化对中国的有关重大工程可能产生一定影响。气候变化可能增加长江流域上游降水,引发三峡库区泥石流、滑坡等地质灾害。气候变化对南水北调工程的影响不大,但气温升高对南水北调东线水质的影响不可忽视。未来青藏高原气温有可能变暖,青藏铁路沿线多年冻土会进一步退化,可能会影响某些地段铁路路基的稳定性。气候变化对中国六大林业重点工程的影响有利也有弊,某些树种的生长率将提高,但部分工程区内的宜林荒地和退耕地可能逐步转化为非宜林地,"三北"地区、太行山、干旱、干热河谷地区的环境可能变得更为恶劣,造林更为困难。

气候变化增加疾病发生和传播的机会,危害人类健康,对虫媒性疾病的发生和发展产生了很大的影响。洪涝灾害后,感染性腹泻,如霍乱、痢疾、伤寒、副伤寒发病率增加。某些疾病与气候极端事件有关。预计气候变化将增加心血管病、疟疾、登革热和中暑等疾病发生的程度和范围。另外,气候变暖将加剧未来中国夏季制冷电力消费的持续增长趋势,对保障电力供应带来更大的压力。

一些自然系统因其适应能力有限,对气候变化特别脆弱,影响更为严重,甚至有些系统会遭受重大的、不可逆转的危害。气候变化可能使某些物种生存范围和数目增加,同时也将使某些更脆弱的物种灭绝和生物多样性锐减的风险增大。不同部门、不同地区在气候变化中也表现出不同的脆弱性,这主要取决于其适应气候变化的能力。

气候变化对于青藏铁路建设及长期安全运营的影响也是科学家们和社会各界关注的焦点问题。全球性气候变化给青藏高原的多年冻土带来了巨大影响。20世纪70—90年代青藏铁路沿线的季节冻土、融区及岛状多年冻土区的地温升高了0.3~0.5 ℃,连续多年冻土区年平均地温升高了0.1~0.3 ℃。青藏铁路穿越连续多年冻土区550 km,其中高温多年冻土区约275 km,与高含冰量冻土重叠的路段约为134 km;低温多年冻土区约171 km,与高含冰量冻土重叠路段约为97 km。未来30~50年,中国青藏铁路沿线冻土环境对气候变化的响应明显,多年冻土区年平均地温升高,热稳定性将受到较大影响。预计到2050年,青藏高原东部最低气温将升高约3.1~3.4 ℃,夏季最高气温约升高1.8~3.2 ℃,高于-0.48 ℃的多年冻土将退化为季节冻土,威胁青藏公路、青藏铁路的安全运营。在青藏铁路的修建过程中,铁道部的专家们充分考虑了气候变暖的影响,他们根据气候学家的预测,并参考其他高纬度国家的类似经验与教训,加强了冻土保护措施。因此,即使气候变暖更快、更显著,也会有应对措施,可保证长期的安全运营。为攻克高原冻土施工难题,早在1961年,中国就在青藏高原建起了高海拔地区冻土观测站,连续测取了 1 200 多万个涵盖高原冻土地区各种气象条件和地温变化的数据。专家们根据多方面的研究成果和国外的成功经验,创造性地采取了解决冻土施工难题的相应措施:对于地质复杂的冻土地段,铁路线路尽量绕避;对于不稳定冻土区的高含冰量地质,采取"以桥代路"办法通过。在青藏铁路施工中,还采用了多项技术设施,提高冻土路基的稳定性,使非冻土区工程质量达到国内先进水平。

5. 什么是大气气溶胶?为什么它能影响中国的气候?

大气气溶胶是由大气介质和混合于其中的固态和液态颗粒物组成的多相体系,是大气中唯一的非气体成分,也是大气中的微量成分。大气中的气溶胶主要源于自然界和人类活动的排放。自然气溶胶的来源包括地表源、大气自身产生和外部空间注入。最重要的自然气溶胶来源是地表源,其中有一些粒子来自地层深处,通过火山爆发进入大气,并可直达平流层。气溶胶粒子也可通过人为机制(有直接和间接两个途径)进入大气。人类活动排放的气体可以通过化学或光化学反应转化为气溶胶粒子。沙尘是对流层气溶胶的主要成分之一。近年来,中国北方经常发生的沙尘暴事件已对大气环境和气候产生了明显的影响,引起了科学家和社会各界的广泛关注。1983 年 6 月,在银川用飞机对一次尘暴天气过程中的沙尘粒子浓度进行了测量,这是目前报导过的沙尘暴期间进行飞机测量的最早也是唯一一次实验。

黑碳和有机碳是大气气溶胶的重要组成部分,来源于燃料不完全燃烧排放的细颗粒物及气态含碳化合物(沉积在固体颗粒物上)。黑碳气溶胶在从可见光到近红外的波长范围内对太阳辐射有强烈的吸收作用,其单位质量吸收系数要比沙尘高两个量级,因而,尽管黑碳气溶胶在大气气溶胶中所占的比例较小,但它对区域和全球气候的影响甚大。1995—1999 年,一个由 250 位科学家组成的国际科学工作组,对印度洋上空进行科学监测发现,一层 3 km 厚,相当于美国大陆面积的棕色污染云层笼罩在印度洋、南亚、东南亚和中国上空。其中含有大量硫酸盐、硝酸盐、有机物、沙尘及其他颗粒污染物,被形象地称为大气棕色云(简称 ABC)。目前,国际社会对此给予了极大关注。东南亚国家正在计划实施大规模的行动,应对越来越多的煤炭烟雾造成的令人窒息的污染。

大气气溶胶增加可以改变地球的辐射平衡,从而改变地球的气候。研究表明,气溶胶的气候效应是削弱到达地面的太阳辐射,从而使地表冷却,这就是所谓的全球变暗现象(global dimming)。这也表明大气污染与气候变化有密切关系。另外,气溶胶对降水的影响也日益引起人们的重视,其中硫化物气溶胶的直接辐射作用导致大气冷却。这种冷却在北半球最大,这改变了大西洋海表温度的经向梯度。模拟结果表明,这种效应加强了信风,减小了非洲季风的强度,从而导致了萨赫勒地区的持续干旱。国外科学家的研究提出黑碳气溶胶将可能对中国降水分布产生影响,吸湿性黑碳气溶胶加热了大气,改变了区域的大气稳定度和垂直运动,使垂直上升环流和对流活动加强,而在南北两侧又导致补偿下沉流和干旱的加强,从而造成南涝北旱的异常降水分布,因而黑碳气溶胶可通过影响大尺度环流和水循环产生显著的区域气候效应。

6. 中国是一个季风国家,影响中国的亚洲和东亚夏季风发生了什么变化? 对中国的气候有什么重要影响?

大气环流中的盛行风系如果具有季节性持续稳定的风向,并随季节转换而出现明显反向,这种风就称为季风。全球季风区主要位于 35°N 至 25°S 及 30°W 至 170°E 地区,即非洲、亚洲和西太平洋的热带和副热带地区。这个地区包含亚洲季风区和非洲季风区,其中亚洲季风范围最大,季风特征最明显。根据最近的研究,亚洲季风区又可分为印度或南亚季风区、东亚季风区和西太平洋季风区,它们之间既相互独立,又相互作用。

中国位于亚洲季风区,既深受季风活动的影响,同时也受到海洋(尤其是太平洋和印度洋)、复杂的大地形(如青藏高原)与陆面状况(如沙漠、森林、草地等)的影响。这些基本上都是自然因子的作用。亚洲季风对中国气候变化的作用主要表现在四个方面:①它是中国夏季雨季水汽的主要供应者,决定着中国主要季节雨带的进程与变化,也决定着中国东部能量和水循环的基本特征和变化,对中国的水资源供应有重大意义;②与印度夏季风不同,到达中国的西南和东南季风与中纬度冷空气和天气系统有强烈的相互作用,对中国东部地区主要天气如暴雨与强对流天气及台风等有极其重要的影响,季风区产生的低频振荡在很大程度上也影响着中国降水的进程和异常,从而影响着中国天气与气候事件的发生频率与强度,与国民经济损失的大小密切有关;③亚洲季风的活动和演变与这个地区的生态系统变化有密切关系,季风的变化可以影响植被的变化,而植被的改变又可通过反照率、土壤温度和湿度的改变影响气候条件,季风与生态系统之间存在着明显的反馈机制;④亚洲季风作为热带地区的一个强大热源会在一些关键地区激发大气波动,然后通过遥相关作用影响北半球甚至南半球遥远地区的天气与气候,进而对全球气候变化产生重要影响。

季风最根本的特征就是盛行风向随季节转变。季风及季风区的天气、气候总是呈现出年循环变化规律。此外,亚洲季风还表现出多种时间尺度的变率,如天气尺度振荡、季节内振荡、年际变化和年代际变化等。

亚洲夏季风包括南亚夏季风和东亚夏季风系统,对中国夏季降水均有重要影响。中国处于东亚夏季风直接控制下,东亚夏季风的变化对中国夏季降水有重要影响。中国的雨带一般随南海夏季风爆发而出现,随其撤退而结束,降水的强度和变率与南海夏季风波动紧密相关。当夏季风北进时,其前沿和季风雨带相应地从低纬度移至高纬度。在此过程中,季风雨带经历了三个静止阶段和两次突然北跳。5 月中旬,季风位于华南和南海;6 月中旬到 7 月中旬位于 $25°\sim30°$N;7 月下旬到 8 月中旬位于 $40°\sim45°$N,分别对应于华南前汛期雨季,长江中下游地区梅雨雨季和华北、东北雨季。低纬度西南季风及其水汽输送的强弱和位置是影响中国夏季洪涝灾害发生的重要因子,当西南季风将水汽输送到长江流域并在该地与冷空气相汇合时,长江流域往往出现强降水。

一般认为,亚洲季风区的年代际变化 11 年是一个主要周期。大量研究揭示,1976 年前后大气环流场和北太平洋海温场均发生了突变。与上述突变相对应,东亚夏季风也发生了显著突变,强度明显减弱。1976 年以后,亚洲中高纬度地区经向环流异常显著,从低层到高层呈相当正压结构。来自高纬地区的东亚异常偏北气流可以抵达孟加拉湾、澳洲西北部和中西太平洋,从而使 1976 年以后东亚夏季风明显减弱,热带太平洋出现西风异常,夏季西太平洋副热带高压强度偏强,位置偏南。与此同时,中国夏季降水分布型也有显著变化,1976 年以前,华北降水偏多,长江中下游降水偏少;1976 年以后,华北旱,长江涝,造成了"南涝北旱"的降水分布。

7. 中国经济的迅速发展(包括城市化)对中国乃至全球气候变化有什么影响?

中国处在经济迅速发展时期,土地利用变化、人口增加和城市化进程加快对中国气候变化产生了重要影响。

20 世纪 90 年代以后中国科学家利用数值模拟的方法对土地利用/覆盖变化的气候效应进行了研究。他们发现,当植被由潜在类型转变为目前实际分布状态时,夏季地表气温一般表现为上升,而降水量一般呈减少趋势。植被能在一定条件下改变潜在蒸发、地表径流、土壤水、地下水之间的分配。植被的存在有助于减少径流,增加土壤的保水能力,对于全球气候变化有减缓作用。植被退化后由于区域内水分循环过程变弱,降水和蒸发量减少,地面温度升高,相应的地表感热通量和长波辐射通量增加,而潜热通量和吸收的太阳短波辐射减少;严重的区域植被退化还可导致降水和退化间的正反馈,使退化区不断向外扩展。数值模拟的结果还发现,区域性土地利用/覆盖变化还可以导致东亚季风环流的强度发生变化，这对于中国这样一个典型季风性气候的国家来说尤显重要。

此外，重大的水利工程、生态建设工程和农牧业工程等也可以引起明显的区域性土地覆盖变化，并可能对气候产生一定影响。例如，南水北调工程实施后，东、中、西三条线附近的水环境、过湖水域和地表径流都会发生变化，北方受水区水资源的再分配及农业灌溉面积和灌溉用水量的变化，都可能使沿线和受水区域的气候条件产生相应变化。中国20世纪80年代末陆续启动的重点生态建设工程，如天然林保护工程、防沙治沙工程、退耕还林还草工程、草地生态建设工程等，无疑也将对当地气候产生一定影响。重大生态建设工程的气候效应可能需要较长时间才能表现出来。重大工程建设对气候的影响可能是正面的，即优化气候资源、改善环境，如新安江水库建成后，当地气候和环境得到了改善；但也可能带来负面效应，导致气温、降水等气候要素发生不利的变化，极端气候事件频发，气候资源退化。

高密度人口居住区域特别是城市化进程的不断发展，形成了城市复杂多样的地表覆盖布局，这种特殊的土地利用格局对局地气候也可产生显著影响。由于城市地面的大部分已由植被变为由混凝土或沥青构成的道路面和屋顶面，受不透水下垫面独特热力特性的影响。形成了特有的局地气候——城市气候。随着城市的发展，城市面积的扩大，城市热岛等气候效应不断增强。

区域和城市大气污染及空气质量恶化是气溶胶引起的大气环境变化的重要方面。特大、超大型城市由于城市规模大，人口众多，生产生活活动频繁，能源消耗密集，污染物排放量大、排放强度相对集中，空气污染明显重于中小城市。空气中主要污染物 SO_2 和颗粒物浓度超标的特大、超大型城市比例明显高于中小城市。

城市上空气溶胶的浓度大小与城市热岛效应也有密切关系。空气污染物增加可引起局地低云量增多、城市大气降水量改变、能见度降低、城市雾增加等。城市吸湿性气溶胶较多，为低云的形成提供了充足的凝结核，而城市热岛、城市下垫面粗糙度增加使湍流和对流加强，都为低云的生成提供了有利条件。当相对湿度大于35％时，少数气溶胶颗粒吸附水汽凝结增长。当相对湿度大于60％时，气溶胶吸附水汽能力明显增长，可引起消光系数增大。

中国的经济正处于快速发展时期，尤其是在能源结构上煤占68％左右的比例，因而，CO_2 排放总量还会增加。有关专家预测，到2025年，甚至更早，中国的 CO_2 和 CH_4 排放量将跃居世界第一位，对全球气候变化将带来重要影响。另一方面，中国排放的气溶胶也会有明显增加，由此形成的亚洲大气棕色云（ABC）可能会影响大范围地区的旱涝分布，尤其是可能影响亚洲季风区乃至更大范围的大气与气候。

8. 青藏高原的环境变化对中国气候的影响如何？

青藏高原由于地势高耸，范围广大，作为一个抬升的巨大热源（汇），为大气输送了大量的热量和水汽，其热力和动力作用强烈影响着东亚乃至全球的大气环流。青藏高原对大气的加热作用在夏季风环流的形成、爆发和维持过程中起着重要的驱动作用；高原动力、热力效应亦是长江流域季风梅雨带水汽输送机制的关键因素之一。根据初步计算结果，20世纪80年代以来青藏高原中、东部热源呈减弱趋势，此结论与东亚季风年代际减弱的特征有所吻合。高原大气热源的年代际尺度变化亦在更大范围影响亚洲季风变化的特征。

高原通过近地面层及边界层辐射、感热和潜热的输送形成了一个大范围"台地"型特殊热力强迫，构成了促使对流云发展的独特边界层动力、热力机制，有利于形成频发的高原对流云，使高原及其东部周边地区成为中国东部夏季洪涝对流云系统的重要源地之一。青藏高原低涡的发生、发展和东移是中国南方汛期降水的重要天气系统。

高原雪盖和冰川对长期天气和气候有很重要的影响，青藏高原冬、春季积雪异常增多会导致夏季风减弱，并进而影响中国雨型的变化。与冰雪密切相关的高原地表大范围反射率变化能够引起东亚乃至更大范围区域的气候变异。统计研究表明,青藏高原地区冬、春季积雪多(或少)对应着初夏6月长江中下游以北的降水增加(或减少),华南、青藏高原及长江上游地区的降水减少(或增加)。就夏季6—8月总降水量而言,青藏高原春季4月加热与夏季中国江淮流域的降水呈现出明显正相关,而与中国华南和华北地区的降水有显著负相关。

地处青藏高原东北部的三江源地区是长江、黄河和澜沧江发源地,是青藏高原最为重要的水源涵养区,直接关系着下游地区的经济社会发展和数亿人民的用水问题。近几十年来,在全球变化和人类活动的综合影响下,三江源地区的生态和环境发生了明显变化,近50年,三江源地区明显变暖,冰川退缩,湖泊水位下降,湖泊湿地面积日益减少,源头水量逐年减少,河流湿地呈现萎缩,沼泽湿地大面积缩小,水源涵养功能下降,草场退化、土地沙化加剧,生物多样性受到威胁和破坏,水土流失日趋严重等。三江源地区的生态与环境变化对青藏高原的气候与生态、环境产生了重要影响。

9. 中国将采取哪些适应与减缓气候变化的措施?

气候变化对人类与自然系统有重要影响,这包括粮食和水资源、生态系统和生物多样性、人类居住与人类健康等。以后必然影响经济社会的发展途径和道路,这包括经济增长、技术进步、人口增长和管理与治理状况。为了减小气候和环境变化的恶化趋势,必须采取适应与减缓措施,主要是减少温室气体排放,使其和气候变化、人类自然系统、经济社会发展达到一种良性循环的状况,促进人与自然的和谐,实现经济社会可持续发展以及《联合国气候变化框架公约》的最终目标,即"将大气中温室气体的浓度稳定在防止气候系统受到危险的人为干扰的水平上。这一水平应当在足以使生态系统能够自然地适应气候变化、确保粮食安全生产免受威胁并使经济发展能够可持续地进行的时间范围内实现"。

气候变化适应的含义包括两个方面:一是适应性,它是指自然生态(也包括社会经济)系统的功能、过程和结构对实际发生的气候变化调整的可能程度。适应可以是自然的,也可以是有计划的,可以是对现实变化的反应,也可以是未来气候变化的对策。二是适应能力,这是指一个系统、地区或社会适应气候变化影响的潜力或能力。决定一个国家或地区适应能力的主要因素有经济财富、技术、信息和技能、内部结构、机构及公平程度。适应能力强可以减少脆弱性,从而减少气候变化的不利影响,甚至能产生直接的正面效应。

农业及其生态系统是适应气候变化的重点或优先领域。这包括:不断提高农业对气候变化的应变能力和抗灾减灾水平;选育抗逆品种,采用稳产增产技术;发展包括生物技术在内的新技术;科学地调整种植制度,适应气候变暖。

林业的适应措施包括:进行种源选择,提高物种的气候适应性;扩大自然保护区的数量和面积,保护天然次生林和原始林及森林生物多样性;继续提倡植树造林,扩大绿化面积,加强森林火灾预防及病虫害的防治。

对于草地,要退耕还牧,恢复草原植被,增加草原的覆盖度,提高其保土作用,防止荒漠化进一步蔓延。以草定畜、控制草原的载畜量是扭转当前过度放牧、草场严重超载及恢复草原植被的最有效途径之一。在建设人工草场时,要考虑气候变化对不同牧草的生物量的影响,选择耐高温、抗干旱的草种并注意草种的多样性,避免草场的退化。

水资源的适应问题也是优先考虑的一个领域,它包括:在经济发展中考虑水资源的承载能力;促进全社会节水,充分利用大气降水;发展人工增雨技术,合理开发利用空中水资源;建设淡水调蓄工程,提高水资源供给的应变能力;加强水资源小化的监测和水资源变化规律的研究。

在沿海和海岸带地区,要加强对海平面上升的监测和预警;修订和规划有关环境建设标准,修建坝堤等防护工程设施,制定生态系统保护措施;落实对海岸带加强管理和保护的职责;控制陆地沉降,因沿岸带陆地表面的沉降也可导致相对海平面的升高。

另外,对于人类健康的适应对策和措施现在也日益得到了各国政府的重视,这包括:加强公共卫生基础设施建设和改进,建立更有效的早期预警监视和紧急反应系统,确保对公众健康可能具有重大影响的疾病进行积极监视,有效地防止疾病和公共卫生问题因气候变化而恶化、加剧;进一步了解天气、气候极端事件和流行性疾病之间的联系,在提高预警水平和时效的基础上,实施可持续防御和控制计划;研究防御、控制和治疗疾病所需的医疗技术。

要适应环境或气候的变化是人类经过无数次教训后的新理念。适应气候变化也是需要成本的,因此就有一个适应能力的问题,但几乎可以认定,适应对策是无悔对策,是双赢的战略。一般来讲,减少系统的脆弱性与可持续发展的目标是一致的。适应能力是一个与可持续发展政策密切相关的概念。

由于世界经济不断增长,未来全球能源需求将持续增长,因而从减缓气候变化的能源战略看,应优先考虑节能,其次是考虑发展清洁能源,优化和调整能源结构,实施煤的清洁利用,促进科技发展,开发先进技术和发展循环经济。其中技术发展及政策措施、社会行为变化等可以明显降低能源需求,从而达到减少排放的目的。先进技术的开发和应用是减少排放的最有效手段,这方面的工作一直在进行,这些技术大多集中于提高矿物燃料或电力的利用效率,以及低碳能源的开发,它包括大规模可再生能源技术(太阳能、风能、生物质能、水电)、先进清洁煤技术、燃料电池技术、先进核电技术、先进天然气发电技术、非常规能源利用技术、合成燃料利用技术及脱碳和封碳技术等。特别值得提及的是碳封存技术,它在最近十几年间受到了不少国家的重视,有了迅速的发展,它包括自然碳封存、地质碳封存和海洋碳封存三种封存方式。自然碳封存是指增加陆地生态系统对 CO_2 的吸收,以此把 CO_2 固定于土壤中,限制砍伐森林,植树造林是其中最有效的方式。地质碳封存是把 CO_2 排放源(如油井,火力发电厂、化学工厂等)排放的 CO_2 捕获和分离,然后注入密闭的矿井或很深的地质结构层中。海洋碳封存主要在海面通过播撒一些矿物质(如铁元素)激活浮游生物,增加其对 CO_2 的吸收,在这些浮游生物大量死亡后,即以有机碳形式通过生物泵沉入海底,不再参加地球上的碳循环。

中国作为发展中大国,在应对气候变化问题上面临严峻的挑战。一方面中国的生态环境脆弱,人均资源占有量低,极易受到气候变化的不利影响;另一方面中国人口多,经济发展水平低,在今后相当长的时期内,发展经济、改善人民生活仍是首要任务。据估算,中国 2000 年矿物燃料产生的 CO_2 排放量为 8.7 亿 t 碳,约占世界总排放量的 13%,但人均 CO_2 排放量仅为 0.65 t 碳,相当于世界平均水平的 61%,经济合作发展组织(OECD)国家人均排放量的 21%。由于中国人力推进节能、促进能源结构调整、积极调整产业结构、推进技术进步,从 1990 年到 2000 年,中国 GDP 的 CO_2 排放强度下降了 45%。但是,目前中国主要高耗能产品的能源单耗比国际先进水平仍平均高出 40% 左右,GDP 能源强度更是高达 OECD 国家的 3.8 倍。这两个比较结果,除了说明实施技术节能仍有较大潜力,更说明中国产业结构不合理,产品附加值低,在产业结构的国际分工中处于价值链的低端,与发达国家相比能源利用产出效益的差距远大于能源技术效率的差距。因此,中国在大力提高能源转换和利用效率的同时,要更加注重转变经济增长模式,推进国民经济产业结构的战略性调整,提高经济发展的质量和效益,从而降低 GDP 能源强度,减缓碳排放。因此,中国面临开拓新型发展模式的重大挑战。

10. 中国参与了哪些应对气候变化的国际行动? 这些国际行动是谁发起的?

科学界对于人类活动可以影响气候变化的认识虽然有长期的历史,但国际上采取实质性的应对行动是近 20 多年的事。在这个过程中 4 项重大行动具有历史意义:①1979 年召开的第一次世界气候大会在其发表的宣言中提出,如果大气中的 CO_2 今后仍像现在这样不断增加,则气温的上升到 20 世纪末将达到可测的程度,到 21 世纪中叶将会出现显著的增暖现象。这个科学的断言不仅引起了世界科学界的普遍关注,而且也引起了不少政府的注意。②1985 年 10 月,国际科学联合会/联合国环境规划署/世界气象组织共同召开奥地利菲拉赫会议。会议提出如果大气中 CO_2 等温室气体浓度以现在的趋势继续增加的话,到 21 世纪 30 年代大气中 CO_2 的含量可能是工业化前的 2 倍,在这种情况下,全球平均温度可能提高 1.5～4.5 ℃,同时导致海平面上升 0.2～1.4 m。菲拉赫会议要求尽快评估未来气候状况。③1988 年 12 月联合国第 43 届大会通过了《为人类当代和后代保护全球气候》43/53 号决议,决定在全球范围内对气候变化问题采取必要和及时的行动,并要求当时成立不久的 IPCC 就全球气候变化现状进行综合评估并对未来的国际气候公约提出建议。④1992 年 6 月在联合国环境与发展大会期间,153 个国家正式签署了《联合国气候变化框架公约》(以下简称《公约》)。《公约》于 1994 年 3 月 21 日正式生效。《公约》是一个原则性的框架协议,规定了发达国家缔约方于 2000 年将其温室气体排放稳定在 1990 年水平上,没有涉及 2000 年以后的排放义务。为此,公约缔约国决定在 1997 年在日本京都召开的第三次缔约国大会上制定具体政策和措施,这就形成了《京都议定书》。该议定书规定附件 1 国家(主要是发达国家)在 2008—2012 年的减排"承诺期"内,应将 CO_2 等 6 种温室气体的减排总量在 1990 年的排放水平上至少要减少 5％。经过长达 8 年的艰苦谈判,《京都议定书》终于在 2005 年 2 月 16 日生效。从此在法律上规定了全世界共同为保护全球气候而必须采取的减排行动。气候变化也从最初的一个科学问题演变成科技、环境、外交、法律和政治问题。它深刻地、多方面地影响国际社会的各个重要方面。

中国政府和科学家对国际气候变化科学和政治、外交动态表现了高度敏感,积极参加了上述全面应对气候变化挑战的国际活动。中国科学家在 IPCC 活动及重大气候变化科学计划的实施中发挥了重要作用。

政府间气候变化专门委员会(the Intergovernmental Panel on Climate Change,简称 IPCC)建立于 1988 年,该委员会成立的主要目的是对全球气候变化各个方面的认识进行评估。IPCC 在世界气象组织(WMO)和联合国环境规划署(UNEP)共同支持下组建,并成立了三个工作组。第一工作组的任务是讨论气候系统和气候变化的科学问题;第二工作组讨论对气候变化的脆弱性影响问题;第三工作组讨论减缓气候变化的各种对策问题。

自 1990 年以来,IPCC 相继组织世界上各学科领域的专家编写和出版了《1990 年气候变化第一次评估报告》、《1995 年气候变化第二次评估报告》、《2001 年气候变化第三次评估报告》以及《2007 年气候变化第四次评估报告》。这些报告评估了气候变化的科学进展、气候变化的社会经济影响、减缓与适应对策等,为联合国环境与发展大会的召开,特别是为《联合国气候变化框架公约》的制定,提供了重要的科学支持。目前第 4 次评估报告已出版。邹竞蒙、丁一汇、秦大河曾先后担任 IPCC 首席代表、第一工作组副主席、共同主席等职务,秦大河为第一工作组现任共同主席。IPCC 组建以来有 100 多名中国科学家参加了历次评估报告和相关的特别报告与技术报告的编写,为各国政府、科学家和科学团体提供最新的气候变化问题的知识与政策选择,为研究、理解和应对全球气候变化作出了重要贡献。

气候变化问题既是全球性的,又是区域性的,但更重要的是全球性的,并且气候变化所体现的气候系统变化是外强迫作用及多圈层相互作用的综合结果,其影响和适应与减缓对策又涉及生态、环境、经济、外交、法律等部门,因而气候变化的研究与应对问题,必须有广泛的国际合作和多学科的交叉融合。这是通过国际上一些有关气候变化的重大计划来具体实现的。

中国科学家在世界气象组织(WMO)、政府间气候变化专门委员会(IPCC)、地球观测组织(GEO)、地球系统科学联盟(ESSP)、国际科学联盟(ICSU)等国际组织及世界气候研究计划(WCRP)、世界天气研究计划(WWRP)等国际科学计划中都担任了重要职务,并积极参与了以下多项重大科学计划的实施。

(1)世界气候研究计划(WCRP)。WCRP 自 1980 年开始实施至今已有 27 年历史。WCRP 的主要科学目标是确定气候的可预报性及人类活动对气候的影响。为实现此目标,WCRP 采取了跨学科的途径,组织了大规模的观测和模式研究计划,它们是任何一个国家或单一学科所无法实现的。这些计划包括目前的能量与水循环计划(GEWEX)、气候变率与可预报性计划(CLIVAR)、气候与冰冻圈计划(CLIC,由北极气候系统计划 ACSYS 演变而来)、平流层过程及其在气候中作用的计划

(SPARC)及已完成的大洋环流计划(WOCE)和热带海洋全球大气计划(TOGA)。通过这些计划的实施大大增加和改进了人类对气候系统及其相互作用变化与可预报性的认识,奠定了季到年际尺度气候预测的基础。WCRP 最近提出了长达 15～20 年的地球系统协调观测和预测计划(COPES),旨在促进地球系统变化的研究与预测,以广泛地服务和有益于社会的防灾、减灾和可持续发展。

(2) 国际地圈-生物圈计划(IGBP,或通称全球变化计划)。该计划于 1986 年建立,主要科学目标是研究控制整个地球系统的关键物理、化学和生物过程,了解支持生命系统的特殊环境与由人类活动引起的重大全球变化和影响方式。在过去十几年中,取得的主要成果表明,人类活动正以多种方式明显地改变着地球系统的环境,它所造成的变化已经可以清晰检测出来 ,其范围和影响在某些条件下可以超过自然的变率,就关键的环境参数而言,地球系统已经完全超过了过去 50 万年自然变率的范围。一些突变和不可逆的变化能够给地球系统带来灾难性后果。目前全球变化计划已进入第二阶段。在这个阶段,全世界将以更协调一致,更快速和更大规模的方式应对日益加剧的全球变化问题,尤其是不利影响,以实现地球系统可持续发展的将来。

(3) 全球环境变化人类因素计划(IHDP)。1990 年正式成立。其科学目的是在社会科学领域更好地了解导致全球环境变化的人类原因。

(4) 国际生物多样性科学计划(IVERSITAS)。主要涉及外来入侵物种的防治、遗传资源的获取与惠益分享、转基因生物的环境安全等问题,为生物多样性保护和可持续利用提供科学依据。

上述四个国际计划又联合组成了地球系统科学联盟(ESSP),以从多方面、多层次研究地球系统的变化,气候变化是其中最主要的内容之一。

11. 中国气候变化研究历史现状如何? 气候变化研究中尚未解决的问题有哪些?

在气候变化的基础性工作方面,中国已经具备了比较完善的基本大气要素观测网,初步建立了区域大气本底观测及其环境监测试验网络。国内有几个单位发展了全球和区域气候模式,并用于气候变化的检测和预估研究。目前中国气候系统模式的研制也正在进行。

中国科学家广泛参与了国际气候变化和全球变化研究活动。从"七五"计划开始,国家连续资助了一系列与气候变化有关的重大科技项目,包括国家攻关项目、国家攀登计划项目、973 项目、基金委重大项目、中国科学院重大项目、中国科学院西部行动计划项目、科技部国家"十五"重点科技攻关项目等。通过地球科学相关领域科学家的长期努力,包括上述基础工作和重大科技项目的支持,中国的气候变化基础科学和适应领域研究取得了一系列重要进展,这其中包括:温室气体排放特别是水稻田 CH_4 排放检测与分析,以及青藏高原地区 CO_2,O_3 浓度的观测;古气候研究的一些领域,特别是千年到万年时间尺度上的古气候研究,和世界保持同步发展;利用仪器记录资料,通过对近 100 年气候变化的分析得到了中国气候变化的许多特征及其与全球变化的异同点;中国全球与区域耦合气候模式的发展和改进已为 IPCC 第二次和第三次评估报告提供了预测结果;对西部及全国的气候与环境演变开展了科学评估,完成了科学评估报告。

国家"十五"重点科技攻关课题"全球与中国气候变化的检测和预测",是中国"十五"期间设立的主要气候变化研究课题。该课题的总体目标和任务是:了解中国气候变化的基本历史事实及其可能原因,评价人为因素对气候变化的影响信号;认识中国地区生态系统演化规律和陆地碳收支动态;提出中国自己的全球和中国区域未来 50 年、100 年的气候情景方案,为影响评估和政策研究提供基础科学信息。在过去的几年里,课题组评估、增补了中国近 1 000 年、100 年和 50 年气候变化历史序列;评估了人类活动和自然强迫因子的历史变化及其对中国地区气候变化的可能影响;评价了中国过去30 年土地覆盖变化规律及其对碳、汇演变的影响;完成了复杂的耦合气候模式和区域气候模式模拟研究;提出了中国自己的全球和中国区域未来 50 年、100 年的气候情景方案。

此外,自 1992 年以来,中国政府有关部门和相关研究单位与一些多边组织和国家合作,先后完成了 4 项有关气候变化方面的国际合作研究,在研究内容上都不同程度地涉及中国温室气体排放量估算、气候模式和气候预测、影响和脆弱性评价工作。

当然,中国的气候变化研究与国际上先进国家相比,还存在着很多问题与差距。不论是对过去气候变化的检测分析,还是对未来气候变化趋势的预估,当前的研究都还存在一定差距。中国还没有发展自己比较完善的长期气候变化趋势检测与预估系统,不能根据自己的预估可靠地构建未来气候变化区域情景,这使得中国的气候变化影响研究过分依赖国外气候模式预估结果。

目前,在气候变化领域,还有许多科学问题没有解决,对政策和科学发展的关键科学问题尚缺乏深入的了解,这主要包括:①自然气候变化的性质与原因及其与人为变化的相互作用;②气候变化的检测和原因判别;③全球碳循环;④气溶胶分布及其直接和间接影响;⑤气候系统内部的关键过程和反馈作用;⑥温室气体增加造成的气候变化区域情景,包括极端气候事件;⑦过去和预计的未来气候变化趋势;⑧对过去区域气候突变的定量分析和未来区域气候转变(转型)的评估。为了解决这些问题,不但需要气候学家的努力,而且需要跨学科、跨部门有关专家的合作,通过加强观测和对观测资料的分析整理,大大改进当前的气候模式,加强气候变化研究等措施,不断深入地认识气候变化及其原因,以便人类能够减缓和适应未来气候变化。

12. 引起气候变化的原因是什么? 我们能阻止气候变化吗?

引起气候变化的原因可分成自然原因与人为原因两大类。前者包括太阳辐射的变化、火山活动及气候系统内部成员的低频振荡等;后者包括人类燃烧矿物燃料及毁林引起的大气中温室气体浓度的增加、大气中气溶胶浓度的变化及土地利用和陆面覆盖的变化等。

太阳的影响表现在两个方面:一是地球轨道参数的变化,它影响几万年或几十万年的气候。由于地球的轨道参数变化不断地改变着地球与太阳的相对位置,虽然到达地球的总太阳辐射量变化甚小,但地表辐射随纬度与季节的分布变化很大,能够诱发北半球及全球气候的巨大变化。二是太阳经历着周期性或非周期性的活跃时期,此时太阳的黑子数量增多,射出辐射增强,磁场活动和高能粒子发射强烈,称太阳活动。最明显的太阳活动周期是 11 年左右。许多科学家认为,太阳黑子数多时地球偏暖,少时地球偏冷。例如:17 世纪的 70 余年中太阳黑子数很少,并且寿命亦较短。太阳能的这一减少时期对应了前面所述的小冰期的偏冷时段,因而被有些科学家认为是小冰期较冷时段发生的主要原因。目前,科学家们认为太阳辐射的变化不可能是引起现代全球气候变暖的主要原因。

火山爆发后,火山灰尘幕对气候有着重要影响。它能扩散到整个半球,其影响最大的是中高纬度地区。平流层下层的火山灰粒子的寿命一般是 3～7 年,长的能达 15 年。火山喷发频繁时,灰尘幕的累计效应能达到上百年。火山灰尘幕影响大气透明度,引起直接辐射的减弱,散射辐射的增加,但总辐射有一定的减少,引起全球性的气温降低,愈到高纬度地区由于太阳高度角小,降温趋势愈明显。火山爆发后,降水有所增加。对年代以上尺度的全球气温变化来讲,由于还没有可靠的时间序列来表征全球火山爆发和平流层火山灰尘幕,因此,目前还不很清楚火山活动对近百年全球气温的确切影响。

大气中的 CO_2,CH_4,N_2O,氢氟碳化物等气体,可以透过太阳短波辐射,但阻挡地球表面向宇宙空间发射的长波辐射,从而使大气增温。由于 CO_2 等气体的这一作用与"温室"的作用类似,故称之为"温室效应"。一定浓度的温室气体吸收地球本身向宇宙空间辐射的热能,并将这些热能向地表反射,使地表更热。自西方工业化(约 1750 年前后)以来,大气中温室气体浓度明显增加,其中 CO_2 的浓度目前已超过 380 ppm,这可能是过去 42 万年中的最高值。目前,科学家一般相信,增强的"温室效应"可能是近 100 多年来地球表面温度明显上升的主要原因。

除排放温室气体导致温室效应增强外,人类活动也向大气排放氯氟碳化物(CFCs)、哈龙

(Halons)和氢氯氟碳化物(HCFCs)等气体,造成平流层臭氧耗损,进而影响气候;人类活动还通过改变土地利用方式而改变地表反射率来影响气候(在中纬度陆地的夏季主要是增温效应)。然而与温室气体的效应比起来,这些影响可能相对较小。

气候变化是不可避免的,有两个原因:其一,气候系统有很大的惯性(主要是由于海洋的响应比较缓慢),因而温度对已经存在于大气中的温室气体浓度的增加只有部分响应。这样即使今天所有的排放都停止,在气候达到一个新的平衡态以前,残余的变暖效应仍然会在今后的几十年内继续发生。其二,当全球温室气体排放能够被慢慢减少时,全球经济从以矿物燃料为基础转变到以替代物为基础也要花费时间。因此,进一步的排放和随之而来的变暖同样也不可避免。无论如何,减缓行动能够使变暖速度逐渐下降,并最终停止这种变暖。

13. 人类活动如何导致气候变化?如何将其与自然影响进行比较?

人类活动通过引起地球大气中温室气体、气溶胶(小颗粒)含量以及云量的变化对气候变化作出贡献。已知贡献最大的是矿物燃料燃烧,向大气中排放 CO_2。温室气体和气溶胶通过改变接收的太阳辐射和放出的长波(热)辐射(地球能量平衡的一部分)来影响气候。大气中这些气体、微粒的含量和属性的变化会导致气候系统的增暖和变冷。工业化时期开始(1750 年)以来,人类活动对气候的总的影响表现为使气候变暖,这主要是通过温室气体产生的温室效应实现的。这个时期,人类对气候的影响已经远远超过了自然过程(如太阳变化和火山喷发)变化导致的影响。

温室气体

人类活动导致 4 种主要的温室气体排放:二氧化碳(CO_2)、甲烷(CH_4)、氧化亚氮(N_2O)和卤烃(一组含氟、氯、溴的气体)。这些气体随时间在大气中累积,引起浓度的增加。工业化时期所有这些气体都已经显著增加(附录图 1)。

·交通、建筑加热/制冷、水泥及其他产品的制造所使用的矿物燃料已经导致了 CO_2 的增加。森林砍伐释放 CO_2 且减少植物对 CO_2 的吸收量。自然过程同样释放 CO_2,如植物体的腐烂。

·人类进行与农业、天然气发送、垃圾掩埋等有关的活动,已经导致了 CH_4 的增加。自然过程同样也排放 CH_4,比如湿地。但由于过去 20 年中 CH_4 增加率的降低,因此大气中 CH_4 的浓度目前并不再增加。

·N_2O 同样主要由人类活动排放,如化肥的使用和矿物燃料的燃烧。土壤和海洋中的自然过程也释放 N_2O。

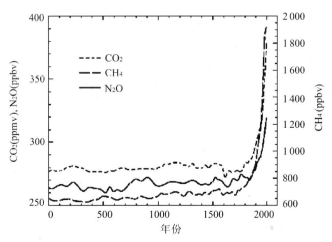

公元 0—2005 年的温室气体浓度

附录图 1 过去 2000 年重要的长生命期温室气体的大气浓度

(约 1750 年以来的增加是由于工业化时期人类活动造成。资料源自 AR4 第六章和第二章的综合和简化)

- 卤烃气体浓度已经增加，主要是由于人类活动造成的，自然过程是一个较小的源。主要的卤烃气体是氯氟烃（如 CFC-11 和 CFC-12），广泛用作制冷剂和其他工业过程，大气中氯氟烃会导致平流层 O_3 的破坏。由于制定了保护臭氧层的国际规则，目前卤代烃气体的总量正在减少。
- 臭氧（O_3）是一种通过化学反应在大气中不断产生和破坏的温室气体。对流层，人类活动已经通过排放 CO、烃和氮氧化物导致 O_3 的增加。如前所述，人类排放的卤烃破坏了平流层 O_3，并已经导致了南极上空的 O_3 空洞。
- 水汽是大气中含量最多也是最重要的温室气体。然而，人类活动对大气中水汽总量仅仅产生了很小的影响。人类通过改变气候会对水汽产生间接的潜在影响。例如，大气越暖所含的水汽越多。人类活动还通过 CH_4 排放影响水汽，因为 CH_4 在平流层中的化学破坏作用会产生少量的水汽。
- 气溶胶是大气中存在的一种细小颗粒物，其大小、浓度和化学组成的变化范围很大。一些气溶胶直接排入大气，而另外一些则由排放的气态化合物通过气-粒转化形成。气溶胶既有自然出现的、也有人类活动排放产生的。矿物燃料和生物质燃烧已经增加了包括含硫化合物、有机物和黑碳在内的气溶胶。人类活动，如地表采矿和工业过程，增加了大气中的矿尘。自然气溶胶包括地表释放的沙尘、海盐气溶胶、陆地和海洋排放的生物气溶胶及火山喷发产生的硫酸盐和沙尘气溶胶。

辐射强迫

什么是辐射强迫？一个能导致气候变化的因子（如温室气体）的影响通常用其辐射强迫来进行评估。辐射强迫是对当影响气候的因子改变时地-气系统能量平衡受到怎样的影响的一种度量。辐射这个词的出现是因为这些因子改变了地球表面和大气层中太阳射入辐射和向外的红外辐射之间的平衡。强迫是用来表明地球的辐射平衡正在被推离或拉离其正常状态。

辐射强迫通常被量化为大气层顶单位球面积上的能量交换率，单位为：$W\ m^{-2}$（附录图 2）。当一个或者一组因子的辐射强迫为正的时候，地-气系统的能量最终将会增加，是系统变暖。相反，负的辐射强迫会导致能量的减少，导致系统变冷。对气候科学家来讲，最重要的挑战就是确定影响气候的所有因子及其辐射强迫的机理，以对每一个因子的辐射强迫定量化，进而对一组因子的总辐射强迫进行评估。

受人类活动影响的因子的辐射强迫

受人类活动影响的一些因子对辐射强迫的贡献在附录图 2 中给出。其中的数值反映了相对工业化时期开始（1750 年）的总辐射强迫。所有温室气体增加（这是受人类活动影响的因子中认识水平最高的）导致的辐射强迫为正，这是因为大气中每种气体均吸收向外的红外辐射。在这些温室气体中，CO_2 增加产生的辐射强迫最大，对流层 O_3 对变暖也有贡献，而平流层 O_3 的减少则导致降温。

气溶胶颗粒通过反射和吸收大气中的太阳辐射和红外辐射直接影响辐射强迫。一些气溶胶引起正的辐射强迫，而另外一些则引起负的辐射强迫。所有气溶胶总的直接辐射强迫为负。通过引起云属性的变化，气溶胶也引起间接的负辐射强迫。

工业化时期以来，人类活动已经改变了全球陆面覆盖的属性，主要是改变农田、草原和森林。另外，人类活动也改变了冰雪的反射特性。总之，受人类活动的影响，可能更多的太阳辐射从地表反射出去。这种变化导致负的辐射强迫。

飞行器在无云天空低温、高湿的适宜条件下因其燃烧排放废气产生长的线状航行尾迹（飞行云）。航行尾迹（飞行云）是卷云的一种形态，它反射太阳辐射、吸收红外辐射。同时，持续存在的尾迹伸展，并因此增加了卷云量。据估计，全球飞行业务中产生的线状航行尾迹增加了地球的云量，这引起了小幅的正辐射强迫。

自然变化引起的辐射强迫

工业化时期，自然强迫中最大的变化是太阳辐射变化和火山喷发。工业化时期，太阳放出的辐射逐渐增加，引起了小幅的正辐射强迫（附录图 2）。另外，太阳辐射有 11 年周期的循环变化。太阳能直接加热气候系统，并可以影响大气中一些温室气体的含量，如平流层 O_3。火山爆发可产生短期

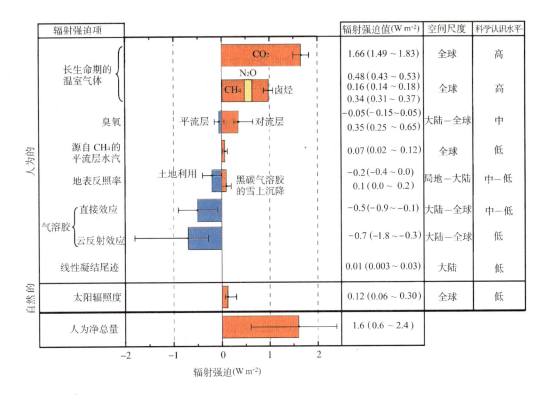

附录图2 2005年全球平均辐射强迫(RF)估算值及其范围,包括人为二氧化碳(CO_2)、甲烷(CH_4)、氧化亚氮(N_2O)和其他重要成分和机制,以及各种强迫的典型地理范围(空间尺度)和科学认识水平(Level of Scientific Understanding,LOSU)的评估结果,同时给出人为净辐射强迫及其范围。这些需要计算各分量的非对称不确定性估算值的总和,不能用简单叠加得到。这里未包含的其他强迫因子被认为存在很低的科学认识水平。火山气溶胶是又一种自然强迫,但鉴于其阶段性特性,故未包含在此图内。线性凝结尾迹的范围不包含其他的航空对云的可能影响(引自IPCC AR4,图2.20)

(2~3年)的负辐射强迫,这种负强迫通过平流层大气硫酸盐气溶胶的临时增加而产生。平流层目前没有火山气溶胶,因为最近的一次大的火山喷发发生在1991年(皮纳图博火山)。

由于太阳辐射变化和火山喷发导致的现在和工业化之前的辐射强迫差异相对人类活动导致的差异小,因此,现在大气中由于人类活动导致的辐射强迫比自然过程变化产生的辐射强迫对当前和未来的气候变化来讲更加重要。

14. 人类活动如何影响了大气中温室气体浓度?为什么说最近50年的气候变化是由人类活动引起的?

从西方工业革命开始到现在,全球大气中CO_2、甲烷(CH_4)和氧化亚氮(N_2O)的浓度都显著升高。有确切的证据表明,这些增长主要源于工业、交通、采暖、发电等人类活动中矿物燃料的燃烧。由CO_2引起的温室效应增加占目前温室效应增加的2/3。另外,卤代烃和六氟化物等痕量气体没有明显的自然源,其浓度变化完全由人类排放引起。

目前温室气体浓度增加率与人类排放的变化率之间有着很好的一致性,并且这在大气几千年的历史中是未曾出现过的。另外,大气CO_2中的碳同位素比和CO_2在大气中分布的变化趋势与人类活动的排放也是一致的,证明了人类活动对大气温室气体浓度增加的作用。过去100年中温室气体浓度的迅速增长在近42万年的历史上是没有出现过的,而且很有可能在过去的2 000万年内都未曾有过。另外,碳收支模式也相当准确地再现了全球碳循环的过程,同样指示了人类活动的作用。对 CH_4 和 N_2O 进行的相似研究也表明,人类活动是主要的气体来源。

从格陵兰和南极大陆采集到的极冰深处远古时期的气泡样本检测清楚地表明,在目前所处的间冰期中,工业化之前的 1 万年大气中 CO_2 浓度仅在 280 ppm 附近并以几个百分点的幅度变化。这说明,这一时期的自然碳收支是平衡的(即平均流入量等于流出量)。这些事实和来自其他方面的证据一致表明,人类活动造成的碳收支失衡的积累是过去几百年 CO_2 浓度增加 31% 的主要原因。

矿物燃料使用对 CO_2 排放的贡献占人类活动总排放量的 70%~90%。矿物燃料用于交通、工业生产、采暖、制冷、发电及其他方面。其余的 CO_2 来自土地利用活动,如畜牧业、农业、空地及森林退化等。其他温室气体的主要来源包括生产、交通运输中的矿物燃料、农业活动、废弃物管理和工业生产过程。

然而,由于自然和人为排放中涉及的许多生物地球化学过程的不确定性,目前还不能很好地认识人类活动对这些气体贡献的确切量级。

为了证明近 50 年的气候变化是人类活动引起的,科学家将气候模式的模拟结果与近 100 年的观测事实进行了比较。他们发现,单考虑气候变化的自然波动或单考虑人类活动的影响均不能很好地模拟过去的气候变化,但当同时考虑两者的作用时,则可以比较好地模拟出近 100 年的气候演变,从而证明了近 50 年的全球气候变化主要是由人类活动引起的。

15. 如果温室气体排放减少,其在大气中的浓度降低究竟有多快?

大气中温室气体浓度由于减排而产生的调整取决于每种气体在大气中消除的化学和物理过程。有些温室气体的浓度对减排的响应几乎是马上减少,而另外一些气体即使排放减少,但其浓度实际上还会继续增加几百年。

大气中的温室气体浓度取决于其进入大气的排放率和从大气中消除过程的消除率之间的对比。例如,大气、海洋和陆地之间的 CO_2 交换通过类似大气-海洋之间气体传输以及化学(如侵蚀风化)和生物(如光合作用)过程进行。而排出的 CO_2 一半以上在一个世纪之内已从大气中消除,20% 则留在大气中可达几千年。由于缓慢的消除过程,即使排放水平在现在的基础上大大降低,在一个相当长的时期内大气中的 CO_2 仍将会继续增加。CH_4 通过化学过程在大气中消除,而 N_2O 和一些卤化烃在上层大气中则被太阳辐射破坏。这些过程在从几年到上千年的时间尺度上进行。作为对其的度量,一种气体在大气中的生命期可定义为:减少到初始量的 37% 所需要的时间。而对 CH_4,N_2O 及其他像 HCFC-22(一种制冷液体)这样的气体来讲,他们的生命期可以合理地定出(CH_4 大约 12 年,N_2O 大约 110 年,HCFC-22 大约 12 年),而 CO_2 的生命期则无法定义。

任何一种痕量气体的浓度变化部分地取决于他们的排放随时间的变化。若不考虑气体在大气中的生命期,如果排放随时间增加,大气浓度也会随时间增加。然而,如果采取减排行动,痕量气体浓度则不仅取决于排放的相对变化,还取决于消除过程的相对变化。此处我们给出生命期和消除过程如何控制排放减少时不同气体的浓度的演变。

例如,附录图 3 给出了试验的个例以阐明未来三种痕量气体浓度对排放变化会有怎样的响应(这里阐述的是对一种加强的排放脉冲变化的响应)。我们考虑没有明确的生命期的 CO_2,一种有明确定义的生命期属于 100 年系列的长生命期痕量气体(如 N_2O),和一种有明确定义的生命期属于 10 年系列的短生命期痕量气体(如 CH_4,HCFC-22,或者其他的卤烃)。对每种气体,假设 5 种未来的排放方案:稳定在当今的排放水平及分别为 10%,30%,50% 和 100% 的中等减排水平。

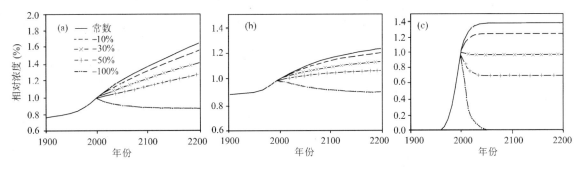

附录图 3 模拟的大气 CO_2 浓度变化

((a)模拟的大气 CO_2 浓度相对于现在的变化稳定在当前排放水平下(——),或者低于当前排放水平的 10%(- - -)、30%(-×-)、50%(-+-)和 100%(- · · -);(b)与前类似,生命期为 120 年的痕量气体,由自然和人为通量驱动;(c)与前类似,生命期为 12 年的痕量气体,仅仅由人为通量驱动)

CO_2 的行为(附录图 3(a))与其他有明确生命期的痕量气体完全不同。将 CO_2 排放稳定在当前的水平会导致 21 世纪大气 CO_2 的持续增加,而对于生命期属于 100 年系列(附录图 3(b))或者 10 年系列(附录图 3(c))的气体,排放稳定在当前的水平分别会导致在 200 年或者 20 年内的稳定浓度比现在高。实际上,仅仅在没有排放的方案中才能使大气中的 CO_2 排放稳定在现在的水平。因为气候系统中与碳循环有关的特征交换过程中,所有 CO_2 中等减排方案都显示出浓度的增加。

更加明确的是,当前 CO_2 的排放率大大超过了其消除率,并且缓慢的和不完全的消除意味着对其排放小至中等的减少不会导致 CO_2 浓度的稳定,而仅仅可以减少未来几十年中它的增长率。减少 10% 的 CO_2 排放会使得增长率降低 10%,类似的减少 30% 的排放会使增长率降低 30%。减少 50% 的排放会稳定大气中的 CO_2 浓度,但还达不到 10 年。之后,由于众所周知的化学和生物调整,大气中 CO_2 浓度还会随着陆地和海洋汇的减弱再次增加。完全没有 CO_2 排放估计会导致 21 世纪大气中 CO_2 浓度缓慢减少约 40 ppmv。

这种情况与有明确生命期的痕量气体完全不同。对于生命期属于 100 年系列的痕量气体(如 N_2O),需要减排超过 50% 才能将其浓度稳定在接近当前的水平(附录图 3(b))。不变的排放导致几百年内 CO_2 浓度的稳定。

对短生命期的气体,当前的损失大约是排放的 70%。排放的减少低于 30% 仍会使其浓度在短期内增加,但是,与 CO_2 相比,在 20 年内会达到稳定浓度(附录图 3(c))。排放水平的降低(在此水平下气体浓度会达到稳定),直接与排放的减少成比例。因此,在这个例子中,需要痕量气体排放的减少大于 30% 才能使其稳定浓度显著地低于当前的水平。完全没有排放会导致生命期属于 10 年系列的痕量气体在 100 年内回到工业化前的浓度水平。

16. 科学家怎样知道地球变暖了?历史上出现过相似的暖期吗?在 CO_2 排放迅速增加的情况下,为什么某些时段和地区的温度反而有所下降?

地表气温的器测资料和气候代用资料均显示 20 世纪有明显的增温,至少 20 世纪北半球的增温可能是过去 1 000 年中空前的。除来自器测记录和其他温度代用资料的证据外,还有许多其他迹象表明全球变暖,包括全球海洋表层变暖、高山积冰融化、海冰和雪盖面积缩小、海平面上升及动、植物种群的分布变化等。

用于研究气候变化的数据首先要进行质量和系统性误差的评估。气候学家还将气候记录与其他的各种信息进行比较,在专家提供的估计误差幅度之内允许一些残余非气候因子影响这些记录。他们确信:20 世纪的增暖至少为 0.4 ℃,至多不超过 0.8 ℃。为减少个别台站的随机误差而采用了多站温度相平均的方法。非气候性的系统变化包括城市热岛效应、使用仪器的较大变化、台站密度变化、气象站观测仪器的系统性位移等,这些误差至少可以通过仔细分析和调节给以部分的订正。经过资料的订正和处理,仍可证明最近几十年的变暖是真实的、全球性的。而且地面温度记录与过去半个世纪无线电高空探测仪、树木年轮及在全球不同区域地表钻孔所获的信息显示的长期趋势一致,也与全球雪盖减少、冰川退缩及其他全球变暖的迹象相一致。只是由于全球测站分布的不均匀性,气候记录仍主要来源于北半球的陆地观测资料,考虑到这些不确定性,科学家认为,全球地表平均温度估计的误差绝对值为 0.2 ℃。

在中国的相关研究工作中,也存在资料的非均一性问题。1950 年以前,中国的气温观测资料纷繁复杂、情况多样,各个观测站的观测时次不统一,统计方法也不一致,导致资料序列存在严重的非均一性。这严重影响着中国百年温度序列的准确度和可信度。科学家利用中国长期器测资料中比较完整的最高、最低温度记录,求算平均气温,并在此基础上计算出新的中国地面平均气温序列及新的增温估计值。新的估计表明,中国过去 100 年地表年平均气温升高 0.8 ℃左右。结合原来根据器测和代用资料的增温趋势估计值,目前认为中国近 100 年增暖为 0.5~0.8 ℃。

卫星的出现为检测全球气候变化作出了重要贡献。环绕地球的卫星可以对全球多种要素进行连续观测,为科学家了解气候变化情况提供了重要的资料来源。自 1979 年以来微波卫星资料被用来估计地表至海拔 8 km 之间的中低对流层大气温度。多数卫星和探空资料的分析都显示,全球低层大气的平均温度每 10 年的变化为(0.05±0.10)℃,但全球地表平均温度每 10 年增加了(0.15±0.05)℃。遗憾的是,能够得到的卫星资料只有 20 多年,对于长期气候变化趋势的研究来说实在是太短了。中国科学家利用 1961—2004 年 134 个台站的探空资料对中国各高度层的温度变化趋势进行的初步分析也表明:近 25 年来,中国对流层中下层温度呈现明显上升,与地面气温变化比较接近。

尽管全球在 20 世纪期间普遍增暖,但一些科学家认为当前的平均温度仍然低于历史上经历的几个暖期,如中世纪暖期和全新世暖期。自距今 8 500—8 000 年到距今 4 000—3 500 年为全新世暖期,一些研究表明,当时中高纬度地区陆上温度可以较现代高 2~3 ℃以上,中国华南地区温度比现今高 1 ℃,长江流域高 2 ℃,西北、东北可能高 3 ℃,青藏高原南部可高出 4~5 ℃,伴随夏季风的扩张,降水量大幅增长,各地普遍出现高湖面。不过这期间仍存在次一级的冷暖气候波动和若干次快速变冷的事件。公元 10—14 世纪,出现了一段较现代温暖的时期,称为中世纪暖期。历史文献记录和树木年轮、冰芯资料表明,此时期在欧洲、北美和北大西洋地区气候温暖而湿润。印度季风降水增加、尼罗河流量超过平均水平的证据,南半球澳大利亚和南美的树木年轮分析表明在此期间有过多次长达数十年的温暖时段。在中国历史文献中大量的关于喜温的作物如柑橘、苎麻等种植地带和蝗虫活动北界向北推移的详细记录,表明这段温暖气候期的存在。

其实,某个区域的变冷与全球变暖也不矛盾。温室气体浓度增加对气候的强迫是全球性的,但其他的因素如自然因子、局地反馈及大气和海洋环流的区域变化能够在某些区域增强这种影响,同时在另外的区域减弱这种影响。例如,在北极的一些地区,如加拿大的北极区西部和西伯利亚显著增暖,尽管北极东部在过去 50 年也略有增温,但其范围内一些区域温度有所下降。除这些区域性的变化外,北极区的平均温度还是明显升高的,与近期模式预测结果一致。同样,南极东部的一些地区在过去的几十年中温度下降,但南极半岛却有显著增温。目前先进的气候模式能够很好地捕捉到这种区域性变化,模拟的区域变化与观测相近。

由于纬度和地形的差异,中国气候变化也表现出显著的地域差异性。就气温而言,中国气候变暖最明显的地区在西北、华北和东北地区,其中西北(陕、甘、宁、新)变暖的强度高于全国平均值。西南地区如四川和贵州则呈变冷趋势,但 20 世纪 90 年代后期开始有所回升,使得前 40 多年的降温趋势得到缓解。长江以南地区变暖趋势不显著。另外,尽管冬季平均气温变化趋势与年平均气温变化趋势一致,但夏季不少地区具有变冷趋势。就降水而言,东北北部、长江中下游地区及东南沿海一带降水明显增多,华北大部、华东北部和东北南部降水呈明显下降趋势。中国西部降水量增长明显,其中新疆最为明显,但西南一些地区降水量趋于减少。

全球气候变暖造成了全球大气环流变化,其局地效应改变了区域气候,其中局地自然条件和人类活动是同等重要的两个方面。中国西北地区出现增暖变湿趋势与北半球同纬度地区的总体趋势相同;但中国东部尤其是华北地区的暖干化趋势与北半球同纬度增暖变湿的趋势相反;另外,中国西南地区的冷干与北半球同纬度的一些陆地地区如美国东南部也比较类似。中国长江流域的夏季冷湿与北半球同纬度相比则显得不同。

17. 与过去的气候变化相比,现代气候是异常的吗?

在目前我们所认识到的地球历史进程中,气候曾经发生了不同空间和时间尺度的变化。与之相比,现代气候变化中的一些方面并未显示出异常,而某些方面则出现了明显的异常。大气中的 CO_2 浓度已经达到了几十万年以来记录的最高值。与过去 7 个世纪(甚至可能是 1000 年)的气候相比,目前的全球平均地表温度与曾出现过的最暖程度大致相当,但现代气候的变暖速率在过去的 30 年内达到了约 $0.19\ ℃(10a)^{-1}$,这在历史时期的气候记录中是没有过的。如果这种变暖的趋势和速率持续下去,那么将导致 21 世纪内出现更多的极端气候异常。

当大陆上覆盖很大面积的冰盖和冰川大幅度向低纬度地区推进时,气候寒冷,称为大冰期,介于两个冰期之间的比较温暖的时期,冰川消融退缩,称为大间冰期。这种寒暖波动的时间尺度约为 $10^6 \sim 10^8$ 年。通常认为,全球曾经至少出现过三次大冰期,它们是:前寒武纪大冰期(距今约 6 亿年以前)、石炭与二叠纪大冰期(距今 2 亿~3 亿年)和第四纪大冰期(距今 250 万年~1 万年)。在各次大冰期和大间冰期内,又存在若干次冷暖气候波动,称为冰期和间冰期,它们又包含许多百年、千年尺度的冷暖气候波动。当前正处于第四纪大冰期中末次冰期结束后的间冰期中。

目前的间冰期又称全新世,已经持续 1 万年了。全新世期间,全球地表平均温度明显高于末次冰期,很多科学家也认为全新世早中期北半球的气候比现今温暖,一些陆地地区年平均温度特别是夏季平均温度可能比现今高 2~3 ℃。夏季的明显增暖主要是由于地球轨道参数变化引起北半球夏季入射太阳辐射增加的结果。但是,迄今还没有获得可靠的北半球或全球平均的地表平均温度序列,因此对于 20 世纪增暖在整个全新世期间的地位还不能给出准确的评价。

18. 未来的全球变暖会发生怎样的变化? 未来气候会像美国电影《后天》中所描绘的那样突然变冷吗?

从某种程度上讲,气候变化的方式可分为渐进和突变两种,而且以渐进式的变化为主要方式。气候模式研究结果表明,未来几个世纪气候对人类活动影响的响应也是以渐进方式为主。可是有证据显示,在遥远的过去,地球气候曾经发生过突变,特别是在冰期及气候的剧烈波动期。

来自古气候资料的证据证明,地球系统在末次冰期冰盛期以及 1 万~1.5 万年以前的间冰期经历了大尺度的气候突变。当气候系统处于一种不稳定状态时,有可能发生这种突变,并且这种突变使得格陵兰地区的温度变化在数十年里到达 10 ℃。世界上其他地区似乎也经历了类似的气候突变。在过去 1 万年稳定的全新世时期,气候没有发生如此剧烈的变化。不过,一些科学家所关注的是,人为引起的气候快速变化可能会使气候返回到一种不稳定状态,因而再次引发这种突变事件。因此,尽管至少在未来 100 年里不可能发生这种变化,但也不能排除这种可能性。这一风险似乎随着变化速率的增加而增大,并且假如发生这种变化,其后果将是不可预料的。

海面下约 3/4 的深层海水的运动主要决定于海水密度的分布,而密度又主要决定于温度和盐度,故把海洋的深层环流称为温盐环流。在这种环流中,上层和表层海水向北输送,把大量过剩的热量带向北方,深层海水向南回流,把冷水向南输送。这种热量交换的结果使得高纬的天气与气候不至于太冷,变得较为温和。全球变暖后,到达高纬度(如北欧至冰岛)的海水温度也升高,并且由于中高纬度降水增加,冰川融化,海水盐度减小,使那里的海水密度减少。这样,下沉的海水速度也将减小,使深海回流海水的速度减慢。在这种情况下,由于失去了南北热量的交换和调节机制,高纬地区将逐渐变冷,最后甚至会进入寒冷的冰期。科学研究表明,在暖气候背景下可能导致温盐环流减弱,进而可能造成全球性或区域性的冷事件的发生。历史上著名的一次冷事件是出现在距今 1.27 万～1.15 万年的新仙女木事件。目前科学家探测到,伴随着气候变暖,大西洋温盐环流有某种减弱迹象,但科学家预测,离其关闭的时间尚早,至少在未来 100 年间关闭的可能性微乎其微。

新仙女木事件是末次冰期向全新世转暖过程中的一次快速变冷事件。因最初在北大西洋及相邻区域的地层中发现喜冷植物仙女木的花粉突然大量出现,指示气候的突然变冷而得名。后来在远离北大西洋的许多地区,包括中国的黄土区、西太平洋边缘海,甚至新西兰的海、陆古气候记录中均找到相应证据。较为公认的新仙女木事件的年代介于距今 1.27 万～1.15 万年间,持续时间大约为(1 300±70)年。新仙女木事件以格陵兰冰芯记录的最为强烈,气温的最大降幅可达 8 ℃。新仙女木期的开始和结束都是突变性的。结束时,格陵兰地区的气温在不到 50 年的时间内即迅速上升了 7 ℃,在西欧其他地区也有类似变化。

新仙女木事件揭示了全球气候系统内部的复杂关系,表明在冰期之后的全球回暖过程中气候系统内部的反馈机制可以造成短时期的气候回返事件,从而提示人们在当前全球大范围变暖的背景下,应当对出现突然变冷事件的可能性予以足够的关注。

总之,气候系统涉及许多过程和反馈作用,它们以复杂的,通常是非线性的方式相互作用。如果系统被充分地扰动(例如大气中温室气体含量不断增加、温室效应不断增强、辐射平衡受到明显的影响),这种相互作用的结果,能够超越气候系统保持稳定缓慢变化的临界值或阈值,这种情况下,气候系统的变化将出现不稳定的迅速或突然的变化。从极地冰芯资料中得到,大气状态的迅速变化能够在几千年或更短的时期内发生。因而快速、突然而不可逆的气候系统的变化的可能性是存在的,但在发生机理以及突变可能性或时间尺度方面有很大的不确定性。

19. 未来气候将变暖多少？科学家是如何预测未来气候的？

科学家预测,如果不采取全球联合行动减排温室气体,到 2100 年,全球平均地表气温相对于 1990 年将上升 1.4～5.8 ℃。而由于海洋响应的滞后,即使温室气体的浓度已经稳定,地表温度仍将持续上升数百年。

需要注意的是,全球的温度变化将是不均匀的,陆地的变暖大于海洋,中高纬度地区有更多变暖的年份,而且冬季的变暖大于夏季。

根据中国科学家的预测,未来 20～100 年中国地表气温将明显增加,降水量也呈增加趋势。和全球一样,21 世纪中国地表气温将继续上升,其中北方增暖大于南方,冬、春季增暖大于夏、秋季。与 2000 年比较,2020 年中国年平均气温将升高 1.3～2.1 ℃,2030 年升高 1.5～2.8 ℃,2050 年升高 2.3～3.3 ℃。预计到 2020 年,全国平均年降水量将增加 2%～3%,到 2050 年可能增加 5%～7%。降水日数在北方显著增加,南方变化不大。降水变化时空变率较大,不同模式给出的结果也存在明显差异。

最近的科学研究发现,气候变暖可导致海底低温封存的 CH_4 融化,大量的 CH_4 从海底释放,将导致地球更加剧烈的变化,加速地球变暖。此外,升温引起的植物光合作用或细菌活动的变化同样可以增加 CO_2 浓度。由于全球变暖,温度上升,土壤中的细菌将分解更多的有机物从而产生更多的 CO_2,且细菌分解有机物产生的 CO_2 要比植物光合作用吸收的 CO_2 多,而温度上升后森林和海洋吸收的 CO_2 减少,这将导致 2100 年全球升温可能要比当前的预估值高出 0.1～1.5 ℃。

那么,科学家是如何预测未来气候的呢？

目前科学家主要利用气候模式对气候变化进行模拟和预测。在过去 25 年中,气候模式得到了迅速的发展。气候模式是根据一套描述气候系统中存在的各种物理、化学和生物过程及其相互作用的数学方程组而建立的。气候模式中必须包括能描述气候系统中各部分的圈层模式及相关的重要过程,然后通过一定的方式把它们耦合在一起,成为复杂的多圈层耦合的气候系统模式,这已成为预测全球气候变化的主要工具。其中最常用的全球模式是把大气与海洋耦合在一起的海-气耦合模式,它包括大气模式、海洋模式和海冰模式等部分。气候模式的预测不仅依赖于模式本身的设计水平,而且与计算机技术的发展密切相关。

气候模式的设计包括三个重要的方面:一是如何在气候模式中包括和表征气候系统和许多重要的物理过程(物理、生物地球化学过程等);二是如何把各圈层的模式或物理过程有机地组合集成在一个庞大的气候系统模式中,这就是所谓的耦合技术或方法;三是为了对未来几十年或几百年的气候变化做出预测,必须知道未来全球范围温室气体和硫化物气溶胶的排放情景,依据不同的情景,可以预测未来不同的气候变化。

所谓情景就是在对一系列重要内在关系和驱动因子作出协调一致及合理假设的基础上,为世界或地区提供未来发展的可能状态。IPCC 2000 年出版的《排放情景特别报告》提出了 4 种全球未来可能的社会经济发展框架。通过对相关假设和特征的量化,衍生出了多种温室气体排放情景,是评估未来气候变化可能影响的基础。

这些排放情景通过构建多种未来全球和区域社会经济发展情景,并在此基础上分别估计了未来全球温室气体排放量和相应的大气温室气体浓度。其中主要包括 4 种排放情景,分别是 A1,A2,B1 和 B2 情景。A1 是一种高排放的情景,该情景基于未来经济的快速增长,全球人口快速增长并在 21 世纪中期达到峰值然后下降,同时新的更有效的技术快速出现,其基本点是地区间的趋同,能力建设及增加的文化和社会间的相互联系,以致地区间人均收入上的差距大大减小;A2 描述的是一个十分不均衡的世界,其基本点在于保持有明显的地方与自主的特点,经济发展主要是地区性的,全球化不明显,人口持续增长,人均经济增长和技术变化参差不齐,整体发展速度较慢;B1 描述的是一个趋同的世界,人口在 21 世纪中期达到峰值后下降(同 A1),但经济结构向服务业和信息产业迅速转变,材料消耗强度减弱,并引入清洁高效的资源技术,强调从全球角度解决经济、社会和环境的可持续发展问题,这种情景意味着未来排放较低;B2 描述的是一个侧重于从局地解决经济、社会和环境的可持续发展问题的世界,在这个未来的世界中,人口持续增长,但增长率低于 A2 情景,中等水平的经济发展,技术变化没有 A1 与 B1 快,但更为多样化。它主要着眼于局地或区域的环境保护和社会公平问题。

20. 用来预测气候变化的模式可靠吗?

虽然气候模式对未来气候变化的预估存在一些细节上的差异,但在陆地尺度的变暖分布,特别在未来几十年温度变化的显著性上有着相当好的一致。

所有的模式都预测了未来气候将会变暖,并且其变暖程度可能是人类历史上前所未有的,陆地的变暖将大于海洋,高纬度的变暖将大于低纬度,海平面将上升,积雪和冰盖将减少,全球平均的降水量将增加,降水的分布型将发生变化,并由此产生更多的干旱和洪涝灾害。

人们可能会提出这样的问题:目前的天气预报模式有时甚至不能正确地预报未来几天内的天气,我们如何能期待气候模式能对未来几十年甚至一个世纪的气候做出可靠的预测?

气候可看做是天气现象的平均状态,比逐日和逐小时的天气变化有更高的可预测性。天气变化是混沌的,可预测性随着时间增长而减少,一星期以后的天气很难预测。而决定气候的主要是全球和区域的地球物理过程,其变化是缓慢的。因此,如果这些过程能被正确地理解,未来气候的准确预测就可能实现。

自 1990 年以来,IPCC 相继组织世界上各学科领域的专家编写和出版了 1990 年气候变化第一次评估报告、1995 年气候变化第二次评估报告、2001 年气候变化第三次评估报告以及 2007 年第四次评估报告。这些报告评估了气候变化科学进展、气候变化的社会经济影响、减缓与适应对策等方面,为联合国环境与发展大会的召开,特别是为《联合国气候变化框架公约》的制定,提供了重要的科学支持。

在 IPCC 第一次评估报告中,科学家使用了平衡气候模式去预测气候系统对 CO_2 倍增的响应,结果表明:全球平均的地面温度将比目前增高 1.5～4.5 ℃。虽然他们也提交了一些耦合气候模式的初步结果,但其主要是基于照常排放情景的假设,并没有反映未来排放不确定性的整个范围。在第一次评估报告中,使用了 6 个照常排放情景(IS92 情景),同时在模式的模拟中包括了硫酸盐气溶胶的冷却效应。结果表明:2100 年变暖的可能范围是 1.0～3.5 ℃。第三次评估报告中使用的 SRES 排放情景更好地代表了未来人类活动排放的范围。相对于老的 IS92 情景,这些新的情景在 1990—2100 年间有一个更大的排放范围。同时,科学家们也减少了 IS92 情景中气溶胶抵消作用的量值,因为考虑到人们对局地空气污染的关注将使各国政府采取行动去减少气溶胶排放。这些在排放情景中的变化使第三次评估报告中气候变化预估值范围有所增加。因此,这反映了未来人类行为的不确定性。事实上,气候模式科学不确定性的范围并没有很大的变化。虽然先进的气候模式确实在对气候系统理解上有了很大改善,但如何确切地描述气候系统的多方面特征仍然是对气候模式的挑战,而当前的计算机能力也在一定程度上限制了这方面的进展。

由于目前对气候系统的认识有限,气候变化预测结果给出的只是一种可能的变化趋势和方向,还包含有相当大的不确定性,其中降水预测的不确定性比温度更大。产生不确定性的原因很多,主要有:

(1)未来大气中温室气体浓度的估算不够准确。现在对温室气体"源"和"汇"的了解还十分有限,同时,各国未来的温室气体和气溶胶排放量,取决于当时的人口、经济、社会等状况,这使得现在就准确地预测未来大气中温室气体的浓度相当困难。

(2)全球平均辐射强迫的计算值变幅较大。有些强迫具有十分大的不确定性,例如,黑碳气溶胶、有机碳、生物质燃烧、土地利用、航空引起的尾迹卷云等,以至目前还无法准确地计算出它们所产生的辐射强迫的平均值,如矿物粉尘、气溶胶的间接影响作用。上述辐射强迫可以使气候系统发生变化(气候变暖)。由于其不确定性,必然影响到未来的气候和气候变化预测结果。

(3)可用于气候研究和模拟的气候系统资料不足。现有的与气候系统观测有关的观测网,基本是围绕天气预报与基本气候条件或某一学科的需要而独立建设和运行的。在海洋、高山、极区等台站分布稀少,因而从站网布局、观测内容等方面都不能满足对气候系统及其变化的模拟要求,进而使得对未来气候的预测产生一定的偏差。

(4)用于预测未来气候变化的气候模式系统不够完善。目前气候模式对云、海洋、极地冰盖等物理过程和化学过程的描述还很不完善,模式还不能处理好云和海洋环流的反馈效应及区域降水变化等问题。这些问题主要涉及气候敏感性及其反馈机制问题。气候敏感性是在给定全球平均的辐射强迫或辐射区域情况下所产生的平均温度变化。目前描述气候系统的气候模式的气候敏感性范围较大,即便在 IPCC 第三次和第四次评估报告中,这种敏感性仍然很大的问题还未能得到很好的解决。这是导致不同模式之间预测未来的温度幅度相差很大的原因之一。

(5)自然的气候变化幅度不清楚。在近 100 年的气候变化幅度中(0.4～0.8 ℃),自然的气候变率有多大仍不清楚。因而,人类活动引起的气候变化量值也不可能定量地确定。虽然在过去的二次评估报告中,通过气候变化的原因检测,已更清楚地了解了两种气候变化原因的重要性,但对其相对重要性及量值仍不能确定。这大大影响了对气候变化根本原因的认识。

今后气候变化研究的一个重要任务是不断减小气候变化预测中的不确定性,提高预测的精度与信度,为此有许多工作要做。例如,改进模式中对物理过程的描述,提高模式的分辨率,使更复杂的模式物理过程和动力过程能包括进来,另外,需要改进或建立新的观测网,以能监测气候系统的全部或大部,但能为模式提供必需的初值和验证资料,目前正在建立的全球气候观测系统(GOCS)就是为这一目的而进行的。

21. 全球几度增温的潜在后果是什么？

气候的自然变率可以导致不同年份和不同地区的气候条件存在很大差异。研究表明，只要大约 5.0 ℃的增温就可以使地球从 1.5 万年前的末次冰期缓慢地变化到目前的气候条件。

这种量级上的气候变化将会极大地改变我们所习惯的地球天气特性，其中一些变化实际上是不可逆的。由于生态系统和人类社会已经适应今天以及最近过去的气候，因此，如果这些变化太快使得生态系统和人类社会不能适应的话，他们将很难应对这些变化。对于许多发展中国家，这可能会对其基本的人类生活标准（居住、食物、饮水、健康）产生非常有害的影响。对于所有的国家，极端天气、气候事件发生频率的增加将会增大天气灾害的风险。

在全球变化的影响下，中国干旱区范围将扩大及土地荒漠化加深。若 CO_2 倍增，温度上升 1.5 ℃时，中国干旱区面积扩大 18.8 万 km^2，湿润区缩小 15.7 万 km^2；若 CO_2 倍增，温度上升 4 ℃时，干旱、半干旱区和半湿润干旱区面积将扩大 84.3 万 km^2，湿润区将缩小 59.9 万 km^2。但这只是一定的假设条件下可能发生的情况，具有较大的不确定性。

随着全球变暖，未来 50～100 年，海平面将继续上升。目前中国海平面上升的趋势比较明显，据专家预测，中国未来海平面还将继续上升，到 2030 年中国沿海海平面上升幅度为 1～16 cm，到 2050 年上升幅度为 6～26 cm，预计到 21 世纪末将达到 30～70 cm。

预测表明，北半球积雪和海冰分布范围将进一步减小，冰川和冰盖在 21 世纪将继续大范围退缩，南极冰原的冰量可能由于降水增加而增加，格陵兰冰量可能减少，这是由于径流增加可能超过降水的增加。目前，南极冰原西部的冰架未来将如何变化已成为受人十分关注的问题，因为这部分冰缘位于海平面之下，并且该地区温度明显升高，2002 年 3 月拉森-B 冰架的迅速崩塌是一个明显的先兆。但目前的预测表明：在 21 世纪，西南极冰架的消失不可能是大规模的，因而也不可能引起明显的海平面上升。

全球变暖后，中国的冰川、冻土和积雪可能减少，山地冰川将继续后退萎缩。根据小冰期以来冰川退缩的规律和未来夏季气温和降水量变化的预测，估计到 2050 年中国西部冰川面积将减少 27.2%，折合冰量约 16 184 km^3。未来 50 年中国西部地区冰川融水总量将处于增加状态，天山北麓与河西走廊最大融水径流预计出现在 21 世纪初期，其年增长量为几百万到千万立方米不等；柴达木及青藏高原的内陆河流域冰川融水高峰期预计出现在 2030—2050 年，年增长约 20%～30%；塔里木盆地周围高山冰川 2050 年前径流增加量可达 25% 左右。据科学家推断，到 2050 年，乌鲁木齐河源小冰川将基本消失，中国现有面积小于 1 km^2 的 24 189 条小冰川也将在 2050 年前基本消失。从小冰期的后期到 2100 年，中国冰川在 350 年中将损失 1/2。

随着全球进一步变暖，冻土面积继续缩小。未来 50 年，青藏高原多年冻土空间分布格局将发生较大变化，80%～90% 的岛状冻土发生退化，季节融化深度增加，形成融化夹层和深埋藏冻土；表层冻土面积减少 10%～15%，冻土下界抬升 150～250 m，亚稳定及稳定冻土温度将升高 0.5～0.7 ℃。

高山季节性积雪持续时间将缩短，春季大范围积雪提前消失，积雪量将较大幅度减少，积雪年际变率显著增大。到 2050 年，冬季气温将升高 1～2 ℃，随着降雪量缓慢增加，青藏高原和新疆、内蒙古稳定积雪区深度将分别以 2.3% 和 0.2% 的速度缓慢增加。同时，雪深年振幅将显著增大，大雪年和枯雪年的出现更为频繁。到 2100 年，大范围积雪将可能于每年的 3 月份提前消失，春旱加剧，融雪对河川径流的调节作用将大大减小。

气候变化对生物多样性的影响，取决于气候变化后物种相互作用的变化，以及物种迁移后与环境之间的适应性平衡。在迁移过程中，生态系统并不是作为一个单元整体迁移的，它将产生一个新的生态结构系统，生物物种构成及其优势物种都将会变化，这种变化的结果可能会滞后于气候变化几年、几十年,甚至几百年。植被模拟研究证实,气候变化使某些物种由于不能适应新环境而有濒临灭绝的危险,也可能出现新的物种体系。

科学家分析,在继续变暖的 21 世纪,森林是最容易受到损害的生态系统,将有相当多的树种面临不适应的气候条件。北半球的树木本来就不够茁壮,气候变暖后一些地区的森林将在暖干气候条件下更容易枯萎。这是由于在全球变暖引起的气候快变条件下,大多数树种难以找到气候适宜的地点,即物种的生境。生境是物种生存和繁殖的环境条件,不同的树木在某些地点重新发现适宜他们特点的气候生境需要一个长时间的稳定气候。

据中国科学家分析,当降水增加 10% 时,如温度升高 1 ℃,中国天山以北的草原和稀树灌木草原的面积将增加,塔克拉玛干沙漠面积将减少,和田河畔的荒漠河岸胡杨疏林将消失,柴达木盆地的大片戈壁、盐壳及风蚀沙地将有 50% 发展为荒漠植被,青海湖周围的草甸和沼泽北延到祁连山下、西伸到柴达木盆地边缘。当温度升高、降水增加时,西北地区的草原和稀树灌木草原、草甸和草本沼泽的面积将有所扩大,部分沙漠被荒漠植被代替。而当温度升高、降水减少时,西北地区的草原和稀树灌木草原、草甸和沼泽面积缩小,荒漠植被将取而代之,土地荒漠化严重,农业生产受到威胁。在平均温度增加 2 ℃,降水增加 20% 的假设条件下,中国西部森林地带将有所变干,而草原和荒漠地带稍变湿,青藏高原各植被地带的干旱将变得较为严重,各植被的热量带将北移;寒温性针叶林地带转变成温带区域,温带、暖温带的南部变为暖湿带与亚热带,亚热带除北部地区外,都变成热带;温带草原地带南部积温带东部荒漠地带变为暖温带,青藏高原各植被地带也都变为上一级热量带;如果平均温度增加 4 ℃,降水增加 20%,各植被地带都将比现在变得干热,森林地带干旱程度增加,但仍能满足森林的水分要求,草原地带将变得干热,西部草原将变为荒漠区,荒漠地带沙漠化加剧;青藏高原各植被地带的干旱程度均有较大幅度的增加,土地荒漠化趋势加强;各植被热量带有所北移。

总之,全球变暖将对中国植被的水平分布、垂直分布、面积、结构及生产力等产生很大影响。气候变化将改变植被的组成、结构及生物量,使森林的分布格局发生变化,生物多样性减少等。

有关研究表明,在未来气候增暖而河川径流量变化不大的情况下,平原湖泊由于水体蒸发加剧,入湖河流的来水量不可能增长,将会加快萎缩、含盐量增长,并逐渐转化为盐湖;高山、高原湖泊中,少数依赖冰川融水补给的小湖,可能因为冰川融水增加而扩大,后因冰川缩小后融水减少而缩小;地处山间盆地以降水、河川径流或降水与冰川融水混合补给的大湖,其变化趋势受人注目,如青海湖长期处于较大的负平衡状况,湖水水位呈下降趋势。若未来温度继续升高,湖区水面蒸发和陆面蒸散均会有所增加,若多年平均降水量仅增加 10%,仍不足以抑制湖面的继续萎缩,仅仅趋势减缓,如降水增加 20% 或更多,湖泊来水量会增加,湖泊会扩大,水面上升,湖水淡化。

全球变暖对水分供给的影响也是非常大的,预计地球上某些地区将变暖变干,尤其是在夏季,干旱的可能性也将更大,在其他地区预计将发生更多的洪水。气候变化对人类本身主要的直接影响是极端高温产生的热效应,它将变得更加频繁、更加普遍,影响人类健康,同时,较高的温度也有助于某些热带疾病(例如疟疾)向新的地区传播。

22. 气候变暖是否导致了更频繁和更极端的天气事件?

研究表明,许多可以引起灾害的极端天气事件的频率和严重程度将会随着气候变暖而发生变化。因此,可以预计随着全球气候继续变暖,许多当前的天气灾害在未来可能变得更加频繁。

当人类社会和/或生态系统不能有效地应对极端天气事件时,就会发生天气灾害,即大气事件的极端性和生态系统或人类社会的敏感性都是影响因素。因此,近年来因灾害造成的损失的总剧增加,至少部分可以归结于人口统计学的因素,例如脆弱地区人口的增加及财富的增加。另外,有迹象表明,至少在世界某些地区,许多种类型的极端天气事件也在增加。由于这些事件的发生不太频繁也没有规律,因此很难把它们与全球变暖联系起来。此外,很少事件是史无前例的,并且在过去数十年之前，此类事件的大部分历史记录都很不准确。可是近年来在某些地区，一些类型的天气和气候事件趋于更加强烈和更为极端，这在许多方面明显地类似于气候模式及相关研究所预测的结果。因此，尽管缺乏有力证据把最近的灾害趋势与气候变化联系起来，但是可以认为许多这类事件在未来将更为频繁地发生。

全球变暖为什么会导致更频繁和更极端的天气事件呢？这是由于较高的温度导致较高的蒸发和降水速率、更频繁的热浪、较少的寒冷极端事件及通常更多能量的风暴和其他极端事件。可是，尽管模式可以提供关于这种变化的方向和重要性的有用线索，但是所涉及的过程很复杂，并且很难用当前模式来准确地预报极端值的变化。

大多数极端事件都是对许多因子的复杂响应，很难评估它们对较暖气候的响应。可是专家预计，随着地球变暖，高温极端事件将变得更为频繁，而寒冷极端事件将会减少，并且更多的降水将发生在更短的时间内。这将可能增加大暴雨和极端降水事件及局部洪涝的频率。在一些地区，龙卷风、强雷暴及狂风和冰雹也会增多。另外还预计，由于从植物、土壤、湖泊和水库的蒸发加快，世界许多地区将遭受更频繁、更持久或更严重的干旱。大气水分的增多也可能使一些较寒冷地区暴风雪的强度和频率增加，而在较温暖地区，暴风雪的发生频率减少但强度增加。实际上，气候变化对于此类事件发生概率的影响是不确定的。至今尚未对全球变暖将如何影响其他极端天气事件如热带风暴、气旋和台风等达成共识，尽管预计此类风暴的可能最大强度将会增加。

中国科学家利用分辨率较高的区域气候模式对极端天气事件进行了模拟。分析表明，温室效应将使中国区域的日最高和最低气温明显升高，但最低气温的升高数值较最高气温大，从而使气温日较差减小。模拟得到的年平均日最高气温的显著增加区基本位于中国南部，而最低气温在黄河以北和长江以南的增加更显著。

夏季日最高气温显著升高的地区主要位于北方，其中一个集中区位于辽宁至内蒙古和河北北部一带，至 2070 年升高幅度一般为 1.5～2.5 ℃，另一个显著地区是陕西至宁夏、甘肃一带，这里的气温升高幅度都很大，在许多地方达到 3.5 ℃以上。后者是干旱、半干旱区，夏季最高气温的升高将导致蒸发加剧，有可能进一步恶化当地的生态环境。冬季最低气温的显著升高地区集中于中国东部黄河以南的广大地区。夏季最高气温和冬季最低气温的升高，将使夏季高温日数增多和冬季低温日数减少，以北京和上海为例，到 2070 年，北京夏季高于 35 ℃的高温日数将成倍增加，而上海冬季低于 －10 ℃的低温日数会减少一半以上。

温室效应可能会导致在中国地区出现局地尺度上强降水事件增加的现象。南方部分地区大雨日数将有显著增加，特别是福建和江西西部，以及西南的贵州、四川、云南部分地区，表明这里未来暴雨天气会增多，气候有恶化趋势。

目前科学家尚不能证明最近的极端天气事件是全球变暖引起的。尽管预计随着全球变暖，洪水、热浪、严重的厄尔尼诺和其他极端事件将会增加，但是很难把任何特定的气候或天气事件明确地归因于全球变暖或者任何其他自然或人为原因，不过也不能排除气候变化的作用。这部分是因为世界许多地区关于气候极端事件的资料尚不足以推断出"极端事件频率的可能变化可在全球尺度上发生"的明确结论。此外，极端事件频率与全球变暖之间的联系只能通过长期资料的统计分析来确定，因为自然气候系统也可以产生非典型性的极端天气和气候事件。

23. 单个极端事件能否用温室气体引起的变暖解释？

气候极端事件的变化被认为是由于气候变暖对人类活动（如矿物燃料的使用）造成温室气体增加的响应造成。然而，决定特定的单个极端事件的发生与否是由于某个特定的原因（如温室气体增加）是很困难的，或者说是不可能的。有两个原因：①极端事件通常是各种因素综合作用的结果；②在没有变化的气候条件下，极端事件的变化幅度的改变是正常现象。然而，对过去 100 年观测到的气候变暖的分析表明,一些极端事件(如热浪)发生的可能性由于温室气体引起的变暖而增加。例如,最近的研究估计,人类活动的影响使欧洲遭遇像 2003 年一样炎夏的风险超过一倍。

　　受极端天气事件影响的人们经常会问,人类对气候的影响是否会为此负一定程度的责任。近年来,已经看到一些评论员将许多极端事件与温室气体的增加相联系。这包括:2003 年澳大利亚的长期干旱和欧洲的极端炎夏(附录图 4);2004 和 2005 年北大西洋强的飓风季节;2005 年 7 月印度 Mumbai 的极端降水事件。这些事件的任何一种是否是山像大气温室气体浓度增加这样的人类影响引起的呢?

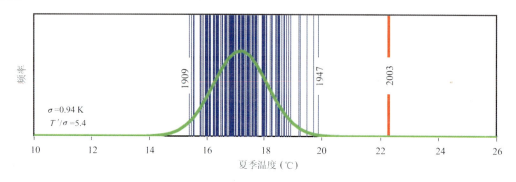

附录图 4　瑞士 1864—2003 年的夏季温度平均值为 17 ℃,如绿色曲线所示,在 2003 年极端炎热的夏天期间,平均温度超过了 22 ℃,如红线所示

(竖线为 137 年逐年的记录,拟合的高斯分布用绿线表示。由于 1909,1947 和 2003 年为极端的年份,已标记出来。左下角给出了标准差和 2003 年异常相对于 1864—2000 年标准差的标准化值)(引自 Schar *et al.* 2004)

　　极端事件通常是许多因子综合作用的结果。例如,几个因子都对 2003 年欧洲的极端炎夏有影响,包括:持续的高压系统下天空晴朗、土壤干旱,这使得更多的太阳能可以加热大陆,因为更少的能量用于土壤水汽的蒸发。类似的,飓风的形成要求暖的海表温度(SST)和特殊的大气环流条件。因为一些因子可能受到人类活动的强烈影响,例如海表温度,但其他的则不是,所以检测人类对单个、特殊的极端事件的影响并不简单。

　　然而,用气候模式确定人类的影响是否已经改变了某些极端事件发生的可能性还是有可能的。例如,2003 年的欧洲热浪,一个气候模式在仅仅有影响气候的自然因子的历史变化(如火山活动和太阳输出的变化)驱动下运行,之后模式在同时有人类活动和自然因子的驱动下运行,这样得到了与实际很接近的欧洲气候的演变。基于这些试验估计,20 世纪,人类活动的影响使欧洲遭遇像 2003 年炎夏那样的风险增加超过一倍。在没有人类活动影响时,在几百年之内风险可能为 1。需要进行更详细的模拟工作以估计特别高影响事件的风险,比如巴黎等城区连续暖夜的出现。

　　基于概率的方法研究"人类活动是否改变了一个事件的可能性?"的价值在于它能够用于估计外部因子(如温室气体的增加)对特定类型的极端事件发生频率的影响(如热浪或者霜冻)。然而,需要谨慎的统计分析,因为个别极端事件(如春末霜冻)的可能性可能会由于气候变率和气候平均态的改变而发生变化。这种分析有赖于基于气候模式进行的气候变率估计,因此所用的气候模式应当足以再现这种变率。

　　同样的基于可能性的方法可以用来检验强降水或者洪水频率的变化。气候模式预测人类的影响将引起许多极端事件的增加,包括极端降水。有证据表明,最近几十年,一些地区的极端降水已经增加,导致了洪水的增加。

24. 天气和气候的区别是什么?什么是气候变化?它的表现是什么?

　　气候不同于天气。天气是指短时间(几分钟到几天)发生的气象现象,如雷雨、冰雹、台风、寒潮、

大风等。而气候是指某一长时期内(月、季、年、数年到数百年及其以上)气象要素(如温度、降水、风等)和天气现象的平均或统计状况,主要反映某一地区的冷、暖、干、湿等基本特征,通常由某一时期的平均值和离差值表征。

气候变化是指气候平均值和离差值(气象学上称之为距平值)两者中的一个或两者同时随时间出现了统计意义上的显著变化。平均值的升降,表明气候平均状态的变化;离差值增大,表明气候状态不稳定性增加,气候异常明显。气候变化与气候系统的变化密切相关,气候系统包括大气圈、水圈、冰冻圈、岩石圈(陆面)和生物圈,不同圈层之间存在着各种物理、化学和生物过程及相互作用,共同组成了高度复杂的系统。

当特定的地点、区域或全球的气候在两个不同的时间段中出现了改变,这就发生了气候变化。通常,当地球大气和地表吸收的太阳总能量或由大气或地表向宇宙空间发射的能量在一个较长的时间段上发生变化时,则天气的平均状态和离差都会有所变化。这些变化可由自然过程引起,如火山爆发,太阳活动强度的改变,非常缓慢的海洋环流变化或陆地表面在十年、百年及更长时间尺度上的变化。人类活动释放的温室气体和气溶胶进入大气,陆地表面的变化及平流层臭氧层的消耗也能引起气候变化。引起气候变化的自然和人为因素叫做"气候强迫",因为他们强迫或推动气候向一个新的状态改变,因此,对"气候变化"一词更准确的描述应该是气候系统对强迫的响应。

全球变暖与气候变化不应混为一谈。气候变化统指气候的不同气象要素(如气温、降水、风速等)在不同空间尺度(如全球、区域)和时间尺度(如年、十年、世纪)上的变化,而全球变暖是特指全球地表平均温度升高这一现象,它是一种行星尺度的气候变化,是气候变化的多种现象之一。全球变暖常常被误解为全球不同地区的一致变暖,而事实上,当世界上的一些地区变得更暖时,另一些地区的冷暖变化不明显,一些地区甚至变冷。

值得注意的是,目前科学界和《联合国气候变化框架公约》对气候变化的定义存在差异。气候学界把气候变化理解为由于各种强迫(包括自然的和人为的强迫)引起的全球或区域气候系统的变动,而《联合国气候变化框架公约》把气候变化定义为由于人类活动直接或间接改变大气组成成分所导致的气候系统的改变。由于人类活动对气候系统的干预及其可能造成的严重后果,气候变化科学成为当代地球科学的前沿领域之一,也是全球变化或地球系统科学研究的核心问题。近百年来,全球气候发生明显的变化,主要表现为:

温度变化:自 1860 年仪器观测以来,全球地面气温明显上升,年平均气温增加了(0.6 ± 0.2)℃。20 世纪大部分的增温发生在两个时段,即 1910—1945 年及 1976 年以后两个时段。自 1950 年以来,陆面夜间的日平均最低温度的增加率是白天日平均最高温度增加率的 2 倍。

降水变化:除东亚外,过去 100 年内北半球中高纬度陆地年降水量呈增加趋势(约 $0.5\%\sim1\%$ $(10a)^{-1}$),副热带陆地地区降水量减少(约 $0.3\%(10a)^{-1}$)。与北半球相比,南半球就大范围纬度平均分布来讲,没有检测到系统性的降水变化。

其他变化:随着温度的升高,中高纬度地区的生长期呈增长趋势,雪盖则减少。在 20 世纪,北半球中高纬度地区江湖结冰期约减少 2 个星期,非极地区的山地冰川广泛消退。在最近几十年北极夏末至秋初的海冰厚度可能减少了约 40%。近 100 多年来,全球平均海平面上升了 0.1~0.2 m。自 20 世纪 70 年代中期开始,ENSO 的变化情况与以前 100 年比有很大不同,暖位相比冷位相更频繁、持续和强大。最近 ENSO 的变化影响了全球热带和副热带的降水和温度变化,这种影响可能已经对过去几十年全球温度的升高产生了一些影响。

极端事件:在一些总降水已经增加的地区,强降水事件也有了很显著的增加。相反的情况也是存在的。在个别地区,虽然总降水减少了或保持不变,但强降水事件却增加了。总的来说,对于北半球中高纬度地区,20 世纪后 50 年强降水事件发生频率可能增加了 2%~4%。在 20 世纪,全球大陆的严重干旱和严重洪涝影响区域面积有少量增加。在许多地区,温度日较差减小了,大部分中高纬度地区的无霜期也加长了。